普通高等院校计算机基础教育"十四五"规划教材

# 数据管理及数据库技术应用

宗 薇◎主 编

刘 培 王丽宝◎副主编

中国铁道出版社有限公司
CHINA RAILWAY PUBLISHING HOUSE CO., LTD.

## 内 容 简 介

本书编写的核心理念一是基于系统设计方法论，培养学生的顶层设计和全局规划能力；二是培养学生数据规范的意识，提升学生数据素养，锻炼计算思维。本书内容淡化软件功能，打破以 Access 功能为主线的内容模式，划分为理论、应用、新技术三大篇，共 12 章，从数据作为新型生产要素角度出发，结合国家数字化转型的战略部署，强调培养学生的数据素养、数据规范意识和数据管理能力；结合现实数据应用场景，划分为数据采集与存储、数据价值挖掘、数据呈现应用三条主线，通过沉浸式的实践培养学生数据思维和计算思维；最后讲解了数据共享与安全、Python 数据分析应用。

本书适合作为高等院校各专业"数据库应用"基础平台课的配套教材，也可作为数据库爱好者的参考书。

### 图书在版编目（CIP）数据

数据管理及数据库技术应用 / 宗薇主编. -- 北京：中国铁道出版社有限公司，2024. 8. --（普通高等院校计算机基础教育"十四五"规划教材）. -- ISBN 978-7-113-30998-5

Ⅰ. TP311.13

中国国家版本馆CIP数据核字第2024N037Y2号

书　　名：数据管理及数据库技术应用
作　　者：宗　薇

| | | |
|---|---|---|
| 策　　划：刘丽丽 | | 编辑部电话：（010）51873202 |
| 责任编辑：刘丽丽　贾淑媛 | | |
| 封面设计：郑春鹏 | | |
| 责任校对：安海燕 | | |
| 责任印制：樊启鹏 | | |

出版发行：中国铁道出版社有限公司（100054，北京市西城区右安门西街 8 号）
网　　址：https://www.tdpress.com/51eds/
印　　刷：三河市国英印务有限公司
版　　次：2024 年 8 月第 1 版　2024 年 8 月第 1 次印刷
开　　本：889 mm×1 194 mm　1/16　印张：19.5　字数：671 千
书　　号：ISBN 978-7-113-30998-5
定　　价：59.80 元

**版权所有　侵权必究**

凡购买铁道版图书，如有印制质量问题，请与本社教材图书营销部联系调换。电话：（010）63550836
打击盗版举报电话：（010）63549461

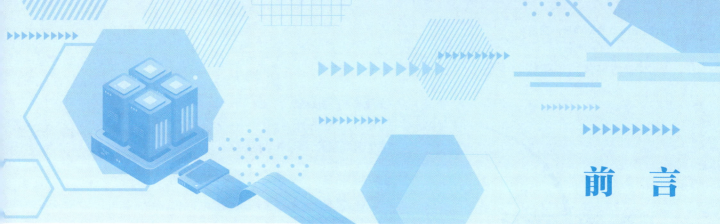

# 前　言

进入新时代，基于互联网、大数据、人工智能等新一代信息技术的数字化转型正在加速推进，数据成为继土地、劳动力、资本与技术之后的第五大生产要素。数据安全意识和素养也被认为是推进数字中国建设的基础条件。本书以培养数据素养和计算思维为目标，助力新时代人才培养。

本书的核心理念是基于系统设计方法论，培养学生的顶层设计和全局规划能力，培养学生数据规范的意识，提升学生数据素养，锻炼计算思维。本书内容淡化软件功能，打破以 Access 功能为主线的内容模式。

本书内容划分三篇。第一篇理论篇，包含第 1~3 章，从数据作为新型生产要素的角度出发，结合国家数字化转型的战略部署，强调培养学生的数据素养、数据规范意识和数据管理能力，在理论学习的基础上，在系统设计方法论的指导下，完成图书管理项目的系统规划设计方案，培养学生基于数据库理论、结合现实应用场景、进行顶层设计的全局规划能力。第二篇应用篇，结合现实数据应用场景，划分三条主线。第一条主线是数据采集与存储，包含第 4 章，主要内容包括数据库创建与数据维护。第二条主线是数据价值挖掘，包含第 5 章，主要内容是数据查询统计分析。第三条主线是数据呈现应用，包含第 6~10 章，主要内容是应用系统界面设计、报表设计以及应用程序设计，通过沉浸式的实践培养学生数据思维和计算思维。第三篇新技术篇，包含第 11 章数据共享与安全、第 12 章 Python 数据分析应用。

本书的突出特点：一是利用数据模型理论，结合 Excel 工具，把关系数据库范式理论和设计理论应用到数据处理和表格设计过程中，培养学生数据库系统抽象建模能力，体现"学以致用"的理念；二是以 Access 为工具，让学生深度体验基于系统的前期规划设计，逐步完成数据处理的完整过程，培养学生基于顶层设计分步完成复杂任务的计算思维。本书的组织形式符合文科学生偏重于形象思维的特点，完全抛开机械呆板的知识灌输，把数据库和数据规范管理中抽象的语法和程序，让学生通过生动有趣的方式进行沉浸式地体验，是一本非常适合文科专业学生使用的数据管理与数据库技术应用教材。

本书的整体内容架构如下所示：

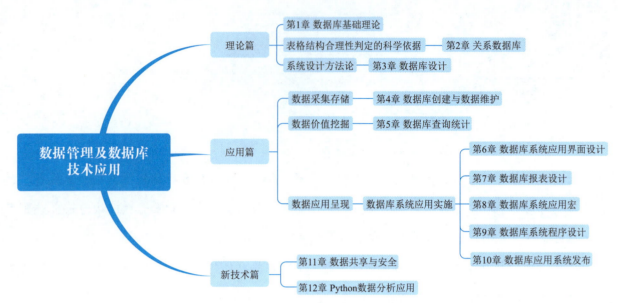

本书由宗薇任主编，刘培、王丽宝任副主编。编者基于 20 多年对文科学生的数据库技术课程的教学经验而编写。文科学生学习数据库技术的目的不在于培养编程能力，也不在于熟练使用工具，而是着重培养学生建立数据规范和具备数据处理能力，尤其是在国家数字化转型进程中，数据作为新型生产要素的时代大背景下，培养学生具备数据素养的意义尤为重大。书中的各种实践练习是编者多年教学过程中的经验成果。

本书适合作为高等院校各专业"数据库应用"基础平台课的配套教材，也可作为数据库爱好者的参考书。

由于编者水平有限，书中难免存在不足之处，恳请同行专家批评、指正。

编　者

2024 年 4 月

# 目 录

## 第一篇 理论篇

### 第1章 数据库基础理论 ............................ 2
- 1.1 数据库系统概述 ................................ 2
  - 1.1.1 数据库基本概念 ........................... 2
  - 1.1.2 数据技术的产生和发展 ................... 3
  - 1.1.3 数据库系统的特点 ....................... 4
- 1.2 数据库系统的体系结构 ........................ 5
  - 1.2.1 数据库的三级模式 ....................... 5
  - 1.2.2 数据库的两级映像 ....................... 5
- 1.3 数据库系统的组成 ............................ 6
- 1.4 数据模型 .................................... 6
  - 1.4.1 概念模型 ............................... 7
  - 1.4.2 逻辑模型 ............................... 8
  - 1.4.3 物理模型 ............................... 9
- 小结 ............................................. 9
- 习题 ............................................. 9

### 第2章 关系数据库 ............................... 10
- 2.1 关系的数据结构 ............................... 10
  - 2.1.1 关系术语 .............................. 11
  - 2.1.2 关系的三种类型 ........................ 12
  - 2.1.3 关系的性质 ............................ 12
  - 2.1.4 关系间的联系 .......................... 13
- 2.2 关系操作 .................................... 13
  - 2.2.1 传统的集合运算 ........................ 13
  - 2.2.2 专门的关系运算 ........................ 14
- 2.3 结构化查询语言 .............................. 15
  - 2.3.1 数据查询 .............................. 15
  - 2.3.2 数据操纵 .............................. 18
  - 2.3.3 数据定义 .............................. 19
  - 2.3.4 数据控制 .............................. 20
- 2.4 关系的完整性 ................................ 21
  - 2.4.1 实体完整性 ............................ 21
  - 2.4.2 参照完整性 ............................ 22
  - 2.4.3 用户自定义完整性 ...................... 23
- 2.5 关系的规范化 ................................ 23
  - 2.5.1 关系数据库规范化理论 .................. 23
  - 2.5.2 函数依赖 .............................. 23
  - 2.5.3 第一范式 .............................. 24
  - 2.5.4 第二范式 .............................. 25
  - 2.5.5 第三范式 .............................. 26
  - 2.5.6 关系数据库规范化理论总结 .............. 27
  - 2.5.7 关系数据库规范化理论的现实意义 ........ 27
- 小结 ............................................ 29
- 习题 ............................................ 29

### 第3章 数据库设计 ............................... 31
- 3.1 数据库设计概述 .............................. 31
  - 3.1.1 数据库设计的任务 ...................... 31
  - 3.1.2 数据库设计的特点 ...................... 32
  - 3.1.3 数据库设计的基本步骤 .................. 32
- 3.2 图书管理系统设计方案 ........................ 35
  - 3.2.1 需求分析阶段 .......................... 35
  - 3.2.2 概念结构设计阶段 ...................... 36
  - 3.2.3 逻辑结构设计阶段 ...................... 36
  - 3.2.4 物理结构设计阶段 ...................... 37
  - 3.2.5 数据库实施运行阶段 .................... 37
  - 3.2.6 维护阶段 .............................. 37

3.2.7 系统功能设计阶段 ... 37
3.3 数据标准 ... 37
　3.3.1 数据标准概述 ... 38
　3.3.2 数据标准相关术语 ... 38
　3.3.3 数据标准的三个维度 ... 39
　3.3.4 数据标准的组成 ... 39
　3.3.5 数据标准的设计流程 ... 40
　3.3.6 数据代码标准的三个级别 ... 40
　3.3.7 图书管理系统的数据标准 ... 41
3.4 数据质量 ... 41
　3.4.1 数据质量概述 ... 42
　3.4.2 常见的数据质量问题 ... 42
　3.4.3 产生数据质量问题的因素 ... 42
　3.4.4 数据质量评价维度 ... 43
　3.4.5 提高数据质量的策略 ... 43
　3.4.6 数据清洗转换实例 ... 44
小结 ... 48
习题 ... 48

## 第二篇　应用篇

### 第 4 章　数据库创建与数据维护 ... 50

4.1 Access数据库对象 ... 50
4.2 创建数据库 ... 51
　4.2.1 建立数据库 ... 51
　4.2.2 数据库的打开和关闭 ... 52
　4.2.3 数据库管理 ... 54
　4.2.4 创建图书管理系统数据库 ... 55
4.3 创建表 ... 55
　4.3.1 字段、控件和对象命名规范 ... 55
　4.3.2 创建表的工具 ... 56
　4.3.3 创建图书管理系统数据库的表 ... 59
　4.3.4 表结构维护 ... 60
4.4 表记录维护 ... 67
　4.4.1 数据输入原则 ... 67
　4.4.2 输入表记录 ... 67
　4.4.3 表记录选择与删除 ... 68
　4.4.4 表记录定位 ... 69
　4.4.5 表记录排序 ... 70
　4.4.6 表记录筛选 ... 71
4.5 导入外部数据 ... 76
　4.5.1 导入MySQL数据库数据 ... 76
　4.5.2 导入TXT格式文件 ... 77
　4.5.3 导入Excel格式文件 ... 79
4.6 表间关系 ... 81
　4.6.1 索引 ... 81
　4.6.2 表间关系的类型 ... 82
　4.6.3 表间关系的建立和修改 ... 82
　4.6.4 实施参照完整性约束 ... 83
小结 ... 85
习题 ... 85

### 第 5 章　数据库查询统计 ... 86

5.1 查询概述 ... 86
　5.1.1 查询功能 ... 86
　5.1.2 查询种类 ... 87
5.2 查询基本语法 ... 87
　5.2.1 运算符与表达式 ... 87
　5.2.2 函数 ... 89
5.3 选择查询 ... 92
　5.3.1 使用"查询向导"创建选择查询 ... 92
　5.3.2 使用"设计视图"创建选择查询 ... 93
　5.3.3 查询条件WHERE子句 ... 94
　5.3.4 查询排序ORDER BY子句 ... 97
　5.3.5 查询汇总计算GROUP BY子句 ... 98
　5.3.6 连接查询 ... 100
5.4 参数查询 ... 102
　5.4.1 按"学号"查询读者 ... 103
　5.4.2 按"学号"或"姓名"查询读者 ... 103
　5.4.3 按"图书名称"和"出版社"模糊查询图书 ... 104
5.5 交叉表查询 ... 106
　5.5.1 使用"交叉表查询向导"创建查询 ... 106

5.5.2 使用"设计视图"创建交叉表查询 ..................107
5.6 操作类查询 ..................109
　5.6.1 生成表查询 ..................109
　5.6.2 更新查询 ..................110
　5.6.3 追加查询 ..................111
　5.6.4 删除查询 ..................112
5.7 SQL特定查询 ..................113
　5.7.1 子查询 ..................113
　5.7.2 联合查询 ..................114
　5.7.3 传递查询 ..................115
5.8 利用查询统计分析数据 ..................115
　5.8.1 查询年龄小于19岁的读者 ..................115
　5.8.2 计算过期图书的罚款金额 ..................116
　5.8.3 图书借阅排行榜 ..................117
　5.8.4 每类图书馆藏数量 ..................118
　5.8.5 旅行社数据多维度统计分析 ..................120
5.9 查询与数据库三级模式 ..................121
　5.9.1 查询的本质 ..................121
　5.9.2 关系数据库的三级模式结构 ..................122
　5.9.3 关系数据库三级模式的现实应用 ..................122
小结 ..................123
习题 ..................124

## 第6章 数据库系统应用界面设计 ..................126

6.1 窗体概述 ..................126
　6.1.1 窗体的组成 ..................127
　6.1.2 窗体的类型 ..................127
　6.1.3 窗体的四种视图 ..................127
6.2 窗体创建方式 ..................128
　6.2.1 使用"窗体"工具 ..................128
　6.2.2 使用"分割窗体"工具 ..................129
　6.2.3 使用"多个项目"工具 ..................129
　6.2.4 使用"窗体向导"工具 ..................130
　6.2.5 使用"空白窗体"工具 ..................130
　6.2.6 使用"窗体设计"工具 ..................131
6.3 窗体和控件属性 ..................132
　6.3.1 窗体主要属性 ..................133
　6.3.2 常用窗体控件 ..................134
　6.3.3 控件主要属性 ..................135
　6.3.4 控件的操作 ..................136
6.4 窗体和控件事件 ..................136
　6.4.1 常用窗体事件 ..................136
　6.4.2 常用控件事件 ..................138
　6.4.3 常见事件序列 ..................139
6.5 图书管理系统应用界面设计 ..................141
　6.5.1 "读者信息维护"窗体设计 ..................141
　6.5.2 "图书信息维护"窗体设计 ..................146
　6.5.3 "统计管理"窗体设计 ..................148
　6.5.4 "读者信息查询"窗体设计 ..................150
　6.5.5 "图书信息查询"窗体设计 ..................152
　6.5.6 "借阅信息管理"窗体设计 ..................154
小结 ..................156
习题 ..................156

## 第7章 数据库报表设计 ..................158

7.1 报表概述 ..................158
　7.1.1 报表的组成 ..................158
　7.1.2 报表的类型 ..................159
　7.1.3 报表的四种视图 ..................160
7.2 报表的创建方式 ..................160
　7.2.1 使用"报表"工具 ..................160
　7.2.2 使用"报表向导"工具 ..................161
　7.2.3 使用"标签"工具 ..................162
　7.2.4 使用"空报表"工具 ..................163
　7.2.5 使用"报表设计"工具 ..................165
7.3 利用报表统计数据 ..................167
　7.3.1 创建"统计图书平均价格"报表 ..................167
　7.3.2 创建"图书按出版社排序"报表 ..................168
　7.3.3 创建"分组统计各出版社图书馆藏数"报表 ..................169
　7.3.4 创建"统计读者年龄"报表 ..................171
7.4 报表打印 ..................172
　7.4.1 报表页面设置 ..................172
　7.4.2 分页打印报表 ..................173
　7.4.3 打印报表 ..................173

小结 ........................................................ 173
习题 ........................................................ 174

## 第 8 章 数据库系统应用宏 ..................... 175

- 8.1 宏的概述 ........................................ 175
  - 8.1.1 宏的定义和特点 ................... 175
  - 8.1.2 条件宏和宏组 ....................... 176
  - 8.1.3 触发宏的条件 ....................... 176
- 8.2 创建宏 ........................................... 177
  - 8.2.1 创建独立的宏 ....................... 177
  - 8.2.2 创建嵌入的宏 ....................... 179
  - 8.2.3 创建条件宏 ........................... 180
  - 8.2.4 创建宏组 ............................... 182
  - 8.2.5 创建数据宏 ........................... 185
- 8.3 宏操作和调试 ................................ 187
  - 8.3.1 常用的宏操作 ....................... 187
  - 8.3.2 宏错误调试 ........................... 188
- 8.4 应用宏 ........................................... 190
  - 8.4.1 读者信息维护窗体记录导航 ... 190
  - 8.4.2 主界面窗体运行功能窗体 ..... 190
  - 8.4.3 登录窗体容错处理 ............... 191
- 小结 ........................................................ 192
- 习题 ........................................................ 192

## 第 9 章 数据库系统程序设计 ..................... 193

- 9.1 VBA与模块 .................................... 193
  - 9.1.1 VBA简介 ............................... 193
  - 9.1.2 VBA编程环境 ....................... 194
  - 9.1.3 模块 ....................................... 196
- 9.2 面向对象程序设计 ........................ 196
  - 9.2.1 对象 ....................................... 197
  - 9.2.2 属性 ....................................... 198
  - 9.2.3 事件 ....................................... 199
  - 9.2.4 方法 ....................................... 200
- 9.3 结构化程序设计 ............................ 200
  - 9.3.1 VBA语句及书写规范 ........... 200
  - 9.3.2 数据类型与运算符 ............... 201
  - 9.3.3 程序的基本结构 ................... 209
  - 9.3.4 流程控制函数 ....................... 223
- 9.4 过程与过程调用 ............................ 223
  - 9.4.1 过程基本概念 ....................... 223
  - 9.4.2 子过程 ................................... 224
  - 9.4.3 函数过程 ............................... 226
  - 9.4.4 VBA常用的函数 ................... 227
- 9.5 程序调试和出错处理 .................... 231
  - 9.5.1 错误处理 ............................... 231
  - 9.5.2 使用调试工具 ....................... 232
- 9.6 数据库编程 .................................... 234
  - 9.6.1 数据访问对象 ....................... 234
  - 9.6.2 ActiveX数据对象 ................. 238
  - 9.6.3 使用Python操作数据库 ....... 238
- 小结 ........................................................ 241
- 习题 ........................................................ 241

## 第 10 章 数据库应用系统发布 ................. 242

- 10.1 应用系统的生命周期 .................. 242
- 10.2 图书管理系统集成 ...................... 243
  - 10.2.1 需求分析 ............................. 243
  - 10.2.2 系统功能设计 ..................... 244
  - 10.2.3 系统主界面设计 ................. 244
  - 10.2.4 系统登录界面设计 ............. 245
  - 10.2.5 系统欢迎界面设计 ............. 246
- 10.3 发布图书管理系统 ...................... 246
  - 10.3.1 各功能窗体发布前属性设置 ..... 246
  - 10.3.2 设置图书管理系统程序入口 ..... 247
- 小结 ........................................................ 247
- 习题 ........................................................ 248

## 第三篇　新技术篇

### 第 11 章　数据共享与安全 ...... 250

- 11.1　数据共享 ...... 250
  - 11.1.1　数据共享的主要方式 ...... 251
  - 11.1.2　数据采集技术 ...... 252
  - 11.1.3　数据存储技术 ...... 252
  - 11.1.4　数据治理技术 ...... 253
- 11.2　Access数据共享 ...... 254
  - 11.2.1　导出为其他数据库对象 ...... 254
  - 11.2.2　导出为Word格式文件 ...... 256
  - 11.2.3　导出为TXT格式文件 ...... 257
  - 11.2.4　导出为Excel格式文件 ...... 259
- 11.3　数据安全 ...... 260
  - 11.3.1　数据安全防护体系 ...... 260
  - 11.3.2　数据安全管理体系 ...... 260
  - 11.3.3　数据安全技术体系 ...... 262
- 11.4　数据分类分级 ...... 266
  - 11.4.1　数据分类分级的目标 ...... 266
  - 11.4.2　数据分类分级的方法 ...... 266
  - 11.4.3　数据分类分级案例 ...... 267
- 11.5　个人数据安全 ...... 268
  - 11.5.1　个人信息保护 ...... 268
  - 11.5.2　个人终端防护 ...... 269
  - 11.5.3　数据加密 ...... 270
  - 11.5.4　数据备份 ...... 272
- 小结 ...... 273
- 习题 ...... 273

### 第 12 章　Python数据分析应用 ...... 274

- 12.1　Python安装 ...... 274
  - 12.1.1　安装Python程序开发相关软件 ...... 274
  - 12.1.2　安装第三方集成开发环境PyCharm ...... 276
- 12.2　利用爬虫采集数据 ...... 277
  - 12.2.1　Python与爬虫 ...... 278
  - 12.2.2　获取天气信息 ...... 281
  - 12.2.3　获取电影信息 ...... 284
- 12.3　数据预处理和存储 ...... 288
  - 12.3.1　天气数据预处理与存储 ...... 288
  - 12.3.2　电影数据预处理与存储 ...... 292
- 12.4　数据分析和可视化 ...... 294
  - 12.4.1　Python数据分析与可视化库 ...... 294
  - 12.4.2　天气信息可视化分析 ...... 295
  - 12.4.3　电影信息可视化分析 ...... 298
- 小结 ...... 301
- 习题 ...... 302

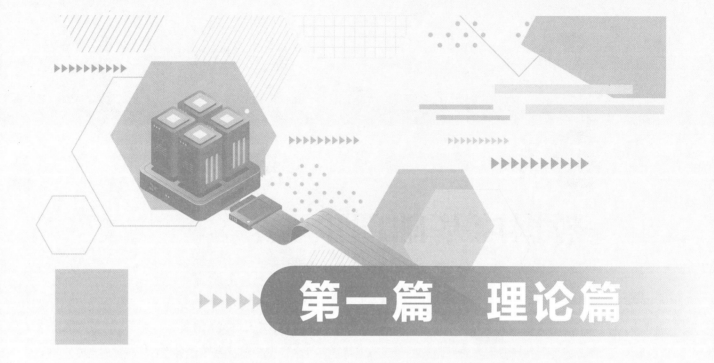

# 第一篇 理论篇

数据作为新型生产要素，是数字化、网络化、智能化的基础，已快速融入生产、分配、流通、消费和社会服务管理等各个环节，深刻改变着我们的生产和生活方式。进入新时代，互联网、大数据、云计算、人工智能、区块链等技术加速创新，数字技术、数字经济是世界科技革命和产业变革的先机，是新一轮国际竞争的重点领域。我们国家具有数据规模和数据应用优势，积极探索推进数据要素市场化，加快构建以数据为关键要素的数字经济，对构建新发展格局、推动高质量发展具有重要意义。在此背景下，培养学生数据素养，数据规范意识，提升数据管理能力非常必要。

理论篇从数据作为新型生产要素的角度出发，结合国家数字化转型的战略部署，强调培养学生的数据素养、数据规范意识和数据管理能力。这一部分内容是利用关系数据库模型理论和建模工具，让学生学习现实世界实体对象数据特征的抽象方法，学会把关系数据库规范化理论应用到日常数据表格处理过程中，培养数据思维和数据素养。在理论学习的基础上，在系统设计方法论的指导下完成图书管理项目的系统规划设计方案，培养学生基于数据库理论，结合现实应用场景进行顶层设计全局规划的能力，体现"学以致用"的理念。

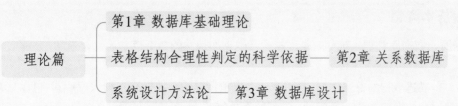

# 第 1 章　数据库基础理论

在计算机的发展史中，其应用的主要方面从最初的数值计算发展到文字处理、数据处理、多媒体、Internet 等。计算机应用从科学计算进入数据处理是一个划时代的转折，"数据库"是数据处理计算机化的产物。我们在日常工作和生活中经常会遇到处理大量相关数据的问题。数据处理是对各种形式的数据进行收集、存储、加工和传播等，其目的是从大量原始数据中抽取、统计和分析出对人们有价值的信息。比如网购订单、飞机订票、图书馆的借还书信息、教务选课系统等，都需要数据库的支持，数据库技术无处不在。

### 本章知识要点

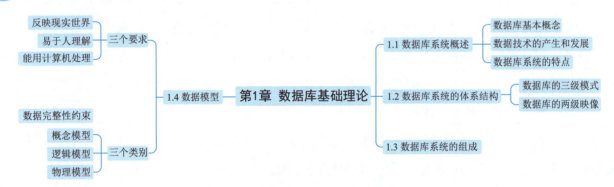

## 1.1　数据库系统概述

进入数据库领域，首先会遇到一些数据库最常用的术语和基本概念，这些概念是学习数据库技术的必备基础知识。

### 1.1.1　数据库基本概念

数据、数据库、数据库管理系统和数据库系统是数据库技术的基本概念。

#### 1. 数据

数据（data）是描述事物的符号序列，是用来记录事情情况的。数据有多种表现形式，可以是文字、音频、图形、图像、视频等。数据分为类型和值两个属性，常见的有数值型、字符型、日期型、逻辑型等。如：某人的年龄 23 岁，此处的 23 是数值型的，是定量记录的符号；某人的电话 61234567，此处是字符型，是定性记录的符号；某人的生日 2021 年 1 月 1 日，是日期型。此处的数据是一个广泛的名词，指一切可以被计算机接收的数字、字母和符号的集合。

信息是经过加工并对人类社会实践和生产及经营活动产生决策影响的数据。信息与数据的关系是信息是经过加工的有用数据。

2. 数据库

数据库（database, DB）是长期存储在计算机内，有组织、可共享的大量数据的集合，数据库中的数据按一定的数据模型组织、描述和存储，具有较小的冗余度，以及较高的独立性、共享性和易扩展性。概括地说数据库数据有三个基本特点：永久存储、有组织和可共享。

3. 数据库管理系统

数据库管理系统（database management system, DBMS）是介于用户与操作系统之间的数据管理软件，是负责对所有数据库进行管理和维护的软件系统，对数据库的数据统一管理和控制，是用户和数据库数据间的中介，提供用户访问数据库的命令集。数据库管理系统是数据库系统的核心部分，它的功能强弱是衡量一个数据库性能优劣的主要因素，其由若干软件组成。数据库管理系统和操作系统一样属于系统软件，在计算机系统中的位置如图 1-1 所示。

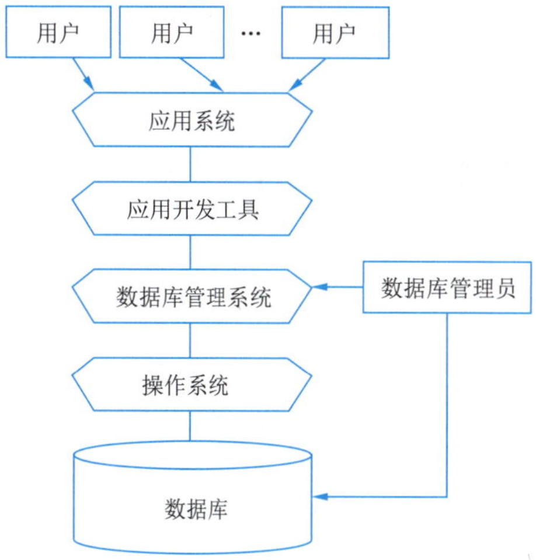

图 1-1 数据库管理系统在计算机系统中的位置

数据库管理系统主要功能包括：

（1）数据定义功能

数据库管理系统提供数据定义语言（data definition language, DDL），用户通过它可以方便地对数据中心的数据对象的组成与结构进行定义。

（2）数据组织、存储和管理

数据库管理系统组织、存储和管理各类数据，包括数据字典、数据存储结构、存取路径和存取方法。

（3）数据操纵功能

数据库管理系统提供数据操纵语言（data manipulation language, DML），实现对数据库的查询、插入、删除和修改等数据库的基本操作。

（4）数据完整性、安全性定义与检查

数据库的建立、运行和维护是由数据库管理系统统一管理和控制，提供数据控制语言（data control language, DCL）负责数据的安全性、完整性定义与检查，以及并发控制、故障恢复等功能。

4. 数据库系统

数据库系统（database system, DBS）是由数据库、数据库管理系统、应用程序和数据库管理员、用户以及相关硬件设备组成的存储、管理、处理和维护数据的一个整体。

为了方便理解，我们拿数据库系统与图书馆系统进行比较，见表 1-1。图书馆系统有图书，数据库系统有数据；图书馆系统的图书是按照图书编目规则有序地摆放在书库，数据库数据是有组织、结构化地存放在数据库；图书管理系统负责图书馆的运行、维护、管理和控制，数据库管理系统负责数据库的建立、运行、

表 1-1 数据库系统与图书馆系统类比

| 序  号 | 图书馆系统 | 数据库系统 |
|---|---|---|
| 1 | 图书 | 数据 |
| 2 | 书库 | 数据库 |
| 3 | 图书管理系统 | 数据库管理系统 |
| 4 | 读者 | 用户 |
| 5 | 检索目录 | 数据模型 |
| 6 | 图书实际摆放位置 | 数据在磁盘上的存储位置 |
| 7 | 读者借、还书 | 用户对数据库插、删、改 |

维护、管理和控制；图书馆系统有读者，数据库系统有用户；图书馆系统提供方便读者借阅图书的检索目录，数据库系统提供方便用户操作数据的数据模型，这二者都是图书和数据的逻辑视图，与之对应的是图书的实际摆放书架位置和数据在磁盘的物理存储位置。在操作方面，读者可以借阅和归还图书，用户对数据可以进行插、删、改操作。

了解了数据库的总体概念后，可以看出在数据库系统中数据库和数据库管理系统是核心，其中数据库是整个数据库系统的数据基础，数据库管理系统是对其操作和管理的核心软件。数据库系统的主要目的之一是为用户提供一个数据的抽象视图，隐藏数据的存储结构和存取方法等细节。数据库中的数据是对现实世界中实体属性的抽象。

## 1.1.2 数据技术的产生和发展

1. 人工管理阶段

20 世纪 50 年代中期以前，没有磁盘等半随机存储设备，只有磁带、卡片、纸带等。当时计算机主要应用于科

学计算，不需要长期保存，只是输入数据，计算完成就可以。没有专门的管理软件，程序员不仅要规定数据之间的结构关系，还要设计数据如何存放在外存，包括存储结构和存取方法。因此，存取数据的子程序随存储结构的改变而改变，即数据与程序之间不独立，数据无"独立性"可言。一组数据对应一个程序，即使两个程序涉及某些相同的数据也必须各自定义，无法互相使用，因此存在大量重复数据，数据没有"共享性"可言。人工管理阶段的处理方式如图 1-2 所示。

### 2. 文件系统阶段

20 世纪 50 年代后期至 20 世纪 60 年代中后期，硬件出现磁盘、磁鼓等半随机存取设备，数据可以长期保存；软件出现了操作系统。文件系统阶段克服了人工管理阶段的许多缺点，用计算机处理大量数据的最大好处是可以反复多次地插入、删除、修改数据。有专门的操作系统，解决了应用程序与数据直接对应的问题。数据以文件为集合存放，存放的方法及结构程序员不必考虑，而由操作系统完成，大大减少了工作量。文件系统阶段缺点是数据仍对应用程序有很大的依赖性，即不同的应用程序仍很难共享同一数据文件，从而导致数据冗余度大。因为文件和文件之间是彼此独立的，所以数据仍然缺乏共享性。文件系统阶段的处理方式如图 1-3 所示。

### 3. 数据库阶段

20 世纪 60 年代后期以来，计算机应用于数据处理的范围越来越广，数据量急剧增长，同时多种应用对共享数据集合的要求越来越多。在这种背景下，以文件系统管理数据的方式已经不能满足应用的需求，数据库技术应运而生，出现了数据库管理系统，以及应用于数据管理的专用软件系统。数据库系统的特点：数据不再是以文件为单位存放，数据和文件没有必然的联系。数据按照一定方式组织在一起，形成数据库；由数据库管理系统管理和控制数据；数据实现由多个应用程序共享，实现了数据的高度共享。数据库阶段的处理方式如图 1-4 所示。

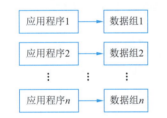

图 1-2 人工管理阶段的处理方式

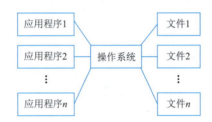

图 1-3 文件系统阶段的处理方式

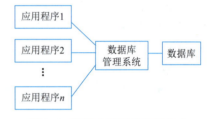

图 1-4 数据库阶段的处理方式

## 1.1.3 数据库系统的特点

下面通过一个学生数据管理的例子来说明数据库系统具备的特点。学生管理系统如图 1-5 所示。学生的信息包括学号、姓名、性别、系和班级；校园卡的信息包括学号、消费日期、消费项目、消费金额；公寓住宿的信息包括学号、楼号、宿舍号；图书借阅信息包括学号、借阅书号、借阅书名、借阅日期和借阅期限。

### 1. 数据的结构化

数据库系统实现了整体数据的结构化，这是数据库的主要特征之一，也是数据库系统与文件系统的本质区别。数据库系统设计时，不是仅仅考虑一个应用的数据结构，而是考虑整个组织的数据结构。如图 1-5 所示，在这个统一的数据库中，学生基本数据是唯一的，校园卡、公寓住宿、图书借阅通过学号关联学生的基本数据，同时可以看到，描述数据时不仅描述了数据项，而且还描述了数据之间的联系。

### 2. 数据的共享性高且冗余度低

数据库是从整体组织和描述数据，是结构化的数据，数据是面向整个系统，可以被多个应用共享使用。因此，数据库的数据有高度的共享性，并大大降低了数据的冗余度，保证了数据的一致性。

### 3. 数据的独立性高

数据库系统中的数据可以被多个应用共享使用，不依赖于具体的应用程序，也就是数据的逻辑结构、存储结构和存取方式的改变不会影响应用

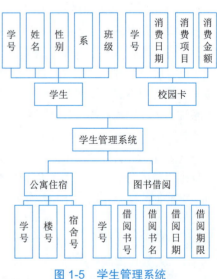

图 1-5 学生管理系统

程序。数据库系统中的数据独立性体现在两个级别：一是物理独立性，是指数据的存储结构或存取方法等物理结构改变时，数据的逻辑结构可以保持不变，应用程序不会改变；二是逻辑独立性，是指数据库总体逻辑改变时，映像的局部逻辑可以保持不变，应用程序不会改变。

#### 4. 数据的统一管理和控制

数据库系统不仅提供了结构化的数据组织结构，同时因为具备共享性特点，因此为保证数据的正确一致和数据的安全，还提供了包括数据安全性、数据完整性检查、并发控制和数据库恢复的统一管理和控制功能。

## 1.2 数据库系统的体系结构

尽管实际数据库系统软件产品众多、支持多种数据类型、数据库语言也不尽相同，而且数据的存储结构也各不相同，但数据库系统通常都采用三级模式结构和两级映像，如图 1-6 所示，是目前数据库系统的通用体系结构。

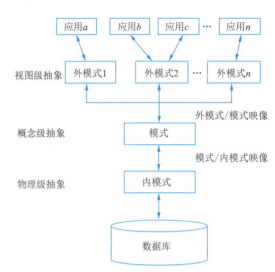

图 1-6　数据库三级模式、两级映像

### 1.2.1 数据库的三级模式

数据库系统是为用户提供一个数据的抽象视图，隐藏数据的存储结构和存取方法。数据库系统一般提供三个级别的数据抽象，即视图级抽象、概念级抽象和物理级抽象。视图级抽象就是把现实世界抽象为数据库的外模式；概念级抽象是把数据库的外模式抽象为数据库的模式；物理级抽象是把数据库的模式抽象为数据库的内模式，如图 1-6 所示。

#### 1. 模式

模式（schema）又称逻辑模式，是数据库中全体数据的逻辑结构和特性的描述，是所有用户的公共数据视图，它是数据库模式结构的中间层，既不涉及数据的物理存储细节和硬件环境，也与具体的应用程序、所使用的应用开发工具及高级程序设计语言无关。

模式实际上是数据库在逻辑上的视图，一个数据库只有一个模式。定义模式时，不仅要定义数据的逻辑结构，例如，数据记录由哪些数据项组成，以及数据项的名字、类型、取值范围等，而且要定义数据之间的联系，定义与数据有关的安全性、完整性要求。DBMS 提供了模式描述语言（模式 DDL）来严格地定义模式。

#### 2. 外模式

外模式（external schema）也称子模式或用户模式，是数据库用户（包括应用程序员和最终用户）能够看见和使用的局部数据的逻辑结构和特征的描述，是数据库用户的数据视图，是与某一应用有关的数据的逻辑表示。

外模式通常是模式的子集。一个数据库可以有多个外模式。由于外模式是各个用户的数据视图，如果不同的用户在应用需求、看待数据的方式、对数据保密的要求等方面存在差异，则其外模式描述就是不同的。同一外模式可以被一个用户的多个应用系统所使用，但一个应用程序只能使用一个外模式。

外模式是保证数据库安全性的一个有力措施。每个用户只能看见和访问所对应的外模式中的数据，数据库中的其余数据是不可见的。DBMS 提供了外模式描述语言（外模式 DDL）来严格地定义外模式。

#### 3. 内模式

内模式（internal schema）也称存储模式，一个数据库只有一个内模式。内模式是数据物理结构和存储方式的描述，是数据在数据库内部的表示方式。例如，记录的存储方式是顺序存储、按照树结构存储还是按 Hash 方法存储，索引按什么方式组织，数据的存储记录结构有何规定等。

### 1.2.2 数据库的两级映像

数据库系统的三级模式是对数据的三个抽象级别，它把数据的具体组织留给 DBMS 管理，使用户能逻辑地、抽象地处理数据，而不必关心数据在计算机中的具体表示方式与存储方式。为了能够在内部实现这三个抽象层次的联系和转换，DBMS 在这三级模式之间提供了两级映像，如图 1-6 所示。

### 1. 外模式/模式映像

对应于同一个模式，可以有任意多个外模式。它定义了某一个外模式和模式之间的对应关系，这些映像定义通常包含在各自的外模式中，当模式改变时，该映像要由数据库管理员负责（DBA）做出相应的改变，以保证外模式保持不变。

### 2. 模式/内模式映像

它定义了数据逻辑结构和存储结构之间的对应关系，说明逻辑记录和字段在内部是如何表示的。当数据库的存储结构改变时，可相应地修改该映像，从而使模式保持不变。

正是这两级映像保证了数据库系统中的数据具有较高的逻辑独立性和物理独立性。

## 1.3　数据库系统的组成

数据库系统一般由支持数据库的硬件环境、软件环境、数据库以及管理和使用数据库的用户组成。

### 1. 硬件环境

硬件环境指存储和运行数据库系统的硬件设备，包括 CPU、内存、大容量的存储设备、输入/输出设备和外围设备等。

### 2. 软件环境

软件环境主要包括操作系统、数据库管理系统及应用开发工具和应用系统等。

### 3. 数据库

数据库是数据库系统的核心主体。数据库是存储在计算机内、有组织、可共享的数据和数据对象（如表、视图、存储过程和触发器等）的集合。

### 4. 用户

用户是指使用数据库的人，他们可对数据库进行存储、维护和检索等操作。用户分为四类，包括数据库管理员、系统分析员、应用程序员、最终用户。数据库管理员负责设计、建立、管理和维护数据库以及协调用户对数据库要求的一组人员。数据库管理员熟悉计算机的软硬件系统，具有较全面的数据处理知识,熟悉最终用户的业务、数据及其流程。系统分析员负责需求分析和规范说明,确定系统的软硬件配置、系统功能及数据库概念模型设计。应用程序员负责为最终用户设计和编写应用程序，并进行调试和安装，以便最终用户利用应用程序对数据库进行存取操作。最终用户是指使用数据库的各类非数据库专业人员,他们主要利用已编写好的应用程序接口使用数据库。

## 1.4　数 据 模 型

数据抽象是数据库的典型特点，数据模型是数据抽象的主要工具。数据模型是数据库系统的核心和基础，了解数据模型的基本概念是学习数据库的基础。

数据库数据是现实世界实体对象特征的抽象。数据从现实世界进入数据库，需要经历从现实世界抽象到信息世界，再从信息世界转换到机器世界三个阶段，如图 1-7 所示。"数据模型"是帮助

图 1-7　数据的三个阶段

数据完成这三个阶段抽象和转换的核心和基础。通俗地说，"模型"是对现实世界中某个对象特征的模拟和抽象，比如汽车模型、飞机模型，看到模型可以使人联想到真实生活中的事物。数据模型也是一种模型，它是对现实世界数据特征的抽象。也就是说，数据模型是用来描述数据、组织数据和对数据进行操作的。因此数据模型应满足的三个要求：一是真实地模拟现实世界；二是容易为人所理解；三是便于在计算机上实现。

数据库的数据从现实世界进入数据库，如同在建筑设计和施工的不同阶段需要不同的图纸一样，在开发实施数据库应用系统的不同阶段也需要使用不同的数据模型。根据数据模型应用的不同阶段，分为三种类型，分别是概念模型、逻辑模型和物理模型。按照数据进入数据库系统三个阶段的先后顺序：第一是概念模型，又称为信息模型，它是按照用户的需求来对数据进行建模，与具体数据库系统无关；第二是逻辑模型，主要包括层次模型、

网状模型、关系模型等，应用于具体的数据库管理系统；第三是物理模型，是数据在磁盘或磁带等物理存储介质上的存储方式和存储方法，是最底层的抽象，是面向计算机系统的。数据库设计人员需要了解和选择物理模型，最终用户则不必考虑物理级的细节。

### 1.4.1 概念模型

为了把现实世界中的具体事物抽象组织为某一数据库管理系统支持的数据模型，首先要把现实世界中的客观对象抽象为某一信息结构，这种结构不依赖于具体的计算机系统，也不需要具体的数据库管理系统支持，而是概念级的模型。如图1-8所示，概念模型是从现实世界到机器世界的第一层抽象，是信息世界的数据模型。

概念模型强调语义表达能力易于用户理解，同时是用户和数据库设计人员交流的语言，主要用于数据库的概念设计。这类模型中最著名的是实体-联系模型（entity-relationship model，E-R模型）。

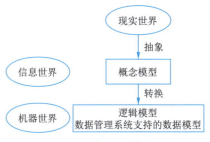

图 1-8　概念模式是数据从现实世界到信息世界的第一层抽象

#### 1. 信息世界的术语

① 实体（entity）：现实世界中客观存在并可相互区分的事物称为实体。实体可以是一个具体的人或物，如学生、图书、汽车等。

② 属性（attribute）：每种实体根据不同的需求抽取其主要特征，这些特征就是实体的属性。如学生有学号、姓名、年龄、性别等方面的属性。属性有"型"和"值"之分："型"即为属性名，例如姓名、年龄、性别；"值"即为属性的具体内容。属性组合（202112001，华梅，2001/12/06，女，英语系）表示了一个具体学生。

③ 实体型：若干属性组成的集合可以表示一个实体的类型，简称实体型（entity type）。这些实体具备相同的特征，例如学生（学号、姓名、性别、出生日期、系）就是一个实体型。

④ 实体集：同型实体的集合称为实体集（entity set），例如所有的学生、所有的课程等。

⑤ 码：能唯一表示一个实体的属性或属性集称为码（key），例如学生的学号是学生实体的码。

⑥ 联系：现实世界中的事物之间以及事物内部是有联系（relationship）的，这些联系同样要抽象和反映到信息世界中。在信息世界中将被抽象为实体型内部的联系和实体型之间的联系。实体内部的联系通常是指组成实体的各属性之间的联系，实体之间的联系通常是指不同实体集之间的联系。实体间的联系有一对一、一对多和多对多等多种类型。

#### 2. 实体-联系模型

概念模型是信息世界的模型，最常用的是实体-联系模型（E-R模型）。该模型用E-R图来描述从现实世界抽象的数据。E-R模型容易理解并且与计算机无关，是用户和数据库设计人员交流的语言。

E-R图包括实体、属性和实体间联系三个要素，如图1-9所示。

图 1-9　E-R 图三要素

① 实体：用矩形框表示，实体名写在矩形框内。

② 属性：实体的属性用椭圆框表示，属性名写在椭圆框内。用线段将椭圆框与矩形框连接起来。

③ 联系：实体间的联系用菱形框表示，联系名称写在菱形框内，并在连线旁标上联系类型。

实体间的联系分为三类，分别是一对一（1:1）、一对多（1:$n$）、多对多（$n:n$）。举例来说：学生和学号之间是一对一，每个学生只有一个学号，每个学号只对一个学生；院系和学生之间是一对多，一个院系有多个学生，每个学生只归属一个院系；学生和课程之间是多对多，一个学生可以选多门课程，每门课程可以被多个学生选。相关内容在2.1.4节会详细介绍。

图1-10所示是有关图书管理系统数据对象的E-R图，有读者和图书两个实体型，矩形框标识的是实体名，椭圆框标识的是实体属性，每个属性与实体名用无向边连接。读者和图书之间的联系是多对多，也就是说一个读者可以借多本书，一本书可以反复被多个读者借阅。

图 1-10　图书管理系统数据对象 E-R 图

## 1.4.2　逻辑模型

概念模型是独立于任何数据库管理系统的信息结构，逻辑模型就是把概念模型 E-R 图转换为具体数据库管理系统所支持的数据模型逻辑结构。

### 1. 逻辑模型的三个组成要素

逻辑模型是面向具体数据库管理系统的全局逻辑结构的描述，是数据库系统的核心和基础，逻辑模型是一组描述数据库的概念。这些概念精确地描述了数据、数据之间的联系、数据库的完整性约束。逻辑模型的三个组成要素是数据结构、数据操作和数据的完整性约束。

① 数据结构：用于描述数据库系统的静态特征，主要研究数据本身的类型、内容、性质以及数据之间的联系等。

② 数据操作：用于描述数据库系统的动态行为，是对数据库中的对象执行操作的集合，包括操作及操作规则。主要操作有查询、插入、删除和修改，数据模型要定义这些操作的确切含义、操作符号、包括优先级在内的操作规则以及实现操作的语言等。

③ 数据的完整性约束：数据的约束条件是一组完整性规则的集合。数据以及有关联关系数据间必须遵守一定的约束条件，以保证数据的正确性、有效性和相容性。

### 2. 逻辑模型的三种类型

数据结构是刻画一个逻辑模型性质最重要的方面。因此在数据库系统中，人们通常按照数据结构的类型来命名数据库的逻辑模型。例如层次结构、网状结构和关系结构的逻辑模型分别命名为层次模型、网状模型和关系模型。

#### （1）层次模型

层次模型数据库系统是最早出现的数据模型，出现在 20 世纪 60 年代到 70 年代初期，层次模型以树状结构表示实体与实体之间的联系。层次模型的主要特征是：①有且仅有一个无父结点的根结点。②根结点以外的子结点，向上有且仅有一个父结点，向下可有若干子结点。

图 1-11 所示是一个教师课程层次模型，该层次模型有四个记录类型。系是根结点，有两个子结点，分别是教研室和课程。教研室是系的子结点，同时又是教师的父结点。

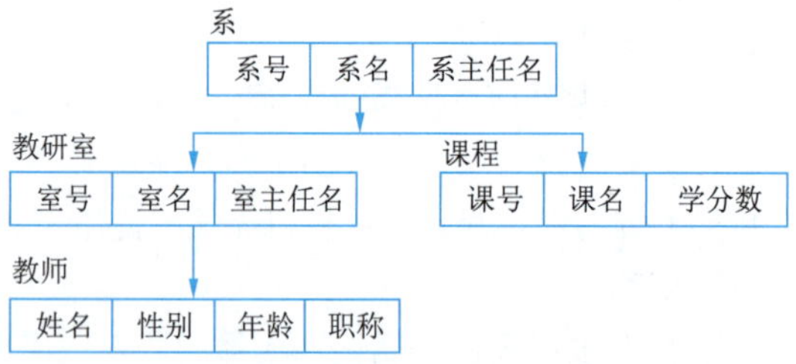

图 1-11　教师课程层次模型

#### （2）网状模型

网状模型是层次模型的扩展，实体与实体之间的联系不像层次模型中是唯一的，它表示多个从属关系的层次结构，呈现一种交叉关系的网络结构。网状模型的主要特征是：①允许一个以上的结点无父结点。②一个结点可以有多于一个的父结点。③网状模型是比层次模型更具有普遍性的数据结构，可以说层次模型是网状模型的特例。

图 1-12 所示是学生借书网状模型，有学生和图书两个父结点。每个学生可以借阅多本书，学生和借书之间是一对多联系。一本图书可以反复被多个学生借阅，图书和借书之间也是一对多联系。从图中可以看出借书结点有两个父结点，分别是学生和图书。

#### （3）关系模型

关系模型简单明了，具有坚实的数学理论基础，一经推出就受到了学术界和产业界的高度重视和广泛响应，并很快成为数据库市场的主流。关系模型是用"二维表"表示数据之间的关系。目前所有主流数据库都是关系型数据库。

图 1-13 所示是有关学生和课程的关系模型。可以看到有学生、课程两个实体型，每个实体的属性都有一组值，

实体的属性集合和每个属性的值构成一张二维表。学生与课程之间的联系也是通过二维表"选课"体现出来的。所以在关系模型中描述数据以及数据之间的联系，都是"二维表"的表现形式。

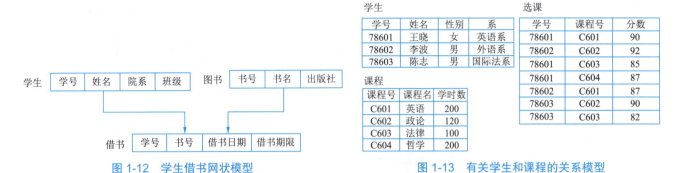

图 1-12　学生借书网状模型　　　　　图 1-13　有关学生和课程的关系模型

逻辑模型是数据库核心和基础，它规范了数据库中数据的组织形式，表示了数据及数据之间的联系。逻辑模型的好坏直接影响数据库的性能。

### 1.4.3　物理模型

物理模型是对数据最底层的抽象，描述数据在系统内部的表示方式和存取方法，或在物理介质上的存储方式和存取路径，是面向计算机系统的。物理模型的具体实现由具体数据库管理系统完成。专业数据库设计人员需要选择物理模型，普通数据库系统用户则不必考虑物理模型细节，本书不做详细描述。

## 小　结

本章主要分为四部分内容，包括数据库系统概述、数据库系统体系结构、数据库系统组成和数据模型等数据库的基本概念，带领读者学习了解数据库出现的必然性和应用场景，以及数据库系统、数据模型的相关知识。

## 习　题

一、名词解释

1. 实体（entity） 2. 属性（attribute） 3. 码（key） 4. 实体型（entity type） 5. 实体集（entity set）

二、简答题

1. 数据库技术发展的经历了哪三个阶段？操作系统是在哪个阶段出现的？
2. 数据库系统和操作系统是什么关系？
3. 通过了解数据库技术的三个发展阶段，谈谈数据库技术的必要性和重要性，以及现实生活数据库技术对你的影响。
4. 数据模型的三个组成要素分别用于解决什么问题？
5. 数据从现实世界进入数据库，需要经历现实世界、信息世界、机器世界三个阶段。数据模型按这三个阶段的应用层次分为三类，分别是什么？
6. 数据的三个阶段，即现实世界、信息世界、机器世界，"概念模型"是解决数据哪个阶段问题的？
7. 在数据库系统中的逻辑模型层面,按照数据库中数据之间联系的方式(即数据结构),划分不同的数据模型。常用的三种数据模型是什么？
8. 从以下两个方面描述实体联系的工具 E-R 图：

（1）E-R 图的三个要素，分别用什么形状表示？

（2）请列举实例说明实体间的三种联系。

# 第 2 章 关系数据库

关系数据库系统是目前最重要、应用最广泛的数据库系统。因此我们重点讲述关系模型的原理、技术和应用。

关系模型与以往的层次模型和网状模型不同，它是建立在严格的数学概念基础上。关系的数学基础来源于集合论，所以"关系"本身是集合论的一个概念。关系模型的数据结构非常简单，只包含单一的数据结构——关系。在用户看来，关系模型中数据的逻辑结构是一张扁平的二维表。关系模型的数据结构虽然简单，却能表达丰富的语义，描述出现实世界的实体以及实体间的各种联系。

关系模型是关系数据库系统的基础。关系是关系模型的核心。按照逻辑模型的三个要素，关系模型由关系数据结构、关系运算和关系完整性约束三部分构成。概括地说，关系数据库有三个基本内涵：一是在关系数据库中，信息被存放在二维表格中，一个关系数据库包含多个数据表，每一个表又包含了记录和字段；二是这些表之间是相互关联的，表之间的这种关联性是由主键和外键所体现的参照关系实现的；三是数据库不仅包含表，而且包含了其他数据库对象，如视图、存储过程、索引等。

### 本章知识要点

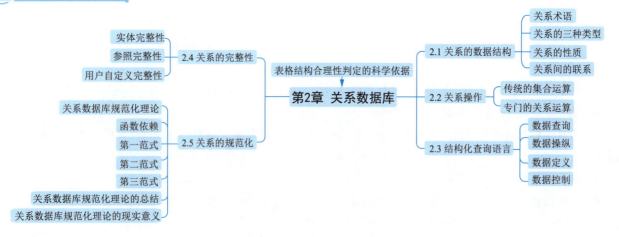

## 2.1 关系的数据结构

关系模型的数据结构是"关系"，从使用和操作者角度看来，关系模型中数据的逻辑结构就是一张二维表。在关系模型中，现实世界的实体以及实体间的联系都是由关系来表示。下面通过一张日常熟悉的二维表来说明关系数据库"二维表"的结构。如图 2-1 所示，这张有关"学生信息"的二维表，从结构上划分为两个部分：表格顶部的"表头"部分，即学号、姓名、性别、班级、出生日期这些名称，这是每一列的标题部分；"表头"下部的每一行数据构成了"表体"部分。

| 表头 | 学号 | 姓名 | 性别 | 班级 | 出生日期 | 数学 | 外语 |
|---|---|---|---|---|---|---|---|
| | 921001 | 华梅 | 女 | 1 | 2006年1月3日 | 93 | 87 |
| | 921003 | 宋冬 | 男 | 1 | 2004年9月15日 | 80 | 94 |
| | 922004 | 李青山 | 男 | 2 | 2005年8月5日 | 81 | 96 |
| | 922001 | 何淼 | 女 | 2 | 2007年9月25日 | 80 | 78 |
| 表体 | 921004 | 肖凌燕 | 女 | 1 | 2007年12月2日 | 90 | 93 |
| | 922003 | 李宇敏 | 男 | 2 | 2008年5月14日 | 85 | 86 |

图 2-1 学生信息

## 2.1.1 关系术语

关系数据库的"二维表"是如何定义的呢？关系数据库中与"二维表"数据结构相关的术语包括属性、关系模式、元组、关系、关键字、主关键字、候选关键字、外部关键字和分量。

① 属性。属性在二维表中对应的是"列"，在数据库中又称为"字段"，由名称、类型、长度和值构成。属性值的取值范围称值域，比如：性别只能取男、女，成绩取 0～100 等。

② 关系模式。在数据库中属性定义的集合称为关系模式，又称为"表结构"，不包含具体数据，即构成一张二维表所有列的名称。

③ 元组。元组在二维表中对应的是"行"，数据库中又称为"记录"，是关系的值。

④ 关系。元组集合与关系模式通称关系。

下面举例来说明关系术语与二维表各部分的对应关系，如图 2-2 所示。

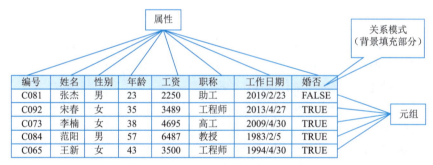

图 2-2 人事工资表

这是一张"人事工资表"，其中"属性"是指编号、姓名、性别、年龄、工资、职称、工作日期、婚否这些列，"属性名"就是这些列的名称。"属性名"的集合被定义为"关系模式"，也就是我们日常使用表格时常说的"表头"。"元组"是指每一行数据。关系模式与元组集合构成了"关系"，所以说"关系"是一张二维表。

⑤ 关键字。关键字是可以唯一标识一个元组的属性或属性组，又称为"键"（key）。因为数据库的元组是对现实世界客观事物的数据描述，而客观世界的事物彼此间是可区分的，所以数据化后，彼此间必然可区分，因此要有一个属性或属性组可以唯一标识一个元组，即"键"不允许重复。

⑥ 主关键字。当前关系被指定使用的能唯一标识一个元组的属性或属性组称为主关键字（primary key），又称为"主键"。主键不允许重复，且不允许为空，因为空值说明存在某个不可标识的实体，而这和唯一标识矛盾。下面举例来说明"主关键字"。学生表属性有学号、姓名、性别、系、年级、班级，其中，主关键字是学号，学号可以唯一标识一个元组，即一个学生。选课表属性有学号、课程号、成绩，其中，一个学生可以选多门课，所以在这个表中学号会重复，同时一门课可以有多个学生选修，所以课程号也会重复。但是一个学生的一门课程的成绩是唯一的，所以学号和课程号，这两个属性组成的属性组是选课表的主关键字。公寓表属性有宿舍号、性别、应住人数、现住人数，其中主关键字是宿舍号，宿舍号可以唯一标识一个元组，即一个宿舍。

⑦ 候选关键字。在一个关系中可能会有多个关键字，没有被指定为主关键字的键则称为候选关键字，即非主属性的键称为候选关键字，候选关键字仍然具备不允许重复且不允许为空的特征。

⑧ 外部关键字。外部关键字是两个关系的公共属性，在本关系中不是主关键字，但在另一个关系是主关键字。

⑨ 分量。分量是元组中一个属性的值。关系模型要求关系的每一个分量必须是一个不可再分的数据项。

如图2-3所示，这是一张"企业员工信息表"，下面通过这例子来理解关系模型的数据结构与关系数据库二维表的对应关系。

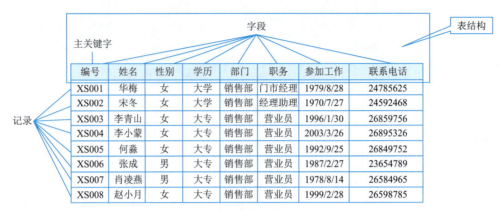

图2-3 企业员工信息表

关系数据库中二维表包括字段、表结构、记录、关系和主关键字。其中每一列称为"字段"，对应关系模型的属性。字段名的集合构成表结构，对应关系模型的关系模式。每一行称为"记录"，对应关系模型的元组。表结构和记录的集合构成二维表，对应关系模型的关系。字段"编号"是主关键字，可以唯一确定一个员工。

## 2.1.2 关系的三种类型

关系的三种类型是基本表、查询表和视图表。其中基本表通常称为基本关系，是实际存储数据的表；查询表是查询结果对应的表；视图表是由基本表或其他视图导出的表，是虚表，不对应实际存储的数据。

关系的三种类型应用到目前数据库系统，体现在数据库系统的三级模式结构，如图2-4所示，数据库系统由外模式、模式和内模式三级构成，其中外模式包括若干视图，模式包括若干基本表，内模式包括若干物理存储文件。用

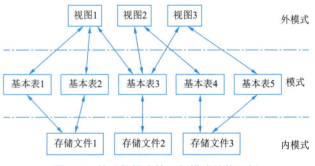

图2-4 关系数据库的三级模式结构示例

户可以对外模式的视图和模式的基本表进行查询和其他操作，内模式的存储文件物理结构对用户是隐藏的。

基本表是独立存在的表，在关系数据库管理系统中一个关系就对应一个基本表，一个或多个基本表对应一个存储文件。视图是一个或几个基本表导出的表，它不独立存储在数据库中，即数据库中只存放视图的定义而不存放视图对应的数据，因此视图是虚表。这部分内容的详细讲解，将会在后续利用Access关系数据库工具创建表、创建查询、创建视图的学习中深入分析和讲解。

## 2.1.3 关系的性质

关系中的基本关系是实际存储数据的表，但并不是所有的二维表都是关系。关系模型要求关系必须是规范化的，也就是要求必须满足具体的规范条件，如下：

① 列是同质的，即每一列中的分量是同一类型的数据。

② 不同属性要给予不同的属性名，也就是属性名不能重复。

③ 列的顺序无关紧要，即列的顺序可以任意交换。

④ 任意两个元组的候选码不能取相同的值。候选码同样具有码的特性，不允许重复。

⑤ 行的顺序无关紧要，即行的顺序可以任意交换。

⑥ 每一个分量都必须是不可分的数据项。

这些规范条件中最基本的一条是关系的每一个分量必须是一个不可分的数据项。如图2-5所示，"员工请假明

细"表属性包括：基本信息、请假种类、请假明细、应扣工资四个属性，其中基本信息、请假种类和请假明细又分为多个子数据项，如请假种类分为事假、年假、病假，这张表同属性数据被分列记录，不符合关系的性质，所以这张二维表不是关系。这样的二维表在数据库中是不允许的。通俗地说，关系表中不允许还有表。

员工请假明细

| 基本信息 | | 请假种类 | | | 请假明细 | | | 应扣工资 |
|---|---|---|---|---|---|---|---|---|
| 日期 | 姓名 | 事假 | 年假 | 病假 | 天数 | 年天数 | 累积休假 | 应扣天数 |

图 2-5　不满足关系性质的二维表

### 2.1.4　关系间的联系

关系数据库中每个实体成为一个关系，关系间的联系分为三类，分别是一对一（记作 1∶1）、一对多（记作 1∶n）、多对多（记作 m∶n）。

如果对于实体集 A 的每一个实体，实体集 B 至多有一个实体与之联系，反之亦然，则称实体集 A 与实体集 B 具有一对一联系。

如果对于实体集 A 的每一个实体，实体集 B 有 n 个实体（$n \geq 0$）与之联系，反之，对于实体集 B 中的每一个实体，实体集 A 中至多只有一个实体与之联系，则称实体集 A 与实体集 B 有一对多联系。

对于实体集 A 中的每一个实体，实体集 B 中有 n 个实体（$n \geq 0$）与之联系，反之，对于实体集 B 中的每一个实体，实体集 A 中也有 m 个实体（$m \geq 0$）与之联系，则称实体 A 与实体 B 具有多对多的联系。

举例来说：学生和学号之间是一对一联系，每个学生只有一个学号，每个学号只对一个学生；院系和学生之间是一对多联系，一个院系有多个学生，每个学生只归属一个院系；学生和课程之间是多对多联系，一个学生可以选多门课程，每门课程可以被多个学生选。

## 2.2　关系操作

关系数据模型是关系数据库系统的基础，关系是关系数据模型的核心。关系数据模型由数据结构、关系操作和完整性约束三部分构成，如图 2-6 所示。

关系模型中常用的关系操作包括查询操作和插入、删除、修改操作。关系的查询表达能力很强，是关系操作中最重要的部分。关系操作的特点是集合操作，即操作的对象和结果都是集合。关系的操作能力通常用关系代数来表示，关系代数的运算对象是关系，运算结果也是关系，所以关系代数的运算是按照用到的两类运算符来划分的，分为传统的集合运算和专门的关系运算。

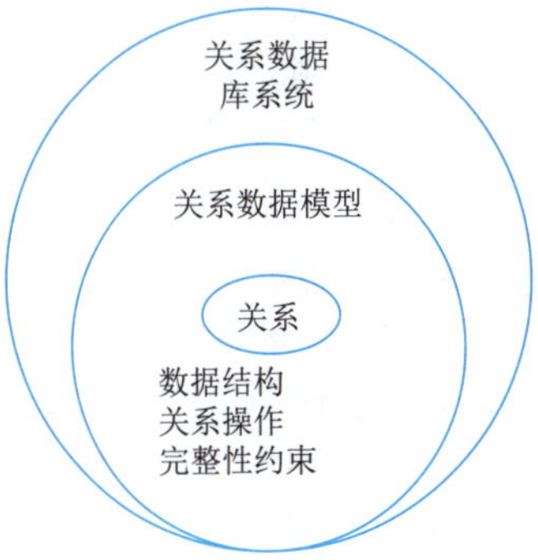

### 2.2.1　传统的集合运算

图 2-6　关系模型逻辑结构

传统的集合运算包括并、交、差、积四种运算。传统的集合运算将关系看成元组的集合，其运算是从关系的"水平"方向，即行的方向来进行。

① 并运算：设 R 和 S 是 n 元关系，而且两者各对应属性的数据类型也相同。R 和 S 的并运算定义为 $R \cup S = \{t | t \in R \lor t \in S\}$。

② 交运算：设 R 和 S 是 n 元关系，而且两者各对应属性的数据类型也相同。R 和 S 的交运算定义为 $R \cap S = \{t | t \in R \land t \in S\}$。

③ 差运算：设 R 和 S 是 n 元关系，而且两者各对应属性的数据类型也相同。R 和 S 的差运算定义为 $R - S = \{t | t \in R \land t \notin S\}$。

④ 笛卡儿积运算：设 R 是 n 元关系，S 是 m 元关系，R 和 S 的笛卡儿积运算定义为

$$R \times S = \{(r_1, \ldots, r_n, s_1, \ldots, s_m) | (r_1, \ldots, r_n) \in R \land (s_1, \ldots, s_m) \in S\}$$

下面以读者表 R（见表 2-1）和读者表 S（见表 2-2）两个关系为例，说明传统集合运算并运算、交运算和差运算在关系数据库的应用。

## 表 2-1 读者表 R

| 学 号 | 姓名 | 性别 | 系 | 班级 | 出生日期 | 籍贯 |
|---|---|---|---|---|---|---|
| 202131006 | 高峰 | 男 | 外语系 | 2021311 | 2003/6/2 | 天津市 |
| 202121002 | 李贝 | 男 | 外交学系 | 2021111 | 2003/8/21 | 上海市 |
| 202121011 | 张亮 | 男 | 国际法系 | 2021411 | 2002/9/11 | 江苏省 |
| 202141003 | 恬静 | 女 | 国际法系 | 2021412 | 2004/11/12 | 上海市 |
| 202121012 | 陆军 | 男 | 英语系 | 2021212 | 2002/3/6 | 湖南省 |

## 表 2-2 读者表 S

| 学 号 | 姓名 | 性别 | 系 | 班级 | 出生日期 | 籍贯 |
|---|---|---|---|---|---|---|
| 202131001 | 马严 | 男 | 外语系 | 2021311 | 2004/12/4 | 山东省 |
| 202111010 | 王立 | 女 | 外交学系 | 2021111 | 2003/5/18 | 上海市 |
| 202121011 | 张亮 | 男 | 国际法系 | 2021411 | 2002/9/11 | 江苏省 |
| 202141003 | 恬静 | 女 | 国际法系 | 2021412 | 2004/11/12 | 上海市 |
| 202121012 | 陆军 | 男 | 英语系 | 2021212 | 2002/3/6 | 湖南省 |

读者表 R 和 S 的并、交、差的运算结果见表 2-3 ~ 表 2-5。

## 表 2-3 读者表 R ∪ 读者表 S

| 学 号 | 姓名 | 性别 | 系 | 班级 | 出生日期 | 籍贯 |
|---|---|---|---|---|---|---|
| 202131006 | 高峰 | 男 | 外语系 | 2021311 | 2003/6/2 | 天津市 |
| 202121002 | 李贝 | 男 | 外交学系 | 2021111 | 2003/8/21 | 上海市 |
| 202121011 | 张亮 | 男 | 国际法系 | 2021411 | 2002/9/11 | 江苏省 |
| 202141003 | 恬静 | 女 | 国际法系 | 2021412 | 2004/11/12 | 上海市 |
| 202121012 | 陆军 | 男 | 英语系 | 2021212 | 2002/3/6 | 湖南省 |
| 202131001 | 马严 | 男 | 外语系 | 2021311 | 2004/12/4 | 山东省 |
| 202111010 | 王立 | 女 | 外交学系 | 2021111 | 2003/5/18 | 上海市 |

## 表 2-4 读者表 R ∩ 读者表 S

| 学 号 | 姓名 | 性别 | 系 | 班级 | 出生日期 | 籍贯 |
|---|---|---|---|---|---|---|
| 202121011 | 张亮 | 男 | 国际法系 | 2021411 | 2002/9/11 | 江苏省 |
| 202141003 | 恬静 | 女 | 国际法系 | 2021412 | 2004/11/12 | 上海市 |
| 202121012 | 陆军 | 男 | 英语系 | 2021212 | 2002/3/6 | 湖南省 |

## 表 2-5 读者表 R − 读者表 S

| 学 号 | 姓名 | 性别 | 系 | 班级 | 出生日期 | 籍贯 |
|---|---|---|---|---|---|---|
| 202131006 | 高峰 | 男 | 外语系 | 2021311 | 2003/6/2 | 天津市 |
| 202121002 | 李贝 | 男 | 外交学系 | 2021111 | 2003/8/21 | 上海市 |

下面以读者表 R（见表 2-6）和图书表 S（见表 2-7）两个关系为例，说明传统集合运算笛卡儿积运算在关系数据库的应用。

## 表 2-6 读者表 R

| 学号 | 姓名 | 性别 | 系 | 班级 |
|---|---|---|---|---|
| 202131006 | 高峰 | 男 | 外语系 | 2021311 |
| 202121002 | 李贝 | 男 | 外交学系 | 2021111 |

## 表 2-7 图书表 S

| 图书编码 | 图书名称 | 作者 | 出版社 | 价格 |
|---|---|---|---|---|
| fre01 | 法语翻译 | 杨冰 | 外研出版社 | 16.50 |
| lit02 | 唐诗宋词选 | 孙晓英 | 人民教育出版社 | 12.00 |
| com01 | 数据库应用基础 | 李燕 | 高等教育出版社 | 23.60 |

读者表 R 和图书表 S 的笛卡儿积运算结果见表 2-8。

## 表 2-8 读者表 R × 图书表 S

| 学号 | 姓名 | 性别 | 系 | 班级 | 图书编码 | 图书名称 | 作者 | 出版社 | 价格 |
|---|---|---|---|---|---|---|---|---|---|
| 202131006 | 高峰 | 男 | 外语系 | 2021311 | fre01 | 法语翻译 | 杨冰 | 外研出版社 | 16.50 |
| 202131006 | 高峰 | 男 | 外语系 | 2021311 | lit02 | 唐诗宋词选 | 孙晓英 | 人民教育出版社 | 12.00 |
| 202131006 | 高峰 | 男 | 外语系 | 2021311 | com01 | 数据库应用基础 | 李燕 | 高等教育出版社 | 23.60 |
| 202121002 | 李贝 | 男 | 外交学系 | 2021111 | fre01 | 法语翻译 | 杨冰 | 外研出版社 | 16.50 |
| 202121002 | 李贝 | 男 | 外交学系 | 2021111 | lit02 | 唐诗宋词选 | 孙晓英 | 人民教育出版社 | 12.00 |
| 202121002 | 李贝 | 男 | 外交学系 | 2021111 | com01 | 数据库应用基础 | 李燕 | 高等教育出版社 | 23.60 |

### 2.2.2 专门的关系运算

专门的关系运算包括选择、投影、连接等。专门的关系运算不仅涉及行的运算，而且涉及列的运算。在 Access 数据库的关系操作中，查询操作主要使用的是专门关系运算。

① 选择运算：是从关系中找出满足条件的记录，是关系的"横向"操作。

② 投影运算：是从关系中选取若干个字段组成一个新的关系，是关系的"纵向"操作。

③ 连接运算：是两个关系通过"公共属性"连接成一个关系。

下面举例说明，从读者表（见表 2-9）中查询出所有"男"生的记录，这是从读者表中查询满足条件的记录，结果见表 2-10，属于选择运算。

## 表 2-9 读者表

| 学 号 | 姓名 | 性别 | 系 | 班级 | 出生日期 | 籍贯 |
|---|---|---|---|---|---|---|
| 202131006 | 高峰 | 男 | 外语系 | 2021311 | 2003/6/2 | 天津市 |
| 202121002 | 李贝 | 男 | 外交学系 | 2021111 | 2003/8/21 | 上海市 |
| 202121011 | 张亮 | 男 | 国际法系 | 2021411 | 2002/9/11 | 江苏省 |
| 202141003 | 恬静 | 女 | 国际法系 | 2021412 | 2004/11/12 | 上海市 |
| 202121012 | 陆军 | 男 | 英语系 | 2021212 | 2002/3/6 | 湖南省 |

显示读者表（见表2-9）中学号、姓名、性别、出生日期、籍贯，这是从读者表中选取五个字段组成一个新的关系，结果见表2-11，属于投影运算。

表2-10 查询所有"男"生记录的读者表（选择运算）

| 学 号 | 姓名 | 性别 | 系 | 班 级 | 出生日期 | 籍 贯 |
|---|---|---|---|---|---|---|
| 202131006 | 高峰 | 男 | 外语系 | 2021311 | 2003/6/2 | 天津市 |
| 202121002 | 李贝 | 男 | 外交学系 | 2021111 | 2003/8/21 | 上海市 |
| 202121011 | 张亮 | 男 | 国际法系 | 2021411 | 2002/9/11 | 江苏省 |
| 202121012 | 陆军 | 男 | 英语系 | 2021212 | 2002/3/6 | 湖南省 |

表2-11 查询"男"生记录部分字段的读者表（投影运算）

| 学 号 | 姓名 | 性别 | 出生日期 | 籍 贯 |
|---|---|---|---|---|
| 202131006 | 高峰 | 男 | 2003/6/2 | 天津市 |
| 202121002 | 李贝 | 男 | 2003/8/21 | 上海市 |
| 202121011 | 张亮 | 男 | 2002/9/11 | 江苏省 |
| 202121012 | 陆军 | 男 | 2002/3/6 | 湖南省 |

显示所有借书同学名单，字段包括学号、图书编号、姓名、班级，这是从读者表（见表2-9）和借还书表（见表2-12）两个关系中通过公共属性"学号"连接成一个关系，结果见表2-13，属于连接运算。

表2-12 借还书表

| 学 号 | 图书编码 | 借书日期 | 借书期限 | 还书日期 | 过期金额 | 还标记 |
|---|---|---|---|---|---|---|
| 202121011 | com02 | 2019/11/10 | 30 | 2020/1/2 | 11.5 | TRUE |
| 202121011 | law01 | 2020/11/12 | 30 | 2020/12/10 | 0.00 | TRUE |
| 202131006 | lit05 | 2021/5/24 | 30 |  | 0.00 | FALSE |
| 202131006 | lit02 | 2019/11/4 | 30 | 2019/11/30 | 0.00 | TRUE |
| 202141003 | law01 | 2018/10/26 | 30 | 2018/12/1 | 3.00 | TRUE |
| 202121011 | lit02 | 2021/1/20 | 30 |  | 0.00 | FALSE |
| 202121003 | com01 | 2019/11/24 | 30 | 2019/12/1 | 0.00 | TRUE |
| 202121003 | com01 | 2019/7/16 | 30 | 2019/10/1 | 23.5 | TRUE |

表2-13 查询所有借书同学的读者表与借还书表（连接运算）

| 学 号 | 图书编码 | 姓名 | 班 级 |
|---|---|---|---|
| 202121011 | com02 | 张亮 | 2021411 |
| 202121011 | law01 | 张亮 | 2021411 |
| 202131006 | lit05 | 高峰 | 2021311 |
| 202131006 | lit02 | 高峰 | 2021311 |
| 202141003 | law01 | 恬静 | 2021412 |
| 202121011 | lit02 | 张亮 | 2021411 |

## 2.3 结构化查询语言

结构化查询语言（structured query language, SQL）是一种关系数据库中通用的定义和操纵数据的标准语言，具有功能丰富、使用方便灵活、语言简洁易学等突出的优点，深受计算机工业界和计算机用户的欢迎。1986年10月，经美国国家标准局 ANSI（American national standards institute）的数据库委员会 X3H2批准，SQL作为关系数据库语言的美国标准，同年公布了标准 SQL。此后不久，国际标准化组织 ISO（international standard organization）通过了这一标准。SQL 纳入国际标准，及其后的发展称为"一场革命"，使数据库世界连接为一个统一的整体。

结构化查询语言按命令功能通常分为四类（见表2-14）。

结构化查询语言的特点有：①关系数据库国际标准语言；②集数据定义、数据查询、数据操纵和数据控制于一体的语言；③语言简洁易用；④语法结构统一。

表2-14 SQL语言分类

| SQL类别 | 命 令 动 词 |
|---|---|
| 数据查询 | SELECT |
| 数据操纵 | INSERT、UPDATE、DELETE |
| 数据定义 | CREATE、ALTER、DROP |
| 数据控制 | GRANT、REVOKE |

### 2.3.1 数据查询

SQL数据查询的命令动词是 SELECT，查询功能是 SQL 中最主要、最核心的部分。查询语言用来对已经存在于数据库中的数据按照特定的组合、条件表达式或次序进行检索，其基本语法格式是：

```
SELECT   [ALL|DISTINCT] 表达式1 [AS 显示列名] [，表达式2  [AS 显示列名]…]    FROM 表或视图名
[WHERE  条件表达式 [AND | OR 条件表达式…]]
[ORDER BY  排序依据列 [ASC | DESC] ]
[GROUP BY 分组依据列 ]
[HAVING  条件表达式 ];
```

SELECT 指定要查看数据的字段，FROM 指定数据来源的表或视图，WHERE 指定查询的记录行。在 SQL 语言中，除了查询，许多其他功能都是基于 SELECT 语句。创建视图是利用查询语句来实现的，从另外一张或多张表中选择符合条件的数据插入数据时也是要利用查询语句。所以，查询语句是 SQL 语言的关键。

## （1）SLECT 命令语言符号含义说明

SELECT 命令的语法公式中除了参数之外，还有中括号、竖线等语言符号，在具体书写命令时这些符号不需出现，符号的具体含义如下：

[ ]：表示可选项，根据实际使用需要选择使用。

|：表示多选项，使用时选择其中之一。

## （2）SELECT 查询常用的聚合函数

查询 SELECT 命令中可以进行计数、求和、平均值、最大值和最小值等的运算，可以实现这类运算的函数称为聚合函数，查询中常用的聚合函数见表 2-15。

下面以图书管理数据库读者表（见表 2-16）、图书表（见表 2-17）和借还书表（见表 2-18）为例说明 SELECT 语法使用。

表 2-15 查询的聚合函数

| 函 数 名 | 功 能 |
|---|---|
| COUNT(*) | 统计记录个数 |
| SUM(字段名) | 统计指定字段的总和 |
| AVG(字段名) | 统计指定字段的平均值 |
| MAX(字段名) | 统计指定字段的最大值 |
| MIN(字段名) | 统计指定字段的最小值 |

表 2-16 读者表

| 学 号 | 姓 名 | 性 别 | 系 | 班 级 | 出 生 日 期 | 籍 贯 |
|---|---|---|---|---|---|---|
| 202131006 | 高峰 | 男 | 外语系 | 2021311 | 2003/6/2 | 天津市 |
| 202121002 | 李贝 | 男 | 外交学系 | 2021111 | 2003/8/21 | 上海市 |
| 202121011 | 张亮 | 男 | 国际法系 | 2021411 | 2002/9/11 | 江苏省 |
| 202141003 | 恬静 | 女 | 国际法系 | 2021412 | 2004/11/12 | 上海市 |
| 202121012 | 陆军 | 男 | 英语系 | 2021212 | 2002/3/6 | 湖南省 |
| 202131001 | 马严 | 男 | 外语系 | 2021311 | 2004/12/4 | 山东省 |
| 202111010 | 王立 | 女 | 外交学系 | 2021111 | 2003/5/18 | 上海市 |
| 202141008 | 王方 | 女 | 国际法系 | 2021411 | 2003/10/2 | 江苏省 |
| 202121003 | 匡明 | 男 | 英语系 | 2021211 | 2004/2/2 | 甘肃省 |

表 2-17 图书表

| 图 书 编 码 | 图 书 名 称 | 作 者 | 出 版 社 | 出 版 日 期 | 价 格 |
|---|---|---|---|---|---|
| fre01 | 法语翻译 | 杨冰 | 外研出版社 | 2009/9/29 | 16.50 |
| lit02 | 唐诗宋词选 | 孙晓英 | 人民教育出版社 | 2005/10/22 | 12.00 |
| com01 | Access 数据库应用基础 | 李燕 | 高等教育出版社 | 2011/1/31 | 23.60 |
| law01 | 民法 | 张玲玲 | 高等教育出版社 | 2007/4/23 | 34.50 |
| com02 | 计算机应用教程 | 王中 | 清华大学出版社 | 2009/3/27 | 36.00 |
| eng01 | 英语写作应用 | 刘楠 | 外研出版社 | 2008/5/3 | 16.00 |
| eng02 | 高级英语翻译 | 杨予光 | 外研出版社 | 2008/11/20 | 20.60 |
| jap01 | 标准日本语 | 周山 | 人民教育出版社 | 2003/4/25 | 25.60 |
| lit01 | 外国文学史选编 | 毛向 | 文学出版社 | 2006/3/10 | 45.00 |
| lit03 | 三毛散文全编 - 稻草人手记 | 三毛 | 湖南文艺出版社 | 2007/2/27 | 15.00 |
| lit04 | 三毛散文全编 - 温柔的夜 | 三毛 | 湖南文艺出版社 | 2007/2/27 | 12.50 |
| lit05 | 三毛散文全编 - 撒哈拉沙漠 | 三毛 | 湖南文艺出版社 | 2007/2/27 | 10.50 |

表 2-18 借还书表

| 学 号 | 图书编码 | 借书日期 | 借书期限 | 还书日期 | 过期金额 | 还 标 记 |
|---|---|---|---|---|---|---|
| 202121011 | com02 | 2019/11/10 | 30 | 2020/1/2 | 11.5 | TRUE |
| 202121011 | law01 | 2020/11/12 | 30 | 2020/12/10 | 0.00 | TRUE |
| 202131006 | lit05 | 2021/5/24 | 30 | | 0.00 | FALSE |
| 202131006 | lit02 | 2019/11/4 | 30 | 2019/11/30 | 0.00 | TRUE |
| 202141003 | law01 | 2018/10/26 | 30 | 2018/12/1 | 3.00 | TRUE |
| 202121011 | lit02 | 2021/1/20 | 30 | | 0.00 | FALSE |
| 202121003 | com01 | 2019/11/24 | 30 | 2019/12/1 | | TRUE |
| 202121003 | jap01 | 2019/7/16 | 30 | 2019/10/1 | 23.5 | TRUE |

1. 单表查询（选择运算）

**例 2-1** 查询读者表所有记录。

```
SELECT * FROM 读者表
```

查询结果见表 2-16。

2. 单表指定字段查询（投影运算）

**例 2-2** 查询读者表所有记录，字段包括学号、姓名、性别、系。

```
SELECT 学号,姓名,性别,系 FROM 读者表；
```

查询结果见表 2-19。

3. 单表单条件查询（选择和投影运算）

**例 2-3** 查询"国际法系"读者信息，字段包括学号、姓名、性别、系。这个查询增加了条件"国际法系"。

```
SELECT 学号,姓名,性别,系 FROM 读者表
WHERE 系="国际法系"；
```

查询结果见表 2-20。

4. 单表多个组合条件查询（选择和投影运算）

**例 2-4** 查询"国际法系"的"男"读者信息，字段包括学号、姓名、性别、系。这个查询增加了条件"国际法系"和性别"男"，这两个条件是"与"关系。

```
SELECT 学号,姓名,性别,系 FROM 读者表
WHERE 系="国际法系" AND 性别="男"；
```

查询结果见表 2-21。

5. 单表组合条件、排序查询

**例 2-5** 查询"国际法系"的读者信息，学号按降序排序，字段包括学号、姓名、性别、系。这个查询在例 2-3 查询的基础上增加了按学号降序排序。

```
SELECT 学号,姓名,性别,系 FROM 读者表
WHERE 系="国际法系"
ORDER BY 学号 DESC；
```

查询结果见表 2-22。

6. 聚合函数查询

**例 2-6** 统计不同出版社图书数量。

```
SELECT 出版社,COUNT(*) AS 图书数量 FROM 图书表
GROUP BY 出版社；
```

查询结果见表 2-23。

7. 两表联合查询（连接运算）

**例 2-7** 查询显示所有借书读者的信息，显示字段包括学号、姓名、班级、图书编码、借书日期。其中学号、姓名、班级来源于读者表，学号、图书编码、借书日期来源于借还书表，"学号"是两个表的公共属性。这个查询的数据源是读者表、借还书表。

```
SELECT 读者表.学号,姓名,班级,图书编码,借书日期 FROM 读者表,借还书表
WHERE 读者表.学号 = 图书表.学号；
```

查询结果见表 2-24。

表 2-19 查询读者表所有读者的部分字段（投影运算）

| 学　号 | 姓　名 | 性　别 | 系 |
| --- | --- | --- | --- |
| 202131006 | 高峰 | 男 | 外语系 |
| 202121002 | 李贝 | 男 | 外交学系 |
| 202121011 | 张亮 | 男 | 国际法系 |
| 202141003 | 恬静 | 女 | 国际法系 |
| 202121012 | 陆军 | 男 | 英语系 |
| 202131001 | 马严 | 男 | 外语系 |
| 202111010 | 王立 | 女 | 外交学系 |
| 202141008 | 王方 | 女 | 国际法系 |
| 202121003 | 匡明 | 男 | 英语系 |

表 2-20 查询读者表"国际法系"读者（选择和投影运算）

| 学　号 | 姓　名 | 性　别 | 系 |
| --- | --- | --- | --- |
| 202121011 | 张亮 | 男 | 国际法系 |
| 202141003 | 恬静 | 女 | 国际法系 |
| 202141008 | 王方 | 女 | 国际法系 |

表 2-21 查询读者表"国际法系"的"男"读者（选择和投影运算）

| 学　号 | 姓　名 | 性　别 | 系 |
| --- | --- | --- | --- |
| 202121011 | 张亮 | 男 | 国际法系 |

表 2-22 查询读者表"国际法系"读者部分字段（学号按降序排序）

| 学　号 | 姓　名 | 性　别 | 系 |
| --- | --- | --- | --- |
| 202141008 | 王方 | 女 | 国际法系 |
| 202141003 | 恬静 | 女 | 国际法系 |
| 202121011 | 张亮 | 男 | 国际法系 |

表 2-23 统计图书表不同出版社图书数量（聚合函数查询）

| 出　版　社 | 图书数量 | 出　版　社 | 图书数量 |
| --- | --- | --- | --- |
| 高等教育出版社 | 2 | 人民教育出版社 | 2 |
| 湖南文艺出版社 | 3 | 外研出版社 | 3 |
| 清华大学出版社 | 1 | 文学出版社 | 1 |

### 8. 三表联合查询（连接运算）

**例 2-8** 查询显示所有借书读者的信息，显示字段包括学号、姓名、班级、图书编码、图书名称、借书日期。其中学号、姓名、班级来源于读者表，学号、图书编码、借书日期来源于借还书表，图书编码、图书名称来源于图书表。"学号"是读者表和借还书表的公共属性，"图书编码"是图书表和借还书表的公共属性。这个查询的数据源是读者表、借还书表、图书表。

表 2-24 读者表与借还书表连接查询

| 学 号 | 姓 名 | 班 级 | 图书编码 | 借书日期 |
|---|---|---|---|---|
| 202121011 | 张亮 | 2021411 | com02 | 2019/11/10 |
| 202121011 | 张亮 | 2021411 | law01 | 2020/11/12 |
| 202131006 | 高峰 | 2021311 | lit05 | 2021/5/24 |
| 202131006 | 高峰 | 2021312 | lit02 | 2019/11/4 |
| 202141003 | 恬静 | 2021412 | law01 | 2018/10/26 |
| 202121011 | 张亮 | 2021411 | lit02 | 2021/1/20 |
| 202121003 | 匡明 | 2021211 | com01 | 2019/11/24 |
| 202121003 | 匡明 | 2021212 | jap01 | 2019/7/16 |

```
SELECT 读者表.学号,姓名,班级,图书表.图书编码,
图书名称,借书日期 FROM 读者表,借还书表,图书表
    WHERE 读者表.学号 = 借还书表.学号 AND 图书表.图
书编码 = 借还书表.图书编码；
```

查询结果见表 2-25。

表 2-25 读者表、图书表与借还书表连接查询

| 学 号 | 姓 名 | 班 级 | 图书编码 | 图书名称 | 借书日期 |
|---|---|---|---|---|---|
| 202121011 | 张亮 | 2021411 | com02 | 计算机应用教程 | 2019/11/10 |
| 202121011 | 张亮 | 2021411 | law01 | 民法 | 2020/11/12 |
| 202131006 | 高峰 | 2021311 | lit05 | 三毛散文全编—撒哈拉沙漠 | 2021/5/24 |
| 202131006 | 高峰 | 2021312 | lit02 | 唐诗宋词选 | 2019/11/4 |
| 202141003 | 恬静 | 2021412 | law01 | 民法 | 2018/10/26 |
| 202121011 | 张亮 | 2021411 | lit02 | 唐诗宋词选 | 2021/1/20 |
| 202121003 | 匡明 | 2021211 | com01 | Access 数据库应用基础 | 2019/11/24 |
| 202121003 | 匡明 | 2021212 | jap01 | 标准日本语 | 2019/7/16 |

## 2.3.2 数据操纵

### 1. 插入数据

SQL 插入数据的命令动词是 INSERT，有两种方法可以向表中插入数据：一是用 VALUES 参数直接给各字段赋值；二是通过一条查询语句把从其他表或视图中选取的数据插入。无论何种方法，在 Access 中插入数据时要注意：①输入项的顺序和数据类型必须与表中列的顺序和数据类型相对应；②要保证表定义时的非空列（NOT NULL）必须有值；③字符型值插入时要加双引号；④日期型值插入时要加双 # 号。

插入数据 INSERT 的基本语法格式是：

```
INSERT INTO 表名（[字段名1[,字段名2]…）
VALUES（常量1[,常量2]…）；
```

**例 2-9** 在读者表 S 中插入一条记录。

```
INSERT INTO 读者表S（学号，姓名，性别，系，班级，出生日期，籍贯）
VALUSES（"202114009"，"华梅"，"女"，"国际法系"，"2021411"，#2003/12/21#，"北京市"）
```

读者表 S 尾部插入一条新记录，运行结果见表 2-26。

**例 2-10** 把读者表 S（见表 2-2）中"外交学系"的读者，插入到读者表 R（见表 2-1）中，这两张表的结构相同。

```
INSERT INTO 读者表R
SELECT * FROM 读者表S  WHERE 系 = "外交学系";
```

读者表 R 中增加了一条由读者表 S 复制插入的"外交学系"记录，运行结果见表 2-27。

### 2. 修改数据

SQL 修改数据的命令动词是 UPDATE，基本语法格式是：

```
UPDATE 表名
SET 字段1=表达式1 [, 字段2=表达式2]…
```

```
WHERE 条件表达式；
```

表 2-26  读者表 S 插入一条记录

| 学 号 | 姓名 | 性别 | 系 | 班级 | 出生日期 | 籍 贯 |
|---|---|---|---|---|---|---|
| 202131001 | 马严 | 男 | 外语系 | 2021311 | 2004/12/4 | 山东省 |
| 202111010 | 王立 | 女 | 外交学系 | 2021111 | 2003/5/18 | 上海市 |
| 202121011 | 张亮 | 男 | 国际法系 | 2021411 | 2002/9/11 | 江苏省 |
| 202141003 | 恬静 | 女 | 国际法系 | 2021412 | 2004/11/12 | 上海市 |
| 202121012 | 陆军 | 男 | 英语系 | 2021212 | 2002/3/6 | 湖南省 |
| 202114009 | 华梅 | 女 | 国际法系 | 2021411 | 2003/12/21 | 北京市 |

表 2-27  读者表 R 中增加了读者表 S 中"外交学系"的读者

| 学 号 | 姓名 | 性别 | 系 | 班级 | 出生日期 | 籍 贯 |
|---|---|---|---|---|---|---|
| 202131006 | 高峰 | 男 | 外语系 | 2021311 | 2003/6/2 | 天津市 |
| 202121002 | 李贝 | 男 | 外交学系 | 2021111 | 2003/8/21 | 上海市 |
| 202121011 | 张亮 | 男 | 国际法系 | 2021411 | 2002/9/11 | 江苏省 |
| 202141003 | 恬静 | 女 | 国际法系 | 2021412 | 2004/11/12 | 上海市 |
| 202121012 | 陆军 | 男 | 英语系 | 2021212 | 2002/3/6 | 湖南省 |
| 202111010 | 王立 | 女 | 外交学系 | 2021111 | 2003/5/18 | 上海市 |

**例 2-11**  读者表 R 中"外交学系"的读者修改为"外交学与外事管理系"。

```
UPDATE 读者表 R
SET 系 = "外交学与外事管理系"
WHERE 系 = "外交学系"；
```

读者表 R 的"外交学系"读者的系修改为"外交学与外事管理系"，运行结果见表 2-28。

### 3. 删除数据

SQL 删除数据的命令动词是 DELETE，基本语法格式是：

```
DELETE FROM 表名
WHERE 条件表达式；
```

若不加 WHERE 子句，则删除表中的所有的记录，所以请小心使用。

**例 2-12**  删除读者表 R 中"2021311 班"的读者。

```
DELETE FROM 读者表 R
WHERE 班级 = "2021311"；
```

读者表 R "2021311"班的读者被删除，运行结果见表 2-29。

表 2-28  读者表 R "外交学系"读者的系修改为"外交学与外事管理系"

| 学 号 | 姓名 | 性别 | 系 | 班级 | 出生日期 | 籍 贯 |
|---|---|---|---|---|---|---|
| 202131006 | 高峰 | 男 | 外语系 | 2021311 | 2003/6/2 | 天津市 |
| 202121002 | 李贝 | 男 | 外交学与外事管理系 | 2021111 | 2003/8/21 | 上海市 |
| 202121011 | 张亮 | 男 | 国际法系 | 2021411 | 2002/9/11 | 江苏省 |
| 202141003 | 恬静 | 女 | 国际法系 | 2021412 | 2004/11/12 | 上海市 |
| 202121012 | 陆军 | 男 | 英语系 | 2021212 | 2002/3/6 | 湖南省 |
| 202111010 | 王立 | 女 | 外交学与外事管理系 | 2021111 | 2003/5/18 | 上海市 |

表 2-29  读者表 R "2021311"班级的读者被删除

| 学 号 | 姓名 | 性别 | 系 | 班级 | 出生日期 | 籍 贯 |
|---|---|---|---|---|---|---|
| 202121002 | 李贝 | 男 | 外交学与外事管理系 | 2021111 | 2003/8/21 | 上海市 |
| 202121011 | 张亮 | 男 | 国际法系 | 2021411 | 2002/9/11 | 江苏省 |
| 202141003 | 恬静 | 女 | 国际法系 | 2021412 | 2004/11/12 | 上海市 |
| 202121012 | 陆军 | 男 | 英语系 | 2021212 | 2002/3/6 | 湖南省 |
| 202111010 | 王立 | 女 | 外交学与外事管理系 | 2021111 | 2003/5/18 | 上海市 |

## 2.3.3  数据定义

### 1. 创建表

数据库创建之后，首先就是定义数据表，SQL 定义数据表的命令动词是 CREATE TABLE，基本语法格式是：

```
CREATE TABLE 表名
(字段名 1 数据类型 1  [字段级完整性约束 1]
[, 字段名 2 数据类型 2  [字段级完整性约束 2][, …]
[, 字段名 n 数据类型 n  [字段级完整性约束 n]
[表级完整性约束 n] )
```

**例 2-13**  创建读者表，命名为读者表 1。

```
CREATE TABLE 读者表 1
( 学号        CHAR(9) NOT NULL UNIQUE,
  姓名        CHAR(8),
```

```
性别        CHAR(1),
出生日期    DATE,
班级        CHAR(7),
系          CHAR(15));
```

运行结果数据库中增加一个名称为"读者表 1"的基本表。表结构包括学号、姓名、性别、出生日期、班级和系，总共六个字段。

2. 修改表

数据库的数据表创建之后，后续可能需要修改数据表的结构，包括增加、修改和删除字段。SQL 用于修改表的命令动词是 ALTER TABLE，基本语法格式是：

```
ALTER TABLE 表名
[ADD COLUMN 新字段名 数据类型（字段长度）  [完整性约束]]
[DROP COLUMN 字段名]
[ALTER COLUMN 字段名 数据类型（字段长度）];
```

**例 2-14** 向读者表 1 增加"籍贯"字段，数据类型为字符型，长度为 10。

```
ALTER TABLE 读者表1
ADD COLUMN 籍贯 TEXT(10);
```

运行结果是"读者表 1"的表结构增加了一个字段，名称是籍贯，类型是文本型，长度是 10。

**例 2-15** 修改读者表 1"籍贯"字段长度为 20。

```
ALTER TABLE 读者表1
ALTER COLUMN 籍贯 TEXT(20);
```

运行结果是"读者表 1"的"籍贯"字段长度修改为 20。

**例 2-16** 删除读者表 1"籍贯"字段。

```
ALTER TABLE 读者表1
DROP COLUMN 籍贯;
```

运行结果是"读者表 1"的"籍贯"字段被删除。

3. 删除表

数据库中某个数据表不再需要时，SQL 提供了 DROP TABLE 命令删除数据表，基本语法格式是：

```
DROP TABLE 表名;
```

**例 2-17** 删除读者表 1。

```
DROP TALBLE 读者表1;
```

运行结果是数据库中名称为"读者表 1"的基本表被删除。

### 2.3.4 数据控制

SQL 标准提供了 GRANT 语句和 REVOKE 语句来实现数据库管理系统的用户权限存取控制。用户权限主要是由数据库对象和操作类型两个要素组成。定义一个用户的存取权限就是要定义这个用户可以在哪些数据库对象上进行哪些类型的操作。在数据库系统中，定义存取权限称为授权（authorization）。

SQL 中，GRANT 语句向用户授予权限，REVOKE 语句收回已经授予用户的权限。

1. 授予权限

授予权限是指赋予当前用户或组对数据的操作权限。数据操作权限主要包括 SELECT、DELETE、INSERT、UPDATE 等。基本语法格式是：

```
GRANT <权限>[,<权限>]… ON {TABLE 表 | OBJECT 对象}
```

**例 2-18** 把读者表查询权限授予当前用户。

```
GRANT SELECT ON TABLE 读者表;
```

#### 2. 收回权限

收回权限是指撤销现有用户或组指定的数据操作权限。数据操作权限主要包括 SELECT、DELETE、INSERT、UPDATE 等。基本语法格式是：

REVOKE <权限>[,<权限>]… ON {TABLE 表 | OBJECT 对象}

**例 2-19** 收回当前用户读者表的查询权限。

REVOKE SELECT ON TABLE 读者表；

## 2.4 关系的完整性

关系的完整性是指数据的正确性、有效性和相容性。数据库的数据是从现实世界对象抽象而来，所以数据需符合现实世界的要求和实际情况。同时，因为现实世界的对象是相互关联、相互约束而存在的，所以数据库抽象的实体对象数据也需要具备关联和约束的机制。例如：人员信息的身份证号必须唯一，性别只能是男或女；学校学生选修的课程必须是学校开设的课程，选修课程的学生必须是有本校学籍的学生等。

关系模型中有三类完整性，分别是实体完整性约束、参照完整性约束和用户自定义完整性约束。其中实体完整性和参照完整性是关系模型必须满足的完整性约束条件，所有关系数据库系统都会提供支持。

### 2.4.1 实体完整性

实体完整性是关于主键的约束。现实世界中的实体是可区分的，即实体具有唯一性标识。在关系模型中以主键作为唯一性标识，来保证数据的唯一性。关系中的主键不能重复，且不能取空值。对于这个约束机制，关系数据库系统会提供支持。例如"读者"关系，属性包括学号、姓名、性别、出生日期、系、班级，其中"学号"是主键，"学号"不能重复、不能取空值。例如"借还书"关系，属性包括学号、图书编号、借阅日期。"学号"和"图书编号"共同组成主键，因此两个属性的组合不能重复、不能取空值。

关系数据库系统 Access 提供了设置主键的机制，通过此功能可以实现实体完整性约束。例如在图书管理系统中，设置读者表的"学号"字段为主键，如图 2-7 所示。

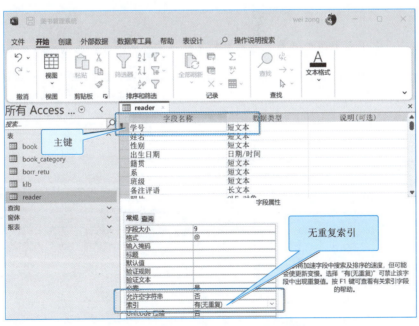

图 2-7 读者表设置"学号"为主键

在输入数据记录时,如果"学号"字段值重复,则 Access 将会弹出警告并禁止修改,如图 2-8 所示。在 Access 中，系统会自动为主键设置"无重复索引"，保证主键数据的唯一性，以此实现实体完整性。

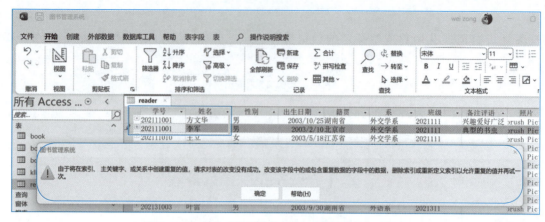

图 2-8 读者表"学号"值重复，系统弹出禁止警告

### 2.4.2 参照完整性

参照完整性是关于外键的约束。现实世界中实体之间往往存在某种联系，在关系模型中实体与实体间的联系都是用关系来描述的，这样就自然存在着关系与关系间的引用，这种引用约束是通过"外键"来建立的。关系中的外键，必须是所关联的关系主键的有效值或者空值。这个约束机制，关系数据库系统会提供支持。

例如"读者"关系，属性包括学号、姓名、性别、出生日期、系、班级。"借还书"关系，属性包括学号、图书编码、借书日期。这两个关系之间存在属性的引用，即"借还书"关系引用了"读者"关系的主键"学号"，"学号"在"借还书"关系中不是主键，在这里"学号"称为"借还书"关系的外键。

按照参照完整性规则，"借还书"关系中的外键学号和图书编码可以取两类值，即空值或目标关系中已经存在的值。但由于学号和图书编码在"借还书"关系中共同组成主键，按照实体参照完整性规则，它们都不能取空值，所以"借还书"关系中的"学号"实际上只能取相应被参照的"读者"关系中已经存在的"学号"。

关系数据库系统 Access 提供了设置外键和外键约束的机制，如图 2-9 所示。通过此功能可以实现实体间的参照完整性约束。

> **说明：**
> 在 Access 数据库系统中设置两个关系之间的参照完整性约束的具体操作请参考第 4 章 4.3.3 小节。

如图 2-9 所示，读者表和借还书表通过"学号"建立的一对多联系中，选中"实施参照完整性"选项。然后在借还书表中添加新的数据时，如果添加了读者表中没有的学号值，Access 系统将会自动弹出"由于数据表'reader'需要一个相关记录，不能添加或修改记录。"警告并禁止操作，如图 2-10 所示，以此实现参照完整性。

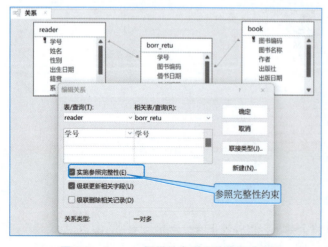

图 2-9 Access 提供的参照完整性约束机制

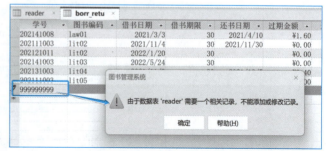

图 2-10 借还书表中输入读者表中不存在的学号

## 2.4.3 用户自定义完整性

任何关系数据库系统都必须支持实体完整性和参照完整性，这是关系模型所要求的。除此之外，不同的关系数据库系统根据其应用环境的不同，往往还需要一些特殊的约束条件。用户定义完整性就是针对某一具体关系数据库的约束条件，例如性别取值"男"或"女"。

在 Access 系统中，可以通过设置字段的"验证规则"实现用户定义完整性约束。如图 2-11 所示，通过表设计器设置读者表"性别"字段的"验证规则"为 [ 性别 ]=" 男 " Or [ 性别 ]=" 女 "，限定了"性别"字段的取值范围。

"验证文本"用于设置当"输入值"违反规则时，系统弹出的提示信息，如图 2-12 所示。

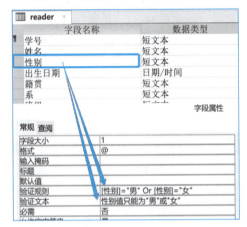

图 2-11 定义"性别"字段取值为"男"或"女"

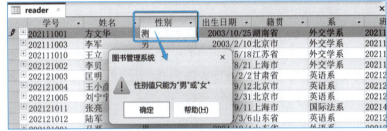

图 2-12 "性别"字段值违反用户自定义完整性规则

## 2.5 关系的规范化

我们在设计任何一种数据库应用系统时，都可能会遇到类似的问题：针对现实需求，在利用关系模型时，应该构造几个关系？也就是说应该设计几个表、如何判断每个关系中的属性是否合理？即如何判定表结构是否合理？

1971 年提出的关系数据库规范化理论，提供了判别关系模式优劣的标准，为关系数据库设计提供了理论依据。关系数据库规范化理论是进行数据库设计、构造关系数据库逻辑模型的有力工具。

### 2.5.1 关系数据库规范化理论

关系数据库规范化理论是研究如何将一个不十分合理的关系模式转化成一个更合理的关系模式的理论，它是围绕范式而建立的。所谓规范化，是指关系数据库中的每一个关系都必须满足一定的规范要求，满足不同程度要求的为不同范式。根据满足要求的程度不同，总共划分了六个等级。满足最低要求的称为第一范式，简称 1NF；在满足第一范式的基础上，满足进一步要求的为第二范式，简称 2NF；其余依此类推。有关范式理论的研究主要是科德（E.F.Codd）做的工作，1971—1972 年，科德系统地提出了第一范式、第二范式和第三范式的概念，讨论了规范化的问题。1974 年，科德和巴斯（Boyce）共同提出了新范式，即修正的第三范式，简称 BCNF；后续又有人提出了第四范式（4NF），第五范式（5NF）。其中最常用的是第一范式、第二范式和第三范式。

各种范式之间的关系如图 2-13 所示，从第一范式到第五范式级别逐级增高，高一级的范式必须以满足低一级的范式为基础。一个满足低一级范式的关系模式通过模式分解可以转换为若干个满足高一级范式的关系模式集合，这个分解过程称为规范化过程。

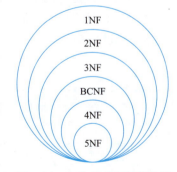

图 2-13 各种范式之间的关系

### 2.5.2 函数依赖

函数依赖是一个关系属性间不同的依赖情况，通过属性间的依赖情况就可以识别关系的规范化程度，也就是可以判定出关系是第一范式、第二范式、第三范式等。进而可以直观地描述如何将具有不合理的关系转换为更合理的关系，这个优化过程也就是关系的"规范化"过程。

### 1. 函数依赖的定义

函数依赖是指关系中属性间的对应关系。函数依赖是从数学角度来定义的，在关系中用来刻画关系各属性之间相互制约而又相互依赖的情况。

函数依赖的定义为：设 $R(U)$ 是属性集 $U$ 上的关系模式，$X,Y$ 是 $U$ 的子集。$X$ 的每一个具体值，$Y$ 都有唯一值与之对应，则称 $X$ 函数确定 $Y$，或 $Y$ 函数依赖于 $X$，记作 $X \rightarrow Y$。

函数依赖普遍存在于现实生活中，例如一个学生的关系，属性包括学号、姓名、班级等，其中"学号"的每一个具体值对应一个且仅一个学生，因此，每一个"学号"的具体值，都有"姓名"的值、"班级"的值唯一与之对应，此时，就可以称"姓名"函数依赖于"学号"，记作：学号→姓名。"班级"函数依赖于"学号"，记作：学号→班级。

### 2. 完全函数依赖与部分函数依赖

（1）完全函数依赖

设 $R(U)$ 是属性集 $U$ 上的关系模式，$X,Y$ 是 $U$ 的不同属性子集。如果 $X \rightarrow Y$，且 $X$ 中的任何真子集 $X'$，都有 $X' \not\rightarrow Y$，则称 $Y$ 完全函数依赖于 $X$。例如一个选课的关系，属性包括学号、姓名、课程号、成绩，其中"学号+课程号"确定"成绩"，即（学号，课程号）→成绩，而单独"学号"或者"课程号"都不能确定成绩，则称作属性"成绩"完全函数依赖属性组（学号，课程号）。

（2）部分函数依赖

设 $R(U)$ 是属性集 $U$ 上的关系模式，$X,Y$ 是 $U$ 的不同属性子集。如果 $X \rightarrow Y$，且 $X$ 中存在一个真子集 $X'$，满足 $X' \rightarrow Y$，则称 $Y$ 部分函数依赖于 $X$。例如一个选课的关系，属性包括学号、姓名、课程号、成绩，其中"学号"可以确定"姓名"，即学号→姓名，与"课程号"无关，则称作属性"姓名"部分依赖属性组（学号，课程号）。

### 3. 传递函数依赖

设 $R(U)$ 是属性集 $U$ 上的关系模式，$X,Y,Z$ 是 $U$ 的不同属性子集。如果 $X \rightarrow Y$，$Y \not\rightarrow X$，$Y \rightarrow Z$，则有 $X \rightarrow Z$，称为 $Z$ 传递函数依赖于 $X$。例如一个学生的关系，属性包括学号、姓名、系、系办公电话，其中学号→系，系 $\not\rightarrow$ 学号，系→系办公电话，则称作属性"系办公电话"传递依赖于属性"学号"。

## 2.5.3 第一范式

关系数据库中的关系要满足一定的要求，满足不同程度要求的为不同范式。满足最低要求的称为第一范式。第一范式要求如下：

① 数据库表的每个属性不可再分，且不存在重复属性。

② 第一范式是对关系模式的基本要求，不满足第一范式就不是关系。

关系的数据模型是二维表，但是不是所有的二维表都是关系，必须符合第一范式的二维表才可以是关系。下面通过举例进行说明。

### 1. 同属性下划分多个同名子属性，违背属性不可再分、属性不重复的要求

**例 2-20** 表 2-30 所示是一张"办公用品采购明细表"，属性包括日期、材料、单位、办公室、信息中心、人事处六个，办公室、信息中心、人事处分别又分解为数量、金额两个子属性，不满足属性不可再分、属性不重复的要求，所以这张二维表不是关系。

下面我们按照第一范式要求，对"办公用品采购明细表"的表结构进行重构，属性修改为日期、材料、单位、部门、数量、金额，见表 2-31。重构后，这张二维表满足属性不可再分、属性不重复的第一范式要求。重构后的二维表是关系。

### 2. 同属性数据被分列记录，违背属性不重复的要求

**例 2-21** 表 2-32 所示是一张"员工请假明细表"，属性包括基本信息、请假种类、请假明细、应扣工资四个属性，其中请假种类又分为事假、年假、病假。这张表同属性数据被分列记录，属性重复，所以这张二维表不是关系。

下面我们按照属性不可再分、属性不重复的第一范式要求，对"员工请假明细表"的表结构进行重构，属性修改为：请假日期、姓名、请假种类、请假天数、年假天数、累计休假天数、应扣天数、应扣工资。重构后的二维表满足第一范式要求，二维表是关系，见表2-33。

表2-30　办公用品采购明细表

| 日期 | 材料 | 单位 | 办公室 | | 信息中心 | | 人事处 | |
|---|---|---|---|---|---|---|---|---|
| | | | 数量 | 金额 | 数量 | 金额 | 数量 | 金额 |
| 2021/10/20 | 复印纸 | 包 | 1 | 32 | | | 2 | 64 |
| 2021/10/21 | 复印纸 | 包 | | | 5 | 160 | | |
| 2021/10/22 | 鼠标 | 个 | 3 | 60 | 5 | 100 | 6 | 120 |
| 2021/10/23 | 记事本 | 本 | 2 | 30 | | | | |
| 2021/10/24 | 记事本 | 本 | | | 8 | 120 | | |
| 2021/10/25 | 复印纸 | 包 | | | | | 1 | 32 |

表2-31　满足第一范式的办公用品采购明细表

| 日期 | 材料 | 单位 | 部门 | 数量 | 金额 |
|---|---|---|---|---|---|
| 2021/10/20 | 复印纸 | 包 | 办公室 | 1 | 32 |
| 2021/10/20 | 复印纸 | 包 | 人事处 | 2 | 64 |
| 2021/10/21 | 复印纸 | 包 | 信息中心 | 5 | 160 |
| 2021/10/22 | 鼠标 | 个 | 办公室 | 3 | 60 |
| 2021/10/22 | 鼠标 | 个 | 信息中心 | 5 | 100 |
| 2021/10/22 | 鼠标 | 个 | 人事处 | 6 | 120 |
| 2021/10/23 | 记事本 | 本 | 办公室 | 2 | 30 |
| 2021/10/24 | 记事本 | 本 | 信息中心 | 8 | 120 |
| 2021/10/25 | 复印纸 | 包 | 人事处 | 1 | 32 |

表2-32　员工请假明细表

| 基本信息 | | 请假种类 | | | 请假明细 | | | | |
|---|---|---|---|---|---|---|---|---|---|
| 日期 | 姓名 | 事假 | 年假 | 病假 | 天数 | 年假天数 | 累计休假天数 | 应扣天数 | 应扣工资 |
| 2021/7/1 | 张冬 | √ | | | 5 | 8 | 5 | 0 | 0 |
| 2021/7/2 | 李凡 | √ | | | 9 | 8 | 9 | 1 | -100 |
| 2021/7/3 | 何海洋 | | √ | | 3 | 8 | 3 | 0 | 0 |
| 2021/7/4 | 宋文真 | | √ | | 4 | 10 | 4 | 0 | 0 |
| 2021/7/5 | 肖清 | | √ | | 2 | 10 | 2 | 0 | 0 |
| 2021/7/9 | 宋文真 | | √ | | 8 | 10 | 12 | 2 | -200 |
| 2021/8/1 | 宋南 | √ | | | 1 | 10 | 3 | 0 | 0 |
| 2021/8/2 | 张冬 | | √ | | 1 | 8 | 6 | 0 | 0 |
| 2021/8/3 | 李凡 | | | √ | 1 | 8 | 10 | 1 | -100 |

表2-33　满足第一范式的员工请假明细表

| 请假日期 | 姓名 | 请假种类 | 请假天数 | 年假天数 | 累计休假天数 | 应扣天数 | 应扣工资 |
|---|---|---|---|---|---|---|---|
| 2021/7/1 | 张冬 | 事假 | 5 | 8 | 5 | 0 | 0 |
| 2021/7/2 | 李凡 | 事假 | 9 | 8 | 9 | 1 | -100 |
| 2021/7/3 | 何海洋 | 年假 | 3 | 8 | 3 | 0 | 0 |
| 2021/7/4 | 宋文真 | 年假 | 4 | 10 | 4 | 0 | 0 |
| 2021/7/5 | 肖清 | 年假 | 2 | 10 | 2 | 0 | 0 |
| 2021/7/9 | 宋文真 | 年假 | 8 | 10 | 12 | 2 | -200 |
| 2021/8/1 | 宋南 | 事假 | 1 | 10 | 3 | 0 | 0 |
| 2021/8/2 | 张冬 | 年假 | 1 | 8 | 6 | 0 | 0 |
| 2021/8/3 | 李凡 | 病假 | 1 | 8 | 10 | 1 | -100 |

3. 同一属性下包含多个值，违背属性不可再分的要求

表2-34所示student表没有明显的同属性下划分子属性的问题，但是student表的"学籍信息"属性包含了系、班级和学制多个值，仍然违背了属性不可再分的要求。所以按照第一范式理论，student表不是关系。

下面我们按照属性不可再分、属性不重复的第一范式要求，对"student"的表结构进行重构，"学籍信息"属性修改为：学号、姓名、性别、出生日期、系、班级、学制，见表2-35。重构后的二维表满足第一范式要求，二维表是关系。

表2-34　student表

| 学号 | 姓名 | 性别 | 出生日期 | 学籍信息 |
|---|---|---|---|---|
| 199521003 | 张建 | 男 | 1976/2/2 | 英语系1995211、4年 |
| 199511010 | 王琴 | 女 | 1975/5/18 | 外交学系1995111、4年 |
| 199511003 | 李军 | 男 | 1975/2/10 | 外交学系1995111、4年 |
| 199541008 | 王方方 | 女 | 1975/10/2 | 国际法系1995411、3年 |
| 199521012 | 陆军 | 男 | 1974/3/6 | 英语系1995212、4年 |
| 199531001 | 马严 | 男 | 1976/12/4 | 外语系1995311、4年 |
| 199521004 | 吕梅 | 女 | 1976/9/12 | 英语系1995211、4年 |

表2-35　满足1NF的student表

| 学号 | 姓名 | 性别 | 出生日期 | 系 | 班级 | 学制 |
|---|---|---|---|---|---|---|
| 199521003 | 张建 | 男 | 1976/2/2 | 英语系 | 1995211 | 4 |
| 199511010 | 王琴 | 女 | 1975/5/18 | 外交学系 | 1995111 | 4 |
| 199511003 | 李军 | 男 | 1975/2/10 | 外交学系 | 1995111 | 4 |
| 199541008 | 王方方 | 女 | 1975/10/2 | 国际法系 | 1995411 | 3 |
| 199521012 | 陆军 | 男 | 1974/3/6 | 英语系 | 1995212 | 4 |
| 199531001 | 马严 | 男 | 1976/12/4 | 外语系 | 1995311 | 4 |
| 199521004 | 吕梅 | 女 | 1976/9/12 | 英语系 | 1995211 | 4 |

### 2.5.4　第二范式

在任何一个关系数据库中，满足第一范式的二维表属于关系模式。但是第一范式的关系模式可能存在数据冗余、插入异常、删除异常等问题，所以并不一定是好的关系模式，还需要通过"拆表"的方式满足第二范式。第

二范式要求如下：

① 第二范式建立在第一范式的基础上，即满足第二范式一定满足第一范式。

② 第二范式要求数据表满足两个条件：必须有一个主键；非主属性必须完全依赖于主键，而不能只依赖于主键的一部分。

下面通过举例进行说明。

**例 2-22** 表 2-36 所示是一张"学生选课信息表"，属性包括学号、姓名、年龄、性别、课程号、分数。这张表格存在的问题是数据冗余、插入异常和删除异常。首先，我们可以看到，表格中学生王晓有四门课程的成绩，她的年龄和性别也重复出现了四次，但这些数据与选课无关，表中存在数据冗余；其次，因为这张表的主键是"学号和课程号"两个属性的组合，所以按照主键的不能重复、不能空的性质，当有学生没有选课信息的情况下，该学生的个人信息也无法输入到表中，也就是因为没有选课则表中没有该学生的个人信息，导致插入异常；第三，如果有课程被所有学生退出选修，同样因为"学号和课程号"组成的主键不能空，所以表中这些课程信息将会随之被删除，导致删除异常。产生这些问题的原因是表格中的非主属性姓名、年龄、性别只依赖于学号，而不依赖于课程号，即不完全依赖于由"学号和课程号"组成的主键，所以这个表不符合第二范式。

具体解决方法是：将不完全依赖于主键的属性拆分到另一张表，按照这个原则，拆分成学生表和选课表，见表 2-37 和表 2-38。学生表属性包括学号、姓名、年龄、性别。学生表的主键是"学号"，非主属性姓名、年龄、性别完全依赖于主键"学号"，学生表满足第二范式。选课表属性包括学号、课程号、分数。选课表的主键是"学号＋课程号"，非主属性分数完全依赖于主键"学号＋课程号"，选课表满足第二范式。至此完成了"学生选课信息表"的第二范式的规范化。

表 2-36 学生选课信息表

| 学号 | 姓名 | 年龄 | 性别 | 课程号 | 分数 |
| --- | --- | --- | --- | --- | --- |
| 78601 | 王晓 | 20 | 女 | C601 | 90 |
| 78601 | 王晓 | 20 | 女 | C602 | 92 |
| 78601 | 王晓 | 20 | 女 | C603 | 85 |
| 78601 | 王晓 | 20 | 女 | C604 | 87 |
| 78602 | 李波 | 23 | 男 | C601 | 87 |
| 78603 | 陈志 | 20 | 男 | C602 | 90 |
| 78603 | 陈志 | 20 | 男 | C603 | 82 |

表 2-37 学生表

| 学号 | 姓名 | 年龄 | 性别 |
| --- | --- | --- | --- |
| 78601 | 王晓 | 20 | 女 |
| 78602 | 李波 | 23 | 男 |
| 78603 | 陈志 | 20 | 男 |

表 2-38 选课表

| 学号 | 课程号 | 分数 |
| --- | --- | --- |
| 78601 | C601 | 90 |
| 78601 | C602 | 92 |
| 78601 | C603 | 85 |
| 78601 | C604 | 87 |
| 78602 | C601 | 87 |
| 78603 | C602 | 90 |
| 78603 | C603 | 82 |

### 2.5.5 第三范式

在任何一个关系数据库中，满足第一范式的二维表属于关系。但是第一范式的关系模式可能存在数据冗余、插入异常、删除异常等问题，所以并不一定是好的关系模式，还需要通过"拆表"的方式满足第二范式。满足第二范式的关系模式可能在某些形式上仍然存在问题，需要进一步通过"拆表"的方式达成第三范式。第三范式要求如下：

① 第三范式建立在第二范式的基础上，即满足第三范式一定满足第二范式。

② 第三范式要求每一个非主属性直接依赖主键，不存在传递依赖。也就是说不能存在非主属性 $C$ 依赖于非主属性 $B$，非主属性 $B$ 依赖于主键 $A$ 的情况，即不能存在 $C \rightarrow B \rightarrow A$。

下面通过举例进行说明。

**例 2-23** 如表 2-39 所示，学生表的属性包括学号、姓名、性别、出生日期、系、系办公电话。这张表存在的问题是数据冗余、插入异常。首先，在学生表中，一个系会有很多学生，每个学生的系办公电话都是一样的，表中存在数据冗余；其次，如果一个新创办的系还没有招收学生，因为学号是主键，主键不能空，则系的信息无法输入到表中，导致插入异常。产生这些问题的原因是：系依赖于学号，系办公电话依赖于系，学号对系办公电话的关系是通过"系"传递依赖实现的，也就是学号不直接决定非主属性系办公电话。

解决方法是：将不直接依赖于主键的属性拆分到另一张表。按照这个原则，拆分成学生表和院系表，如表 2-40 所示，学生表属性包括学号、姓名、性别、出生日期、系名称。学生表的主键是"学号"，非主属性姓名、性别、出生日期、系都完全依赖于主键"学号"；如表 2-41 所示，院系表属性包括系名称、系办公电话。院系表的主键是"系名称"，非主属性系办公电话，完全依赖主键"系名称"，满足第二范式，同时直接依赖于主键"系名称"，满足第三范式。至此，两张表都满足了第三范式。

表 2-39　学生表

| 学　　号 | 姓名 | 性别 | 出生日期 | 系 | 系办公电话 |
|---|---|---|---|---|---|
| 19921001 | 林梦羽 | 女 | 1976/1/3 | 外交学系 | 68321234 |
| 19921003 | 张冬 | 男 | 1974/9/15 | 外交学系 | 68321234 |
| 19922004 | 何晓燕 | 男 | 1975/8/5 | 外交学系 | 68321234 |
| 19922001 | 于阳 | 女 | 1977/9/25 | 外交学系 | 68321234 |
| 19921004 | 宋文珍 | 女 | 1977/12/20 | 外交学系 | 68321234 |
| 19922003 | 李凡 | 男 | 1978/5/14 | 外交学系 | 68321234 |
| 19922002 | 肖清 | 男 | 1977/2/10 | 英语系 | 89145678 |

表 2-40　学生表

| 学　　号 | 姓名 | 性别 | 出生日期 | 系名称 |
|---|---|---|---|---|
| 19921001 | 林梦羽 | 女 | 1976/1/3 | 外交学系 |
| 19921003 | 张冬 | 男 | 1974/9/15 | 外交学系 |
| 19922004 | 何晓燕 | 男 | 1975/8/5 | 外交学系 |
| 19922001 | 于阳 | 女 | 1977/9/25 | 外交学系 |
| 19921004 | 宋文珍 | 女 | 1977/12/20 | 外交学系 |
| 19922003 | 李凡 | 男 | 1978/5/14 | 外交学系 |
| 19922002 | 肖清 | 男 | 1977/2/10 | 英语系 |

表 2-41　院系表

| 系名称 | 系办公电话 |
|---|---|
| 外交学系 | 68321234 |
| 英语系 | 89145678 |

## 2.5.6　关系数据库规范化理论总结

在关系数据库中，对关系模式的最低要求是满足第一范式，关系规范化的基本思想是逐步消除数据依赖中不合适的部分，使模式中的各种关系模式达到某种程度的"分离"，实现让一个关系只描述一个实体或者实体间的一种联系，从而达到概念的单一化，以此解决数据冗余、插入异常、删除异常等问题。所以概括地说，关系模式的规范化过程就是关系模式的分解。

如前面章节的分析可以得出，在利用关系规范化理论进行模式分解的过程中，实际是一个关系的"拆解"过程，也就是"拆表"过程。具体"拆表"的方法，就是依据规范化理论逐级进行，其中最常用的是 1NF、2NF 和 3NF。概括总结这三级范式的核心理论和逻辑关系，如图 2-14 所示。

① 满足 2NF 一定满足 1NF，满足 3NF 一定满足 2NF 范式。

② 1NF 是关系数据库的最低要求，有两个必要条件：属性不可再分，属性不重复。

③ 在 1NF 的基础上，满足 2NF 的两个必要条件：关系有主键，非主属性完全依赖主键。

④ 在 2NF 的基础上，满足 3NF 的必要条件：非主属性直接依赖于主键，不存在对主键的传递依赖。

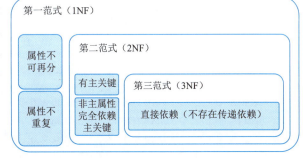

图 2-14　1NF、2NF、3NF 关系范式

## 2.5.7　关系数据库规范化理论的现实意义

关系数据库规范化理论为数据库设计提供了科学依据，但并不是规范程度越高越好，应该是满足现实应用需要的模式才是好的模式，所以必须结合应用环境和现实世界的具体情况合理选择数据库模式，选择合适的规范化级别。

关系数据库规范化理论是我们在 Excel 这样的表格处理软件中设计表格和判定表格结构合理性的非常重要的理论依据。其现实意义主要体现在如下几点：

① 获得表格结构合理性判定的科学依据。

② 建立识别和确立"主键"的意识。

下面通过举例说明。

**例 2-24**　根据如下旅行社的流水数据，设计符合第一范式的关系。

康辉旅行总社下属五个旅行分社：下面是 2024 年第一季度各旅行分社所带团队的流水数据，在 Excel 中构造符合第一范式的关系。

2024 年 1 月 1 日：中原旅行社 15 人团；康康旅行社 20 人团；中桥旅行社 10 人团
2024 年 1 月 3 日：康康旅行社 10 人团；中桥旅行社 25 人团；远大旅行社 30 人团

2024年1月9日：海洋旅行社15人团；中原旅行社40人团
2024年1月25日：中原旅行社15人团；康康旅行社20人团；中桥旅行社10人团
2024年2月1日：中原旅行社15人团；康康旅行社20人团；中桥旅行社10人团
2024年2月12日：中原旅行社15人团；远大旅行社32人团；海洋旅行社12人团
2024年3月3日：康康旅行社10人团；中桥旅行社25人团；远大旅行社30人团
2024年3月12日：中原旅行社15人团；远大旅行社32人团；海洋旅行社12人团

如表2-36所示，旅行社流水表的表结构存在属性重复的问题，所以不属于第一范式。根据第一范式的要求进行表格重构，重构后的结果见表2-42。

根据第一范式的要求进行表格重构，重构后的结果见表2-43，满足属性不可再分、属性不重的第一范式要求。

在表结构符合第一范式要求的基础上，进一步要求在进行逻辑结构设计时，要明确规定属性的名称、类型和长度三个基本要素。旅行社流水表的属性包括日期、旅行社、旅行团人数，其中"日期"类型为日期/时间型，"旅行社"类型为文本型，"旅行团人数"为整型。

基于此检查见表2-43，存在如下问题："日期"的间隔符不符合日期/时间型数据的语法要求，应该是"/"间隔，而不能用"."间隔；"旅行团人数"数据为整型，将用于人数的统计计算，要删除数据值的单位"人团"。基于以上问题修改后的结果见表2-44。

表2-42 旅行社流水表

| 日 期 | 中原旅行社 | 康康旅行社 | 中桥旅行社 | 远大旅行社 | 海洋旅行社 |
| --- | --- | --- | --- | --- | --- |
| 2024.1.1 | 15人团 | 20人团 | 10人团 | | |
| 2024.1.3 | | 10人团 | 25人团 | 30人团 | |
| 2024.1.9 | 40人团 | | | | 15人团 |
| 2024.1.25 | 15人团 | 20人团 | 10人团 | | |
| 2024.2.1 | 15人团 | 20人团 | 10人团 | | |
| 2024.2.12 | 15人团 | | | 32团 | 12团 |
| 2024.3.3 | | 10人团 | 25人团 | 30人团 | |
| 2024.3.12 | 15人团 | | | 32人团 | 12人团 |

表2-43 符合1NF的旅行社流水表

| 日 期 | 旅 行 社 | 旅行团人数 |
| --- | --- | --- |
| 2024.1.1 | 中原旅行社 | 15人团 |
| 2024.1.1 | 康康旅行社 | 20人团 |
| 2024.1.1 | 中桥旅行社 | 10人团 |
| 2024.1.3 | 康康旅行社 | 10人团 |
| 2024.1.3 | 中桥旅行社 | 25人团 |
| 2024.1.3 | 远大旅行社 | 30人团 |
| 2024.1.9 | 海洋旅行社 | 15人团 |
| 2024.1.9 | 中原旅行社 | 40人团 |
| 2024.1.25 | 中原旅行社 | 15人团 |
| 2024.1.25 | 康康旅行社 | 20人团 |
| 2024.1.25 | 中桥旅行社 | 10人团 |
| 2024.2.1 | 中原旅行社 | 15人团 |
| 2024.2.1 | 康康旅行社 | 20人团 |
| 2024.2.1 | 中桥旅行社 | 10人团 |
| 2024.2.12 | 中原旅行社 | 15人团 |
| 2024.2.12 | 远大旅行社 | 32人团 |
| 2024.2.12 | 海洋旅行社 | 12人团 |
| 2024.3.3 | 康康旅行社 | 10人团 |
| 2024.3.3 | 中桥旅行社 | 25人团 |
| 2024.3.3 | 远大旅行社 | 30人团 |
| 2024.3.12 | 中原旅行社 | 15人团 |
| 2024.3.12 | 远大旅行社 | 32人团 |
| 2024.3.12 | 海洋旅行社 | 12人团 |

表2-44 符合1NF数据类型正确的旅行社流水表

| 日 期 | 旅 行 社 | 旅行团人数 |
| --- | --- | --- |
| 2024/1/1 | 中原旅行社 | 15 |
| 2024/1/1 | 康康旅行社 | 20 |
| 2024/1/1 | 中桥旅行社 | 10 |
| 2024/1/3 | 康康旅行社 | 10 |
| 2024/1/3 | 中桥旅行社 | 25 |
| 2024/1/3 | 远大旅行社 | 30 |
| 2024/1/9 | 海洋旅行社 | 15 |
| 2024/1/9 | 中原旅行社 | 40 |
| 2024/1/25 | 中原旅行社 | 15 |
| 2024/1/25 | 康康旅行社 | 20 |
| 2024/1/25 | 中桥旅行社 | 10 |
| 2024/2/1 | 中原旅行社 | 15 |
| 2024/2/1 | 康康旅行社 | 20 |
| 2024/2/1 | 中桥旅行社 | 10 |
| 2024/2/12 | 中原旅行社 | 15 |
| 2024/2/12 | 远大旅行社 | 32 |
| 2024/2/12 | 海洋旅行社 | 12 |
| 2024/3/3 | 康康旅行社 | 10 |
| 2024/3/3 | 中桥旅行社 | 25 |
| 2024/3/3 | 远大旅行社 | 30 |
| 2024/3/12 | 中原旅行社 | 15 |
| 2024/3/12 | 远大旅行社 | 32 |
| 2024/3/12 | 海洋旅行社 | 12 |

## 小　结

本章主要分为五部分内容，从关系模型的三个组成部分展开，即关系的数据结构、关系操作和关系的完整性。关系的数据结构是深入理解表格组成的重要环节，进而学习数据库中的表可以建立联系，并可以建立契合现实场景的约束条件。结构化查询语言是关系操作的具体工具。关系数据库规范化理论性较强，结合现实应用案例阐述关系数据库规范化理论的现实意义，通过这部分的学习可深刻理解表格结构合理性判定的科学依据。

## 习　题

### 一、简答题

1. 关系数据库中的"关系模型"是什么？
2. 关系就是"二维表"吗？所有的"二维表"都可以称为"关系"吗？"关系"中的"二维表"有什么特点？
3. 请绘制表格，把如下"关系"术语和日常"二维表"各部分进行对比：关系名、关系模式、关系、元组、属性、属性名、属性值。
4. 请把表 2-45 复制到 Word 中，并利用 Word 的【插入】|【形状】里的【标注】等形状，标示出下列术语 ①～⑤对应"图书表"的位置。如果给表 2-45 增加一个"图书编码"字段，该字段的值具有唯一性特点，则它属于下列术语中的哪个？

① 元组（记录）；　　　② 属性（字段）；　　　③ 关系模式；　　　④ 关系；
⑤ 关键字；　　　　　⑥ 候选关键字；　　　⑦ 外部关键字；　　　⑧ 分量。

表 2-45　图书表

| ISBN | 书　名 | 作　者 | 出　版　社 | 出版日期 |
| --- | --- | --- | --- | --- |
| 9787301186237 | 留学生毕业论文写作教程 | 张冬 | 外研出版社 | 2019 年 2 月 3 日 |
| 9787301219584 | 简明使用汉字学 | 李凡 | 人民教育出版社 | 2019 年 4 月 2 日 |
| 9787301173688 | 现代使用汉语修辞 | 何海洋 | 人民教育出版社 | 2013 年 3 月 30 日 |
| 9787301215395 | 博雅汉语中级冲刺篇 | 宋文真 | 高等教育出版社 | 2018 年 3 月 25 日 |
| 9787301209073 | 博雅汉语初级起步篇 | 肖清 | 高等教育出版社 | 2018 年 5 月 8 日 |
| 9787301215142 | 博雅汉语中级起步篇 | 宋南 | 高等教育出版社 | 2018 年 6 月 3 日 |
| 9787301224946 | 词汇精讲精练 | 王晓 | 外研出版社 | 2019 年 6 月 28 日 |
| 9787301117337 | 汉语及中国文化 | 李波 | 人民教育出版社 | 2019 年 11 月 3 日 |
| 9787301226247 | 水平考试全真模拟试题 | 陈志 | 人民教育出版社 | 2018 年 10 月 28 日 |
| 9787301225133 | 汉语通识教程 | 华梅 | 人民教育出版社 | 2019 年 9 月 2 日 |
| 9787301121419 | 新编社会语言学概论 | 方文华 | 人民教育出版社 | 2019 年 5 月 22 日 |

5. 请列举常用关系运算。
6. 请说明"关系的完整性"的作用，实体完整性、参照完整性、用户定义完整性分别解决什么问题？

### 二、操作题

1. 请把"student 导入用表"（见表 2-46）导入 Access"图书管理系统.accdb"数据库中，其中"student 导入用表"各个字段类型和长度见表 2-47。

> **注意：**
> 如果导入或者修改表结构过程中造成数据丢失，请处理源数据 Excel 文件，删除错误的表后再重新导入，不要在 Access 表中补充输入及修改数据。

表2-46 student 导入用表

| 学　号 | 姓　名 | 性　别 | 出生日期 | 学籍信息 |
|---|---|---|---|---|
| 199521003 | 张建 | 男 | 1976.2.2 | 英语系1995211、4年 |
| 199511010 | 王琴 | 女 | 1975.5.18 | 外交学系1995111、4年 |
| 199511003 | 李军 | 男 | 1975.2.10 | 外交学系1995111、4年 |
| 199541008 | 王方方 | 女 | 1975.10.2 | 国际法系1995411、3年 |
| 199521012 | 陆军 | 男 | 1974.3.6 | 英语系1995212、4年 |
| 199531001 | 马严 | 男 | 1976.12.4 | 外语系1995311、4年 |
| 199521004 | 吕梅 | 女 | 1976.9.12 | 英语系1995211、4年 |
| 199531003 | 杨连 | 男 | 1975.9.30 | 外语系1995311、4年 |
| 199521005 | 刘彩霞 | 女 | 1974.12.31 | 英语系1995212、4年 |
| 199511001 | 姚云 | 女 | 1975.10.25 | 外交学系1995111、4年 |
| 199541010 | 王会仁 | 男 | 1974.7.16 | 国际法系1995412、3年 |
| 199541003 | 马兰花 | 女 | 1976.11.12 | 国际法系1995412、3年 |
| 199531006 | 高峰 | 男 | 1975.6.2 | 外语系1995311、4年 |
| 199521002 | 张文中 | 男 | 1975.8.21 | 外交学系1995111、4年 |
| 199521011 | 程小平 | 男 | 1974.9.11 | 国际法系1995411、3年 |

表2-47 student 表

| 字段名 | 类型 | 长度 |
|---|---|---|
| 学号 | 短文本 | 9 |
| 姓名 | 短文本 | 10 |
| 性别 | 短文本 | 1 |
| 出生日期 | 日期 | 8 |
| 系 | 短文本 | 10 |
| 班级 | 短文本 | 7 |
| 学制 | 数字 | 整型 |

2. 请分别完成"学生成绩表"（见表2-48）的第一范式、第二范式的规范化重构。

① 按照第一范式（1NF）要求，完成表格的第一级别的规范化重构。

② 在此基础上，按照第二范式（2NF）要求，完成表格的第二级别的规范化重构。

③ 在此基础上，按照第三范式（3NF）要求，完成表格的第三级别的规范化重构。

表2-48 学生成绩表

| 学号 | 姓名 | 性别 | 班级 | 系 | 系办公电话 | 精读 | 二外 | 计算机 | 高数 |
|---|---|---|---|---|---|---|---|---|---|
| 921001 | 林梦羽 | 女 | 921 | 外交学系 | 68321234 | 92 | 80 | 93 | 85 |
| 922001 | 肖清 | 男 | 922 | 英语系 | 89145678 | 69 | 64 | 68 | 76 |
| 921004 | 何晓燕 | 女 | 921 | 外交学系 | 68321234 | 93 | 95 | 91 | 91 |
| 922004 | 李山 | 男 | 922 | 英语系 | 89145678 | 94 | 83 | 86 | 96 |

# 第 3 章 数据库设计

本章基于系统设计方法论，介绍关系数据库设计的技术和方法。数据库设计是指在一个给定的应用环境下，设计数据库逻辑模式，并据此建立数据库及其应用系统，使之能够有效地存储和管理数据，满足各种用户的应用需求，包括信息管理需求和数据操作需求。其中，信息管理需求是指在数据库中存储和管理数据对象。数据操作需求是指针对数据对象的操作，如插入、删除、修改、查询等操作。当数据库比较复杂时，比如数据量大、数据表较多或者业务关系复杂，我们需要先设计数据库，因为良好的数据库设计可以节省数据的存储空间，保证数据的完整性，且方便进行数据库应用系统的开发。

### 本章知识要点

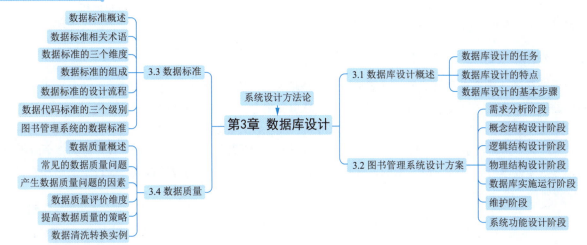

## 3.1 数据库设计概述

### 3.1.1 数据库设计的任务

20 世纪 70 年代末 80 年代初，在数据库设计方法学方面曾经将结构设计和行为设计两者分离，但随着数据库设计方法学的成熟和结构化分析设计方法的普遍使用，开始将两者结合考虑，以此可以缩短数据库设计周期，同时有利于最大程度发挥数据库在应用环境中的作用。如图 3-1 所示，数据库设计的任务就是根据用户需求，结合业务应用处理要

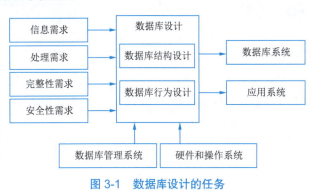

图 3-1 数据库设计的任务

求，以及完整性和安全性需求，把现实世界中的数据通过数据库结构设计和数据库行为设计进行合理地抽象和组织，利用数据库管理系统，在满足硬件和操作系统特性的基础上，建立能够实现应用目标的数据库系统和应用系统。

## 3.1.2 数据库设计的特点

### 1. 数据是关键生产要素

数据是数字经济时代的关键生产要素，是国家基础性战略性资源，是推动经济社会高质量发展的重要引擎。数据逐渐成为关键生产要素，数字经济产业逐渐成为主导产业，数字技术推动的产业融合成为经济发展新动能。在这个过程中，数据的收集、整理、组织和更新，是数据库建设非常重要的环节，"数据是关键生产要素"在这里是强调基础数据的重要地位和作用。基础数据的收集和入库是数据库建设初期工作量最大、最烦琐也是最细致的工作。在后期的数据库运行过程中，基础数据的及时更新和维护对企业管理也会起到重要的促进作用。

在数据库建设中不仅涉及技术，更涉及管理。因为数据库结构是对业务部门的数据，及各业务部门之间数据联系的描述和抽象。业务部门的数据、各业务部门之间数据的联系，与各部门的职能，甚至整个的管理模式密切相关。在数据库建设的长期实践过程中，我们深刻认识到，数据库建设的过程，是管理模式的改革和提高的过程，可以说管理模式直接影响数据库系统的设计。

### 2. 结构设计与行为设计紧密结合

数据库设计应该是数据库结构设计与数据库行为设计二者紧密结合，其中，数据库结构设计是指根据用户的信息需求进行数据库模式设计。数据建模是发现、分析和确定数据需求的过程，然后采用数据模型的精确形式表示和传递这些数据需求。这个过程是循环迭代的，包括概念设计、逻辑设计和物理设计。数据建模的目标是确认并记录对数据需求的理解，确保应用程序更符合当前和未来的业务需求，为更多数据应用或数据管理奠定一个良好的基础。数据库模式是为各应用系统提供共享数据的基础，是相对静态稳定的，所以结构设计又称为静态模型设计。数据库行为设计根据用户的处理需求，通过应用程序对数据库数据进行的操作，这些操作让数据库内容发生变化，是相对动态的，所以行为设计又称为动态模型设计，也就是我们常说的系统功能设计。二者紧密结合，有利于最大化地发挥数据库在应用环境中的作用。

## 3.1.3 数据库设计的基本步骤

目前公认的比较完整和权威的一种规范设计法是新奥尔良法。新奥尔良法是 1978 年 10 月由来自三十多个国家的数据库专家在美国新奥尔良市，运用软件工程思想和规范，专门进行数据库设计问题讨论，最终提出的数据库设计规范。新奥尔良法将数据库设计分成需求分析、概念设计、逻辑设计和物理设计四个阶段。目前常用的规范设计方法大多由新奥尔良法发展和完善而来。按照结构化系统设计的方法，将数据库设计分为六个阶段，如图 3-2 所示，分别是需求分析阶段、概念结构设计阶段、逻辑结构设计阶段、物理结构设计阶段、实施和运行阶段、数据库维护阶段。各阶段描述见表 3-1。

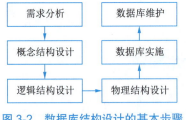

图 3-2 数据库结构设计的基本步骤

表 3-1 数据库设计各阶段描述

| 设 计 阶 段 | 设 计 描 述 |
| --- | --- |
| 需求分析 | 数据流图、数据字典 |
| 概念结构设计 | 概念模型 E-R 图 |
| 逻辑结构设计 | 数据模型、功能模块说明 |
| 物理结构设计 | 存储方法、存取路径 |
| 实施和运行 | 技术手册、用户手册 |
| 数据库维护 | 性能测试、存储/恢复数据库 |

在数据库设计过程中，需求分析和概念结构设计可以独立于具体数据库管理系统，逻辑结构设计和物理结构设计与数据库管理系统密切相关。结合数据库结构设计与数据库行为设计，即数据库设计和系统功能设计二者结合，完整的设计流程如图 3-3 所示。

图 3-3  完整的设计流程

### 1. 需求分析阶段

这是数据库设计的第一阶段，需要准确了解和分析用户需求，包括数据和处理。需求分析的充分和准确度是整个数据库设计成功的基础，是最困难、最耗费时间的一步。需求分析的任务是通过详细调查现实世界要处理的对象，明确用户的各种需求，由此确定系统功能。调查重点是收集与分析用户在数据管理中的信息要求、处理要求、完整性和安全性要求等。

系统中的数据是借助数据字典（data dictionary, DD）来描述。数据字典是系统中各类数据描述的集合，包括数据项、数据结构、数据流、数据存储和处理过程。

（1）需求分析的具体步骤

需求分析的具体步骤见表 3-2。

表 3-2  需求分析的具体步骤

| 需求分析活动 | 具 体 内 容 |
| --- | --- |
| 调研机构总体情况 | 调研组织的部门组成和各部门职责的总体情况，以此梳理和确认信息流程 |
| 熟悉业务活动 | 调研熟悉各部门的业务活动，梳理和确认数据的生产者和使用者 |
| 明确用户需求 | 在熟悉业务活动的基础上，协助用户明确数据库系统的信息要求、处理要求、安全性和完整性要求。其中，信息需求是通过了解用户的需求，确认数据库要存储的数据；处理需求是通过了解用户需求，确认要完成哪些数据处理功能 |
| 确定数据库系统的功能模块 | 在前面调研的基础上，确定需要由计算机实现的功能，并对功能进行梳理分类 |

（2）需求分析常用的方法

通过需求分析调查清楚用户的实际要求，与用户达成共识。然后还需要进一步分析和表达用户的需求。

需求分析常用的方法具体来说包括询问、请专人介绍、开调研会、设计调研表并让用户填写、查阅记录、参加业务工作等。调研了解了用户需求后，还需要进一步分析和表达用户的需求，常用的分析方法是结构化分析法（structured analysis, SA），结构化分析法是一种简单实用的方法，操作的要点是从最上层的系统组织机构入手，采用自顶向下、逐层分解的方式分析系统，主要的工具是数据流图（data flow diagram, DFD）、数据字典。

数据流图是从数据传递和加工的角度，以图形方式刻画数据流从输入到输出的变换过程。使用结构化分析法的关键点是要确认系统的输入和输出分别是什么，数据从何处来又到何处去，数据存储在何处，处理过程的处理逻辑借助判定表或判定树来描述。在处理功能逐步分解的同时，系统的数据也逐级分解，形成若干层次的数据流图。

数据流图的组成要素见表 3-3。

画数据流图采用自外向内、自顶向下、逐层细化的方法。数据流图一般划分为顶层流图、中间层流图和底层流图。为了表达数据处理过程的数据处理情况，用一个数据流图往往是不够的。因此需要按照问题的层次结构进行逐步分解，并以分层的数据流图反映这种结构关系。

表 3-3  数据流图组成要素

| 组 成 要 素 | 具 体 描 述 |
| --- | --- |
| □ | 数据输入的源点或数据输出的终点 |
| ○ | 数据的处理加工，输入数据在此进行变换生成输出数据 |
| ═ | 数据存储文件 |
| → | 数据流，被加工的数据与流向，箭头边给出数据流名称 |

首先绘制顶层数据流图，即把整个数据处理过程看成一个加工（加工是对数据进行处理的单元，它接收一定数据输入，对其进行处理，并产生输出），它的输入数据和输出数据实际上反映了与外界环境的接口。顶层数据流图只有一个加工，用被开发系统代表。顶层数据流图用于表明被开发系统的范围，以及它和周围环境的数据交换关系。底层流图的加工无须再做分解。中间流图则表示上层流图的细化。具体步骤是：

首先，确认系统的数据源点和重点。它们是外部实体，由它们确定系统与外界的接口。然后，确认外部实体的输出数据流和输入数据流。接着，画出系统的外部实体。最后，从外部实体的输出数据流出发（数据源点），按照系统的需求，逐步画出一系列加工，直到外部实体所需的输入数据流（数据终点），形成封闭数据流。

按照上述步骤，再从各加工出发，画出所需的子图。

下面以机票预订系统为例，介绍数据流图的画法。

**例 3-1** 在机票预订系统，旅行社把预订机票的旅客信息（姓名、性别、工作单位、身份证号码、旅行时间、旅行目的地等）输入该系统，系统为旅客安排航班，印出取票通知和账单，旅客凭取票通知和账单交款取票，系统校对无误即印出机票给旅客。

机票预订系统的数据流图如图 3-4 所示。

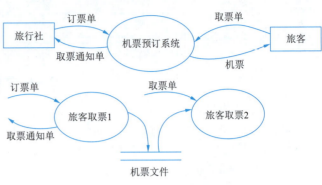

图 3-4 机票预订系统数据流图

（3）需求分析的成果

对用户的需求进行分析与表达后，输出的成果包括用户需求分析报告和数据字典。

① 用户需求分析报告：主要包括系统概况、系统目标、系统总体结构、功能划分、数据流图等。这个报告需要提交用户，并征得用户的确认。

② 数据字典：是数据收集和分析的主要成果，它是数据库的元数据。元数据是指数据库中数据的描述，不包括数据本身，主要包括数据项、数据结构、数据流、数据存储、处理过程等。数据项是不可再分的数据单位。数据项描述包含项名称、数据类型、长度、取值范围。

例 3-1 提及的机票预订系统经需求分析后的数据字典如图 3-5 所示。

```
名字：旅客信息
描述：旅客个人信息
定义：旅客信息=姓名+性别+工作单位+身份证号+
      旅行时间+旅行目的地
位置：输入到旅行社端
```

```
名字：订票信息
描述：旅客旅行时间和目的地
定义：订票信息=旅客旅行时间+旅行目的地
位置：传输到航空公司端
```

```
名字：取票通知
描述：旅客领取机票凭证
定义：取票通知=旅客姓名+领票时间
位置：传输到航空公司端
```

```
名字：机票信息
描述：根据旅客的旅行时间和目的地确定
定义：机票信息=旅客机票时间+机票航班号
位置：传输到航空公司端
```

图 3-5 机票预订系统数据字典

在数据库设计的第一阶段，明确的需求分析并清晰地描述需求是非常重要的。这一阶段由需求分析得出能表达系统逻辑功能的数据流图，描述数据收集和分析结果，以及以元数据描述为内容的数据字典，是数据库设计第二个阶段概念结构设计的基础。

2. 概念结构设计阶段

由需求分析得到用户需求，抽象为信息世界的概念模型的过程就是概念结构设计，是数据由现实世界到信息世界的第一层抽象，这是数据库设计的第二阶段。概念模型的主要特点是：能真实充分地反映现实世界，易于理解，易于更改，易于向数据模型转换等。概念模型是各种数据模型的共同基础，它独立于具体的数据库管理系统的信息结构，从而更稳定。概念模型的工具是 E-R 图，在 1.4.1 节已经介绍。

3. 逻辑结构设计

逻辑结构设计阶段就是把概念结构阶段设计的 E-R 图，转换为与具体数据库管理系统所支持的数据模型相符合的逻辑结构。目前数据库应用系统都采用关系数据库管理系统，所以我们在这里讲解 E-R 图向关系数据模型转换的原则和方法。

关系模型的逻辑结构是一组关系模式的集合。E-R 图是由实体型、实体的属性和实体型之间的联系三个要素组成的，所以 E-R 图转换为关系模型实际上就是将实体型、实体的属性和实体型之间的联系转换为关系模式，其基本原则就是：一个实体型转换为一个关系模式，实体的属性就是关系的属性，实体的码就是关系的码。

数据库逻辑结构设计的结果不是唯一的，可以依据关系规范化理论继续优化，对关系模式进行合并或分解，从而达到进一步提高数据库应用系统性能的目的。

4. 物理结构设计

物理结构设计是指给确定的逻辑模型选取一个最适合应用需求的存储结构与存取方法的过程，通常分为两步：

①设计关系数据库的存取方法和存取结构。存取方法主要是索引方法和聚簇方法。②对物理结构的时间和空间效率进行评价。这个阶段是由数据库管理员进行物理设计和优化，应用系统设计人员一般不会涉及，在本书中不做详细讲解。

### 5. 实施和运行阶段

数据库设计的第五阶段是数据库实施和运行阶段，是根据逻辑设计创建数据库、载入数据，设计、编码和调试应用程序。数据库运行主要包括：执行数据库各种操作，运行数据库应用程序，分析是否达到设计目标。

### 6. 维护阶段

数据库试运行合格后，数据库设计开发工作就基本完成，可以投入正式运行了。但是由于应用环境在不断变化，所以数据库维护工作是一个长期和持续的任务。维护阶段的工作主要包括数据备份和恢复、数据库性能监测、数据库安全性和完整性控制。

## 3.2 图书管理系统设计方案

### 3.2.1 需求分析阶段

#### 1. 图书管理系统需求

图书管理系统能维护读者信息，包括插入、删除、修改读者信息；能维护图书信息，包括插入、删除、修改图书信息；能按照学号、姓名查询读者的个人信息；能按照图书编码、图书名称、作者查询出相关图书的信息；能查询出读者借还书信息；读者可以进行借书和还书；能统计各类图书的数量；能统计每个读者累计借书数量。

按照需求描述，采用结构化分析方法，绘制出图书管理系统的数据流图，如图 3-6 所示。图书管理系统分为维护、查询统计、借书、还书四个处理功能。其中，维护包括读者信息维护和图书信息维护。

根据数据流图，我们进一步明确图书管理库系统的信息需求和处理需求。

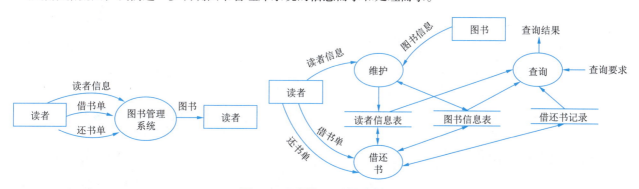

图 3-6 图书管理系统数据流图

#### 2. 信息需求分析

图书管理系统按照维护读者个人信息的需求，可以抽象出"读者"实体；图书管理系统按照维护图书信息的需求，可以抽象出"图书"实体；按照查询读者借还书信息、统计每个读者累计借书数量的需求，可以抽象出"读者和图书实体之间的联系"。

①"读者"实体的属性包括：学号、姓名、性别、出生日期、系、班级、照片、评语。

②"图书"实体的属性包括：图书编码、图书名称、作者、出版社、出版日期、价格、馆藏数、新书否。

#### 3. 处理需求分析

处理需求分析如图 3-7 所示。能给出某个读者的个人信息（个人信息要求了解什么，由用户给定）；能按照书名、作者查询出图书的信息；能统计各类图书的数量；能查询读者借还书信息；能统计每个读者累计借书数量。

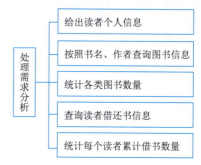

图 3-7 处理需求分析

## 3.2.2 概念结构设计阶段

概念模型的工具是 E-R 图。E-R 图提供了表示实体型、属性和联系的方法。

在图书管理系统中，根据第一阶段需求分析的数据字典的描述，可以确定"读者"和"图书"两个实体，其中实体"读者"用矩形框标识，"学号""姓名"等属性用椭圆框标识，每个属性与实体名用无向边连接，如图 3-8 所示。

实体"图书"用矩形框标识，"图书编码""图书名称"等属性用椭圆框标识，每个属性与实体名用无向边连接，如图 3-9 所示。

用菱形框标识读者和图书之间的联系，菱形框内联系名是"借还书"，并用无向边分别与"读者"和"图书"两个实体型连接起来，同时在无向边旁，标上"多对多"的联系类型。读者和图书之间是多对多的关系，因为一个读者可以借多本书，一本书可以反复被多个读者借阅。如图 3-10 所示，这是图书管理系统的概念模型，至此完成数据从现实世界到信息世界的抽象。

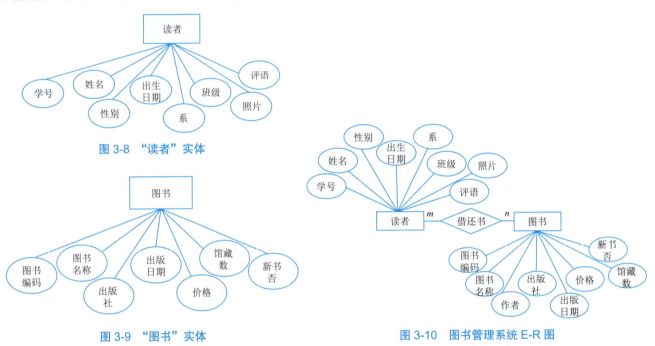

图 3-8 "读者"实体

图 3-9 "图书"实体

图 3-10 图书管理系统 E-R 图

## 3.2.3 逻辑结构设计阶段

逻辑结构设计阶段就是将概念模型转换为具体数据模型。关系模型的数据结构是二维表。下面结合 Access 数据库软件完成表结构设计。读者表的表结构见表 3-4，其中"学号"是主键。

图书表的表结构见表 3-5，其中"图书编码"是主键。

表 3-4 读者表

| 属性名称 | 类型 | 宽度 | 小数位数 |
|---|---|---|---|
| 学号（主键） | 短文本 | 9 | — |
| 姓名 | 短文本 | 10 | — |
| 性别 | 短文本 | 1 | — |
| 出生日期 | 日期/时间 | — | — |
| 籍贯 | 短文本 | 30 | — |
| 系 | 短文本 | 20 | — |
| 班级 | 短文本 | 7 | — |
| 照片 | OLE 对象 | — | — |
| 评语 | 长文本 | | |

表 3-5 图书表

| 属性名称 | 类型 | 宽度 | 小数位数 |
|---|---|---|---|
| 图书编码（主键） | 短文本 | 5 | — |
| 书名 | 短文本 | 30 | — |
| 作者 | 短文本 | 10 | — |
| 出版社 | 短文本 | 20 | — |
| 出版日期 | 日期/时间 | 8 | — |
| 价格 | 货币 | — | 2 |
| 馆藏数 | 数字 | 整型 | — |
| 新书否 | 是/否 | | |

借还书表的表结构见表 3-6，其中"学号"和"图书编码"是外键。也就是说，"学号"在借还书表中不是主键，但是在读者表中是主键，因此借还书表中的"学号"的值一定来源于读者表。"图书编码"在借还书表中不是主键，但是在图书表中是主键，因此借还书表中的"图书编码"的值一定来源于图书表。借还书表通过"学号"实现与读者表的一对多连接，通过"图书编码"实现与图书表的一对多连接。

表 3-6  借还书表结构

| 属性名称 | 类　　型 | 宽　　度 | 小数位数 |
|---|---|---|---|
| 学号 | 短文本 | 9 | — |
| 图书编码 | 短文本 | 5 | — |
| 借书日期 | 日期/时间 | — | — |
| 借书期限 | 数字 | 整型 | — |
| 过期金额 | 货币 | — | 2 |
| 还标记 | 逻辑(是/否) | 1 | — |

### 3.2.4　物理结构设计阶段

本阶段是由数据库管理员进行物理设计和优化，应用系统设计人员一般不会涉及，本书不做详细讲解。

### 3.2.5　数据库实施运行阶段

数据库实施运行阶段主要包括定义图书管理系统数据库结构，组织数据入库，根据需求，定义数据的插入、删除、修改、查询统计等操作；根据系统总体功能，编写和调试应用程序。

### 3.2.6　维护阶段

维护阶段的工作主要包括图书管理系统的数据备份和恢复、性能监测、安全性和完整性控制。这些工作通常由数据库管理员完成的。

### 3.2.7　系统功能设计阶段

在完成以上数据库结构设计六个阶段之后，需要进行系统功能设计，这个环节属于数据库行为设计，按照系统的需求描述，进行分析和梳理，设计功能性界面，实现对后台数据库的操作。图书管理系统的划分三大功能模块如图 3-11 所示，分别是：读者管理、图书管理和图书借阅。其中读者管理包括读者维护、读者查询、借书排行榜；图书管理包括图书维护、图书查询、每类图书数量；图书借阅包括借阅明细、借书、还书。

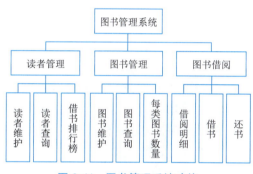

图 3-11  图书管理系统功能

## 3.3  数据标准

数据就是对客观世界状态变化的数字化记录。人们对数据的认识经历了一个不断深化的过程，从单纯认为数据是"信息资源"，将其看作是静态的数据库，到逐步认识"大数据"的重要价值，认识到数据具有海量规模、多样化数据结构、高速增长等特征，以及高度经济价值，再到将数据看作是一种与劳动、资本、土地、知识、技术、管理等生产要素并列的新型生产要素。数据作为新型生产要素，是数字化、网络化、智能化的基础，已快速融入生产、分配、流通、消费和社会服务管理等各个环节，深刻改变着人们的生产和生活方式。21 世纪以来，互联网、大数据、云计算、人工智能、区块链等技术加速创新，数字技术、数字经济是世界科技革命和产业变革的先机，是新一轮国际竞争的重点领域。我们国家具有数据规模和数据应用优势，积极探索推进数据要素市场化，加快构建以数据为关键要素的数字经济，对构建新发展格局、推动高质量发展具有重要意义。在此背景下，正确理解数据这个新型生产要素非常必要。

数据作为基础生产要素，数据的合理管理和有效应用，是释放数据价值的基础和前提。古人云：无规矩，不以成方圆。世界上的事物需要有规矩和规范，才能形成特定的样子。从中国古代的"车同轨，书同文"，到现代工业规模化生产，都是标准化的生动实践。在社会管理方面，我们有法律和道德约束；在食品安全方面，国家有严格的安全标准规定。在数据治理方面，同样需要有明确的数据标准。

### 3.3.1 数据标准概述

建立数据标准是数据管理的基础性工作,对打通数据孤岛、加快数据共享流通、释放数据价值有着至关重要的作用。在数据库设计中,数据标准与数据质量密切相关。

#### 1. 数据标准的定义

数据标准是指保障数据的内外部使用与交换的一致性和准确性的规范性约束。数据标准是一套由管理制度、管控流程、技术工具共同组成的体系。通过这套体系的推广,应用统一的数据定义、数据分类、记录格式和转换、编码等实现数据的标准化。

#### 2. 数据标准缺失产生的问题

很多组织在发展初期,因为数据量不足导致数据标准缺乏整体规划,等组织发展壮大,发现各个部门搭建各自的信息系统,如图 3-12 所示,各个系统由不同的厂商提供,搭建的数据库彼此独立,没有统一的数据标准,导致数据共享困难,理解歧义,无法有效分析。

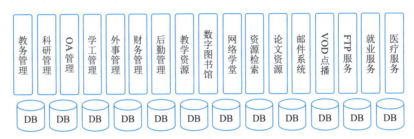

图 3-12 各部门搭建各自的信息系统

没有统一的数据标准会导致出现如下问题:

① 数据无法共享,造成"信息孤岛"。由于各个系统的数据存储结构不一致,分布在多个系统的数据,没有统一的标准,无法关联整合和分析,不同系统之间的数据无法共享。

② 数据名称、标准不规范,语义不清。没有数据标准,不同系统对同一种数据有不同的命名,容易造成同义不同名、同名不同义,让数据使用产生误解。

③ 数据理解沟通成本高。数据没有统一规范和标准,对于同一数据,不同人员的理解不一致,导致沟通交流成本增加,降低组织内部的运转效率。

#### 3. 数据标准的作用

通过对数据标准的统一定义,明确数据的归口部门和责任主体,可以为组织的数据质量和数据安全提供基础保障。通过对数据实体、数据关系以及数据处理阶段定义统一的标准、数据映射关系和数据质量规则,使得数据的质量校验有据可依,有法可循,可以为组织的数据质量提升和优化提供支持。

数据标准管理是规范数据标准的制定和实施的一系列活动,是数据资产管理的核心活动之一,对于组织内部提升数据质量、厘清数据构成、打通数据孤岛、加快数据流通、释放数据价值有着至关重要的作用。

### 3.3.2 数据标准相关术语

#### 1. 元数据

元数据是描述数据的数据或关于数据的结构化数据。

我们在实际的日常生活中已经在普遍使用元数据,比如描述学生的元数据:学号、姓名、性别、出生日期、系、班级等;描述课程的元数据:课程编号、课序号、课程名称、课程性质、开课院系等;描述图书的元数据:图书编码、图书名称、作者、出版社、出版日期等。

因为元数据是对数据的描述,所以通过元数据更容易理解、查找、管理和使用数据。元数据是建构数据仓库的基础,是构建组织数据资源全景视图的基础,通过元数据管理,可以实现数据资产非常重要的有关数据的血缘分析、影响分析、热度分析、关联分析等。

#### 2. 基础数据

基础数据是在一个组织内部跨部门、跨业务、跨系统共享的数据,具备高共享性、高价值性和相对稳定的特点,被称为组织数据中的"黄金数据",它是解决异构系统之间数据不一致、不完整的关键要素。因此基础数据的识别和管理至关重要。不同领域和行业的基础数据内容不同。高校的教职工、学生、组织机构、专业、班级等是基础数据。

3. 参考数据

参考数据是用于将其他数据进行分类或目录整编的数据,是规定数据元的域值范围。参考数据一般有国标可以参照,或者是用于组织内部数据分类的,是基本固定不变的数据。

4. 指标数据

指标数据用于统计、分析的数据,是通过数据计算整合而成,是领导层进行决策的依据。如每个专业的人数、各类期刊论文发表量、国家级省部级各级科研项目量、国家级一流本科课程门数等。

### 3.3.3 数据标准的三个维度

在日常管理和业务发展中,数据标准分为业务、技术和管理三个维度。

1. 业务维度标准

业务维度标准规范,一般包括业务的定义、标准的名称、标准的分类等。比如通过高校的教务系统了解本科学生的学位学历情况,见表3-7,"中文简称"具体描述包括学号、入学日期、学制、学习方式码、学历码、专业码、学士专业名称、毕业日期、获学位日期、学位证书编号等维度,这些维度就是数据判断标准。

对于业务人员来说,数据标准化建设可以提升业务的规范性,提升工作效率;同时,保证数据含义的一致性,降低沟通成本,给业务的数据分析、挖掘、信息共享提供便利。

表3-7 本科生学位学历表

| 编号 | 数据项名 | 中文简称 | 类型 | 长度 | 约束 | 值 空 间 | 解释/举例 |
|---|---|---|---|---|---|---|---|
| 1 | XH | 学号 | C | 9 | M | — | — |
| 2 | RXRQ | 入学日期 | D | 8 | M | — | 格式:YYYYMMDD |
| 3 | XZ | 学制 | N | 3,1 | M | — | 取得学历的学年年限,单位:年 |
| 4 | XXFSM | 学习方式码 | C | 1 | M | DM_GB_XXFS 学习方式代码 | — |
| 5 | XLM | 学历码 | C | 2 | M | DM_GB_XL 学历代码 | — |
| 6 | SXZY | 专业码 | C | 6 | M | DM_GB_ZYDM 专业代码 | — |
| 7 | XSZYMC | 学士专业名称 | C | 60 | M | — | — |
| 8 | BYRQ | 毕业日期 | C | 6 | M | — | 格式:YYYYMM |
| 9 | HXWRQ | 获学位日期 | C | 6 | M | — | — |
| 10 | XWZSBH | 学位证书编号 | C | 20 | M | — | — |

2. 技术维度标准

技术维度标准规范,是从技术角度描述数据的类型、长度、格式、编码规范等。表3-7中学号为文本型,长度为9。入学日期为日期型,长度为8。学制为数值型,长度为3,保留1位小数位。学历码为文本型,长度为2,代码规范参考国标学历代码表 DM_GB_XL。

对于技术人员来说,有了技术维度的数据标准规范,可以提高工作效率,降低错误率,提升数据质量。

3. 管理维度标准

管理维度标准规范是从管理角度描述数据标准,包括管理者是谁、如何增添、如何删减、访问标准条件等。比如高校的教职工信息的管理部门应该是人事处,学生信息的管理部门是学生处等。

对于管理人员来说,数据标准建设保证了数据的完整性和准确性,为数据安全和决策提供了支持和保障。

### 3.3.4 数据标准的组成

1. 数据模型标准

数据模型标准就是元数据的标准化。数据模型标准化是对每个数据元素的业务描述、数据结构、业务规则、质量规则、管理规则、采集规则进行清晰的定义,让数据可理解、可访问、可获取、可使用。以高校为例,如果把高校信息化比作人体，数据模型是骨架，数据之间的关系和流向是其血管和脉络，数据是其血液，数据模型的标准化是数据血液能够正常流动和运行的根本。

### 2. 基础数据标准和参考数据标准

基础数据是用来描述核心业务实体的数据，比如高校的教师、学生、专业、组织机构等数据，这些数据在高校内跨越多个部门被重复使用，具有高共享性和高价值性特点，被誉为"黄金数据"。参考数据是用于将其他数据进行分类或目录整编的数据，是规定数据元的域值范围。如图3-13所示，学生是一类人员的基础数据，参考数据培养层次和教学单位是学生人员基础数据培养层次和系的取值范围。

基础数据

| 图书类编号 | 图书类名称 | 出生日期 | 培养层次 | 系 |
|---|---|---|---|---|
| 张建 | 男 | 1976年2月2日 | 本科 | 英语系 |
| 王琴 | 女 | 1975年5月18日 | 本科 | 外交学系 |
| 李军 | 男 | 1966年2月10日 | 博士 | 外交学系 |
| 王方方 | 女 | 1973年10月2日 | 硕士 | 国际法系 |
| 陆军 | 男 | 1972年3月6日 | 硕士 | 英语系 |

参考数据

| 代码 | 培养层次 |
|---|---|
| 1 | 本科 |
| 2 | 二学位 |
| 3 | 硕士 |
| 4 | 博士 |
| 9 | 其他 |

参考数据

| 代码 | 教学单位 |
|---|---|
| 1800 | 外交学系 |
| 1900 | 英语系 |
| 2000 | 外语系 |
| 2100 | 国际法系 |
| 2200 | 国际经济学院 |

图 3-13 基础数据和参考数据

### 3. 指标数据标准

指标数据是在实体数据基础上增加了统计维度、计算方式、分析规则等信息加工后的数据。指标数据标准是对组织内业务指标所涉及的指标项的统一定义和管理。比如高校教学、科研、财务、资产等各业务域，均分布有其相应的业务指标。这些指标不仅需要在业务系统中统计和展现，还需要在数据分析系统中展现，有的指标数据需要多个从不同的业务系统中进行获取。

## 3.3.5 数据标准的设计流程

在数据库设计中数据标准的管理体系是：分析数据对象，明确每个数据实体所包含的数据项；梳理并确定出该业务域中所涉及的数据指标和指标项；分析并定义每个数据实体或指标的数据项标准，包括数据项的名称、编码、类型、长度、业务含义、数据来源、质量规则、安全级别、域值范围、管理部门等。

数据标准设计流程分为四个环节：标准编制、标准审查、标准发布、标准贯彻。

### 1. 数据标准编制

数据标准管理办公室根据数据需求开展数据标准的编制工作，确定数据项。数据标准管理执行组根据所需数据项，提供数据属性信息，例如数据项的名称、编码、类型、长度、业务含义、数据来源、质量规则、安全级别、域值范围等。数据标准管理办公室参照国际、国家或行业标准对这些数据项进行标准化定义并提交审核。如果没有参考标准，则根据企业情况制定相应的企业级数据标准。

### 2. 数据标准审查

数据标准管理委员会对数据标准初稿进行审查，判断数据标准是否符合企业的应用和管理需求，是否符合企业数据战略要求。如果数据标准审查不通过，则由数据标准管理办公室进行修订，直到满足企业数据标准的发布要求。

### 3. 数据标准发布

数据标准审查通过后，由数据标准管理办公室面向企业进行数据标准的发布。同时，数据标准管理执行组需要在数据标准发布过程中对现有的应用系统、数据模型产生的影响进行评估，并做好相应的应对策略。

### 4. 数据标准贯彻

把已定义的数据标准与业务系统、应用和服务进行映射，标明标准和现状的关系，以及可能影响的应用。该过程中，对于企业新建的系统，应当直接应用定义好的数据标准，对于旧系统一般是建立相应的数据映射关系，进行数据转换，逐步实现数据标准的落地。

## 3.3.6 数据代码标准的三个级别

数据代码标准划分三个级别，分别是国家标准、行业标准和组织内部标准。三级标准可以使我们在进行数据库设计时找到保证数据质量可遵循的权威依据。

第一级代码标准是国家标准。国家标准一般由"国家标准化委员会"制定，国家标准代码集的编号特点都是以表示国标的大写 GB 字母开头。

第二级代码标准是行业标准，如教育部《教育信息化行业标准》。行业标准编号的特点一般是行业拼音首字母组合，如教育行业标准以大写 JY 开头。

第三级代码标准是组织内部标准。以《外交学院通用信息编码集》为例，编码集包含三类信息编码，分别是单位编码、教师编码、学生编码。编码的原则是唯一性、规范性、稳定性和可扩充性。

下面以教职工编码为例，如图 3-14 所示，教职工编码由 7 位数字组成，形式为"YYYYCXX"。其中：第 1、2、3、4 位表示入职年份，第 5 位表示教职工类别，第 6、7 位表示 2 位流水号。例如，2020005 表示 2020 年入职的 5 号正式在编教职工。

| 类别 | 教职工类别 | 编制单位 |
| --- | --- | --- |
| 正式在编 | 0 | 人事处 |
| 派遣管理 | 1 | 人事处 |
| 博士后 | 2 | 人事处 |
| 外籍教师 | 5 | 外事办公室 |
| 外聘教师 | 6 | 教务处<br>研究生部<br>研究教育学院 |
| 保留 | 7 | — |

图 3-14　教职工编码规则

### 3.3.7　图书管理系统的数据标准

针对图书管理系统，其中学号和班级遵循《外交学院通用信息编码标准》的编码规则。

#### 1. 学号编码规则

如图 3-15 所示，学号总计 9 位，从左到右，第 1 ~ 4 位是 4 位入学年份，第 5 ~ 6 位是学生类别（其中 10 ~ 19 表示本科生，20 ~ 29 表示二学位，30 ~ 39 表示硕士研究生，40 ~ 49 表示博士研究生，50 ~ 59 表示国际教育学生）；第 7 ~ 9 位是 3 位流水号。例如：201911001 表示 2019 年入学编号为 1 号的本科生。

#### 2. 班级编码规则

如图 3-16 所示，班级编码由 7 位数字组成，形式为"YYYYDTX"。其中：第 1 ~ 4 位表示入学年份，第 5 位表示院系，第 6 位表示培养层次，第 7 位表示 1 位流水号。例如，2022111 表示 2022 年入学的外交学与外事管理系的本科生 1 班。

#### 3. 图书编码规则

图书编码规则需要单独定义，如图 3-17 所示，图书编码宽度为 5 位，从左到右，第 1 ~ 3 位表示图书类别，第 4 ~ 5 位是流水号。例如，COM01 表示计算机类的 1 号图书。

| 类别 | 4位年份 | 2位类别 | 3位流水号 |
| --- | --- | --- | --- |
| 本科生 | | 10~18 | |
| 本科留学生 | | 19 | |
| 二学位 | | 20~29 | |
| 硕士研究生 | | 30~38 | |
| 硕士研究生留学生 | | 39 | |
| 博士研究生 | | 40~48 | |
| 博士研究生留学生 | | 49 | |
| 国际教育生 | | 50~58 | |
| 短期进修留学生 | | 59 | |

图 3-15　学号编码规则

通过这一节的讲解，我们学习了数据标准设计流程分为制定、审查、发布和贯彻四个环节，每个环节有严格的定义和规范。所以在数据库设计中要学会遵循数据标准，并且要严格贯彻已经发布的数据标准。这是企业数据质量的根本保障。

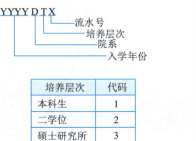

| 培养层次 | 代码 |
| --- | --- |
| 本科生 | 1 |
| 二学位 | 2 |
| 硕士研究所 | 3 |
| 博士研究所 | 4 |

| 院系 | 代码 |
| --- | --- |
| 外交学与外事管理系 | 1 |
| 英语系 | 2 |
| 外语系 | 3 |
| 国际法系 | 4 |
| 国际经济系 | 5 |
| 国际关系研究所 | 6 |
| 马克思主义学院 | 7 |
| 亚洲研究所（国家安全学院） | 8 |
| 国际教育学院 | 9 |

图 3-16　班级编码规则

| 图书类编号 | 图书类名称 |
| --- | --- |
| COM | 计算机类 |
| LIT | 文学类 |
| LAW | 法律类 |
| ECO | 经济类 |
| FOR | 外语类 |

图 3-17　图书编码规则

## 3.4　数 据 质 量

数据是对现实世界的抽象，高质量数据是发挥数据价值的基础。数据质量管理是对数据从计划、获取、存储、共享、维护、应用直至消亡的每个阶段里可能引发的数据质量问题，进行识别、度量、监控、预警等一系列管理活动，并通过改善和提高组织的管理水平使得数据质量获得进一步提高。数据质量管理的终极目标是通过可靠的数据提升数据在使用中的价值，并最终为组织赢得经济效益。

### 3.4.1 数据质量概述

#### 1. 数据质量的概念

数据质量就是"一组固有特征满足表示事物属性的程度"或"每个元素对于某种应用场景的适合度"。数据质量不但依赖于数据本身的特征，还依赖于使用数据时所处的业务环境，包含数据业务流程和业务用户。

#### 2. 数据质量管理的概念

数据质量管理是循环管理过程，其终极目标是通过可靠的数据提升数据在使用中的价值，并最终为企业赢得经济效益。要对数据进行清洗、整理、分类、监控等一系列管理，提高数据的质量，减少数据库中的无效数据、旧数据、残缺数据、错误数据等情况。

### 3.4.2 常见的数据质量问题

在数据库中，主要有四种常见的数据质量问题，分别是重要数据缺失、数据异常、数据不一致、数据重复或错误。

#### 1. 重要数据缺失

重要数据缺失是指某些重要数据未被填充。比如高校教务系统中，缺失任课教师的职称信息，导致无法按职称计算课时费。数据缺失，会导致大量有价值信息未被采集，或者被丢失，说明企业收集信息、数据处理系统、数据模型方面均有欠缺。

#### 2. 数据异常

数据异常是指数据与平时的业务、管理数据有很大差别，影响数据分析得出的结论。异常数据产生的原因，最主要是数据输入错误。比如某高校学每年的毕业生人数在 3 000 人左右，但是最近一年的毕业生人数为 30 000 人，或者为 300 人，数量波动太大。针对异常数据，需要用之前数据作为基础，确定最大值和最小值，判断数据变量是否超出合理的范围，如果数据异常，系统会自动报警提醒。

#### 3. 数据不一致

数据不一致是指在数据集成汇总的时候，多个系统分布的相同数据出现不一致的现象。比如高校学工系统和教务系统里均有同一个学生的基本信息，当某个学生因休学出现学籍异动状态变化，学工系统修改了这个学生的学籍状态，但是教务系统并没有同步，出现休学的学生被排课，并且参与了选课，导致此问题的原因就是学生信息不一致。

#### 4. 数据重复或错误

数据重复或错误是指一些数据出现重复统计、数据填写错误。比如问卷收集信息，很多时候用户录入数据多次保存，导致重复数据屡次录入，还有部分用户乱填问卷信息，导致数据错误的情况，这样就导致统计结果不准确，容易做出错误决策。

### 3.4.3 产生数据质量问题的因素

在数据日常采集、存储、管理、使用的过程中，出现数据缺失、数据异常、数据不一致、数据重复或错误情况的数据质量问题的因素，主要分为三个方面：业务、管理、技术。

#### 1. 业务因素

① 数据输入不规范。比如"班级"属性的数据出现 2 班、二班、211 班、211，出现同样的数据不一致的描述，导致同类数据统计时出现错误。

② 数据描述规则不清晰。不同的业务部门，不同时间处理相同业务的时候，由于数据业务规则不清晰，造成数据冲突或矛盾。比如在学工系统的"学籍状态"只有在校、离校两个状态，疫情期间为了区分学生是否居住在学校，设置该属性为"离校"，由此造成该学生的状态为无效，导致联动教务系统无法给该学生排课，造成业务混乱。

③ 缺乏数据标准统一规范。不同的业务使用相同的属性，赋予不同的数据。比如高校科研项目的"项目来源"，在科研系统中分为纵向项目、横向项目、校级项目，在一流学科监测指标中的"项目来源"分为国家社科基金、

教育部哲学社会科学研究重大课题、教育部人文社科、新文科研究与改革实践、北京市本科教学改革创新等，导致数据混乱。

解决办法是确立统一的数据标准，数据采集过程中要严格遵照数据标准规范。

#### 2. 管理因素

管理因素主要指数据源质量问题。比如很多生产数据是通过生产端采集，在生产端就存在重复、不完整、不准确的数据情况，采集过程中，没有对数据进行清洗和处理。

解决办法是确立有效的数据管理制度和流程，明确全生命周期的检查、校验数据质量的控制措施。

#### 3. 技术因素

数据采集过程中不同的采集点、采集时间、采集频率等设置不正确，也会导致采集的数据不准确，拉低数据质量。数据传输过程中，数据接口问题、接口参数配置错误、网络波动等，都会造成传输过程中数据遗失的质量问题。数据存储设计不合理、存储能力有限，导致人为调整数据，引起的数据丢失、数据记录重复等问题。

### 3.4.4 数据质量评价维度

数据质量评价维度就是用来测量或评估数据的质量。通过评价维度对数据质量进行量化，从而发现问题，并进行改进，以此达到提升数据质量的目的。数据质量核心评价维度主要包含五个方面，分别是准确性、完整性、唯一性、一致性和及时性。从实际应用来说，数据如果能满足这五个维度的要求，就可以说是属于高质量数据。

#### 1. 准确性

准确性是指数据正确表示"真实"实体对象的程度。例如高校的学生信息数据（学号、姓名、性别、院系、专业、班级、身份证号、联系电话）都需要保证准确，不能出现有错误的情况。

#### 2. 完整性

完整性是指存储数据量与潜在数据量的百分比，可以在数据集、记录或字段三个级别进行评估测量。即是否包含所有列、记录填写是否正确、关键性字段是否有值等。例如高校学生基本信息数据集是否完整、学生数据是否完全、身份证号等关键性字段是否有值。

#### 3. 唯一性

唯一性是指数据集内的任何实体唯一，不允许重复出现。例如高校学生实体是通过"学号"保证唯一性。

#### 4. 一致性

一致性是指相同的数据在不同的信息系统中，保证数据的一致性。例如图书管理系统有借阅信息的读者学号要与借还书表的该读者的学号一致，在关系数据库中可以通过主键和外键的参照完整性约束保证多表之间相同信息的数据一致性。

#### 5. 及时性

及时性是指在需要的时候有效及时地获取数据，才能发挥价值。数据是有时效的，过期数据的价值会大打折扣的。例如校园网络系统出现故障，运维人员需要实时运行的日志数据，方便快速排查解决问题。如果日志数据陈旧，那么这些数据就属于无效数据。

### 3.4.5 提高数据质量的策略

高质量的数据是数据分析和数据应用的基础，数据和人一样有从出生到消亡的过程，数据的生命周期包括采集、存储、传输、使用和消亡五个阶段。每个阶段都可能发生数据质量问题，所以要保证数据的质量，就需要把握好数据生命周期的每个阶段。

#### 1. 提高个人数据素养

数据不准确的主要原因是人为因素，建立数据思维，提高个人对数据的认知水平，要系统地学习数据管理的基础知识理论，以此提升个人的数据素养。

#### 2. 建立遵循数据标准规范的意识

数据标准是数据质量和数据安全的基础保障。数据标准中对数据实体、数据关系以及数据处理的统一标准、数据映射关系和数据质量规则，是校验和提升数据质量的重要依据。因此在日常处理数据过程中，要建立遵循数据标准规范的意识。

#### 3. 遵守数据质量管理制度

业务人员平时要有遵守数据质量相关制度和政策的意识，如果发现数据质量问题，要按照流程及时上报并提交问题。做到"事前预防、事中控制、事后补救"的数据质量管理策略。

### 3.4.6 数据清洗转换实例

在实际数据处理过程中，需要通过"清洗转换"解决数据质量问题，下面举一个有关数据质量问题的实例，分析数据质量的问题以及清洗转换过程。

**例 3-2** 把"student 导入用表"（见表 3-8）导入 Access"图书管理系统 .accdb"数据库中，其中 student 表各个字段类型和长度见表 3-9。

表 3-8　student 导入用表

| 学　　号 | 姓　　名 | 性　别 | 出 生 日 期 | 学 籍 信 息 |
|---|---|---|---|---|
| 199521003 | 张建 | 男 | 1976.2.2 | 英语系 1995211、4 年 |
| 199511010 | 王琴 | 女 | 1975.5.18 | 外交学系 1995111、4 年 |
| 199511003 | 李军 | 男 | 1975.2.10 | 外交学系 1995111、4 年 |
| 199541008 | 王方方 | 女 | 1975.10.2 | 国际法系 1995411、3 年 |
| 199521012 | 陆军 | 男 | 1974.3.6 | 英语系 1995212、4 年 |
| 199531001 | 马严 | 男 | 1976.12.4 | 外语系 1995311、4 年 |
| 199521004 | 吕梅 | 女 | 1976.9.12 | 英语系 1995211、4 年 |
| 199531003 | 杨连 | 男 | 1975.9.30 | 外语系 1995311、4 年 |
| 199521005 | 刘彩霞 | 女 | 1974.12.31 | 英语系 1995212、4 年 |
| 199511001 | 姚云 | 女 | 1975.10.25 | 外交学系 1995111、4 年 |
| 199541010 | 王会仁 | 男 | 1974.7.16 | 国际法系 1995412、3 年 |
| 199541003 | 马兰花 | 女 | 1976.11.12 | 国际法系 1995412、3 年 |
| 199531006 | 高峰 | 男 | 1975.6.2 | 外语系 1995311、4 年 |
| 199521002 | 张文中 | 男 | 1975.8.21 | 外交学系 1995111、4 年 |
| 199521011 | 程小平 | 男 | 1974.9.11 | 国际法系 1995411、3 年 |

表 3-9　student 表

| 字 段 名 | 类　　型 | 长　　度 |
|---|---|---|
| 学号 | 短文本 | 9 |
| 姓名 | 短文本 | 10 |
| 性别 | 短文本 | 1 |
| 出生日期 | 日期 | — |
| 系 | 短文本 | 10 |
| 班级 | 短文本 | 7 |
| 学制 | 数字 | 整型 |

具体操作如下：

① 如图 3-18 所示，单击"外部数据"选项卡，选择"新数据源"→"从文件"→"Excel"选项，从弹出的对话框中选择"student 导入用 .xlsx"文件。

② 如图 3-19 所示，进入"导入数据向导"对话框，选中"第一行包含列标题"选项，数据表的第一行学号、姓名、性别、出生日期和学籍信息将作为列标题，单击"下一步"按钮。

图 3-18　导入外部 Excel 数据

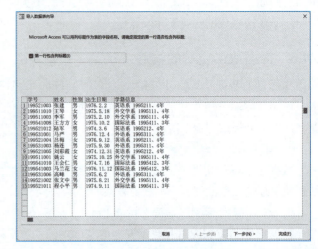

图 3-19　"导入数据向导"对话框第 1 步指定"第一行包含列标题"

③ 进入"导入数据表向导"第 2 步,如图 3-20 所示,单击"学号"字段,"数据类型"选项中选择"短文本"。按照此方法,依次选择"姓名"数据类型为"短文本","性别"数据类型为"短文本","出生日期"数据类型为"日期和时间","学籍信息"数据类型为"短文本",设置完毕,单击"下一步"按钮。

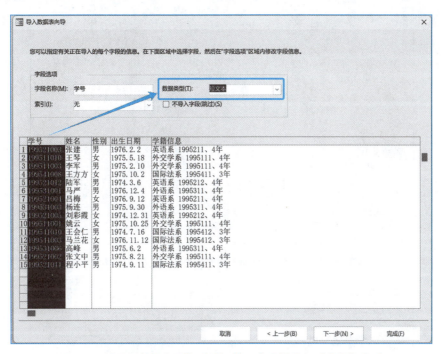

图 3-20 "导入数据向导"对话框第 2 步设置导入"字段"类型

④ 进入"导入数据表向导"第 3 步,如图 3-21 所示,设置"主键"选项,选择"我自己选择主键"选项,主键设置为"学号",单击"下一步"按钮。

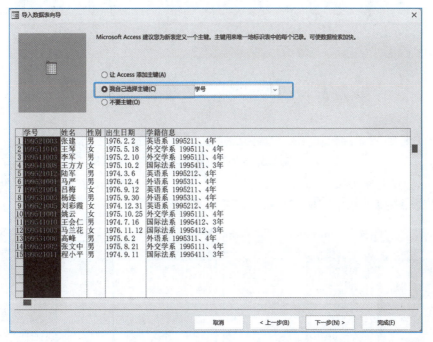

图 3-21 "导入数据向导"对话框第 3 步设置"主键"

⑤ 进入"导入数据表向导"第 4 步,如图 3-22 所示,在"导入到表"文本框输入 student,单击"完成"按钮。
⑥ 系统弹出"获取外部数据-Excel 电子表格"对话框,提示未能成功导入所有数据,如图 3-23 所示。

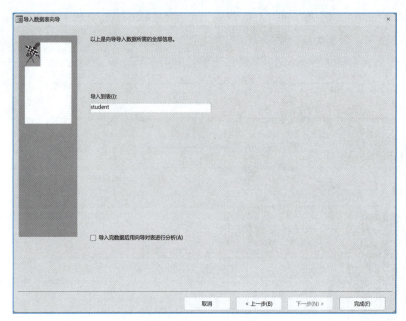

图 3-22 "导入数据向导"对话框第 4 步"导入到表"

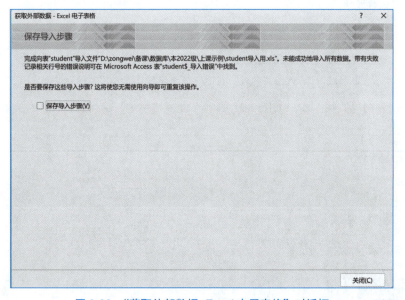

图 3-23 "获取外部数据-Excel 电子表格"对话框

按提示在 Access 数据表对象中的"student$_导入错误"表中查看,发现错误提示"出生日期"数据导入失败,打开"student"数据表,发现"出生日期"字段数据没有导入,如图 3-24 所示。

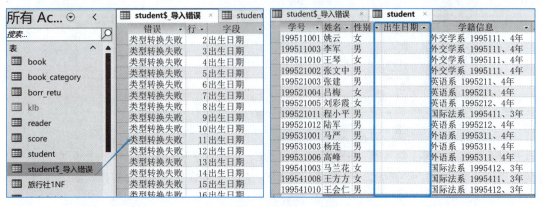

图 3-24 部分数据导入失败

分析原因发现，student 源数据表的"出生日期"，在导入时选择了"日期和时间"格式，但是 student 源数据表的"出生日期"的年月日之间的间隔符是"."，不符合日期数据的格式要求，导致数据丢失。基于以上分析，数据需要从以下几个方面进行处理：

1. 数据质量问题分析

例如，表 3-8 所示的 student 导入用表存在如下几个数据质量的问题：

① "出生日期"的年月日间隔符不符合日期格式，不应该以"."间隔，而是应该以"/"间隔。

② "学籍信息"依据关系规范化一范式理论，即属性不可再分原则，可以将其分解为三个属性：院系、班级和学制。

③ "学制"的数据类型是"数字型"，表中的数据中"学制"后有单位"年"，系统会识别为"文本型"，因此需要删除"年"。

2. 数据清洗转换

基于以上发现的问题，下面讲解如何利用 Excel 完成 student 表数据的清洗转换。

① 在 Excel 中利用"查找替换"功能可以实现把"出生日期"列的年月日间隔符"."替换为"/"。

② "学籍信息"列利用 Excel "数据"选项卡中的"分列"工具完成拆分，在打开的"文件分列向导 - 第 1 步，共 3 步"对话框中选择"分隔符号"，如图 3-25 所示，单击"下一步"按钮。

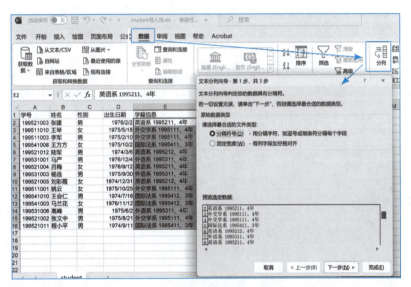

图 3-25　分列向导选择分隔符号

③ 进入第 2 步界面，如图 3-26 左图所示，选择"空格"选项，同时选择"其他"选项，并在其后的文本框中输入"、"，单击"下一步"按钮，如图 3-26 右图所示，在"数据预览"框中可见已经被拆分为三列。单击"完成"按钮，完成 student 导入用表数据的拆分。

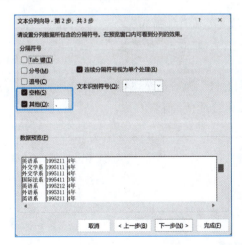 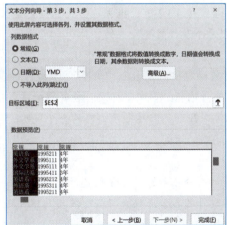

图 3-26　分列向导选择分隔符号

④ 拆分完毕，再观察 student 导入用表，赋予新拆出列的列标题。“学制”列的数据类型为“数值型”，再利用“查找替换”功能，替换掉“学制”数据的单位“年”。student 导入用表清洗的结果如图 3-27 所示。

| A | B | C | D | E | F | G |
|---|---|---|---|---|---|---|
| 学号 | 姓名 | 性别 | 出生日期 | 院系 | 班级 | 学制 |
| 199521003 | 张建 | 男 | 1976/2/2 | 英语系 | 1995211 | 4 |
| 199511010 | 王琴 | 女 | 1975/5/18 | 外交学系 | 1995111 | 4 |
| 199511003 | 李军 | 男 | 1975/2/10 | 外交学系 | 1995111 | 4 |
| 199541008 | 王方方 | 女 | 1975/10/2 | 国际法系 | 1995411 | 3 |
| 199521012 | 陆军 | 男 | 1974/3/6 | 英语系 | 1995212 | 4 |
| 199531001 | 马严 | 男 | 1976/12/4 | 外语系 | 1995311 | 4 |
| 199521004 | 吕梅 | 女 | 1976/9/12 | 英语系 | 1995211 | 4 |
| 199531003 | 杨连 | 男 | 1975/9/30 | 外语系 | 1995311 | 4 |
| 199521005 | 刘彩霞 | 女 | 1974/12/31 | 英语系 | 1995212 | 4 |
| 199511001 | 姚云 | 女 | 1975/10/25 | 外交学系 | 1995111 | 4 |
| 199541010 | 王会仁 | 男 | 1974/7/16 | 国际法系 | 1995412 | 3 |
| 199541003 | 马兰花 | 女 | 1976/11/12 | 国际法系 | 1995412 | 3 |
| 199531006 | 高峰 | 男 | 1975/6/2 | 外语系 | 1995311 | 4 |
| 199521002 | 张文中 | 男 | 1975/8/21 | 外交学系 | 1995111 | 4 |
| 199521011 | 程小平 | 男 | 1974/9/11 | 国际法系 | 1995411 | 3 |

图 3-27　清洗完成的 student 导入用表

### 3. 导入 Access 数据库

以数据统计分析为目标，分析发现数据质量问题，利用 Excel 完成了数据的清洗转换，再单击“外部数据”选项卡中的“新数据源”→“从文件”→“Excel”，从弹出的对话框中找到“student 导入用 .xlsx”文件。按照相应的操作步骤，将会完成数据的正确导入。

## 小　　结

本章主要分为三部分内容：一是基于系统设计方法论，完整地阐述了数据库系统设计的六个阶段，并以“图书管理系统”为实例，进行了分阶段设计和规划，以达到培养学生顶层设计和全局规划能力的目的；二是数据标准的重要意义、相关术语和设计流程等内容，让学生深入了解数据标准产生和制定过程的严谨性，以此学习数据标准的重要作用，建立遵循数据标准的意识；三是数据质量的常见问题、产生因素、评价维度和提高策略，最后以一个实例说明如何通过清洗转换提高数据质量。

## 习　　题

### 一、用 Word 编写图书管理系统设计方案

1. 需求分析阶段

请参考 3.2.1 节所描述的需求，明确系统的总体目标，所需要处理的对象，收集支持系统目标实现的基础数据，完成数据分析和功能分析。

① 归纳系统所需要的数据。

② 归纳系统的大体功能。

2. 数据库设计阶段

（1）图书管理系统概念模型设计（E-R 图）

请利用 Word 的绘图工具功能，画出“图书管理系统”的 E-R 图（包括实体的属性、实体间的联系）。

（2）图书管理系统逻辑模型设计（数据库中读者表、图书表的表结构设计）

逻辑结构：数据表中存放数据的名称、类型、宽度和小数位数等属性的定义。“图书管理系统”中对应的是读者表、图书表的表结构。请利用 Word 表格功能，列出两个表的表结构（属性名称、类型、长度）。其中：

① 属性名称：概念模型的实体属性名。

② 类型：参考教材 4.3.2 节，根据每个属性将要输入的具体值自行确认。

③ 宽度：根据每个属性将要输入的具体值自行估计。如：属性“性别”的宽度为 1（因为只有“男”“女”两种值）。

（3）编码规则设计

参考节 3.3.7 节编码规范，列出“学号”“班级”“图书编号”属性的编码规则，包括：

① 编码规则参考依据，如国家标准、教育部标准、校级标准、本课程标准。

② 描述具体编码规则，以及每位编码的含义说明。

③ 基于编码规则的示例。

### 二、简答题

1. 数据库设计计划分几个阶段，分别是什么？

2. 在数据库设计的各个阶段，哪些阶段与具体数据库管理系统无关？

3. 数据标准的重要意义是什么？

4. 常见的数据质量问题有哪些？如何有效提高数据质量？

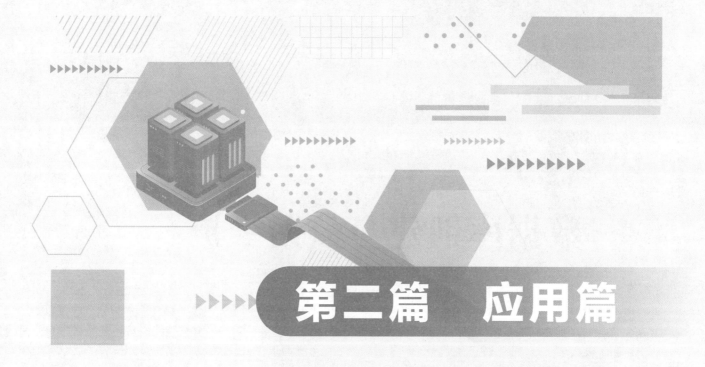

# 第二篇 应用篇

通过数据分析行为、预测结果、进行决策，是更加科学的方式，完全超越了依赖经验与直觉的生产生活方式，对人类具有重要的变革意义。数据的处理分析正在成为新一代信息技术融合应用的结点，数据将是信息产业持续高速增长的新引擎，让数据赋能现实应用将成为提高核心竞争力的关键因素。

应用篇是结合现实数据应用场景，从数据采集存储、数据价值挖掘到数据应用呈现的知识线索展开，包含第4~10章。通过第4章数据库创建与数据维护，学习实践如何把现实中的实体对象，通过理论篇的概念模型到逻辑模型的抽象、结构化的数据，采集存储到关系数据库的过程。通过表结构创建和表记录维护的实践过程，深入理解结构化数据的底层逻辑和原理。数据采集存储的目的是挖掘数据价值。第5章数据库查询统计是利用Access提供的丰富的函数等数据统计分析工具，学习实践数据价值挖掘的方法。在此基础上，基于关系数据库三级模式的经典理论模型，通过实践建立数据处理中源数据表是灵魂、函数是数据价值发掘精髓的核心概念。让数据看得见并用起来，是数据发挥价值的终极目标。通过第6~10章，利用Access提供的各类应用界面的设计工具完成数据使用和呈现。

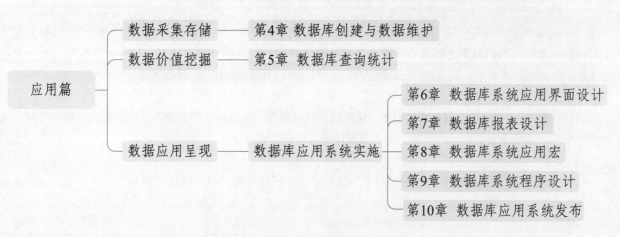

# 第 4 章 数据库创建与数据维护

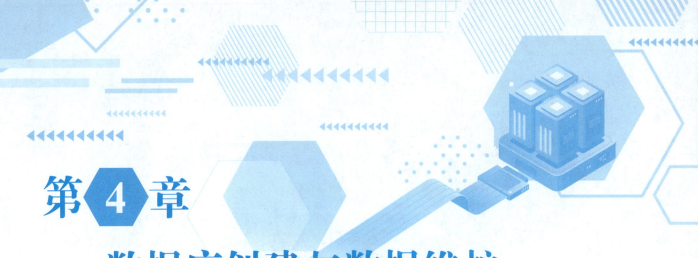

关系数据库的数据结构是二维表，在关系数据库中二维表由两部分组成，分别是属性集合构成的表结构和记录集合构成的表记录。本章重点内容是利用 Access 提供的专业化数据库工具完成数据库创建、数据表结构的创建和维护、数据记录的维护、建立表间关系以及实施参照完整性约束。Access 数据库有众多版本，本书推荐选择 Access 2019 及以上版本。

## 本章知识要点

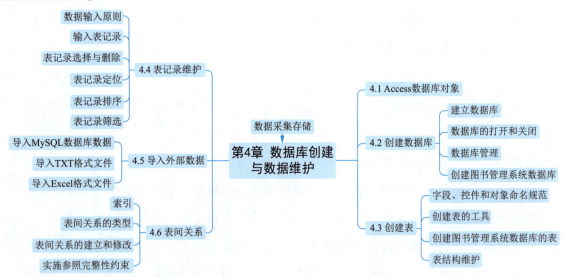

## 4.1 Access 数据库对象

在 Access 数据库中，有六种对象，分别是"表"、"查询"、"窗体"、"报表"、"宏"和"模块"。每种对象具有特定的功能和操作，不同对象之间具有一定的依赖性和关联性，可以相互结合使用。Access 数据库虽然分为六种不同对象，但在实际存储中，均存放于 .accdb 文件中。下面我们依次介绍这些对象。

### 1. 表

"表"是数据库中最基础、最核心的对象，主要用于存储数据，是数据库的数据源，其他五类对象均可与"表"对象进行交互，可操作表中存储的数据。一个数据库中可以包含多张表。

### 2. 查询

"查询"用于对数据进行检索，检索的对象不仅可以是"表"对象，也可以是"查询"对象自身，Access 数据库提供多种查询方式，用于不同类型的查询。查询的结果可以是特定的记录，也可以是统计结果。查询本身是一个查询结构，只存放查询的指令，不存放数据。

### 3. 窗体

"窗体"是一个展示平台，主要用于数据的输入、显示或控制应用程序执行。窗体是用户与数据库进行人机交互的图形界面，开发者可以自由地设计窗体的样式、功能等。当然，精心设计的窗体对于用户来说更易操作、更美观，也更容易输入正确的数据。窗体对象的数据源既可以是表，又可以是查询。

### 4. 报表

"报表"对象用于格式化、计算和汇总所选数据，并可以按照设定的格式进行显示及打印。同样，报表对象的数据源既可以是表，又可以是查询。

### 5. 宏

"宏"对象是 Access 数据库中一个或多个操作的集合，其中每一个操作用于完成特定的功能，可以使大量重复性工作自动完成，方便对数据库的管理。

### 6. 模块

"模块"对象是 Access 用 VBA 编写代码的地方，在模块中可以用 VBA 操作其他对象，通过模块对象，可以设计出人机交互更友好、操作更流畅的数据库应用程序。

## 4.2 创建数据库

### 4.2.1 建立数据库

Access 数据库可以通过以下三种方式打开：

方式一：双击桌面上的 Access 快捷方式，即可启动。

方式二：单击"开始"菜单按钮，选择 Access 图标，单击即可启动。

方式三：在 Windows 左下角的搜索框输入"Access"，单击出现的 Access 图标即可启动。

启动 Access 数据库后，程序界面在 Access "文件"选项卡的"开始"选项卡中，选项卡中分为"新建"和"最近"两部分，如图 4-1 所示。

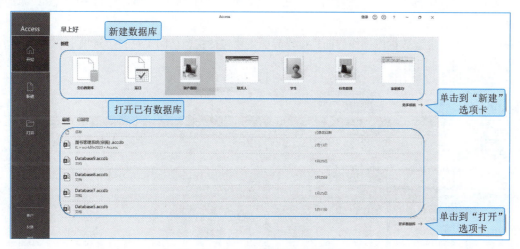

图 4-1 Access 数据库启动页面

新建数据库包括创建空白数据库、从推荐模板中创建数据库以及通过"更多模板"联机搜索网上的数据库模板。数据库模板中预制了一些相关表、窗体、报表和查询等，可以快速开发数据库应用，对于模板数据库中不符合实际需求的模块，可以在其基础上做调整，提高了数据库应用的开发效率。

打开已有数据库既可从"最近"打开，也可通过单击"更多数据库"跳转到"打开选项卡"中，通过选择数据库文件位置打开已有数据库。

## 4.2.2 数据库的打开和关闭

### 1. 打开数据库

Access 数据库的源文件为 .accdb 格式，安装 Access 后系统会自动关联该格式的文件由 Access 打开，在文件系统中可以看到该文件的图标为 Access 的标志。双击该文件，系统会自动调用 Access 打开数据库源文件，这种打开数据库的模式默认为"打开"。

若数据库源文件未与 Access 关联，则可以通过先打开 Access，再用 Access 打开数据库源文件的方式打开，具体步骤为：在数据库启动界面，选择右侧的"打开"选项卡，再选择数据库源文件即可。同样，已关联的数据库源文件也可通过该方式打开，通过该方式打开数据库源文件，可以自定义源文件的打开模式。

Access 中共有四种打开模式，分别是："打开""以只读方式打开""以独占方式打开""以独占只读方式打开"，如图 4-2 所示。下面分别说明四种模式的区别。

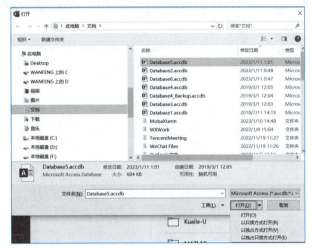

图 4-2　Access 数据库打开模式

① "打开"：是 Access 数据库的默认打开方式，这种情况下，数据库文件是共享的，也可以被其他人打开。

② "以只读方式打开"：此时数据库只能查看，不能对其做编辑、修改、删除等操作，此时数据库文件也是共享的。

③ "以独占方式打开"：可对数据库做任何操作，只是数据库文件不是共享的，其他人不可以打开该数据库文件。

④ "以独占只读方式打开"：此时数据库只能查看，不能对其进行编辑、修改、删除等操作，此时数据库文件不是共享的，其他人不可以打开该数据库文件。

以上四种打开模式，可以根据实际需要进行选择。打开数据后，便可以对数据做修改操作。若需要将修改后的数据库保存下来，可以参考如下方式：

方式一：单击"文件"选项卡→"保存"按钮即可保存。

方式二：单击左上角的快速访问工具栏中的"保存"按钮完成保存。

方式三：单击"文件"选项卡→"另存为"按钮→"数据库另存为"，选择合适的保存位置，添加合适的数据库名称即可保存。

打开数据库后，即可进入数据库操作界面，操作界面主要包括快速访问工具栏、选项卡、功能区、导航窗格、工作区、状态栏，如图 4-3 所示。

图 4-3　Access 数据库操作界面

和其他 Office 系列软件类似，快速访问工具栏、选项卡、功能区提供了系统默认的名称、功能按钮，可以通过"文件"选项卡→"选项"选项卡→"自定义功能区"按钮和"快速访问工具栏"按钮自定义选项卡、功能区和快速访问工具栏，如图 4-4 和图 4-5 所示。

图 4-4　自定义功能区的设置

图 4-5　快速访问工具栏的设置

导航窗格提供一种快速访问 Access 中对象的方式，单击导航窗格顶部右侧的按钮或按【F11】键，可以随时隐藏或显示导航窗格。工作区是 Access 主要的操作区域。根据打开的 Access 对象视图，工作区显示不同的操作界面。状态栏显示不同操作对象的状态，同样根据打开的 Access 对象视图切换显示内容。

2．关闭数据库

Access 数据库的关闭有两种方式。

方式一：单击"文件"选项卡→"关闭"按钮，可以关闭打开的数据库。

方式二：单击右上角的"关闭"按钮。这种方式在关闭数据库的同时，也关闭了 Access 程序。

### 4.2.3 数据库管理

数据库的管理包括设置数据库密码、压缩和修复数据库、备份数据库三部分。

#### 1. 设置数据库密码

为了增强数据库的安全性，对访问数据库的用户进行权限审核，可以为数据库设置密码。设置密码时需要以"独占方式打开"数据库，操作流程如下：

① 以"独占方式打开"数据库，单击"文件"选项卡，选择"信息"选项卡，单击"用密码进行加密"按钮，如图 4-6 所示。

② 在弹出的"设置数据库密码"对话框中的"密码"和"验证"输入框中分别输入相同的密码，单击"确定"按钮即可。

若想删除数据库的密码，前面步骤和设置数据库密码的步骤是一样的，后面的操作步骤如下：

① 单击图 4-7 中所示"解密数据库"按钮。

② 在弹出的"撤销数据库密码"对话框中的"密码"输入框输入密码，单击"确定"按钮即可。

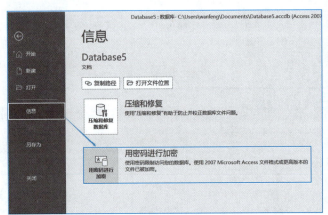

图 4-6　Access 数据库设置密码页面

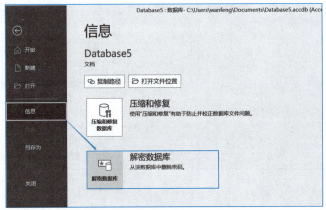

图 4-7　Access 数据库解密密码页面

#### 2. 压缩和修复数据库

Access 数据库在经过多次增删改之后，数据库文件会变得很大，可以通过数据库压缩的方式使数据库源文件变小。数据库压缩亦可提高 Access 数据库的性能。

当数据库源文件损坏时，Access 亦提供修复功能。在 Access 中，数据库压缩和数据库修复是同一个按钮，该按钮在"用密码进行加密"图标的上方。操作流程如下：

单击"文件"选项卡，选择"信息"选项卡，单击"压缩和修复"按钮即可，如图 4-8 所示。

#### 3. 备份数据库

Access 数据库在操作的过程中可能会崩溃，从而导致数据库源文件损坏。这个时候可以采用"数据库修复"功能来对数据库源文件进行修复，然而有时修复会失败，导致数据不可用，因此我们要定期对数据库源文件做备份。

Access 数据库的备份有三种方式，具体如下：

方式一：对数据库源文件进行复制并粘贴到备份目录，即可实现数据库的备份。

方式二：单击"文件"选项卡→"另存为"按钮→"数据库另存为"→"Access 数据库（.accdb）"选项→"另存为"按钮，选择备份目录，完成数据库备份，如图 4-9 所示。

方式三：单击"文件"选项卡→"另存为"按钮→"备份数据库"选项→"另存为"按钮，选择备份目录，完成数据库备份。

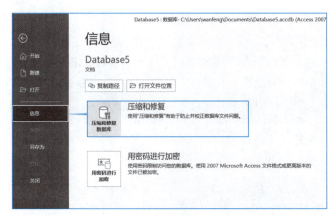
图 4-8　Access 数据库压缩和修复页面

图 4-9　Access 数据库另存为页面

### 4.2.4　创建图书管理系统数据库

下面介绍图书管理系统数据库的创建，并为数据库设置密码为"db1234"。

详细操作步骤如下：

① 打开 Access 数据库，单击"开始"选项卡→"新建"，单击"空白数据库"，如图 4-1 所示，在弹出的"新建数据库"对话框中的"文件名"文本框中输入数据库文件名称"图书管理系统 .accdb"，单击"浏览"按钮，在弹出的"文件新建数据库"对话框中选择数据库存储文件路径，单击"创建"按钮，完成创建数据库。

② Access 会自动创建一个名为"表 1"的表对象，由此说明表是数据库的基本对象，是其他数据库对象的基础，因此新建数据库系统的初始对象从表开始。

③ 单击"文件"选项卡→"关闭"按钮，关闭数据库。

④ 单击"文件"选项卡→"打开"选项卡→"浏览"按钮，选择"图书管理系统 .accdb"，在"打开"下拉列表框中选择"以独占方式打开"，如图 4-2 所示。

⑤ 单击"文件"选项卡→"信息选项卡"选项卡→"用密码进行加密"按钮，弹出"设置数据库密码"对话框，在"密码"文本框和"验证"文本框中均输入"db1234"，完成数据库密码创建。

## 4.3　创 建 表

表是数据库中的基本对象，是用来存储数据的对象，是整个数据库系统的数据源，也是其他数据库对象的基础。在 Access 中可以利用"表向导"、"表设计视图"及 SQL 语句创建表、建立表结构，利用"数据表视图"对表记录进行维护。

关系模式的数据结构是二维表。关系数据库中的二维表是属性和元组的集合。在数据库管理系统中，通常属性称为字段，属性集合称为表结构，元组称为表记录。本节依据第 3 章 3.2 节图书管理系统设计方案的逻辑结构设计，讲解利用 Access 完成图书管理系统的读者表、图书表和借还书表的结构创建和表记录维护。

### 4.3.1　字段、控件和对象命名规范

Access 中为字段、控件或对象命名时，最好确保该名称和 Access 数据库系统中默认的属性名称不重复，否则在某些情况下数据库会产生异常行为。另外，字段、控件或对象的命名也有一定的要求，具体如下：

① 最大长度为 64 个字符。

② 可以包含字母、数字、空格和特殊字符的任意组合。但是特殊字符中要除去句号（.）、感叹号（!）、重音符（`）和方括号（[ ]）。

③ 不能以空格开头。

④ 不能包含控制字符（从 0 ~ 31 的 ASCII 值）。

在实际应用中，一些特殊字符可能会导致意外的错误。一个好的命名能够帮助数据库的使用者轻松理解数据

库的功能。以下是推荐的命名规范：

① 使用英文字符、数字和下划线（_），其中数字不能应用在名称开头。

② 命名采用具有实际意义的英文单词的组合，可以采用下划线分割不同的单词，如借书表可命名为"book_borrow"，也可以采用"驼峰拼写法"，即第一个词的首字母小写，后面每个词的首字母大，如"bookBorrow"。

③ 采用中文命名，便于识别对象含义。需要注意的是，在引用中文命名的对象时需要用中括号（[ ]）将对象名包围起来。

### 4.3.2 创建表的工具

当在 Access 中创建一个新的"空白桌面数据库"时，系统会默认创建一个表，并默认为表命名为"表1"。当然也可以通过"创建"选项卡中的"表"按钮或"表设计"按钮创建新的表。它们分别对应了两种不同的创建表的方式：通过数据表视图创建表和通过表设计视图创建表。下面分别对这两种视图进行介绍。

#### 1. 数据表视图

当创建一个新的"空白桌面数据库"时，系统默认创建的"表1"的视图就是数据表视图。单击"创建"选项卡中"表"按钮，打开的也是数据表视图。在"导航窗格"中双击打开已创建的表对象时默认也是数据表视图。新创建表对象时，Access 自动创建了一个名为"ID"的字段，其字段类型为"自动编号"，且为主键。如果不需要该字段可对其进行修改或删除。通过数据表视图创建表的方式非常简单，依次单击"创建"选项卡→"表"按钮，即可创建表，并默认打开数据表视图，如图 4-10 所示。在数据表视图中，会显示表中所有的数据，另外，会打开"表字段"和"表"选项卡，分别对应字段和表相关的功能区，可以对它们进行设置，如图 4-11 和图 4-12 所示。

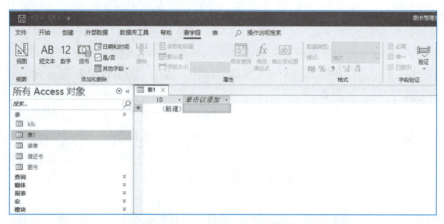

图 4-10 数据表视图创建表

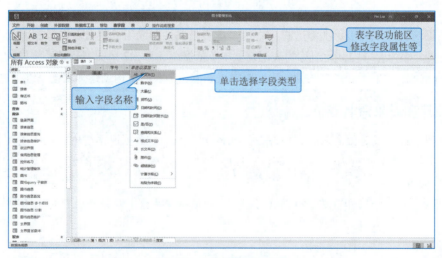

图 4-11 "表字段"选项卡

# 第 4 章 数据库创建与数据维护

图 4-12 "表"选项卡

字段的命名规范和表名一致,可参考推荐的表名命名规范。在数据表视图下,创建及修改字段的操作步骤如下:

① 单击表的第一行的"单击以添加",可以弹出字段类型下拉列表,在下拉列表中选择合适的字段类型,之后在文本框中设置字段名称,即可完成一个字段的创建。

② 可以双击默认的字段名,对字段名称进行修改,也可以在"表字段"选项卡中单击"名称和标题"按钮,在弹出的"输入字段属性"对话框中修改字段名,对话框中也可修改字段的"标题"和"说明"。

③ 若要对字段类型进行修改,可在"字段"选项卡中"数据类型"右侧的下拉列表中选择合适的字段类型。

④ 在"字段"选项卡中,"字段大小"处可根据实际需要输入合适的字段长度。

2. 表设计视图

相比于数据表视图,用表设计视图创建表结构更加方便,推荐使用表设计视图创建表结构。通过表设计视图创建表的方式为:单击"创建"选项卡→"表设计"按钮,即可创建表。可以通过"字段"选项卡最左侧"视图"按钮切换两种视图,也可以通过右下角状态栏中视图图标进行视图切换,表设计视图下会出现"表设计"选项卡,如图 4-13 所示。

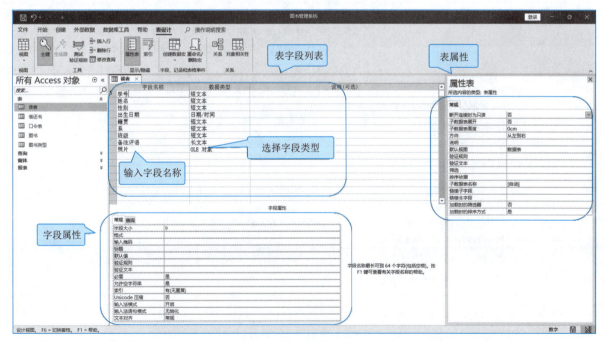

图 4-13 "表设计"选项卡

利用表设计视图创建表结构的流程如下:

① 在"字段名称"列中输入字段名,在"数据类型"列选择字段类型,并可在"说明"列选填字段说明。

② 在"字段属性"表中可以对字段的大小、格式、输入验证等进行设置。

③ "设计"选项卡中的"主键"按钮可设置/取消表的主键。

(1) 设置字段类型

在创建表结构的过程中，主要包括创建字段名称、选择字段类型、配置字段属性等操作。在 Access 中，表的字段类型见表 4-1。不同的字段类型具有不同的功能，也占用不同大小的存储空间，一般可以通过类型名字即可判断该类型的作用，根据实际需要选择合适的字段类型。

表 4-1  Access 表字段类型

| 类 型 | | 说 明 | 长 度 |
| --- | --- | --- | --- |
| 短文本 | | （默认）文本或文本和数字的组合，以及不需要进行计算的数字，例如姓名、住址、电话号码等 | 最多 255 个字符或字段大小属性设置的长度，以两者中较短者为准。Access 不会为文本字段的未使用部分保留空间 |
| 长文本 | | 存储长文本或文本和数字的组合，可以存储较多的文本 | 最多 63 999 个字符[如果长文本字段通过 DAO 处理且仅在其中存储文本和数字（不存储二进制数据），长文本字段的大小将受数据库大小限制] |
| 数字 | | 存储用于数学计算的数值数据，可以存储整数、小数等数字信息。数字类型根据字段大小属性，分整数和浮点两大类型 | 占 1、2、4、8 或 12 个字节（如果将字段大小属性设置为同步复制 ID，则为 16 个字节） |
| 数字 | 整型 | | 整数类型的字段大小共四种：<br>① 字节，占 1 个字节，可以存储 0 至 255 之间的数字；<br>② 整型，占 2 个字节，可以存储 -32 768 至 32 767 之间的数字；<br>③ 长整型，占 4 个字节，可以存储 -2 147 483 648 至 2 147 483 647 之间的数字；<br>④ 同步复制 ID，用于全局唯一标识一个记录，不用于计数，一般当作主键，占用 16 个字节 |
| 数字 | 浮点型 | | 浮点类型分共三种：<br>① 单精度：占 4 个字节，负值取值范围为 -3.402 823E38 到 -1.401 298E-45；正值取值范围为 1.401 298E-45 到 3.402 823E38；<br>② 双精度：占 8 个字节，负值取值范围为 -1.797 693 134 8623 1570E+308 到 -4.940 656 458 412 465 44E-324；正值取值范围为 4.940 656 458 412 465 44E-324 到 1.797 693 134 862 315 70E+308；<br>③ 小数：占 12 个字节，其"精度"属性，标识可以存储的数值总数，包括小数点前后的所有数字，最大为 28 位，默认为 18 位。"数值范围"属性用来表示小数点后可存储的最大位数，默认值为 0。"小数位置"属性用来表示小数点右边显示的位数，默认为自动 |
| 日期/时间 | | 存储从 100 到 9999 年的日期与时间值 | 8 个字节 |
| 货币 | | 货币值或用于数学计算的数值数据，这里的数学计算的对象是带有 1~4 位小数的数据。精确到小数点左边 15 位和小数点右边 4 位 | 8 个字节 |
| 自动编号 | | 每当向表中添加一条新记录时，由 Access 指定的一个唯一的顺序号（每次递增 1）或随机数。自动编号字段不能更新 | 4 个字节（如果将"字段大小"属性设置为同步复制 ID 则为 16 个字节） |
| 是/否 | | "是"和"否"值，以及只包含两者之一的字段（Yes/No、True/False 或 On/Off） | 1 位 |
| OLE 对象 | | Access 表中链接或嵌入的对象（例如 Microsoft Excel 电子表格、Microsoft Word 文档、图形、声音或其他二进制数据） | 最多为 1 GB（受可用磁盘空间限制） |

续表

| 类 型 | 说 明 | 长 度 |
|---|---|---|
| 超链接 | 文本或文本和数字的组合，以文本形式存储并用作超链接地址。超链接地址最多可包含四个部分：<br>① 要显示的文本：出现在字段或控件中的文本；<br>② 地址：文件的路径（UNC 路径）或页面的路径（URL）；<br>③ 子地址：文件或页面中的位置；<br>④ 屏幕提示：显示为工具提示的文本 | 超链接数据类型的每一部分最多可包含 2 048 个字符 |
| 附件 | 任何支持的文件类型 | 可以将图像、电子表格文件、文档、图表和其他类型的受支持文件附加到数据库中的记录，这与将文件附加到电子邮件非常类似。可以查看和编辑附带的文件，具体取决于数据库设计者设置附件字段的方式。"附件"字段和"OLE 对象"字段相比，有着更大的灵活性，而且可以更高效地使用存储空间，这是因为"附件"字段不用创建原始文件的位图图像 |
| 计算 | 计算必须引用相同表格中的其他字段，用于对其他字段值结合函数等进行计算，其值可以根据其他字段的值动态调整。建议使用表达式生成器创建计算 | 1、2、4 或 8 个字节 |
| 查阅向导 | 创建一个字段，通过该字段可以使用列表框或组合框从另一个表或值列表中选择值。单击该选项将启动"查阅向导"，它用于创建一个查阅字段。在向导完成之后，Access 将基于在向导中选择的值来设置数据类型 | 与用与执行查阅的字段大小相同，通常为 4 个字节 |

（2）设置字段宽度

当字段的数据类型为短文本、数字、自动编号的类型时，可以设置字段大小属性。字段大小为一个数字，表示该数据项可以输入的字符个数。具体大小请根据字段类型，参照表 4-1。

当对表进行保存操作时，Access 会弹出"另存为"对话框，要求重新输入"表 1"的名字。保存表有以下四种方式。

① 单击"文件"选项卡→"保存"按钮，在"另存为"对话框中输入表名即可。
② 单击数据库界面左上角的"保存"图标，在"另存为"对话框中输入表名即可。
③ 在默认表名所在位置右击，在弹出的快捷菜单中选择"保存"命令，在"另存为"对话框中输入表名即可。
④ 按组合键【Ctrl+S】保存，在弹出的"另存为"对话框中输入表名。

### 4.3.3 创建图书管理系统数据库的表

图书管理系统包含三个表，即"读者"表、"图书表"和"借还书"表。三个表的逻辑模型设计请参考第 3 章 3.2.3 节，如表 4-2、表 4-3、表 4-4 所示，表中确定了字段的名称、字段类型、字段宽度、小数位数，同时明确了 Access 中通过设置"主键"创建"无重复索引"方式实现实体完整性约束，以及"读者"表主键"学号"、"图书"表主键"图书编号"的数据标准。

表 4-2 "读者"表结构

| 字段名称 | 字段类型 | 字段宽度 | 小数位数 | 索引类型 | 数据标准 |
|---|---|---|---|---|---|
| 学号 | 短文本 | 9 | — | 主键（无重复索引） | 第 3 章 3.3.7 节 校级标准 |
| 姓名 | 短文本 | 10 | — | — | — |
| 性别 | 短文本 | 1 | — | — | — |
| 出生日期 | 日期/时间 | 8 | — | — | — |
| 籍贯 | 短文本 | 30 | — | — | — |

续表

| 字段名称 | 字段类型 | 字段宽度 | 小数位数 | 索引类型 | 数据标准 |
|---|---|---|---|---|---|
| 系 | 短文本 | 20 | — | — | — |
| 班级 | 短文本 | 7 | — | — | 第 3 章 3.3.7 节 校级标准 |
| 评语 | 长文本 | — | — | — | — |
| 照片 | OLE 对象 | — | — | — | — |

表 4-3 "图书"表结构

| 字段名称 | 字段类型 | 字段宽度 | 小数位数 | 索引类型 | 数据标准 |
|---|---|---|---|---|---|
| 图书编码 | 短文本 | 5 | — | 主键（无重复索引） | 第 3 章 3.3.7 节 系统自定义标准 |
| 图书名称 | 短文本 | 30 | — | — | — |
| 作者 | 短文本 | 10 | — | — | — |
| 出版社 | 短文本 | 20 | — | — | — |
| 出版日期 | 日期/时间 | 8 | — | — | — |
| 价格 | 货币 | — | 2 | — | — |
| 馆藏数 | 数字 | 整型 | — | — | — |
| 新书否 | 是/否 | — | — | — | — |

表 4-4 "借还书"表结构

| 字段名称 | 字段类型 | 字段宽度 | 小数位数 | 索引类型 | 数据标准 |
|---|---|---|---|---|---|
| 学号 | 短文本 | 9 | — | 外键（读者） | 第 3 章 3.3.7 节校级标准 |
| 图书编码 | 短文本 | 5 | — | 外键（图书） | 第 3 章 3.3.7 节系统自定义标准 |
| 借书日期 | 日期/时间 | 8 | — | — | — |
| 借书期限 | 数字 | 整型 | — | — | — |
| 还书日期 | 日期/时间 | 8 | — | — | — |
| 过期金额 | 货币 | — | 2 | — | — |
| 还标记 | 是/否 | 1 | — | — | — |

• 视频
微课4-1
创建表结构

**例 4-1** 为"图书管理系统"数据库"读者"表创建字段，"读者"表结构见表 4-2。详细操作步骤如下：

① 打开"图书管理系统"数据库，在"创建"选项卡"表格"功能组中单击"表"按钮，进入"数据表视图"，在表名"表1"上右击，在弹出的快捷菜单中选择"保存"命令，在弹出的另存为对话框中输入表名称"读者"，单击"确定"按钮。

② 选择"表字段"选项卡"视图"功能组，单击"视图"按钮→"设计视图"选项，进入"表设计视图"。

③ 在"表设计视图"第 1 行"字段名称"列中，单击选中自动生成的"ID"字段。

④ 单击"表设计"选项卡"数据类型"列表，在"字段名称"右击，在弹出的快捷菜单中选择"删除行"按钮，删除自动生成的"ID"字段。

⑤ 在第 1 行"字段名称"列输入"学号"，"数据类型"列选择"短文本"，在属性表"常规"选项卡，在"字段大小"中输入 9，在"表设计"选项卡"工具"功能组中单击"主键"按钮。

⑥ 在第 2 行"字段名称"列输入"姓名"，"数据类型"列选择"短文本"属性表"常规"选项卡，在"字段属性"表的"字段大小"中输入 10。

⑦ 参考表 4-1，依次创建其他字段。

⑧ 单击快速访问工具栏"保存"按钮，完成"读者"表创建。

### 4.3.4 表结构维护

在创建好表结构之后，如发现表结构有误，可以修改表结构，还可以修改字段名称、字段类型，还可以插入新的字段及删除字段。

### 1. 插入字段

基于创建表时的两种方式，插入新字段同样有两种方式，具体如下：

方式一：数据表视图。单击"开始"选项卡→"单击以添加"列表，在弹出的快捷菜单中选择字段类型，在"字段名称"文本框中为字段命名。

方式二：表设计视图。单击"表设计"选项卡，"字段名称"列表末尾添加字段名称，"数据类型"列表选中数据类型。若需要在字段列表中间位置插入，步骤为单击"表设计"选项卡，"字段名称"列表选中插入字段位置，"表设计"选项卡中单击"插入行"按钮，在新字段行的"字段名称"列表添加字段名称，在"数据类型"列表选中数据类型，如图 4-13 所示。

### 2. 删除字段

如果表中已录入数据，删除字段时已有数据会同步删除，需要慎重。基于创建表时的两种方式，删除字段同样有两种方式，具体如下：

方式一：数据表视图。单击"表字段"选项卡→"添加和删除"功能组→"删除"按钮；或在数据表表头右击"字段名称"，在弹出的快捷菜单中选择"删除字段"命令，如图 4-14 所示。

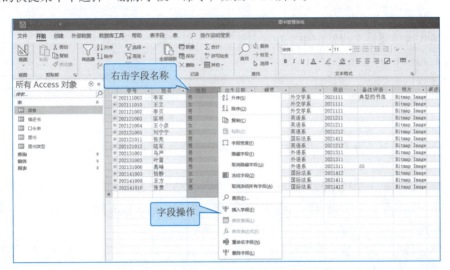

图 4-14 设置字段大小和字段格式

方式二：表设计视图。单击"表设计"选项卡"工具"功能组"删除行"按钮，或单击"表设计"选项卡"数据类型"列表，右击"字段名称"，在弹出的快捷菜单中选择"删除行"命令，如图 4-15 所示。

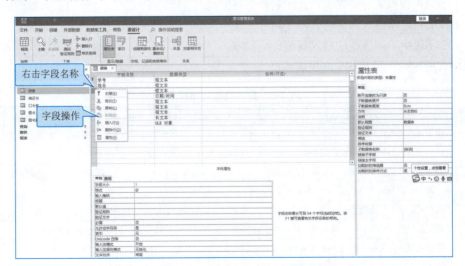

图 4-15 设置字段大小和字段格式

**例 4-2** 为"图书管理系统"数据库"图书"表插入短文本类型的新字段"ISBN",字段大小为 13,然后修改字段名称为"ISBN2",最后删除字段"ISBN2"。

该例用于熟悉修改表对象中字段的步骤,详细操作步骤如下:

① 打开"图书管理系统"数据库,在"导航窗格"中右击"图书"表,在弹出的快捷菜单中选中"设计视图",进入"设计视图"。

② 在"字段名称"列表末尾添加字段名称"ISBN","数据类型"列表选中"短文本",单击快速访问工具栏"保存"按钮,完成字段创建。

③ 在"字段名称"列表选中"ISBN",修改为"ISBN2",单击快速访问工具栏"保存"按钮,完成字段名称修改。

④ "字段名称"列表中右击"ISBN",在弹出的快捷菜单中单击"删除行"按钮,单击快速访问工具栏"保存"按钮,完成字段删除。

### 3. 修改字段

#### (1) 重命名字段

基于创建表时的两种方式,修改字段名称同样有两种方式,具体如下:

方式一:数据表视图。单击"表字段"选项卡中的"名称和标题"按钮,在弹出的"输入字段属性"对话框中,在"名称"文本框中修改字段名称,如图 4-16 所示。

方式二:表设计视图。单击"表设计"选项卡,在"字段名称"列表中修改字段名称。

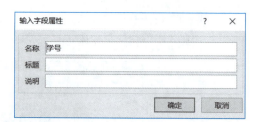

图 4-16 数据表视图下修改字段名称

#### (2) 修改字段类型

如果表中已录入数据,修改字段类型时需要考虑数据类型的兼容性。基于创建表时的两种方式,修改字段类型同样有两种方式,具体如下:

方式一:数据表视图。单击"表字段"选项卡,在"数据类型"下拉列表框中选择字段类型。

方式一:数据表视图。单击"表设计"选项卡,在"数据类型"列表修改数据类型。

### 4. 字段显示格式

格式用来设定相应数据类型的显示方式和打印方式。Access 数据库为数字、日期/时间、货币及是/否数据类型提供了预定义格式,可以在格式属性设置框的下拉列表中选择,也可以自定义格式。短文本和长文本数据类型没有预定义的格式。短文本数据类型只有自定义格式。长文本数据类型具有自定义格式和格式文本格式。如果不指定格式,Access 会左对齐数据表的所有文本。通常,将自定义格式应用于短文本和长文本数据类型,使表格数据更易于阅读。文本字段的自定义格式最多包含两个部分,其中每个部分均包含某个字段中不同数据的格式规范,见表 4-5。

表 4-5 文本字段格式规范表

| 部 分 | 说 明 |
|---|---|
| 第一部分 | 含文本的字段格式 |
| 第二部分 | 含零长度字符串和 NULL 值的字段格式 |

创建自定义格式所用的符号及其含义见表 4-6。

表 4-6 自定义格式字符表

| 字 符 | 说 明 |
|---|---|
| @ | 用于显示其格式字符串中位置的任何可用字符。如果 Access 将所有字符都添加到基础数据中,则所有剩余的占位符都显示为空白。例如,如果格式字符串为 @@@@@,基础文本为 ABC,则文本左对齐两个前导空格 |
| & | 用于显示其格式字符串中位置的任何可用字符。如果 Access 将所有字符都添加到基础数据中,则剩余的占位符不显示任何内容。例如,如果格式字符串为 &&&&& 且文本为 ABC,则只显示左对齐文本 ABC |
| # | 用户可以输入一个数字、空格、加号或减号。如果跳过,Access 会输入一个空格 |
| ! | 用于强制从左到右而不是从右到左填充占位符字符。必须在任何格式字符串的开头使用此字符 |
| < | 用于强制所有文本都小写。必须在格式字符串的开头使用此字符,但可以在其前加感叹号(!) |
| > | 用于强制所有文本大写。必须在格式字符串的开头使用此字符,但可以在其前加感叹号(!) |
| * | 使用时,星号(*)字符将成为填充字符,即用于填充空格的字符。Access 通常将文本显示为左对齐,并且使用空格填充值右侧的任何区域。可以在格式字符串中的任意位置添加填充字符。这样做时,Access 会使用指定的字符填充任何空格 |

续表

| 字　符 | 说　明 |
|---|---|
| 空白区域，+ - $ ( ) | 用于插入空格、数学字符(+-)、财务符号($ $ £)，以及格式字符串中所需的任何位置的括号。如果要使用其他常见的数学符号，例如斜杠(\或/)和星号(*)，请用双引号将其括起来。请注意，可以将这些字符放在格式字符串中的任意位置 |
| "文本文本" | 使用双引号将要向用户显示的任何文本括起来 |
| \ | 用于强制 Access 显示紧接在后的字符。这与用双引号括起来的字符相同 |
| [color] | 用于对格式部分的所有值应用颜色。必须将名称括在括号中，并使用以下名称之一：黑色、蓝色、蓝绿色、绿色、洋红色、红色、黄色或白色 |

短文本和长文本自定义格式示例见表 4-7。

表 4-7 自定义格式示例表

| 格式字符 | 数　据 | 显　示 | 格式字符 | 数　据 | 显　示 |
|---|---|---|---|---|---|
| @@@-@@-@@@@ | 465043799 | 465-04-3799 | < | davolio | davolio |
| | | | | DAVOLIO | davolio |
| | | | | Davolio | davolio |
| @@@@@@@@@ | 465-04-3799 | 465-04-3799 | @;"未知" | NULL 值 | 未知 |
| | | | | 零长度字符串 | 未知 |
| | | | | 任何文本 | 显示输入的文本 |
| | 465043799 | 465043799 | | | |
| > | davolio | DAVOLIO | | | |
| | DAVOLIO | DAVOLIO | | | |
| | Davolio | DAVOLIO | | | |

**例 4-3** 为"图书管理系统"数据库"图书"表的"图书编码"设置字段大小为 5，并设置显示格式，要求所有字母大写，前 3 位字符后面增加"-"字符。示例："COM-01"。

该例用于熟悉设置字段格式的步骤，详细操作步骤如下：

① 打开"图书管理系统"数据库，在"导航窗格"中右击"图书"表，在弹出的快捷菜单中选中"设计视图"，进入"设计视图"。

② 在"字段名称"列表选中"图书编码"字段，在属性表"常规"选项卡的"字段大小"中输入 5，在属性表"常规"选项卡的"格式"中输入 >@@@-@@，按组合键【Ctrl+S】保存，如图所示 4-17 所示。

③ 右下角的状态栏图标选择"数据表视图"即可进入数据表视图查看设置后的样式，如图 4-18 所示。

微课4-3 设置字段显示格式

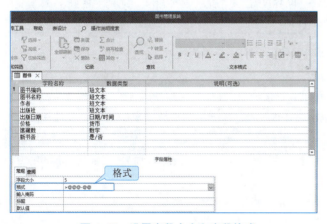

图 4-17 设置字段大小和字段格式　　　　图 4-18 查看设置后的样式

**5. 字段输入掩码**

输入掩码可以规范和控制用户输入数据的格式和内容范围，使用户按照规定的模式输入数据。Access 数据库只可为文本和日期/时间类型设置输入掩码。

设置方式为使用若干掩码字符构建一个输入格式，每个掩码字符定义了该字符位置允许输入的内容。若一个字段同时设定了格式属性和输入掩码属性，则输入数据时必须遵从输入掩码设定的格式。但数据在数据表视图中显示时按照格式属性设定的格式显示。表4-8所示为输入掩码说明，表4-9所示为输入掩码示例。

表4-8 输入掩码说明

| 字 符 | 说 明 | 字 符 | 说 明 |
| --- | --- | --- | --- |
| 0 | 用户必须输入一个数字（0到9） | C | 用户可以输入字符或空格 |
| 9 | 用户可以输入一个数字（0到9） | . , : ; - / | 小数分隔符、千位分隔符、日期分隔符和时间分隔符。选择的字符取决于Microsoft Windows区域设置 |
| # | 用户可以输入一个数字、空格、加号或减号，如果跳过，Access会输入一个空格 | > | 其后的所有字符都以大写字母显示 |
| L | 用户必须输入一个字母 | < | 其后的所有字符都以小写字母显示 |
| ? | 用户可以输入一个字母 | ! | 从左到右（而非从右到左）填充输入掩码 |
| A | 用户必须输入一个字母或数字 | \ | 逐字显示紧随其后的字符 |
| a | 用户可以输入一个字母或数字 | "" | 逐字显示括在双引号中的字符 |
| & | 用户必须输入一个字符或空格 | 密码 | 以"*"显示输入的字符 |

表4-9 输入掩码示例

| 输入掩码 | 数 据 | 说 明 |
| --- | --- | --- |
| (000) 0000-0000 | (010) 5555-0199 | 必须输入区号，因为这一部分掩码（000，括在圆括号中）使用占位符0 |
| (999) 0000-0000! | (010) 5555-0199 | 区号部分使用占位符9，因此区号是可选的。此外，感叹号（!）会导致从左到右填充掩码 |
| (000) AAAA-AAAA | (010) 5555-TELE | 允许将电话号码中的最后四位替换为字母。请注意，在区号部分使用占位符0会使区号成为强制的 |
| #999 | −20<br>2000 | 任何正数或负数，不超过四个字符，不带千位分隔符或小数位 |
| >L????L?000L0 | GREENGR339M3<br>MAY R 452B7 | 强制字母(L)和可选字母(?)与强制数字(0)的组合。大于号强制用户以大写形式输入所有字母。若要使用这种类型的输入掩码，必须将表字段的数据类型设置为"长文本"或"短文本" |
| 00000-9999 | 98115-<br>98115-3007 | 一个强制的邮政编码和一个可选的四数字部分 |
| >L<????????????? | Maria<br>Pierre | 名字或姓氏中的第一个字母自动大写 |
| ISBN 0-&&&&&&&&&-0 | ISBN 1-55615-507-7 | 书号，其中包含文本、第一位和最后一位（这两位都是强制的）、第一位和最后一位之间母和字符的任何组合 |
| >LL00000-0000 | DB51392-0493 | 强制字母和字符的组合，均采用大写形式。例如，使用这种类型的输入掩码可以帮助用户正确输入部件号或其他形式的清单 |

**例 4-4** 为"图书管理系统"数据库"图书"表的"图书编码"字段设置输入格式，要求前三个字符只允许输入字母，后2个字符只允许输入数字。示例："COM01"。

该例用于熟悉设置字段输入掩码的步骤，详细操作步骤如下：

① 打开"图书管理系统"数据库，在"导航窗格"右击"图书"表，在弹出的快捷菜单中选中"设计视图"，进入"设计视图"。

② 在"字段名称"列表选中"图书编码"字段，在属性表"常规"选项卡的"输入掩码"中输入LLL00，按组合键【Ctrl+S】保存。

视频

微课4-4
设置字段掩码

**例 4-5** 为"图书管理系统"数据库"读者"表增加"办公电话"字段，要求如下：

① "办公电话"字段位于"照片"字段前，字段类型为"文本"，字段大小为11。

② 显示效果为"区号 - 电话号码"。

③ 只能输入数字符号，不能输入英文或汉字。区号有3位，电话有7或8位，示例："010-68323899"。

该例为字段属性设置的综合应用，详细操作步骤如下：

① 打开"图书管理系统"数据库，在"导航窗格"右击"读者"表，在弹出的快捷菜单中选中"设计

视图",进入"设计视图"。

② "字段名称"列表选中"照片"字段,右击,在弹出的快捷方式中选择"插入行"。

③ 在"照片"字段上方新出现的空白行中,在"字段名称"输入"办公电话","数据类型"选择"短文本"。

④ 在属性表"常规"选项卡"字段大小"中输入11。

⑤ 在属性表"常规"选项卡"输入掩码"中输入"000\-00000009",按组合键【Ctrl+S】保存。

**例 4-6** 为"图书管理系统"数据库"读者"表的"学号"字段增加输入掩码,要求必须是9位数字(即不能少于9位,或输入非数字符号)。

该例为编辑表对象字段的综合应用,详细操作步骤如下:

① 打开"图书管理系统"数据库,在"导航窗格"右击"读者"表,在弹出的快捷菜单中选中"设计视图",进入"设计视图"。

② 在"字段名称"列表选中"学号"字段。

③ 在属性表"常规"选项卡"字段大小"中输入9。

④ 在属性表"常规"选项卡"输入掩码"中输入"000000000",按组合键【Ctrl+S】保存。

**例 4-7** 为"图书管理系统"数据库"读者"表增加"姓名拼音"字段,要求如下:

① "姓名拼音"字段位于"姓名"字段后,字段类型为"短文本",字段宽度为20位。

② "姓名拼音"字段只允许输入英文。

③ 设置完成后请尝试输入数字、中文、空格等符号,确认是否可以输入。

该例为编辑表对象字段的综合应用,详细操作步骤如下:

① 打开"图书管理系统"数据库,在"导航窗格"右击"读者"表,在弹出的快捷菜单中选中"设计视图",进入"设计视图"。

② 在"字段名称"列表最后空白处,"字段名称"输入"姓名拼音",在"数据类型"中选择"短文本"。

③ 单击"姓名拼音"字段左侧的对象选择列,拖动至"姓名"列后面,如图4-19所示。

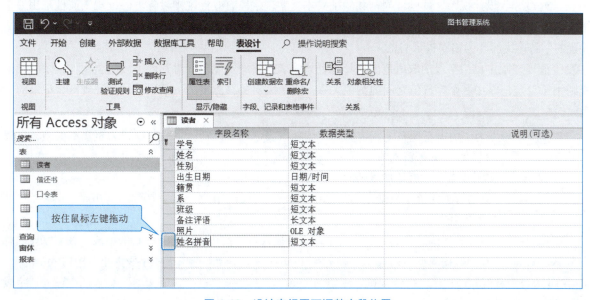

图 4-19 设计表视图下调整字段位置

④ 在属性表"常规"选项卡"字段大小"中输入20。

⑤ 在属性表"常规"选项卡"输入掩码"中输入"LLLLLLLLLLLL LLLLLLLLLLLLLL",按组合键【Ctrl+S】保存。

**例 4-8** 为"图书管理系统"数据库"读者"表增加"密码"字段,要求如下:

① "密码"字段位于最后,字段类型为"短文本",字段宽度为20位。

② 设置"输入掩码"为密码。

③ 为字段录入数据,查看录入结果,取消"输入掩码"的"密码"设置,浏览表格数据,查看显示结果。

微课4-5
表字段综合应用

该例为编辑表对象字段的综合应用，详细操作步骤如下：

① 打开"图书管理系统"数据库，在"导航窗格"右击"图书"表，在弹出的快捷菜单中选中"设计视图"，进入"设计视图"。

② "字段名称"列表最后空白处，"字段名称"中输入"密码"，"数据类型"选择"短文本"。

③ 在属性表"常规"选项卡"字段大小"中输入 20。

④ 在属性表"常规"选项卡"输入掩码"中输入"密码"，按组合键【Ctrl+S】保存。

⑤ 在"表设计"选项卡"视图"功能组，单击"视图"按钮，在弹出的菜单中选择"数据表视图"，切换至数据表视图，为密码字段所在列录入数据，查看录入的结果。

⑥ 在"表字段"选项卡"视图"功能组，单击"视图"按钮，在弹出的菜单中选择"设计视图"，切换至"设计视图"。

⑦ 选择"密码"字段，在字段属性表"常规"中删除"输入掩码"中的数据，按组合键【Ctrl+S】保存。

⑧ 单击"表设计"选项卡"视图"功能组"视图"按钮，在弹出的菜单中选择"数据表视图"，切换至数据表视图，查看录入密码字段内容。

### 6. 标题

用于设置表结构中的字段名称在数据表视图中显示的标题，如果没有设置字段的"标题"属性，则字段名称将作为字段标题。

### 7. 默认值

当在表中插入新记录时，字段会以默认值属性中设置的内容自动填充，可以减少输入数据时的重复操作。

设置默认值时，既可以使用明确的值，也可以使用表达式。如"图书"表中的"馆藏数"字段的默认值可设为确定值"20"；"出版日期"字段的默认值则可设置为表达式"Date()"，使得插入新记录时自动获取当时的系统日期作为"出版日期"的默认值。

### 8. 字段有效性规则

Access 通过"表设计视图"的验证规则和验证文本，实现字段有效性规则设置。验证规则属性是用一个表达式来指定输入到字段或记录的数据的要求，当输入的数据违反了验证规则时将限制用户输入，并将在验证文本属性中设置的字符串内容作为错误提示消息。

字段验证规则限定单一字段的取值范围，其验证规则表达式中不能包含对其他字段的引用。记录的验证规则表达式则用于设定记录中多个字段值之间的约束关系。一个表对象只能定义一个记录的验证规则，记录的验证规则在表属性中定义。

微课4-6
为表字段创建验证规则

**例 4-9** 为"图书管理系统"数据库"读者"表创建"性别"字段，设置为短文本类型，设置只允许输入"男"或"女"，如果输入内容不符合，则提示"该字段只允许输入男或女"。

该例用于熟悉设置字段有效性规则的步骤，详细操作步骤如下：

① 打开"图书管理系统"数据库，在"导航窗格"右击"读者"表，在弹出的快捷菜单中选中"设计视图"，进入"设计视图"。

② 在"表设计"视图"工具"功能组中单击"插入行"按钮，创建一个新的字段，在"字段名称"中输入"性别"，在"数据类型"列选择"短文本"，属性表"常规"选项卡"字段大小"中输入 1。

③ 在属性表"常规"选项卡"验证规则"中输入"in('男','女')"，在"验证文本"文本框中输入"字段只允许输入男或女"，如图 4-20 和图 4-21 所示。

④ 单击快速访问工具栏"保存"按钮，完成"读者"表性别字段验证规则设置。

### 9. 必须

用于设置字段是否必须有数据，如果设置为"是"，则该字段必须要录入数据。

### 10. 索引

索引会加快对编入索引的字段的查询速度，以及执行排序和分组操作的速度。其作用类似于书籍的目录。

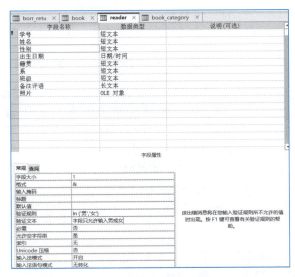

图 4-20　性别字段设置验证规则和验证文本

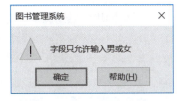

图 4-21　性别字段输入信息提示框

## 4.4　表记录维护

当创建完表结构，在"数据表视图"下可对表的内容进行编辑，主要内容包括：输入表记录、表记录插删改、表记录定位、表记录排序、表记录筛选。

### 4.4.1　数据输入原则

**1. 遵循数据标准**

教材的第 3.3 节描述了数据标准的作用、意义、内容以及数据代码标准划分国家级、行业级、企业级三个级别。在图书管理系统中读者表的学号、班级遵循校级标准，图书表的图书编码遵循系统自定义标准，具体代码规则请参见教材 3.3.7 图书管理系统的数据标准。

**2. 保证数据质量**

教材的第 3.4 节描述了数据质量的五个评价维度以及管理策略，高质量的数据是发挥数据价值的基本保障。因此在组织源数据时应遵循数据质量的五个评价维度，保证数据的质量，可以通过 Access 自带的约束规则和用户数据素养来保障数据质量，具体参考如下：

（1）Access 提供的约束数据质量的保障机制

字段输入掩码：可以规范和控制用户输入文本和日期/时间数据的格式和内容范围，使用户按照规定的模式输入数据。

字段有效性规则：可以限定单一字段的取值范围，当输入的数据违反了验证规则的设置时，将限制输入，并在验证文本属性中设置的字符串内容将作为反馈给用户的错误提示消息。

（2）用户自行输入数据时的注意事项

正确的数据类型判定和表示，例如，"学号"字段属于文本型，而不是数值型；"出生日期"字段应该是日期型。在 Access 的正确语法表示为"年/月/日"，而不能表示为"年.月.日"。

数据描述要一致。例如，"班级"字段的描述"2 班"和"二班"，"211 班"和"211"，这种同样的数据但不一致的描述，会导致同类数据统计时出现错误。

### 4.4.2　输入表记录

现有记录的前后顺序不能调整，新记录只能在已有记录的后面添加，类似于队列。添加新记录有四种方式：

方式一：单击"开始"选项卡中的"新建"按钮。

方式二：在记录选择器上右击，在弹出的快捷菜单中选择"新记录"，如图 4-22 所示。

方式三：单击导航按钮右边的"新记录"按钮。
方式四：直接在最后一条记录后面录入新数据。

微课4-7
为表对象录入数据

**例 4-10** 参考表4-10为"图书管理系统"数据库"读者"表录入表记录，至少录入20条以上的数据。

表4-10 "读者"表数据示例

| 学　号 | 姓名 | 性别 | 出 生 日 期 | 籍贯 | 系 | 班级 | 备 注 评 语 | 照片 |
|---|---|---|---|---|---|---|---|---|
| 202111001 | 方文华 | 男 | 2003/10/25 | 湖南省 | 外交学系 | 2021111 | 兴趣爱好广泛 | Bitmap Image |
| 202111003 | 李军 | 男 | 2003/2/10 | 北京市 | 外交学系 | 2021111 | 典型的书虫 | Bitmap Image |
| 202111010 | 王立 | 女 | 2003/5/18 | 江苏省 | 外交学系 | 2021111 | | Bitmap Image |

该例用于熟悉为表对象录入数据的步骤，详细操作步骤如下：

① 打开"图书管理系统"数据库，在"导航窗格"中选中并打开"读者"表，进入"数据表"视图。

② 在表记录第1行依次输入"学号""姓名""性别""籍贯""系""班级""备注评语"。

③ "出生日期"既可手动输入，如"2005/07/16"，亦可在"日期"对话框中选择。

④ "照片"输入方式为：右击照片输入框，在弹出的快捷菜单中选择"插入对象"按钮，在弹出的对话框中选择"新建"选项，对象类型选择"Bitmap Image"，单击"确定"按钮，自动打开"画图"工具。在"画图"工具的"主页"选项卡中单击"粘贴"按钮，在弹出的快捷菜单中选择"粘贴来源"，在计算机中选择图片，在"画图"工具的"文件"选项卡中单击"退出并返回到文档"，即可完成照片插入。

图4-22 记录编辑快捷菜单

⑤ 按照步骤②～步骤④，依次录入剩余数据即可。

**例 4-11** 在"图书管理系统"数据库"图书"表中，将"图书名称"字段大小修改为5，浏览数据变化。

该例用于熟悉设置字段大小后对表数据的影响，详细操作步骤如下：

① 打开"图书管理系统"数据库，在"导航窗格"右击"图书"表，在弹出的快捷菜单中选中"设计视图"，进入"设计视图"。

② 选中"图书名称"字段，属性表"常规"选项卡中设置"字段大小"为5，按组合键【Ctrl+S】保存，在"开始"选项卡"视图"功能组中单击"视图"按钮，在弹出的菜单中选择"数据表视图"，切换至"数据表视图"浏览数据变化。

微课4-8
修改字段类型

**例 4-12** 在"图书管理系统"数据库"读者"表中，将"学号"字段类型修改为"数字"，字段大小修改为"长整型"，保存后浏览数据变化。再次将字段大小修改为"整型"，保存后浏览数据变化，考虑数据为什么会丢失。

该例用于熟悉修改字段类型后对表数据的影响，详细操作步骤如下：

① 打开"图书管理系统"数据库，在"导航窗格"右击"读者"表，在弹出的快捷菜单中选中"设计视图"，进入"设计视图"。

② 选中"学号"字段，属性表"常规"选项卡中设置"字段大小"为"长整型"，按组合键【Ctrl+S】保存，在"开始"选项卡"视图"功能组中单击"视图"按钮，在弹出的菜单中选择"数据表视图"，切换至"数据表视图"浏览数据变化。

③ 在"开始"选项卡"视图"功能组中单击"视图"按钮，在弹出的菜单中选择"设计视图"，切换至"设计视图"。

④ 选中"学号"字段，属性表"常规"选项卡中设置"字段大小"为"整型"，按组合键【Ctrl+S】保存，在"开始"选项卡"视图"功能组中单击"视图"按钮，在弹出的菜单中选择"数据表视图"，切换至"数据表视图"，浏览数据变化。

### 4.4.3 表记录选择与删除

若要对表的记录进行编辑，首先要选定相应的数据。在数据表视图下，行的方向为记录。选择记录的方式共有四种。

方式一：单击记录左侧的记录选择列，选择相应的记录，可通过与【Shift】键组合选择多条数据。
方式二：通过数据表视图左下方的记录导航按钮进行选择。
方式三：可在记录选定器中输入编号来选择数据，记录选定器在记录导航按钮中间。
方式四：通过数据表视图左上角的全选按钮选择全部的记录，也可以通过【Ctrl+A】组合键进行全选操作。

选中记录后，在数据表视图下可以直接对数据内容进行修改。当鼠标指针移动到其他位置时，系统自动保存修改的数据内容。

删除记录同样有多种方式，下面分别介绍：
方式一：选择要删除的记录后，在"开始"选项卡单击"删除"按钮，在系统弹出窗口中确认删除即可。
方式二：在记录选择器上右击，在弹出的快捷菜单中选择"删除记录"命令，在系统弹出窗口中确认删除即可。
方式三：单击要删除记录中的一个字段，单击"开始"选项卡"删除"按钮右边的下拉按钮，在弹出的下拉列表中选择"删除记录"按钮，在系统弹出的窗口中确认删除即可。

### 4.4.4 表记录定位

若需要在数据表中查找指定的数据信息，或将指定的数据信息替换为其他数据信息，可以利用查找和替换功能进行操作，单击"开始"选项卡上的"查找"按钮或"替换"按钮打开"查找和替换"对话框，也可以通过对话框上的"查找"和"替换"按钮进行功能切换。

若在查找数据信息时，只知道部分数据内容或想要按特定的要求查找相关信息时，可以在"查找内容"中使用通配符来代替其他不确定的字符。下面对几个重要的通配符做简单介绍：

① 星号"*"：用于匹配任意个数的字符，例如"李*"，可以找到所有姓为李的同学。
② 问号"?"：用于匹配单个字符，例如"李?"，可以找到所有姓为李，名只有一个字的同学。
③ 井号"#"：用于匹配单个数字，例如"1#3"，可以找到103、113、123等。
④ 中括号"[ ]"：匹配括号中的任意单个字符，例如"B[ae]ll"，可以找到ball和bell，但找不到bill。
⑤ 感叹号"!"：匹配任何不在中括号[]之内的字符，例如"b[!ae]ll"可以找到bill和bull，但找不到ball或bell。
⑥ 连接号"-"：用于与指定范围内的任何一个字符匹配，只能用于数字和字母。必须以升序来指定范围（A到Z，而不是Z到A），例如"b[a-c]d"将找到bad、bbd和bcd。

**例 4-13** 在"图书管理系统"数据库"读者"表中，查找所有姓王，并且名字只有1个字的同学。该例用于熟悉模糊查询，详细操作步骤如下：

① 打开"图书管理系统"数据库，在"导航窗格"中选中并打开"读者"表→进入"数据表"视图。
② "开始"选项卡中单击"查找"按钮，打开"查找和替换"对话框。
③ 在"查找和替换"对话框的"查找内容"中输入"王?"，"查找范围"选择"当前字段"，"匹配"选择"整个字段"，"搜索范围"选择"全部"单击"查找下一个"按钮，如图4-23所示。

视频
微课4-9
使用模糊查询

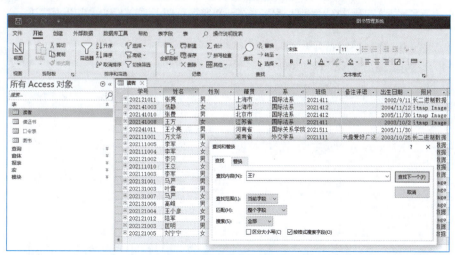

图4-23 表记录查找

## 4.4.5 表记录排序

在查看数据表中的数据时，和字段列数据不同，单一记录的前后顺序位置是不能随意调整的。但整个记录集的记录顺序可以根据一个字段或多个字段按照升序或降序重新进行排序。

不同数据类型排序时大小比较规则如下：

① 数字型数据按数值的大小排序。

② 日期/时间型数据按照日期时间的先后顺序比较，日期时间晚者为大。

③ 文本型数据按照 ASCII 码值的大小进行比较，具体可参见 ASCII 码表。ASCII 码表的全称是"美国信息交换标准代码"。ASCII 码表中，数字、大写英文、小写英文对应的码值依次增大，如：(" b" < "A") = False，("0" > "A") = False。若是字符串，则按字符串中的字符从左到右依次比较，如：(" 0ca" > "0B") = True，("Abc" < " Bxy") = True。

④ 中文文字符用其汉语拼音按文本型数据比较大小的方式排序。

Access 中分简单排序和高级排序。简单排序操作为：单击要排序的字段，选择"开始"选项卡中的"升序"或"降序"按钮即可。也可以单击字段名右侧的下拉按钮，在弹出的下拉菜单种选择升序或降序。可连续选择多个字段进行多字段排序，单击"开始"选项卡中的"取消排序"即可，如图 4-24 所示。

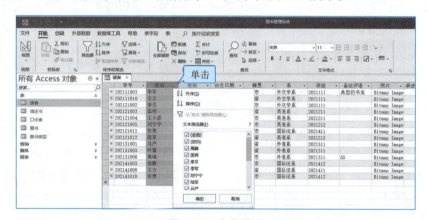

图 4-24　字段排序

**例 4-14**　在"图书管理系统"数据库"读者"表中，对"姓名"字段进行升序排列。

该例用于熟悉对字段的排序，详细操作步骤如下：

① 打开"图书管理系统"数据库，在"导航窗格"中选中并打开"读者"表，进入"数据表"视图。

② 单击"姓名"字段右侧的更多按钮，在弹出的菜单中选择"升序"，如图 4-24 所示。

高级排序的操作为：在"开始"选项卡中单击"高级"按钮，选择"高级筛选/排序"，如图 4-25 所示，然后在弹出界面中，可以在"字段"下拉框中选择合适的字段，并在"排序"下拉框中选择合适的排序方式。

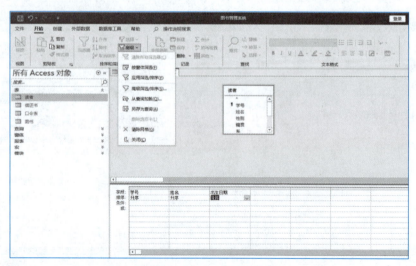

图 4-25　高级排序

排序配置完成后,在"开始"选项卡中,单击"高级"按钮,在弹出的下拉列表中选择"应用筛选/排序",即可显示排序后的数据。也可以对着排序的表名右击,在弹出的快捷菜单中选择"应用筛选/排序",也可显示排序后的数据。

**例 4-15** 在"图书管理系统"数据库"读者"表中,对"学号"字段按升序排列,同时对"姓名"字段进行降序排列,并且对"出生日期"字段按升序排列。

微课4-10
使用字段高级排序

该例用于熟悉对字段的高级排序,详细操作步骤如下:
① 打开"图书管理系统"数据库,在"导航窗格"中打开"读者"表,进入"数据表"视图。
② 在"开始"选项卡中单击"高级"按钮,在弹出的菜单中选择"高级筛选/排序",进入"高级筛选/排序"页面。
③ 在第 1 列"字段"选择"学号","排序"选择"升序"。
④ 在第 2 列"字段"选择"姓名","排序"选择"降序"。
⑤ 在第 1 列"字段"选择"出生日期","排序"选择"升序"。
⑥ 在"开始"选项卡中单击"高级"按钮,在弹出的菜单中选择"应用筛选/排序",即可完成排序。

### 4.4.6 表记录筛选

筛选记录是将满足给定条件的记录从当前记录集中显现出来,不满足条件的记录将被隐藏。Access 提供了四种筛选工具,分别是使用筛选器筛选、按选定内容筛选、按窗体筛选和高级筛选,下面分别进行介绍。

#### 1. 使用筛选器筛选

在数据表视图下,如图 4-26 所示选择要筛选的字段名,单击字段名右侧的下拉按钮或者单击"开始"选项卡上的"筛选器"按钮,即可打开筛选器下拉框,可以在下拉框中选择要筛选的数据。Access 提供了文本型数据筛选器、数字型数据筛选器和日期型数据筛选器。

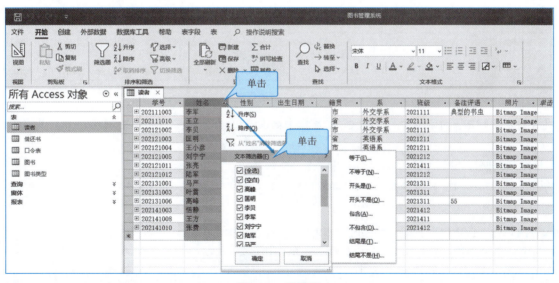

图 4-26 筛选器

(1)文本型数据筛选器

当选中文本型字段时,系统将提供"文本筛选器",包括等于、包含、开头、结尾是等符合文本型数据特点的选项。

**例 4-16** 在"图书管理系统"数据库"读者"表中筛选出所有姓"王"的同学。该例用于熟悉对字段的筛选,详细操作步骤如下:
① 打开"图书管理系统"数据库,在"导航窗格"中选中并打开"读者"表,进入"数据表"视图,选择"姓名"字段列头。
② 在"开始"选项卡"排序和筛选"功能组中单击"筛选器"按钮,在弹出的菜单中选择"文本筛选器"选

项选择"包含",弹出"自定义筛选"对话框。

③ 在"自定义筛选"对话框中的"包含"文本框中输入"王",单击"确定"按钮即可完成筛选。

（2）数字型数据筛选器

当选中数字型字段时,系统将提供"数字筛选器",包括等于、大于、小于等符合数字型数据特点的选项。

**例 4-17** 在"图书管理系统"数据库"图书"表中筛选出价格在 20 元～ 30 元的图书。

该例用于熟悉采用筛选器筛选数字字段数据,详细操作步骤如下：

① 打开"图书管理系统"数据库,在"导航窗格"中打开"图书"表,进入"数据表"视图,选择"价格"字段列头。

② 在"开始"选项卡"排序和筛选"功能组中单击"筛选器"按钮,在弹出的菜单中选择"数字筛选器"选项,选择"介于"按钮,如图 4-27 所示,弹出"自定义筛选"对话框。

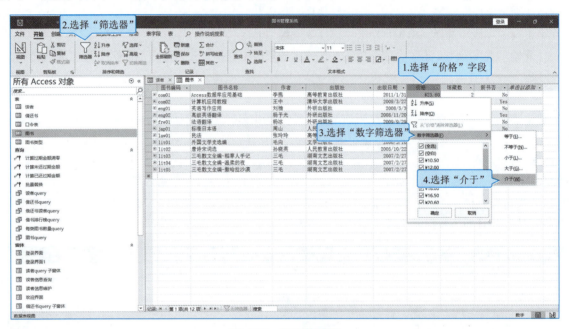

图 4-27　数字筛选器

③ 在"自定义筛选"对话框中的"最大"文本框中输入"30","最小"文本框中输入"20",单击"确定"按钮即可完成筛选。

（3）日期型数据筛选器

当选中日期型字段时,系统将提供"日期筛选器",包括之前、之后、介于、年、月、日、季度等符合日期/时间数据特点的选项。

**例 4-18** 在"图书管理系统"数据库"图书"表中,筛选出第四季度出版的图书。

该例用于熟悉采用筛选器筛选日期字段数据,详细操作步骤如下：

① 打开"图书管理系统"数据库,在"导航窗格"中打开"图书"表,进入"数据表"视图,选择"出版日期"字段列头。

② 在"开始"选项卡"排序和筛选"功能组中单击"筛选器"按钮,在弹出的菜单中选择"日期筛选器",选择"期间的所有日期",选择"第四季度"即可完成筛选,如图 4-28 所示。

2. 按选定内容筛选

按选定内容筛选是以某一字段的值为筛选条件进行的筛选,在数据表视图下,首先选择要筛选的字段值,单击"开始"选项卡中的"选择"按钮,在弹出的下拉列表中,选择合适的筛选方式即可,如图 4-29 所示。

3. 按窗体筛选

按窗体筛选以字段值为筛选依据,为每一个字段选择所需要筛选的值,可以在窗体中同时以多个字段的值作为筛选依据,操作步骤如下：

第 4 章 数据库创建与数据维护

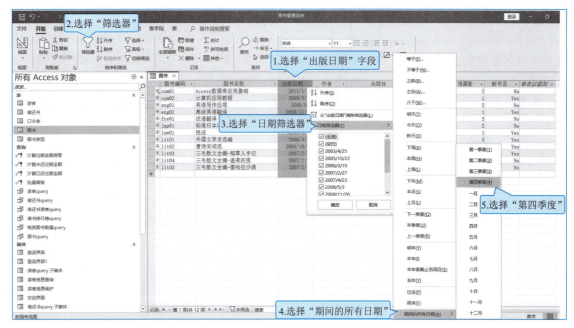

图 4-28 日期筛选器

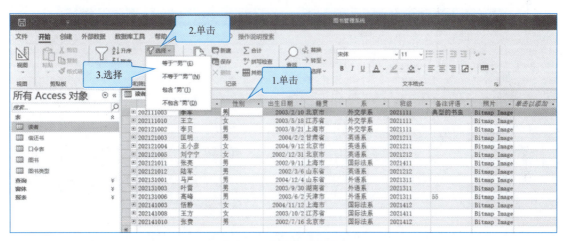

图 4-29 按选定内容筛选

① 单击"开始"选项卡中的"高级"按钮，在弹出的菜单中选择"按窗体筛选"。
② 在弹出的页面中选择合适的值，如图 4-30 所示。
③ 单击"开始"选项卡中的"高级"按钮，在弹出的菜单中选择"应用筛选/排序"即可。

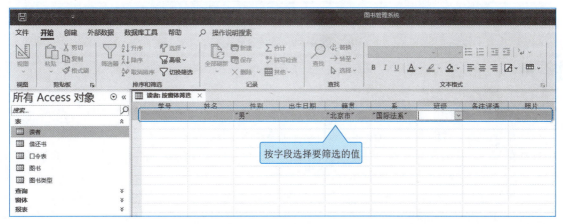

图 4-30 按窗体筛选

**例 4-19** 在"图书管理系统"数据库"读者"表中,筛选出籍贯为"北京市",并且系为"国际法"系的同学。

该例用于熟悉采用窗体筛选器筛选字段数据,详细操作步骤如下:

① 打开"图书管理系统"数据库,在"导航窗格"中打开"读者"表,进入"数据表"视图。
② 单击"开始"选项卡中的"高级"按钮,在弹出的菜单中选择"按窗体筛选",进入"窗体筛选"页面。
③ 在"窗体筛选"页面中,在"籍贯"字段下一行选择"北京市","系"字段选择"国际法"系。
④ 单击"开始"选项卡中的"高级"按钮,在弹出的菜单中选择"应用筛选/排序",即可完成筛选。

### 4. 高级筛选

高级筛选可以对多个字段借助表达式进行筛选,可以设置任意的筛选条件,以便从表中筛选出合适的记录。操作流程为:

① 单击"开始"选项卡中的"高级"按钮,在弹出的下拉列表中选择"高级筛选/排序",进入"高级筛选/排序"页面。
② 在"高级筛选/排序"界面中,在"字段"下拉框中选择合适的字段,并在"条件"文本框中输入合适的筛选条件。
③ 配置完成后,在"开始"选项卡中,单击"高级"按钮,在弹出的菜单中选择"应用筛选/排序",即可显示筛选后的数据。也可以对筛选的表名右击,在弹出的快捷菜单中选择"应用筛选/排序",即可显示筛选后的数据,如图 4-31 所示。

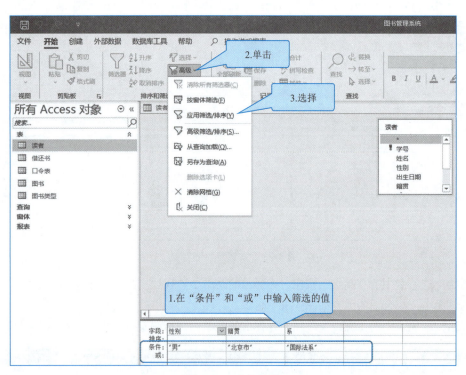

图 4-31 高级筛选

**例 4-20** 在"图书管理系统"数据库"读者"表中,筛选出"外交学系"全体和"英语系"的"女"同学,并且按"系"升序排序。

该例用于熟悉采用高级筛选器筛选字段数据,详细操作步骤如下:

① 打开"图书管理系统"数据库,在"导航窗格"中打开"读者"表,进入"数据表"视图。
② 在"开始"选项卡中单击"高级"按钮,在弹出的菜单中选择"高级筛选/排序",进入"高级筛选/排序"页面。
③ 在"高级筛选/排序"页面中的"字段"下拉框中选择"系"字段,"条件"文本框中输入"英语系","或"文本框中输入"外交学系"。
④ 在"字段"下拉框中选择"性别","条件"文本框中输入"女"。

微课4-11 使用高级筛选器

⑤在"开始"选项卡中单击"高级"按钮,在弹出的菜单中选择"应用筛选/排序",即可显示筛选后的数据,如图 4-32 所示。

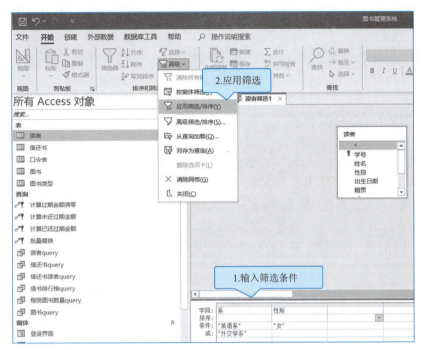

图 4-32 筛选出"英语系"全体和"外交学系"的"女"同学

**例 4-21** 在"图书管理系统"数据库"读者"表中筛选出入学年份等于 2021 年的学生,将"学号"字段类型修改为数字,再次筛选入学年份,然后将"学号"字段恢复为文本类型,浏览数据。

该例用于熟悉采用高级筛选器结合系统提供的函数筛选字段数据,详细操作步骤如下:

①打开"图书管理系统"数据库,在"导航窗格"中打开"读者"表,进入"数据表"视图。

②在"开始"选项卡中单击"高级"按钮,在弹出的菜单中选择"高级筛选/排序",进入"高级筛选/排序"页面。

③在"高级筛选/排序"页面中的"字段"下拉框中输入"入学年份:left([学号],4)","条件"文本框中输入"2021"。

④在"开始"选项卡中单击"高级"按钮,在弹出的菜单中选择"应用筛选/排序",即可显示筛选后的数据。

⑤在"开始"选项卡"视图"功能组中单击"视图"按钮,在弹出的菜单中选择"设计视图",切换至"设计视图"。

⑥选择"学号"字段,设置"数据类型"为"数字",按组合键【Ctrl+S】保存修改,再次应用步骤②~③的筛选,查看筛选结果。

⑦选择"学号"字段,设置"数据类型"为"短文本",按组合键【Ctrl+S】保存修改,再次应用步骤②~③的筛选,查看筛选结果。

微课4-12 函数和筛选器的综合应用

**例 4-22** 在"图书管理系统"数据库"图书"表中筛选"2017 年 4 月至 2018 年 4 月"出版的图书,将"出版日期"字段类型修改为短文本,再次筛选出版日期,把其中某两条数据的日期间隔符修改为".",浏览数据,然后将"出版日期"字段恢复为日期类型,浏览数据。

该例为字段类型和筛选器的综合应用,可提高对字段类型和筛选器的理解,详细操作步骤如下:

①打开"图书管理系统"数据库,在"导航窗格"中打开"图书"表,进入"数据表"视图。

②在"开始"选项卡"排序和筛选"功能组中单击"筛选器"按钮,在弹出的菜单中选择"日期筛选器",选择"介于"按钮,打开"自定义筛选"对话框。

③在"自定义筛选"对话框的"最早"文本框中输入"2017/04","最近"文本框中输入"2018/04","确定"按钮,查看筛选结果。

微课4-13 字段类型和筛选器的综合应用

④ 在"开始"选项卡"视图"功能组中单击"视图"按钮,在弹出的菜单中选择"设计视图",切换至"设计视图"。

⑤ 选择"出版日期"字段,设置"数据类型"为"短文本",按组合键【Ctrl+S】保存修改,再次应用步骤②~③的筛选,查看筛选过程是否适用。

⑥ 将两条数据的日期间隔符修改为".",在"开始"选项卡"视图"功能组中单击"视图"按钮,在弹出的菜单中选择"设计视图",切换至"设计视图"。

⑦ 选择"出版日期"字段,设置"数据类型"为"日期/时间",按组合键【Ctrl+S】保存修改,切换至"数据表视图"查看"出版日期"字段数据变化。

**例4-23** 在"图书管理系统"数据库"图书"表中筛选"旧"图书,将"新书否"字段类型修改为短文本,浏览数据变化,把前两条数据修改为"新的",然后将"新书否"字段恢复为"是/否"类型,浏览数据变化。

该例为字段类型和筛选器的综合应用,可提高对字段类型和筛选器的理解,详细操作步骤如下:

① 打开"图书管理系统"数据库,在"导航窗格"中打开"读者"表,进入"数据表"视图,选择"新书否"字段列头。

② 在"开始"选项卡,"排序和筛选"功能组中单击"筛选器"按钮,在弹出的菜单中选择"No"选项,单击"确定"按钮,如图4-33所示。

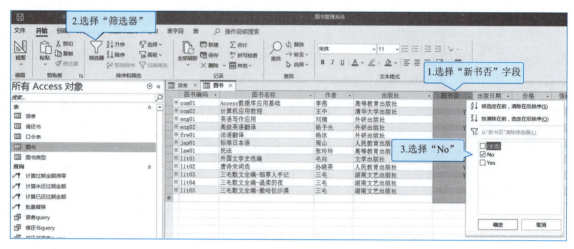

图4-33 筛选"是/否"字段

③ 在"开始"选项卡"视图"功能组中单击"视图"按钮,在弹出的菜单中选择"设计视图",切换至"设计视图"。

④ 选择"新书否"字段,设置"数据类型"为"短文本",按组合键【Ctrl+S】保存修改,切换至"数据表视图"浏览表数据变化。

⑤ 将前两条数据修改为"新的",在"开始"选项卡"视图"功能组中单击"视图"按钮,在弹出的菜单中选择"设计视图",切换至"设计视图"。

⑥ 选择"新书否"字段,设置"数据类型"为"是/否",按组合键【Ctrl+S】保存修改,切换至"数据表视图"浏览表数据变化。

## 4.5 导入外部数据

### 4.5.1 导入MySQL数据库数据

Access数据库通过ODBC的方式导入其他数据库数据,本书以MySQL为例进行介绍。首先需要注意的是,Access数据库中表对象名称不能和MySQL中的表名重复,否则Access将会为MySQL中的表重新命名。例如,"图书"表重复导入,新导入的表对象名称为"图书1"。具体导入操作如下:

① 打开 Access 数据库，在"外部数据"选项卡"导入并链接"组中选择"新数据源"→"从其他源"→"ODBC 数据库"，如图 4-34 所示，打开"获取外部数据"对话框。

② 在"获取外部数据"对话框中，选择"将源数据导入当前数据库的新表中"选项，单击"确认"按钮，如图 4-35 所示，打开"选择数据源"对话框。

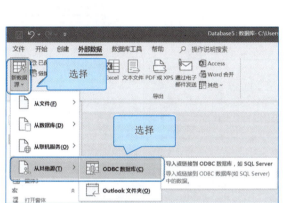

图 4-34　通过 ODBC 导入数据　　　　　　　　图 4-35　选择数据源和目标

③ 在"选择数据源"对话框中选择"机器数据源"选项卡，选择"MySQL8.0"选项单击"确定"按钮，如图 4-36 所示，其中"MySQL8.0"为创建的 MySQL ODBC 数据源，打开"导入对象"对话框。

④ 根据实际需求，"导入对象"对话框的表对象列表中选择需要导入的表数据，可以多选、全选，单击"确定"按钮即可进行导入，如图 4-37 所示，完成导入后弹出提升导入结果。

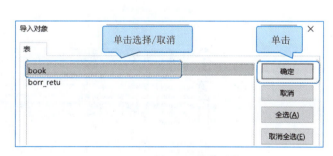

图 4-36　选择数据源　　　　　　　　　　　图 4-37　选择导入的表对象

⑤ 关闭导入成功的提示，在"导航窗口"中即可查看导入的表对象。

## 4.5.2　导入 TXT 格式文件

Access 数据库支持导入多种文件数据，以导入文本文件"reader.txt"为例，介绍导入 TXT 格式文件的方式，具体步骤如下：

① 打开 Access 数据库，在"外部数据"选项卡的"导入并链接"组，单击"新数据源"选项，在弹出的菜单中选择"从文件"→"文本文件"，如图 4-38 所示，打开"获取外部数据"对话框。

② 在"获取外部数据"对话框中设置"导入的文件路径"并设置表对象配置，单击"确定"按钮，如图 4-39 所示。

③ 根据文本数据的存储情况，选择合适的分隔符，如图 4-40 所示，单击"下一步"按钮即可预览数据的处理情况，如图 4-41 所示，如果有问题可以返回"上一步"重新设计，该步骤为导出文本数据的相反操作，配置完成后即可在"导航窗口"查看表对象的数据。

图 4-38　通过文本文件导入数据

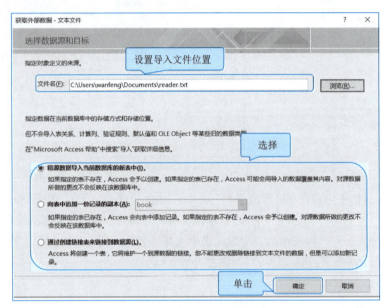

图 4-39　导入文本文件配置

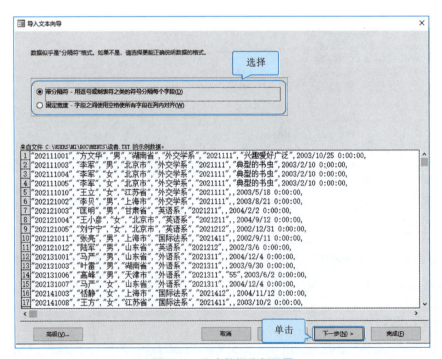

图 4-40　文本数据分割配置

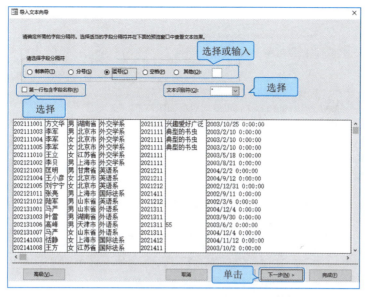

图 4-41 配置文本分隔符

### 4.5.3 导入 Excel 格式文件

Access 数据库支持导入多种文件数据，以导入 Excel 文件"reader.xlsx"为例，介绍导入 Excel 格式文件的方式，具体步骤如下：

① 打开 Access 数据库，在"外部数据"选项卡的"导入并链接"组，单击"新数据源"选项，在弹出的菜单中选择"从文件"→选中"Excel"，如图 4-42 所示，打开"获取外部数据"对话框。

② 在"获取外部数据"对话框中设置"导入的文件路径"，并设置表对象配置，单击"确定"按钮，如图 4-43 所示，打开"导入数据表向导"对话框。

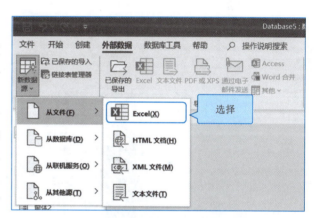

图 4-42 通过 Excel 导入数据

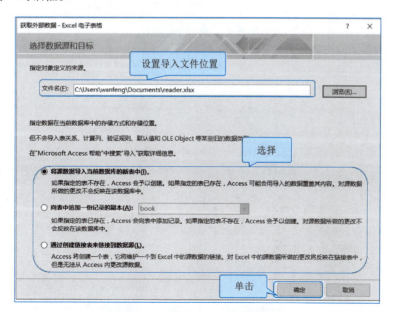

图 4-43 导入 Excel 文件配置

③ 在"导入数据表向导"对话框中，根据 Excel 数据的存储情况，选择是否包含列标题，如图 4-44 所示，单击"下一步"按钮即可预览数据的处理情况。

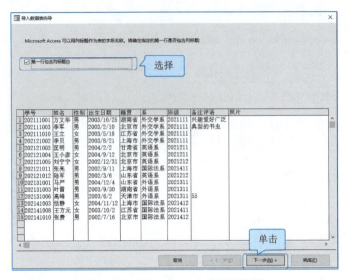

图 4-44　导入 Excel 文件数据配置

④ 根据需求对 Excel 列数据对应的字段信息进行配置，如图 4-45 所示。

图 4-45　配置字段信息

⑤ 根据实际需求，设置表的主键信息，如图 4-46 所示。

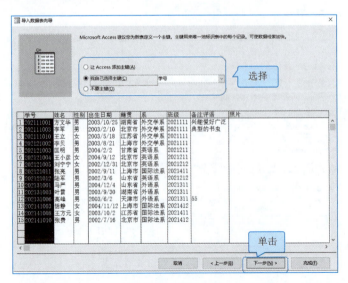

图 4-46　设置主键

⑥ 确认表对象名称，配置完成后即可在"导航窗口"查看表对象的数据。

## 4.6 表间关系

### 4.6.1 索引

在单一字段上建立的索引称为单字段索引，索引名称默认为该字段的名称。在多个字段上建立的组合索引为多字段索引，索引名称由用户自定义。在表设计视图中，字段的索引有三种设置选项：

① 无：即不建立索引。
② 有（有重复）：即建立索引，字段中的数据可以重复。
③ 有（无重复）：即建立索引，字段中的数据不能重复。

设置索引有两种方式，下面分别进行介绍：

方式一：打开表设计视图，选中要创建索引的字段，在"字段属性"中找到"索引"属性，选择合适的索引选项即可，如图 4-47 所示。

方式二：打开表设计视图，在"设计"选项卡中，单击"索引"按钮，弹出的"索引"对话框中是一个二维表，"索引名称"

图 4-47　字段属性设置索引

列用于给索引命名，"字段名称"列用于选择需要建立索引的字段，"排序次序"列用于设置字段的排序方式，如图 4-48 所示。在对话框的最下方，可以对索引做进一步设置，包括是否为主索引、是否为唯一索引、是否忽略空值。

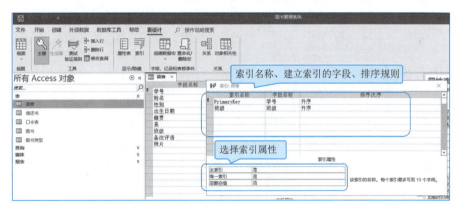

图 4-48　索引对话框设置索引

对于数据表的主键字段，系统将在其字段上自动建立一个唯一索引并将其作为主索引使用。所谓唯一索引，是指建立索引的字段中的值不能重复、不能有空值。同一个数据表中可以建立多个唯一索引，但只有一个可以设置为主索引。字段中的值有重复的，只能建立"有（有重复）"索引。

若要建立多字段索引，在索引对话框中的"索引名称"列命名索引后，在"字段名称"列中，从上到下依次配置字段即可，即除了首个索引字段，其他字段的"索引名称"为空。

若要删除索引，可在"索引名称"列右侧的选择器列，选中索引，按下键盘上的【Delete】键即可删除索引。也可以对选择器列右击，在弹出的快捷菜单中选择"删除行"，也可以删除索引。

**例 4-24**　在"图书管理系统"数据库"读者"表做以下操作：
① 设置"学号"为主键，并查看主键的索引属性。
② 为"读者"表增加"身份证"字段，设置为"候选键"。
③ 为"读者"表的"班级"字段增加"有（有重复）"索引。
④ 分析说明"借还书"表"学号"和"图书编码"字段索引类型。

视频

微课4-14
为字段创建索引

该例为索引的综合应用,可提高对索引的理解,详细操作步骤如下:

① 打开"图书管理系统"数据库,在"导航窗格"右击"读者"表,在弹出的快捷菜单中选中"设计视图",进入"设计视图"。

② 选中"学号"字段,在"表设计"选项卡的"工具"功能组中单击"主键"按钮,如图4-49所示。

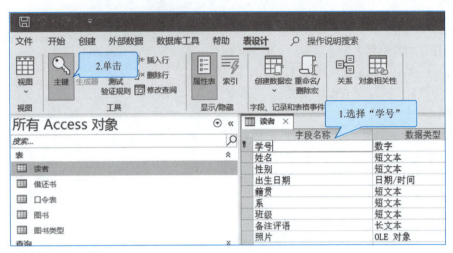

图 4-49　设置主键

③ 在"表设计"选项卡的"显示/隐藏"功能组中单击"索引"按钮,打开"索引"对话框,可以查看主键索引信息。

④ "字段名称"列末尾输入"身份证","数据类型"选择"短文本",字段属性"索引"为"有(无重复)",候选键同样能确保在关系中唯一标识元组,只是其未被设置为主键。

⑤ 选择"班级"字段,字段属性"索引"为"有(有重复)"。

⑥ 在"借还书"表中,"学号"和"图书编码"字段不设置索引类型,其均为"借还书"表的外键。

## 4.6.2　表间关系的类型

Access 数据库中表间关系有一对一和一对多两种,多数都是一对多的关系。具有一对多关系的两个表,"一"端的表为主表,"多"端的表为相关表。外部关键字是另一个表的主键,简称外键。表间的关系通过主表的主键与相关表的外键匹配来建立。主表中主键字段的名称与相关表中作为外键的字段名称不一定要相同,但必须具有相同的字段类型和取值含义。若主表的主键是"自动编号"字段,则相关表中与之匹配的"数字"字段必须具有相同的"字段大小"属性。Access 数据库不支持直接建立多对多的关系,通常将一个多对多关系转换为两个一对多关系。

表间关系的建立应当实施参照完整性规则的约束,以维护表间关系的有效性,确保不会意外删除或更改相关的数据。规则如下:

① 不能在相关表的外键字段中输入不存在于主表主键中的值。

② 如果在相关表中存在匹配的记录,则不能从主表中删除这个记录。

③ 如果在相关表中存在匹配的记录,则不能在主表中修改主键的值。

④ 如果需要对主表中涉及相关表的记录进行同步更新或删除时,可以指定实施级联更新或级联删除。

• 级联更新:如果更改主表中记录的主键值,Access 会自动更新相关表中所有相关的记录的外键值。

• 级联删除:如果删除主表中的记录,Access 会自动删除相关表中的相关记录。

## 4.6.3　表间关系的建立和修改

Access 设置表间关系的步骤如下:

① 打开"图书管理系统"数据库,关闭所有准备建立关系的表对象,已打开的表不能建立关系。

② 单击"数据库工具"选项卡中的"关系"按钮,打开"关系"视图,若未弹出"添加表"对话框,可以通

过单击新出现的"设计"选项卡中的"显示表"按钮,打开"添加表"对话框。也可以在"关系"视图中右击,在弹出的快捷菜单中选择"显示表"。

③ 在"显示表"对话框中,选择需要建立关系的表,可以通过【Ctrl】键和【Shift】键进行多选。

④ 在"关系"视图中,也可以把表对象从对象导航栏中直接拖动过来。

⑤ "关系"视图会以列表的形式显示表的字段信息,选择要建立关系的表的外键,拖动到相关表的主键上,释放鼠标左键后会弹出"编辑关系"对话框。对话框中显示主表和相关表的名称、匹配字段、关系类型等信息,还可以调整外键字段。选中"实施参照完整性"后,"级联更新相关字段"和"级联删除相关记录"选项会变为可用状态,可根据实际需要决定是否选取,如图4-50所示。

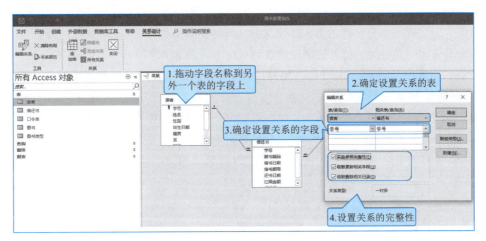

图 4-50 编辑关系

⑥ 单击"编辑关系"对话框中的"确定"按钮,即可完成表关系的创建。在"关系"视图中,两个表之间会出现一根连接线,一的一端会显示符号"1",多的一端会显示符号"∞",如图4-51所示。

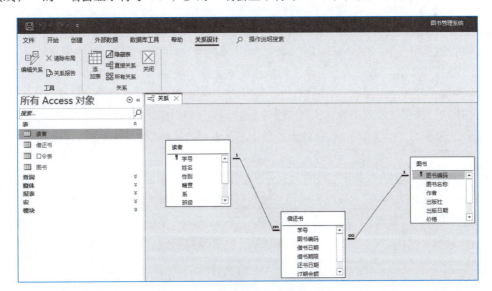

图 4-51 表关系建立完成后示例

⑦ 可以在"关系"视图中拖动表,调整表之间的布局位置。单击"设计"选项卡中的"关闭"按钮,会弹出对话框,询问是否保存该布局。若选择"否",系统会保存默认布局。

### 4.6.4 实施参照完整性约束

#### 1. 参照完整性约束的内容和意义

参照完整性约束是一种数据库设计方法,旨在保持数据表之间的关系完整性和一致性。它强制要求每个外键值都必须存在于主表中,从而防止无效的引用和数据不一致的情况。参照完整性要求关系之间的外键要么取空值

（NULL），要么等于被参照关系中某个元素的主键。

参照完整性的意义在于：

① 保障了数据的一致性：如果关系之间的数据不符合参照完整性的要求，就会导致数据不一致。例如，如果在"借还书"表中存在某个读者的借书记录，但是在"读者"表中没有这个读者的记录，那么这两个表之间就存在数据不一致的情况。

② 提高数据查询效率：参照完整性的实现可以减少数据的冗余度，使得数据的查询效率更高。例如，如果在一个"借还书"表中存在某个读者的借书记录，但是在"借还书"表中没有相应的图书信息，那么查询这个读者借的图书信息时就需要在"图书"表中进行查找。而如果两个表之间存在参照完整性约束，就可以直接通过读者的学号进行查询，从而提高查询效率。

在Access数据库上实现参照完整性的方法即建立表之间的关系（参考图4-50）：

① 在建立两张表之间的关系时，将外键字段设置为对应主表的主键字段。

② 在"关系"窗口中选中"实施参照完整性"，另外，"级联更新相关字段"和"级联删除相关记录"根据需要选择。

### 2. 图书管理系统的参照完整性约束

启用"参照完整性"后，在相关表中插入、更新数据时，在外键列中只允许使用已经存在于主表中的值，否则将会抛出错误。在主表中更新、删除主记录时，如果该记录的主键在相关表中存在，同样会抛出错误，导致操作失败，此时，如果启用了实施"级联更新相关字段""级联删除相关记录"，则可以实现主表和相关表数据之间的同步更新、同步删除。

**例 4-25** 为"图书管理系统"数据库中"读者"表、"图书"表、"借还书"表创建表间关系，并实施级联更新和级联删除。设置成功后，做以下操作：

① 在"读者"表中修改学号，在"借书表"中查看是否同步修改。
② 在"读者"表中删除借过书的学生记录，查看Access提示信息。
③ 在"借还书"表中录入"读者"表不存在的"学号"，查看Access提示信息。
④ 在"借还书"表中录入"图书"表不存在的"图书编号"，查看Access提示信息。

> 视 频
> 微课4-15
> 实施参照完整性

该例用于验证实施参照完整性对主表和相关表之间记录的约束情况，详细操作步骤如下：

① 打开"图书管理系统"数据库，编辑关系时需要独占表对象，故关闭全部打开的表对象。

② 依次单击"数据库工具"选项卡"关系"功能组的"关系"按钮，打开"关系"视图，单击"显示表"按钮或者"添加表"按钮，打开"添加表"对话框，在"添加表"对话框中，依次选中"读者"表、"图书"表、"借还书"表，单击"添加"按钮或者双击表名，将三张表添加到关系窗口中。

③ 选中"读者"表中的"学号"字段，拖动到"借还书"表中的"学号"字段，打开"关系"对话框，如图4-50所示。

④ 在"关系"对话框中设置"读者"表的"学号"字段匹配"借还书"表中的"学号"字段，依次选中"实施参照完整性""级联更新相关字段""级联删除相关级联"复选框。

⑤ 参考步骤③和步骤④，完成"图书"表和"借还书"表之间的关系创建，创建完成的表关系如图4-51所示。

⑥ 切换至"数据表"视图，在"读者"表中修改第一个学号数据为"202111111"，在"借书表"中查看是否同步修改。

⑦ 切换至"数据表"视图，在"读者"表中选中学号为"202111111"的记录，在"开始"菜单中单击"记录"→"删除"按钮，查看Access提示信息，并根据提示选择删除，删除后查看"借还书"表中"202111111"借书的数据是否还存在。

⑧ 切换至"数据表"视图，在"借还书"表中录入新数据，学号为"209911111"，图书编号为"COM99"，按组合键【Ctrl+S】保存，查看提示信息。

表关系的修改包括删除和更新两方面，如果要更改关系，在"关系"视图中右击关系的连接线，在弹出的快捷菜单中有"编辑关系"和"删除"两个选项。选择"编辑关系"命令会弹出对应的"关系"对话框，可以在对话框中做相应的调整。选择"删除"选项即可删除关系。当一个表的主键上已经建立了关系，则必须先删除该关系才能更改表的主键。

## 小　结

本章开始进行 Access 数据库的理论及实践教学，简单介绍了 Access 数据库六类对象，详细介绍了如何创建及管理数据库、如何创建及操作表对象。本章开始进行"图书管理系统"应用的创建工作，结合相关的知识点，提供了相应的应用案例，本章完成后读者应完成了"图书管理系统"及相关表对象的创建配置工作。

## 习　题

### 一、选择题

1. Access 数据库最基础的对象是（　　）。
   A. 数据库　　　　　B. 表对象　　　　　C. 窗体对象　　　　　D. 模块对象
2. 下面打开 Access 数据库的方式错误的是（　　）。
   A. 只读　　　　　　B. 只写　　　　　　C. 打开　　　　　　　D. 以独占方式打开
3. Access 数据库中实际存放数据的对象是（　　）。
   A. 表对象　　　　　B. 查询对象　　　　C. 窗体对象　　　　　D. 模块对象
4. Access 数据库对象、字段名称的最大长度是（　　）。
   A. 32　　　　　　　B. 48　　　　　　　C. 64　　　　　　　　D. 255
5. Access 数据库中字段命名规则错误的是（　　）。
   A. 不能包含空格
   B. 不能包含控制字符（从 0 到 31 的 ASCII 值）
   C. 可以使用中文
   D. 可以使用数字
6. Access 数据库中，如果要存储个人简历（文档），可以使用字段类型（　　）。
   A. 计算　　　　　　B. 查阅向导　　　　C. 超链接　　　　　　D. 附件
7. Access 数据库中，如果需要将电话号码显示为 (***)****-****，下列格式正确的是（　　）。
   A. (@@@)@@@@-@@@@
   B. (***)****-****
   C. &&&-&&&&-&&&&
   D. (###)####-####
8. Access 数据中，如果需要将电话号码的输入格式固定为 (***)****-**** 格式，则应将输入掩码设置为（　　）。
   A. (000)0000-0000
   B. (999)0000-0000!
   C. (000)AAAA-AAAA
   D. (000)aaaa-aaaa
9. Access 数据库中，如果需要查找姓名中包含"国"的同学，在查找对话框中需要输入的内容为（　　）。
   A. *国*　　　　　　B. 国*　　　　　　C. 国?　　　　　　　D. #国#
10. 下列关于 Access 数据库中表关系不正确的是（　　）。
    A. 用于建立关系的字段名称可以不同，但是字段类型必须相同
    B. 可以在两张表之间建立多对多的关系
    C. 可以通过第三张表实现两张表多对多的关系
    D. 可以为表关系设置参照完整性

### 二、操作题

1. 为"图书管理系统"的"图书"表、"借还书"表录入数据，每张表至少 20 条数据。
2. 在"图书管理系统"的"读者"表中，查询出所有姓"王"的同学。
3. 在"图书管理系统"的"读者"表中，筛选出性别为"女"同学。
4. 在"图书管理系统"的"图书"表中，筛选出出版日期在 2020 年以后并且是中国铁道出版社有限公司出版的图书，按图书名称升序排列。
5. 在"图书管理系统"的"图书"表中，为图书名称创建"有重复"索引。

# 第 5 章 数据库查询统计

查询是指在数据库中检索数据的过程，即根据用户的要求从数据库中收集有用字段，进行统计和分析，并把满足要求的结果反馈给用户的过程。查询的数据源是数据库中的表或已经创建好的查询。查询可以根据特定的条件从数据库中获取所需的数据并通过视图的方式展示给用户。查询在数据库系统中使用非常频繁，可以说，数据库中的数据价值是通过查询统计进行挖掘和发现的。

### 本章知识要点

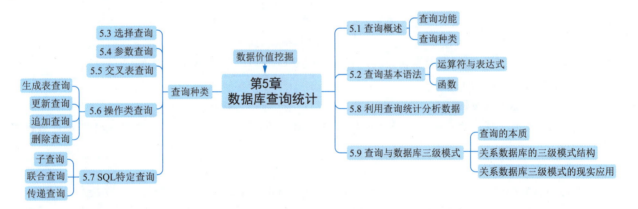

## 5.1 查询概述

数据的查看、检索、变更和统计是数据库操作的主要内容，通过查询可以实现对数据库中一个或多个表的查看、修改、排序和分析统计等功能。查询可以根据给定的条件从数据库中的表或已有的查询中获取满足用户需求的数据，并形成一个新的动态数据集。同时查询可以作为窗体或报表的记录源，用于在窗体或报表中展示相应数据。

### 5.1.1 查询功能

在 Access 中，查询主要有以下功能：

① 获取字段。通过查询可以获取一个或多个表中的多个字段。比如获取"读者"表中的"学号"、"姓名"和"性别"等字段。

② 获取记录。通过设定不同的查询条件可以获取不同的信息。比如使用查询检索"读者"表中"男"读者的信息。

③ 变更记录。通过查询可以对表中记录进行添加、修改和删除等操作。比如将"读者"表中院系为"外交学系"的记录批量修改为"外交学与外事管理系"。

④ 实现计算和统计分析。通过查询可以对表中某个字段进行计算，可以实现数据的查看和分析。比如使用查

询计算借书读者总人数以及每位读者平均借书册数等。

⑤ 生成新表。使用查询可以将查询获取的数据生成一个新的数据表。

⑥ 为窗体和报表提供数据源。通过查询可以获取一个或多个表中的数据，可以作为窗体或报表的数据源。这样，窗体或报表就可以展示一个或多个表中指定条件的数据，极大地提高了窗体或报表的使用效果。

### 5.1.2 查询种类

查询主要分为选择查询、参数查询、交叉表查询、操作类查询和 SQL 查询等。

#### 1. 选择查询

选择查询是最基本、最常用的查询，利用选择查询可以从一个或多个表中获取符合用户需求的数据，并能够对数据进行分组以及计算。比如求平均值、最大值、最小值、计数等一系列统计需求。

#### 2. 参数查询

参数查询中的查询条件不是固定的，可以根据用户输入的信息查找满足条件的记录，是一种交互式查询。比如，可以通过用户输入的"学号"或"姓名"查询读者信息。

#### 3. 交叉表查询

交叉表查询是对某个表中的字段重新分组，一组列在数据表的左侧，一组列在数据表的顶端，在行与列的交叉处显示某个字段的统计值（计数、求和、求平均值和求最大/最小值等）。比如，统计"读者"表中不同院系男女生人数。

#### 4. 操作类查询

操作查询是可以利用查询所获取的动态数据集对数据表中的数据进行增加、修改、删除等操作的查询。在 Access 中，操作查询分为生成表查询、更新查询、追加查询和删除查询。

① 生成表查询：可以从一个或多个表中查询数据并将其写入到一个新创建的表中。例如，可以用生成表查询创建"未还书读者信息"表。

② 更新查询：用于修改表中一条或多条记录中的数据。例如，可以利用更新查询批量修改读者"班级"信息。

③ 追加查询：用于将查询的数据添加到现有的表中。

④ 删除查询：用于根据指定条件删除表中一条或多条记录。

#### 5. SQL 查询

SQL（structured query language）查询是指通过结构化查询语言创建的查询。在 Access 中，通过设计视图创建的查询，其实都有一个等效的 SQL 语句与之对应，可以切换到"SQL 视图"进行查看。在 Access 中，并不是所有的查询都可以通过设计视图进行创建，比如数据定义查询、子查询、联合查询和传递查询只能通过 SQL 查询完成创建。

## 5.2 查询基本语法

创建查询时可以通过设置不同的查询条件来获取满足用户需求的数据。我们可以通过一个或多个表达式来设置查询条件，从而完成字段的查询、统计和运算功能。

### 5.2.1 运算符与表达式

表达式通常由常量、变量、运算符和函数等多个部分组成。其中，常量表示固定值，例如数值（如 32）、文本（如"Access"）、日期（如 #2023-02-15#）等。变量表示动态值，例如在 VBA（visual basic for application）编程中使用的变量（如 Dim myVar As Integer）。运算符包含算术运算符、关系运算符、逻辑运算符、连接运算符和特殊运算符，下面进行详细讲解。

#### 1. 算术运算符

算术运算符用于实现数值型数据的算术运算，其运算结果类型也为数值型。常用的算术运算符及表达式示例见表 5-1。

## 2. 关系运算符

关系运算符用于比较两个同一类型元素之间的关系，其运算结果类型为布尔型。关系运算符及表达式示例见表 5-2。

表 5-1 算术运算符及表达式示例

| 运算符 | 含义 | 示例 | 结果 |
|---|---|---|---|
| + | 加 | 20+30 | 50 |
| - | 减 | 10-5 | 5 |
| * | 乘 | 2*3 | 6 |
| / | 除 | 20/4 | 5 |
| \ | 整数除 | 10\4 | 2 |
| ^ | 乘方 | 3^4 | 81 |
| mod | 取余 | 11 mod 2 | 1 |

表 5-2 关系运算符及表达式示例

| 运算符 | 含义 | 示例 | 结果 |
|---|---|---|---|
| = | 等于 | 2+3=5 | True |
| <> | 不等于 | 3<>4 | True |
| < | 小于 | 3*5<10 | False |
| <= | 小于或等于 | 2+4<=6 | True |
| > | 大于 | 7+8>15 | False |
| >= | 大于或等于 | 7+8>=15 | True |

## 3. 逻辑运算符

逻辑运算符主要用于逻辑运算，其运算结果类型为布尔型。逻辑运算符及表达式示例见表 5-3。

逻辑运算规则见表 5-4，A 与 B 取值不同，逻辑运算后的结果也不相同。

表 5-3 逻辑运算符及表达式示例

| 运算符 | 含义 | 示例 | 结果 |
|---|---|---|---|
| Not | 逻辑非 | Not 2+3=5 | False |
| And | 逻辑与 | 3<>4 And 3*5<10 | False |
| Or | 逻辑或 | 3<>4 Or 3*5<10 | True |

表 5-4 逻辑运算规则

| A | B | Not A | A And B | A Or B |
|---|---|---|---|---|
| True | True | False | True | True |
| True | False | False | False | True |
| False | True | True | False | True |
| False | False | True | False | False |

## 4. 连接运算符

连接运算符主要用于字符串的连接，常用的运算符及表达式示例见表 5-5。

表 5-5 连接运算符及示例

| 运算符 | 示例 | 结果 |
|---|---|---|
| + | "20" + "30" | "2030" |
| + | "数据库"+"程序设计" | "数据库程序设计" |
| + | "Acc" + 20 | 出错 |
| & | "20" & "30" | "2030" |
| & | "Acc" & 30 | "Acc30" |
| & | 20 & 30 | "2030" |

① +（连接运算符）：使用"+"连接运算符时，运算符两边必须为字符型数据。当运算符两边为数值型数据时，会执行加法运算。当运算符两边其中一边是字符型数据，另一边是数值型数据时，则会出错。

② &（连接运算符）：使用"&"连接运算符时，运算符两边可以为字符型数据，也可以为数值型数据。

## 5. 特殊运算符

特殊运算符及表达式示例见表 5-6。

表 5-6 特殊运算符及示例

| 运算符 | 含义 | 示例 |
|---|---|---|
| Between...And... | 在……到……之间 | Between 10 And 20 |
| In | 在列表列出的值之中 | In("英语系","外语系")：值在"英语系"和"外语系"之中 |
| Like | 像……一样，用于在查询中进行模式匹配，可以使用通配符（"*"和"?"）来定义要匹配的模式 | Like "王*"：开头是字符"王"的信息 |
| Is Null | 判断字段为空 | Is Null：判断是否为空 |
| Is Not Null | 判断字段为非空 | Is Not Null：判断是否为非空 |
| * | 表示任意多个字符 | Like "*python*"：包含字符串"python"的信息 |
| ? | 表示任意单个字符 | Like "王?"：开头是字符"王"且只有两个字符的信息 |

#### 6. 运算符的优先级

当表达式中出现多个运算符时，将会按照确定的顺序进行运算，见表 5-7。其中：

① 不同类型运算符之间优先级：算术运算符 > 连接运算符 > 关系运算符 > 逻辑运算符。

② 同一类型运算符之间优先级：算术运算符和逻辑运算符见表 5-7，从上到下优先级依次递减。连接运算符和关系运算符同一类型运算符之间优先级相同，从左到右依次执行。

表 5-7 运算符的优先级

| 运算符类型 | 运 算 符 | 优 先 级 |
| --- | --- | --- |
| 算术运算符 | ^ | 高 ↑ |
| | -（负数） | |
| | *、/ | |
| | \ | |
| | mod | |
| | +、- | |
| 连接运算符 | +、& | |
| 关系运算符 | =、<>、<、<=、>、>= | |
| 逻辑运算符 | Not | |
| | And | |
| | Or | 低 |

### 5.2.2 函数

函数是数据运算的一种特殊形式，用来实现某些特定的运算，与数学中的函数概念基本相同。

#### 1. 函数的结构

① 函数包括函数名、括号、参数三部分，如 sum(x)。

② 参数的个数可以有 0～$n$ 个。有些函数无参数，如 date() 函数。

③ 函数必须使用在与其函数值数据类型相符的表达式中。所以必须明确每一个函数的参数类型和函数值类型。

#### 2. 常用函数的种类

在 Access 中，按照所处理的数据类型，函数主要分为五类：数学函数、字符函数、日期与时间函数、类型转换函数、聚合函数。

在函数的学习过程中，我们要着重关注函数的三要素，即函数功能、参数类型、函数值类型。例如 "Left(<字符表达式>,<数值表达式>)" 函数，其函数功能为：返回从左侧截取的指定长度的子字符串。该函数包含两个参数，参数 1 数据类型为字符型，参数 2 数据类型为数值型，函数值为截取后的子字符串，数据类型为字符型。掌握了函数的功能、参数类型和函数值类型，我们就可以灵活应用函数来解决实际遇到的问题。

#### 3. 函数自主学习和运用的方法

Access 提供了一百多个函数，在日常使用中，能自主学习并理解函数的语法，是灵活运用函数的必要条件。学习一个函数的具体方法是：

① 查看函数语法格式：了解函数的基本结构，例如函数名、参数以及返回结果等。这有助于对该函数有个初步的认识。

② 查看参数个数：了解函数的参数个数有助于了解该函数的复杂程度。参数越多，说明这个函数可能涉及更多的功能和应用场景。

③ 简单浏览功能描述：通过阅读功能描述，可以了解该函数的基本功能。这有助于确定该函数是否能够解决当前的问题。

④ 通过学习"示例"理解参数：通常，函数的示例会展示如何使用这个函数，并解释各个参数的含义。通过学习示例，可以更好地理解函数的参数和使用方法。

⑤ 仔细阅读功能描述：在理解了参数的基础上，再次阅读功能描述，可以更深入地了解该函数的功能和使用场景。

⑥ 自主使用函数：通过以上步骤，我们应该对这个函数有了一定的了解。现在，可以尝试在实际项目中使用这个函数，看看它是否能满足我们的需求。在使用过程中，可能会遇到一些问题，这时可以结合函数的帮助文档和网络资源进行进一步学习。

总之，学习 Access 函数的过程需要多维度的了解和实践。在学习过程中，要避免机械地套用参数，而应该理解函数的功能和参数含义，这样才能灵活地运用函数解决实际问题。

如图 5-1 所示，在 Access 中可以通过表达式生成器查看内置函数。以 Mid 函数为例，我们通过表达式生成器选中该函数，可以查看函数结构以及函数功能的简单描述。同时，我们可以通过单击表达式生成器左下角的函数名，进而跳转到微软网站该函数的在线帮助，按照上述的学习路径对该函数进行学习。打开在线帮助，首先查看 Mid

函数的语法格式，其次查看该函数的参数，然后简单浏览各个参数的说明，进而通过在线帮助中的"示例"逐个理解参数的含义，再返回仔细阅读每个参数的说明和注意事项以及函数的功能描述。通过这样的方法，同学们可以借助学习帮助，自主地理解抽象的函数以及参数，从而解决现实中可能面临的千变万化的应用需要。

### 4. 函数语法的解读

首先，我们对函数的语法规则进行讲解。函数的基本结构包括函数名、括号和参数。参数之间用逗号间隔，其中"参数"外的中括号是符号化语言，没有中括号的"参数"表示是必选项，有中括号的"参数"表示是可选项，在具体使用函数时需要去掉这些符号。

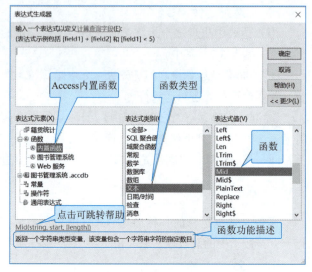

图 5-1　表达式生成器

例如"Mid(< 字符表达式 >,< 数值表达式 1>[,< 数值表达式 2>])"函数，这是一个字符类运算函数。我们可以看到这个函数有三个参数，参数之间用逗号间隔，其中前两个参数"字符表达式"和"数值表达式 1"，没有中括号，表示是必选项，不可省略。"数值表达式 2"用中括号括起，表示是可选项，即可以根据具体使用情况确定是否需要，不需要时可以省略。具体实例在后面的章节会进行讲解。

其次，函数的参数个数有 $0 \sim n$ 个，比如：

① Date() 函数：功能是获取当前系统日期，该函数没有参数，但函数的结构是函数名加括号，不可以省略括号。

② Abs(< 数值表达式 >) 函数：功能是取绝对值，只有一个数值型参数。

③ Round (< 数值表达式 >,< 小数保留位数 >) 函数：功能是对数值进行四舍五入，这个函数有两个参数，而且都是必选项，不可以省略。

④ Mid(< 字符表达式 >,< 数值表达式 1>[,< 数值表达式 2>]) 函数：功能是字符串截取，这个函数包含三个参数，前两个是必选项，第三个是可选项。

以上我们讲解分析了函数的结构，解释了函数的语法规则以及函数学习方法。下面以具体应用实例讲解函数的使用方法和技巧。

（1）数值运算函数

数值运算函数是一类用于处理数值数据的函数，常用于数学、统计和科学计算中。常用的数值运算函数及示例见表 5-8。

表 5-8　常用的数值运算函数及示例

| 函　数 | 功　能 | 示　例 | 结　果 |
| --- | --- | --- | --- |
| Abs(< 数值表达式 >) | 返回绝对值 | Abs(-13) | 13 |
| Exp(< 数值表达式 >) | 返回 e 的指数值 | Exp(5) | 148.413 159 102 577 |
| Fix(< 数值表达式 >) | 返回整数部分，参数为负数时返回大于或等于该数的第一个负整数 | Fix(-99.8) | -99 |
| Int(< 数值表达式 >) | 返回整数部分，参数为负数时返回小于或等于该数的第一个负整数 | Int(-99.8) | -100 |
| Round (< 数值表达式 >,< 小数保留位数 >) | 返回根据小数位数四舍五入后的值 | Round(23.435,2) | 23.44 |
| Sqr(< 数值表达式 >) | 返回平方根 | Sqr(36) | 6 |
| Sgn(< 数值表达式 >) | 返回数值表达式的符号值，大于 0 返回 1，小于 0 返回 -1，等于 0 返回 0 | Sgn(-3) | -1 |
| Rnd([< 数值表达式 >]) | 返回一个 [0,1) 的随机数 | Rnd() | 产生 [0,1) 的随机数，包含 0 不包含 1 |

### （2）字符函数

字符函数是一类用于处理文本数据的函数，常用于字符串操作、文本处理和数据清洗中。常用的字符函数及示例见表 5-9。

表 5-9  常用的字符函数及示例

| 函　　数 | 功　　能 | 示　　例 | 结　　果 |
| --- | --- | --- | --- |
| Len(<字符表达式>) | 返回表达式中包含的字符数 | Len("Access") | 6 |
| Left(<字符表达式>,<数值表达式>) | 返回从左侧截取的指定长度的子字符串 | Left("Access",3) | "Acc" |
| Right(<字符表达式>,<数值表达式>) | 返回从右侧截取的指定长度的子字符串 | Right("Access",3) | "ess" |
| Mid(<字符表达式>,<数值表达式1>[,<数值表达式2>]) | 返回从指定位置截取指定长度的子字符串，如<数值表达式2>省略，则从指定位置截取到字符串结尾 | Mid("Access",3,2) | "ce" |
| Space(<数值表达式>) | 返回指定个数的空格 | "Access" & Space(2) & "数据库" | "Access  数据库" |
| Trim(<字符表达式>) | 返回删除指定字符的起始和尾部空格后的字符串 | Trim(" Access ") | "Access" |
| Ltrim(<字符表达式>) | 返回删除指定字符的起始空格后的字符串 | Ltrim(" Access ") | "Access " |
| Rtrim(<字符表达式>) | 返回删除指定字符的尾部空格后的字符串 | Rtrim(" Access ") | " Access" |
| Lcase(<字符表达式>) | 将字符表达式中的大写字母转换为小写字母 | Lcase("Access") | "access" |
| Ucase(<字符表达式>) | 将字符表达式中的小写字母转换为大写字母 | Ucase("Access") | "ACCESS" |

### （3）类型转换函数

类型转换函数是用于将数据从一种类型转换为另一种类型的函数。类型转换函数通常在需要对不同类型的数据进行操作时使用，例如在数学运算或字符串操作中。常用的类型转换函数及示例见表 5-10。

表 5-10  常用的类型转换函数及示例

| 函　　数 | 功　　能 | 示　　例 | 结　　果 |
| --- | --- | --- | --- |
| Str(<数值表达式>) | 返回数值转换后的字符串 | Str(100) | "100" |
| Val(<字符表达式>) | 返回字符串转换后的数值 | Val("21.13") | 21.13 |
| Asc(<字符表达式>) | 将字符表达式中的首字母转换为 ASCII 码 | Asc("Access") | 65（字母 A 的 ASCII 码） |
| Chr(<数值表达式>) | 将数值作为 ASCII 码值转换为相应的字符 | Chr(65) | "A" |

### （4）日期与时间函数

日期与时间函数是一种用于处理日期和时间的函数，可以在各种编程语言和数据库中使用。这些函数可以用于获取当前日期和时间、提取日期和时间的各个部分、比较计算日期和时间之间的差异、格式化日期和时间等操作。常用的日期与时间函数及示例见表 5-11。

表 5-11  常用的日期与时间函数及示例

| 函　　数 | 功　　能 | 示　　例 | 结　　果 |
| --- | --- | --- | --- |
| Day(<日期>) | 返回某一日期是哪日 | Day(#2023/02/15#) | 15 |
| Month(<日期>) | 返回某一日期是哪月 | Month(#2023/02/15#) | 2 |
| Year(<日期>) | 返回某一日期是哪年 | Year(#2023/02/15#) | 2023 |
| Weekday(<日期>[,firstdayofweek]) | 返回某一日期的星期，参数 firstdayofweek 为可选项，指定一周的第一天的常量。如果不指定，则默认为 1 或 vbSunday。firstdayofweek 参数设置见表 5-12 | Weekday(#2023/02/15#, 1) | 4 |
| Hour(<日期/时间>) | 返回某一日期/时间的小时 | Hour(#2023/02/15 15:23:34#) | 15 |
| Minute(<日期/时间>) | 返回某一日期/时间的分钟 | Minute(#2023/02/15 15:23:34#) | 23 |
| Second(<日期/时间>) | 返回某一日期/时间的秒 | Second(#2023/02/15 15:23:34#) | 34 |
| Date() | 返回系统当前日期 | Date() | 返回系统当前日期 |
| Time() | 返回系统当前时间 | Time() | 返回系统当前时间 |
| Now() | 返回系统当前日期时间 | Now() | 返回系统当前日期时间 |

### （5）聚合函数

聚合函数是一种用于对数据进行统计分析的函数，通常用于对一组数据进行汇总计算，返回一个单一的结果。聚合函数可以用于各种数据库管理系统和编程语言中，如 SQL、Python、R 等。常用的聚合函数见表 5-13。

表 5-12　firstdayofweek 参数设置

| 常量 | 值 | 说明 |
| --- | --- | --- |
| vbSunday | 1 | 周日（默认） |
| vbMonday | 2 | 星期一 |
| vbTuesday | 3 | 星期二 |
| vbWednesday | 4 | 星期三 |
| vbThursday | 5 | 星期四 |
| vbFriday | 6 | 星期五 |
| vbSaturday | 7 | 星期六 |

表 5-13　常用的聚合函数

| 函　　数 | 功　　能 |
| --- | --- |
| Avg(< 表达式 >) | 返回表达式中包含的一组值的算术平均值 |
| Count(< 表达式 >) | 返回表达式中的记录数 |
| Max(< 表达式 >) | 返回表达式中包含的一组值的最大值 |
| Min(< 表达式 >) | 返回表达式中包含的一组值的最小值 |
| Sum(< 表达式 >) | 返回表达式中包含的一组值的和 |

## 5.3　选 择 查 询

选择查询是一种常见的查询类型，也被称为简单查询或基本查询。选择查询用于从数据库中选择指定的列和行，以满足特定的条件。选择查询的语法通常由 SELECT、FROM、WHERE、ORDER BY 和 GROUP BY 子句组成。SELECT 子句用于指定要检索的字段；FROM 子句用于指定检索的数据源（表或查询）；WHERE 子句用于指定要检索的行的条件；ORDER BY 子句用于指定要检索的行的排序条件；GROUP BY 子句用于指定要检索的数据的分组依据。

### 5.3.1　使用"查询向导"创建选择查询

在 Access 中，使用"查询向导"可快速创建一些简单查询，实现从一个或多个表或查询中获取信息。

**例 5-1**　通过"简单查询向导"创建查询，查询"读者"表中的"学号"、"姓名"、"性别"和"班级"字段，并命名为"读者信息"。

详细操作步骤如下：

① 启动 Access 并打开"图书管理系统"数据库。

② 单击"创建"选项卡→"查询"选项组→"查询向导"按钮，弹出"新建查询"对话框，如图 5-2 所示。

③ 选择"简单查询向导"项，单击"确定"按钮，弹出"简单查询向导"对话框，如图 5-3 所示。在"表/查询"组合框中选择"读者"表（设置数据源），"可用字段"列表框中将显示"读者"表中的全部字段。选中"可用字段"列表框中的字段，单击">"按钮，将"学号"、"姓名"、"性别"和"班级"字段依次添加到"选定字段"列表框中（设置查询字段）。

视频

微课5-1
使用"查询向导"创建选择查询

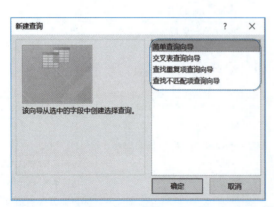

图 5-2　"新建查询"对话框

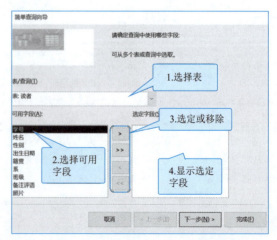

图 5-3　"简单查询向导"对话框一

④ 单击"下一步"按钮，在弹出的对话框中输入查询标题"读者信息"，并在"请选择是打开查询还是修改查询设计"栏中选择"打开查询查看信息"项，如图5-4所示。

⑤ 单击"完成"按钮，完成"读者信息"查询的创建，并打开该查询的"数据表视图"，如图5-5所示。

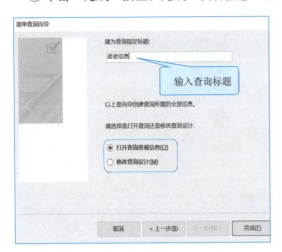

图5-4 "简单查询向导"对话框二

图5-5 "读者信息"查询的"数据表视图"

### 5.3.2 使用"设计视图"创建选择查询

在Access中除了通过"查询向导"创建查询之外，还可以通过"设计视图"创建查询。在"设计视图"中，可以更加灵活地创建查询，以及设计更加复杂的查询，并且可以对已有查询进行修改。

单击"创建"选项卡→"查询"选项组→"查询设计"按钮，打开查询的"设计视图"，如图5-6所示。"设计视图"分为"表/查询输入"区和"设计网格"两个部分：通过"添加表"窗格可以向"表/查询输入"区添加表或查询；可以在"设计网格"中设置不同的内容，从而获取不同的查询结果。"设计网格"设置的内容见表5-14。

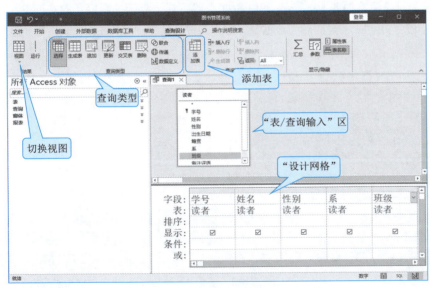

表5-14 "设计网格"中的设置内容

| 名称 | 说明 |
| --- | --- |
| 字段 | 查询结果中显示的字段 |
| 表 | 查询的数据源 |
| 排序 | 确定查询结果中记录依照某一字段的排序方式 |
| 显示 | 设定该字段是否在查询结果中显示 |
| 条件 | 设定查询条件，多个字段的条件在同一行是逻辑"与"关系 |
| 或 | 设定查询条件，多个字段的条件在不同行是逻辑"或"关系 |

图5-6 查询的"设计视图"

**例 5-2** 通过"设计视图"创建查询，查询"读者"表中"学号"、"姓名"、"性别"、"系"和"班级"字段，并命名为"读者信息查询"。其中，查询的数据源为"读者"表。

详细步骤如下：

① 打开"图书管理系统"数据库，单击"创建"选项卡→"查询"选项组→"查询设计"按钮，打开"设计视图"。

② 设置数据源：在"添加表"窗格中选择查询的数据源"读者"表，并将其拖动到"表/查询输入区"。

③ 设置查询字段信息：在"设计网格"中"字段"行的第一列至第五列中依次通过组合框选择"学号"、"姓名"、

"性别"、"系"和"班级"字段(或双击"表/查询输入区"中相应表中的字段),如图 5-7 所示。

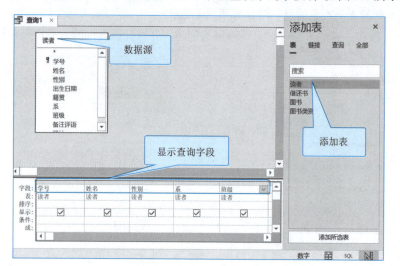

图 5-7 "读者信息查询"的"设计视图"

● 视频
微课5-2
使用"设计视图"创建选择查询

④ 按【Ctrl+S】组合键保存查询,在弹出的"另存为"对话框中输入"读者信息查询",单击"确定"按钮,保存该查询。

⑤ 单击"查询设计"选项卡→"结果"选项组→"运行"按钮(或切换到"数据表视图"),即可查看查询结果。

⑥ 单击"查询设计"选项卡→"结果"选项组→"视图"下拉按钮→"SQL 视图"(或单击右下角的"SQL 视图"按钮),切换到"SQL 视图",即可查看与之对应的 SQL 查询语句,如图 5-8 所示。SQL 语句为:

```
SELECT 读者.学号,读者.姓名,读者.性别,读者.系,读者.班级
FROM 读者;
```

其中,查询设计器与 SQL 语句关键词对应关系如图 5-9 所示,SELECT 关键词后为显示的字段,即查询设计器中"设计网格"区"字段"行选择的字段;FROM 关键词后为数据源,即查询设计器中"表/查询输入"区中选择的表或查询。

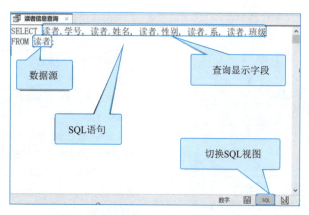

图 5-8 "读者信息查询"的 SQL 视图

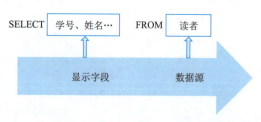

图 5-9 查询设计器与 SQL 语句关键词对应关系

● 视频
微课5-3
查询满足单条件的记录

### 5.3.3 查询条件 WHERE 子句

选择查询的命令动词是 SELECT,当查询中使用条件时,将利用 WHERE 关键词引导条件子句。

1. 查询满足单条件的记录

**例 5-3** 通过"设计视图"创建查询,查询"读者"表中男读者的"学号"、"姓名"、"性别"、"系"和"班级"字段,并命名为"男读者信息查询"。其中,数据源为"读者"表。

详细步骤如下:

① 打开"图书管理系统"数据库,单击"创建"选项卡→"查询"选项组→"查询设计"按钮,打开"设计视图"。
② 设置数据源:在"添加表"窗格中选择查询的数据源"读者"表,并将其拖动到"表/查询输入区"。
③ 设置查询字段信息:在"设计网格"中"字段"行的第一列至第五列中依次通过组合框选择"学号"、"姓名"、"性别"、"系"和"班级"字段(或双击"表/查询输入区"中相应表中的字段)。
④ 设置查询条件:在"性别"字段的"条件"行上输入"男",即查询"男读者"信息,如图5-10所示。
⑤ 按【Ctrl+S】组合键保存查询,在弹出的"另存为"对话框中输入"男读者信息查询",单击"确定"按钮,保存该查询。
⑥ 单击"查询设计"选项卡→"结果"选项组→"运行"按钮(或切换到"数据表视图"),即可查看查询结果。
⑦ 单击"查询设计"选项卡→"结果"选项组→"视图"下拉按钮→"SQL视图"(或单击右下角的"SQL视图"按钮),切换到"SQL视图",即可查看与之对应的SQL查询语句,如图5-11所示。SQL语句为:

```
SELECT 读者.学号, 读者.姓名, 读者.性别, 读者.系, 读者.班级
FROM 读者
WHERE (((读者.性别)="男"));
```

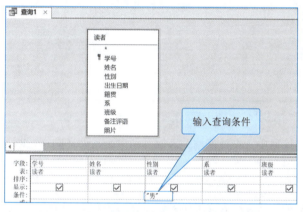

图5-10 "男读者信息查询"的"设计视图"

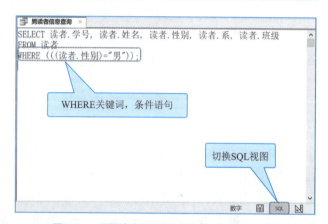

图5-11 "男读者信息查询"的"SQL视图"

其中,查询设计器与SQL语句关键词对应关系如图5-12所示。SELECT关键词后为查询显示的字段,即查询设计器中"设计网格"区"字段"行选择的字段;FROM关键词后为数据源,即查询设计器中"表/查询输入"区中选择的表或查询;WHERE关键词后为筛选条件,即查询设计器中"设计网格"区"条件"行输入的内容。

图5-12 查询设计器与SQL语句关键词对应关系

## 2. 查询满足多条件"与"关系的记录

**例5-4** 通过"设计视图"创建查询,查询"读者"表中英语系男读者的"学号"、"姓名"、"性别"、"系"和"班级"字段,并命名为"英语系男读者信息查询"。

详细步骤如下:

① 打开"图书管理系统"数据库,单击"创建"选项卡→"查询"选项组→"查询设计"按钮,打开"设计视图"。
② 设置数据源:在"添加表"窗格中选择查询的数据源"读者"表,并将其拖动到"表/查询输入区"。
③ 设置查询字段信息:在"设计网格"中"字段"行的第一列至第五列中依次通过组合框选择"学号"、"姓名"、"性别"、"系"和"班级"字段(或双击"表/查询输入区"中相应表中的字段)。

视频

微课5-4
查询满足多
条件"与"
关系的记录

④ 设置查询条件：在"性别"字段的"条件"行上输入"男"，"系"字段的"条件"行上输入"英语系"，多个条件在同一行表示逻辑"与"关系，如图 5-13 所示。

⑤ 按【Ctrl+S】组合键保存查询，在弹出的"另存为"对话框中输入"英语系男读者信息查询"，单击"确定"按钮，保存该查询。

⑥ 单击"运行"按钮（或切换到"数据表视图"），即可查看查询结果。

⑦ 切换到"SQL 视图"，即可查看与之对应的 SQL 查询语句，如图 5-14 所示。SQL 语句为：

```
SELECT 读者.学号, 读者.姓名, 读者.性别, 读者.系, 读者.班级
FROM 读者
WHERE (((读者.性别)="男") AND ((读者.系)="英语系"));
```

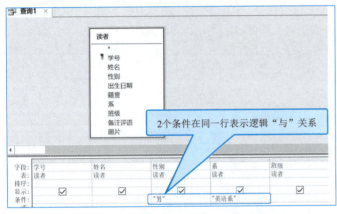

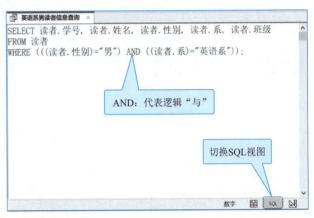

图 5-13 "英语系男读者信息查询"的"设计视图"　　图 5-14 "英语系男读者信息查询"的"SQL 视图"

其中，当筛选条件有多个且为逻辑"与"关系时，即查询设计器中"设计网格"区输入的多个条件在同一行时，在 SQL 语句中用 AND 关键词连接。

### 3. 查询满足多条件"或"关系的记录

微课5-5 查询满足多条件"或"关系的记录

**例 5-5** 通过"设计视图"创建查询，查询"读者"表中英语系或外语系读者的"学号"、"姓名"、"性别"、"系"和"班级"字段，并命名为"英语系或外语系读者信息查询"。

详细步骤如下：

① 打开"图书管理系统"数据库，单击"创建"选项卡→"查询"选项组→"查询设计"按钮，打开"设计视图"。

② 设置数据源：在"添加表"窗格中选择查询的数据源"读者"表，并将其拖动到"表/查询输入区"。

③ 设置查询字段信息：在"设计网格"中"字段"行的第一列至第五列中依次通过组合框选择"学号"、"姓名"、"性别"、"系"和"班级"字段（或双击"表/查询输入区"中相应表中的字段）。

④ 设置查询条件：在"系"字段的"条件"行上输入"英语系"，"系"字段的"或"行上输入"外语系"，如图 5-15 所示。条件输入在同一行表示逻辑"与"关系，输入在不同的行表示逻辑"或"关系。

⑤ 按【Ctrl+S】组合键保存查询，在弹出的"另存为"对话框中输入"英语系或外语系读者信息查询"，单击"确定"按钮，保存该查询。

⑥ 单击"运行"按钮（或切换到"数据表视图"），即可查看查询结果。

⑦ 切换到"SQL 视图"，即可查看与之对应的 SQL 查询语句，如图 5-16 所示。SQL 语句为：

```
SELECT 读者.学号, 读者.姓名, 读者.性别, 读者.系, 读者.班级
FROM 读者
WHERE (((读者.系)="英语系")) OR (((读者.系)="外语系"));
```

其中，当筛选条件有多个且为逻辑"或"关系时，即查询设计器中"设计网格"区输入的多个条件在不同行时，在 SQL 语句中用 OR 关键词连接。

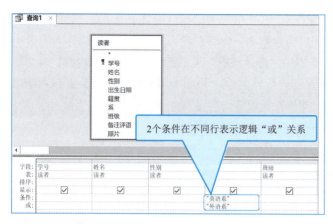

图 5-15 "英语系或外语系读者信息查询"的"设计视图"

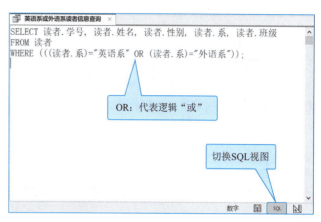

图 5-16 "英语系或外语系读者信息查询"的"SQL 视图"

### 5.3.4 查询排序 ORDER BY 子句

选择查询的命令动词是 SELECT，当查询中对关键字进行排序时，将利用 ORDER BY 关键词引导排序子句。

**例 5-6** 通过"设计视图"创建查询，查询"读者"表中英语系或外语系读者的"学号"、"姓名"、"性别"、"系"和"班级"字段，按学号升序排序，并命名为"英语系或外语系读者信息查询（按学号排序）"。

详细步骤如下：

① 打开"图书管理系统"数据库，单击"创建"选项卡→"查询"选项组→"查询设计"按钮，打开"设计视图"。

② 设置数据源：在"添加表"窗格中选择查询的数据源"读者"表，并将其拖动到"表/查询输入区"。

③ 设置查询字段信息：在"设计网格"中"字段"行的第一列至第五列中依次通过组合框选择"学号"、"姓名"、"性别"、"系"和"班级"字段（或双击"表/查询输入区"中相应表中的字段）。

④ 设置查询条件：在"系"字段的"条件"行上输入"英语系"，"系"字段的"或"行上输入"外语系"。

⑤ 设置排序依据：在"学号"字段"排序"行上通过组合框选择"升序"，如图 5-17 所示。

⑥ 按【Ctrl+S】组合键保存查询，在弹出的"另存为"对话框中输入"英语系或外语系读者信息查询（按学号排序）"，单击"确定"按钮，保存该查询。

⑦ 单击"运行"按钮（或切换到"数据表视图"），即可查看查询结果。

⑧ 切换到"SQL 视图"，即可查看与之对应的 SQL 查询语句，如图 5-18 所示。SQL 语句为：

```
SELECT 读者.学号，读者.姓名，读者.性别，读者.系，读者.班级
FROM 读者
WHERE (((读者.系)="英语系")) OR (((读者.系)="外语系"))
ORDER BY 读者.学号；
```

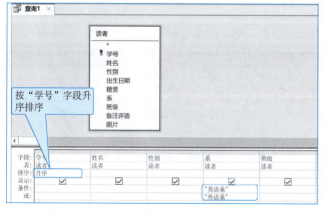

图 5-17 "英语系或外语系读者信息查询（按学号排序）"的"设计视图"

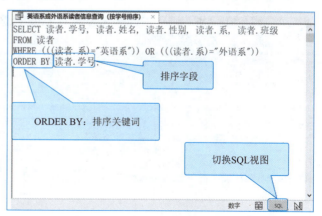

图 5-18 "英语系或外语系读者信息查询（按学号排序）"的"SQL 视图"

其中，查询设计器与 SQL 语句关键词对应关系如图 5-19 所示。SELECT 关键词后为显示的字段，即查询设计器中"设计网格"区"字段"行选择的字段；FROM 关键词后为数据源，即查询设计器中"表/查询输入"区中选择的表或查询；WHERE 关键词后为筛选条件，即查询设计器中"设计网格"区"条件"行输入的内容，多个条件在同一行时在 SQL 语句中用 AND 关键词连接，多个条件在不同行时在 SQL 语句中用 OR 关键词连接；ORDER BY 关键词后为排序字段，即查询设计器中"设计网格"区"排序"行设置的内容。

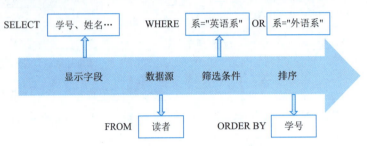

图 5-19 查询设计器与 SQL 语句关键词对应关系

## 5.3.5 查询汇总计算 GROUP BY 子句

选择查询的命令动词是 SELECT，当查询中要进行汇总计算时，将利用 GROUP BY 关键词引导汇总计算子句。GROUP BY 引导的汇总计算是"字段"级的操作，即指定分组"字段"，再进行相应字段的汇总计算。

### 1. 汇总查询

**例 5-7** 通过"设计视图"创建查询，查询"读者"表中读者总人数，显示"总人数"字段。并命名为"读者总人数查询"。

详细步骤如下：

微课5-7
汇总查询

① 打开"图书管理系统"数据库，单击"创建"选项卡→"查询"选项组→"查询设计"按钮，打开"设计视图"。

② 设置数据源：在"添加表"窗格中选择查询的数据源"读者"表，并将其拖动到"表/查询输入区"。

③ 设置查询字段信息：在"设计网格"中"字段"行的第一列通过组合框选择"学号"字段。

④ 设置汇总信息：单击"查询设计"选项卡→"显示/隐藏"选项组→"汇总"按钮，在"设计网格"中显示"总计"行，在"学号"字段"总计"行通过组合框选择"计数"（用于统计总人数），并在"字段"行中"学号"前加入"总人数：" ，如图 5-20 所示。

⑤ 按【Ctrl+S】组合键保存查询，在弹出的"另存为"对话框中输入"读者总人数查询"，单击"确定"按钮，保存该查询。

⑥ 单击"运行"按钮（或切换到"数据表视图"），即可查看查询结果。

⑦ 切换到"SQL 视图"，即可查看与之对应的 SQL 查询语句，如图 5-21 所示。SQL 语句为：

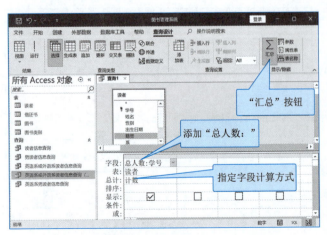

图 5-20 "读者总人数查询"的"设计视图"

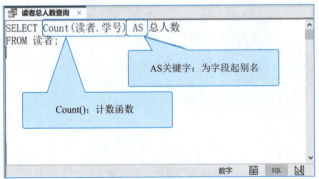

图 5-21 "读者总人数查询"的"SQL 视图"

```
SELECT Count(读者.学号) AS 总人数
FROM 读者；
```

其中，在SQL语句中Count(读者.学号)为计数函数，即对"学号"字段计数，对应查询设计器中"设计网格"区"总计"行设置的"计数"；AS关键字用于给查询结果中的列或表达式指定别名，即将计数结果命名为"总人数"，对应查询设计器中"设计网格"区"字段"行"学号"字段添加的"总人数:"。

#### 2. 分组总计查询

**例 5-8** 通过"设计视图"创建查询，查询"读者"表中各院系人数，显示"系"和"人数"字段，并命名为"各院系读者人数"。

详细步骤如下：

① 打开"图书管理系统"数据库，单击"创建"选项卡→"查询"选项组→"查询设计"按钮，打开"设计视图"。

② 设置数据源：在"添加表"窗格中选择查询的数据源"读者"表，并将其拖动到"表/查询输入区"。

③ 设置查询字段信息：在"设计网格"中"字段"行的第一列、第二列通过组合框选择"系"和"学号"字段（或双击"表/查询输入区"中相应表中的字段）。

④ 设置分组及汇总信息：单击"查询设计"选项卡→"显示/隐藏"选项组→"汇总"按钮，在"设计网格"中显示"总计"行，在"系"字段"总计"行通过组合框选择"Group By"（使用院系分组），在"学号"字段"总计"行通过组合框选择"计数"（通过学号来统计人数），并在"字段"行中"学号"前加入"人数:"，如图5-22所示。

⑤ 按【Ctrl+S】组合键保存查询，在弹出的"另存为"对话框中输入"各院系读者人数"，单击"确定"按钮，保存该查询。

⑥ 单击"运行"按钮（或切换到"数据表视图"），即可查看查询结果。

⑦ 切换到"SQL视图"，即可查看与之对应的SQL查询语句，如图5-23所示。SQL语句为：

```
SELECT 读者.系, Count(读者.学号) AS 人数
FROM 读者
GROUP BY 读者.系；
```

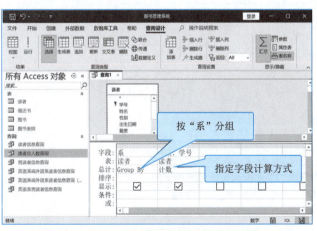
图5-22 "各院系读者人数"的"设计视图"

图5-23 "各院系读者人数"的"SQL视图"

其中，查询设计器与SQL语句关键词对应关系如图5-24所示。Count(读者.学号)为计数函数，即对"学号"字段计数，对应查询设计器中"设计网格"区"总计"行"学号"字段设置的"计数"；AS关键字用于给查询结果中的列或表达式指定别名，即将计数结果命名为"人数"，对应查询设计器中"设计网格"区"字段"行中"学号"字段添加的"人数:"。GROUP BY关键词后为分组字段，即查询设计器中"设计网格"区"总计"行"系"字段设置的"Group By"。

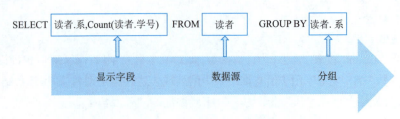

图 5-24　查询设计器与 SQL 语句关键词对应关系

### 5.3.6　连接查询

连接查询是指涉及多个表的查询。常见的连接方式有内部连接（INNER JOIN）、左连接（LEFT JOIN）和右连接（RIGHT JOIN）。内部连接是最常用的连接方式，用于查询表与表（或查询）之间符合连接条件的记录；左连接查询，会返回包括第一张表中的所有记录和第二张表中符合连接条件的记录；右连接查询和左连接查询相反，会返回包括第二张表中的所有记录和第一张表中符合连接条件的记录。下面对内连接和左连接进行介绍。

**1. 内连接**

**例 5-9**　通过"设计视图"创建查询，查询读者借阅信息，显示"学号"、"姓名"和"图书编码"字段。并命名为"读者借阅信息"。

详细步骤如下：

① 打开"图书管理系统"数据库，单击"创建"选项卡→"查询"选项组→"查询设计"按钮，打开"设计视图"。

② 设置数据源：在"添加表"窗格中选择查询的数据源"读者"表和"借还书"表，并将其拖动到"表/查询输入区"。

③ 设置查询字段信息：在"设计网格"中"字段"行的第一列、第二列和第三列通过组合框选择"读者.学号"、"读者.姓名"和"借还书.图书编码"字段（或双击"表/查询输入区"中相应表中的字段）。

④ 设置连接方式：双击"表/查询输入区"中两表之间的连接线，在弹出的"连接属性"对话框中查看"连接字段"，并选中第 1 个单选按钮"只包含两个表中连接字段相等的行"，如图 5-25 所示。

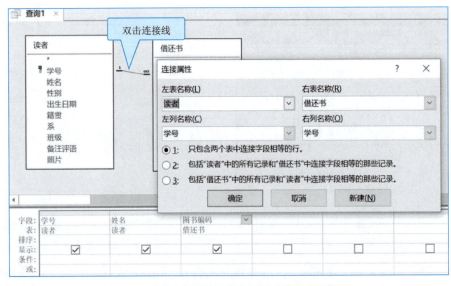

视　频

微课5-9
查询读者借阅信息

图 5-25　"读者借阅信息"的"设计视图"

⑤ 按【Ctrl+S】组合键保存查询，在弹出的"另存为"对话框中输入"读者借阅信息"，单击"确定"按钮，保存该查询。

⑥ 单击"运行"按钮（或切换到"数据表视图"），即可查看查询结果。

⑦ 切换到"SQL 视图"，即可查看与之对应的 SQL 查询语句，如图 5-26 所示。SQL 语句为：

```
SELECT 读者.学号，读者.姓名，借还书.图书编码
FROM 读者 INNER JOIN 借还书 ON 读者.学号 = 借还书.学号;
```

其中，INTER JOIN...ON... 为内部连接关键字，用于连接左右两个表。连接后生成的视图只包含两个表中符合连接条件的行。

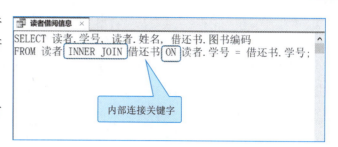

图 5-26 “读者借阅信息”的“SQL 视图”

### 2. 左连接

**例 5-10** 通过“设计视图”创建查询，查询所有读者借阅信息，显示“学号”、“姓名”和“图书编码”字段，并命名为“所有读者借阅信息”。

详细步骤如下：

① 打开“图书管理系统”数据库，单击“创建”选项卡→“查询”选项组→“查询设计”按钮，打开“设计视图”。

② 设置数据源：在“添加表”窗格中选择查询的数据源“读者”表和“借还书”表，并将其拖动到“表 / 查询输入区”。

③ 设置查询字段信息：在“设计网格”中“字段”行的第一列、第二列和第三列通过组合框选择“读者.学号”、“读者.姓名”和“借还书.图书编码”字段（或双击“表 / 查询输入区”中相应表中的字段）。

④ 设置连接方式：双击“表 / 查询输入区”中两表之间的连接线，在弹出的“连接属性”对话框中查看“连接字段”，并选中第 2 个单选按钮“包含‘读者’中的所有记录和‘借还书’中连接字段相等的那些记录”，如图 5-27 所示。

视频

微课5-10 查询所有读者借阅信息

⑤ 按【Ctrl+S】组合键保存查询，在弹出的“另存为”对话框中输入“所有读者借阅信息”，单击“确定”按钮，保存该查询。

⑥ 单击“运行”按钮（或切换到“数据表视图”），即可查看查询结果，如图 5-28 所示。

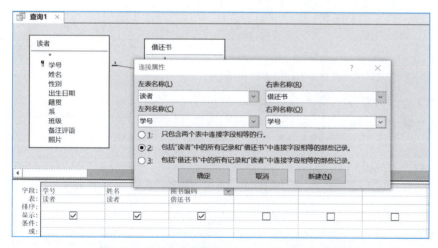

图 5-27 “所有读者借阅信息”的“设计视图”

所有读者借阅信息

| 学号 | 姓名 | 图书编码 |
|---|---|---|
| 202111001 | 方文华 | com01 |
| 202111003 | 李军 | com02 |
| 202111003 | 李军 | law01 |
| 202111003 | 李军 | eng02 |
| 202111010 | 王媛 | com02 |
| 202111014 | 王碧玉 | |
| 202121002 | 李贝 | fre01 |
| 202121003 | 匡明 | com01 |
| 202121003 | 匡明 | com01 |
| 202121004 | 王小彦 | |
| 202121005 | 刘宁宁 | |
| 202121006 | 刘玲 | |
| 202121007 | 高强 | |
| 202121008 | 刘雪竹 | |
| 202121009 | 刘若冰 | |
| 202131002 | 梦瑶 | |
| 202131003 | 叶雷 | fre01 |
| 202131003 | 叶雷 | lit04 |
| 202131003 | 叶雷 | eng01 |
| 202131004 | 王曼 | |
| 202131006 | 高峰 | |
| 202141002 | 张静 | |
| 202141003 | 恬静 | law01 |
| 202141003 | 恬静 | lit03 |
| 202141005 | 张亮 | lit02 |
| 202141005 | 张亮 | eng02 |

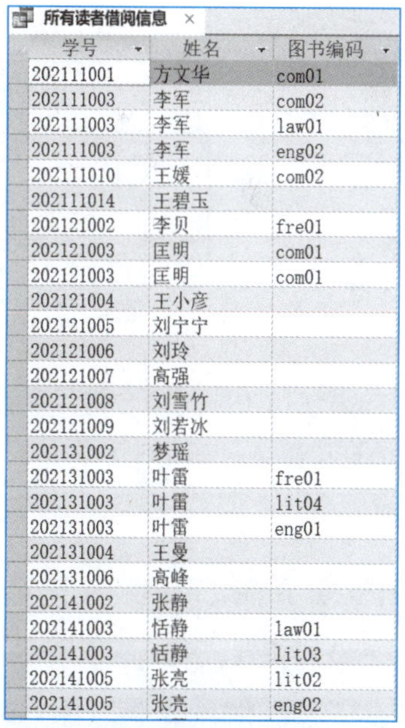

图 5-28 “所有读者借阅信息”查询的“数据表视图”

⑦ 切换到“SQL 视图”，即可查看与之对应的 SQL 查询语句，如图 5-29 所示。SQL 语句为：

```
SELECT 读者.学号 , 读者.姓名 , 借还书.图书编码
FROM 读者 LEFT JOIN 借还书 ON 读者.学号 = 借还书.学号;
```

图 5-29 “所有读者借阅信息”的“SQL 视图”

其中，LEFT JOIN…ON…为左连接关键字，用于连接左右两个表。连接后生成的视图包含“左表”中所有记录和“右表”中符合连接条件的记录。上述 SQL 语句中“左表”为“读者”

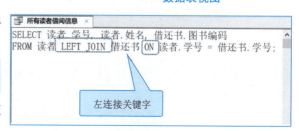

表,"右表"为"借还书"表。从"数据表"视图可以看出,查询结果包含"读者"表中的所有记录和"借还书"表中与"读者"表"学号"字段相同的记录。

**例 5-11** 通过"设计视图"创建查询,查询未借书读者信息,显示"学号"和"姓名"字段,并命名为"未借书读者信息"。即查询例 5-10 查询结果中图书编码为空的读者信息。

详细步骤如下:

① 打开"图书管理系统"数据库,单击"创建"选项卡→"查询"选项组→"查询设计"按钮,打开"设计视图"。

② 设置数据源:在"添加表"窗格中选择查询的数据源"读者"表和"借还书"表,并将其拖动到"表/查询输入区"。

③ 设置查询字段信息:在"设计网格"中"字段"行的第一列、第二列和第三列通过组合框选择"读者.学号"、"读者.姓名"和"借还书.图书编码"字段(或双击"表/查询输入区"中相应表中的字段)。

④ 设置查询条件:在"图书编码"字段的"条件"行输入"Is Null"(判断"图书编码"字段为空),并取消"显示"行的复选框。

⑤ 设置连接方式:双击"表/查询输入区"中两表之间的连接线,在弹出的"连接属性"对话框中查看"连接字段",并选中第 2 个单选按钮"包含'读者'中的所有记录和'借还书'中连接字段相等的那些记录",如图 5-30 所示。

微课5-11 查询未借书读者信息

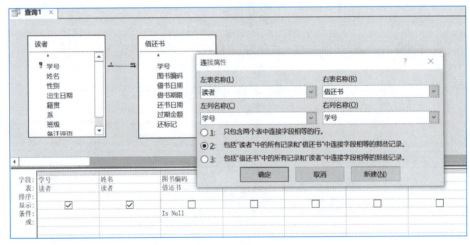

图 5-30 "未借书读者信息"的"设计视图"

⑥ 按【Ctrl+S】组合键保存查询,在弹出的"另存为"对话框中输入"未借书读者信息",单击"确定"按钮,保存该查询。

⑦ 单击"运行"按钮(或切换到"数据表视图"),即可查看查询结果。

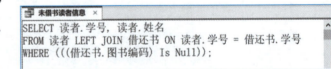

图 5-31 "未借书读者信息"的"SQL 视图"

⑧ 切换到"SQL 视图",即可查看与之对应的 SQL 查询语句,如图 5-31 所示。SQL 语句为:

```
SELECT 读者.学号, 读者.姓名
FROM 读者 LEFT JOIN 借还书 ON 读者.学号 = 借还书.学号
WHERE (((借还书.图书编码) Is Null));
```

## 5.4 参数查询

参数查询可以根据用户实际输入的信息对数据库中的数据进行查询。设置参数查询时,可以在条件行输入提示文本,并用"[ ]"括起来,比如"[请输入学号:]"。运行参数查询时,会弹出"输入参数值"对话框,用户输入信息并单击"确定"按钮后,Access 会根据用户输入的信息对数据进行查询。

## 5.4.1 按"学号"查询读者

创建参数查询,通过"学号"查询"读者"表中该读者"学号"、"姓名"、"性别"和"班级"字段,并命名为"按学号查询读者信息"。

详细步骤如下:

① 打开"图书管理系统"数据库,单击"创建"选项卡→"查询"选项组→"查询设计"按钮,打开"设计视图"。

② 设置数据源:在"添加表"窗格中选择查询的数据源"读者"表,并将其拖动到"表/查询输入区"。

③ 设置查询字段信息:在"设计网格"中"字段"行的第一列、第二列、第三列和第四列中依次通过组合框选择"学号"、"姓名"、"性别"和"班级"字段(或双击"表/查询输入区"中相应表中的字段)。

④ 设置参数查询条件:在"学号"字段"条件"行上输入"[请输入学号:]",如图5-32所示。

⑤ 按【Ctrl+S】组合键保存查询,在弹出的"另存为"对话框中输入"按学号查询读者信息",单击"确定"按钮,保存该查询。

⑥ 单击"运行"按钮(或切换到"数据表视图"),在弹出的"输入参数值"对话框中输入学号,如图5-33所示。单击"确定"按钮,即可查看查询结果,如图5-34所示。

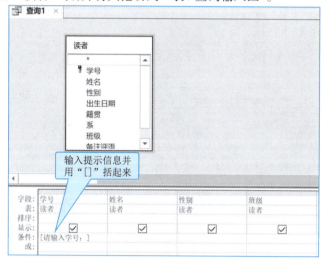

图 5-32 "按学号查询读者信息"的"设计视图"

⑦ 切换到"SQL视图",即可查看与之对应的SQL查询语句,如图5-35所示。SQL语句为:

SELECT 读者.学号,读者.姓名,读者.性别,读者.班级
FROM 读者
WHERE ((( 读者.学号 )=[请输入学号:]));

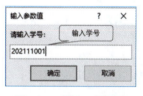

图 5-33 输入"学号"
参数值

图 5-34 "按学号查询读者信息"
查询结果

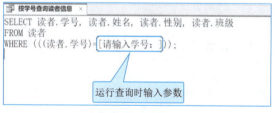

图 5-35 "按学号查询读者信息"
的"SQL视图"

## 5.4.2 按"学号"或"姓名"查询读者

创建参数查询,通过"学号"或"姓名"查询"读者"表中该读者的"学号"、"姓名"、"性别"和"班级"字段,并命名为"按学号或姓名查询读者信息"。

详细步骤如下:

① 打开"图书管理系统"数据库,单击"创建"选项卡→"查询"选项组→"查询设计"按钮,打开"设计视图"。

② 设置数据源:在"添加表"窗格中选择查询的数据源"读者"表,并将其拖动到"表/查询输入区"。

③ 设置查询字段信息:在"设计网格"中"字段"行的第一列、第二列、第三列和第四列中依次通过组合框选择"学号"、"姓名"、"性别"和"班级"字段(或双击"表/查询输入区"中相应表中的字段)。

④ 设置参数查询条件:在"学号"字段"条件"行上输入"[请输入学号:]",在"姓名"字段"或"行上输入"[请输入姓名:]",如图5-36所示。

⑤ 按【Ctrl+S】组合键保存查询，在弹出的"另存为"对话框中输入"按学号或姓名查询读者信息"，单击"确定"按钮，保存该查询。

⑥ 单击"运行"按钮（或切换到"数据表视图"），在弹出的"输入参数值"对话框中分别输入学号和姓名，如图 5-37 和图 5-38 所示。单击"确定"按钮，即可查看查询结果。由于两个条件是逻辑"或"关系，因此会查询出学号等于"202111001"或姓名等于"李军"的记录，如图 5-39 所示。

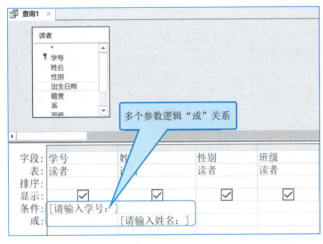

图 5-36 "按学号或姓名查询读者信息"的"设计视图"　　图 5-37 输入"学号"参数值　图 5-38 输入"姓名"参数值

⑦ 切换到"SQL 视图"，即可查看与之对应的 SQL 查询语句，如图 5-40 所示。SQL 语句为：

```
SELECT 读者.学号，读者.姓名，读者.性别，读者.班级
FROM 读者
WHERE (((读者.学号)=[请输入学号：])) OR (((读者.姓名)=[请输入姓名：]));
```

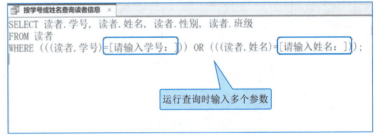

图 5-39 "按学号或姓名查询读者信息"查询结果　　图 5-40 "按学号或姓名查询读者信息"的"SQL 视图"

### 5.4.3 按"图书名称"和"出版社"模糊查询图书

创建参数查询，通过"图书名称"和"出版社"查询"图书"表中图书信息，并实现模糊查询，显示"图书编码"、"图书名称"、"作者"、"出版社"和"价格"字段，并命名为"按图书名称和出版社查询图书信息"。

微课5-14 按"图书名称"和"出版社"模糊查询图书信息

#### 1. 模糊查询表达式分析

在 Access 中，可以使用通配符来进行模糊查询。常用的通配符包括星号（*）和问号（?）。星号（*）表示任意数量的字符，包括零个字符。例如，使用 "*an" 可以匹配以 "an" 结尾的任何字符串，如 "Dan""Jan""Stan" 等。问号（?）表示一个单一的字符。例如，使用 "?an" 可以匹配以 "an" 结尾的任何三个字符的字符串，如 "ban""can""dan" 等。

在 Access 中，可以在查询设计视图中使用通配符进行模糊查询。例如，要查找所有包含"Python"的图书信息，可以在查询设计视图中将"图书名称"字段的"条件"行设置为"Like "*Python*""。

在本节中，要求按照用户输入的"图书名称"和"出版社"信息模糊查找图书信息。因此，在设计视图中，"图书名称"字段的查询条件为"Like "*" & [请输入图书名称:] & "*""；"出版社"字段的查询条件为"Like "*" & [请输入出版社名称:] & "*""，其中 & 符号为连接符，用来连接前后两个字符串。由于需要按照"图书名称"

和"出版社"信息共同查询图书信息,两个查询条件的关系为逻辑"与"关系,因此在设计视图中需要将这两个条件输入到同一行中。

2. 详细步骤

① 打开"图书管理系统"数据库,单击"创建"选项卡→"查询"选项组→"查询设计"按钮,打开"设计视图"。

② 设置数据源:在"添加表"窗格中选择查询的数据源"图书"表,并将其拖动到"表/查询输入区"。

③ 设置查询条件信息:在"设计网格"中"字段"行的第一列至第五列中依次通过组合框选择"图书编码"、"图书名称"、"作者"、"出版社"和"价格"字段(或双击"表/查询输入区"中相应表中的字段)。

④ 设置查询条件:在"图书名称"字段"条件"行上输入"Like "*" & [请输入图书名称:] & "*"",在"出版社"字段"条件"行上输入"Like "*" & [请输入出版社名称:] & "*"",如图 5-41 所示。

⑤ 按【Ctrl+S】组合键保存查询,在弹出的"另存为"对话框中输入"按图书名称和出版社查询图书信息",单击"确定"按钮,保存该查询。

⑥ 单击"运行"按钮(或切换到"数据表视图"),输入参数,即可查看查询结果。在弹出的"输入参数值"对话框中分别输入图书名称和出版社名称,如图 5-42 和图 5-43 所示。单击"确定"按钮,即可查看查询结果,如图 5-44 所示。

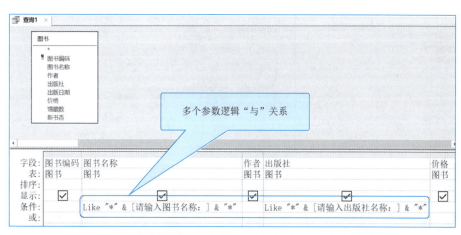

图 5-41 "按图书名称和出版社查询图书信息"的"设计视图"

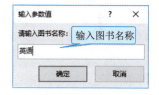

图 5-42 输入"图书名称"参数值

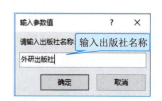

图 5-43 输入"出版社"参数值

图 5-44 "按图书名称和出版社查询图书信息"查询结果

⑦ 切换到"SQL 视图",即可查看与之对应的 SQL 查询语句,如图 5-45 所示。SQL 语句为:

```
SELECT 图书.图书编码, 图书.图书名称, 图书.作者, 图书.出版社, 图书.价格
FROM 图书
WHERE (((图书.图书名称) Like "*" & [请输入图书名称:] & "*") AND ((图书.出版社) Like "*" & [请输入出版社名称:] & "*"));
```

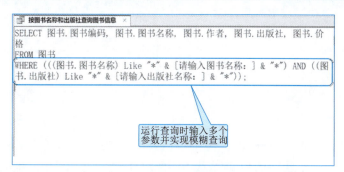

图 5-45 "按图书名称和出版社查询图书信息"的"设计视图"

## 5.5 交叉表查询

### 5.5.1 使用"交叉表查询向导"创建查询

**例 5-12** 使用"交叉表查询向导"创建查询，统计"读者"表中各班男女生人数，并命名为"各班男女生人数统计"。

详细步骤如下：

① 打开"图书管理系统"数据库，单击"创建"选项卡→"查询"选项组→"查询向导"按钮，在弹出的"新建查询"对话框中选择"交叉表查询向导"，如图 5-46 所示，单击"确定"按钮。

② 在弹出的"交叉表查询向导"对话框一中选择"读者"表（设置数据源），如图 5-47 所示，单击"下一步"按钮。

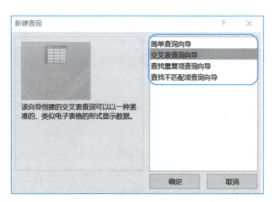

图 5-46 "新建查询"对话框

图 5-47 "交叉表查询向导"对话框一

③ 在弹出的"交叉表查询向导"对话框二中，选中"可用字段"列表框中的"班级"，单击">"按钮添加到"选定字段"中，如图 5-48 所示，将"班级"字段设置为"行标题"。单击"下一步"按钮。

④ 在弹出的"交叉表查询向导"对话框三中，选中"性别"字段，如图 5-49 所示，将"性别"字段设置为"列标题"。单击"下一步"按钮。

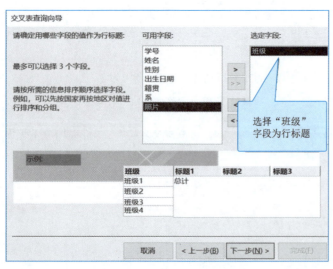

图 5-48 "交叉表查询向导"对话框二

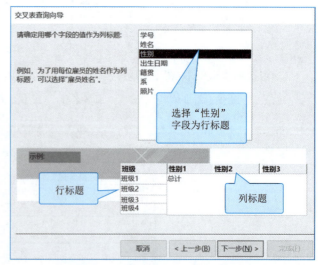

图 5-49 "交叉表查询向导"对话框三

⑤ 在弹出的"交叉表查询向导"对话框四中，选中"字段"列表框中的"学号"字段和"函数"列表框中的"计数"项，如图 5-50 所示，通过"学号"统计不同班级不同性别的人数。单击"下一步"按钮。

⑥ 在弹出的"交叉表查询向导"对话框五中，输入查询名称"各班男女生人数统计"，如图 5-51 所示。

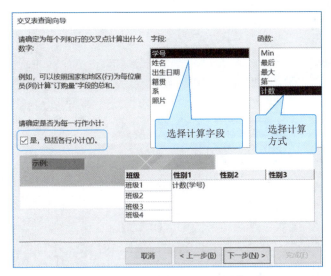

图 5-50 "交叉表查询向导"对话框四

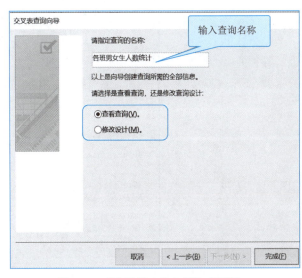

图 5-51 "交叉表查询向导"对话框五

⑦ 单击"完成"按钮，即可完成查询创建，并显示查询结果，如图 5-52 所示。

图 5-52 "各班男女生统计"查询结果

## 5.5.2 使用"设计视图"创建交叉表查询

**例 5-13** 使用"设计视图"创建交叉表查询，统计"读者"表中各院系男女生人数，并命名为"各院系男女生人数统计"。

微课5-16
使用"设计视图"创建交叉表查询

详细步骤如下：

① 打开"图书管理系统"数据库，单击"创建"选项卡→"查询"选项组→"查询设计"按钮，打开"设计视图"。

② 设置数据源：在"添加表"窗格中选择查询的数据源"读者"表，并将其拖动到"表/查询输入区"。

③ 设置查询字段信息：在"设计网格"中"字段"行的第一列、第二列和第三列中依次通过组合框选择"系"、"性别"和"学号"字段（或双击"表/查询输入区"中相应表中的字段）。

④ 设置查询种类：单击"查询设计"选项卡→"查询类型"选项组→"交叉表"按钮，在"设计网格"中显示出"总计"行和"交叉表"行，如图 5-53 所示。

⑤ 设置行标题、列标题以及交叉点的值：修改"系"字段的"总计"行组合框中的值为"Group By"，"交叉表"行组合框中的值为"行标题"；修改"性别"字段的"总计"行组合框中的值为"Group By"，"交叉表"行组合框中的值为"列标题"；修改"学号"字段的"总计"行组合框中的值为"计数"，"交叉表"行组合框中的值为"值"，如图 5-54 所示。

⑥ 按【Ctrl+S】组合键保存查询，在弹出的"另存为"对话框中输入"各院系男女生人数统计"，单击"确定"按钮，保存该查询。

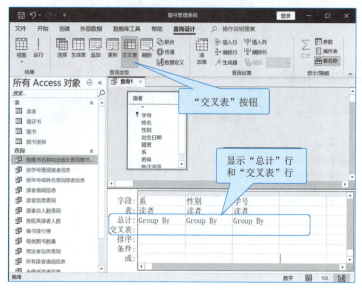

图 5-53 显示"总计"行和"交叉表"行

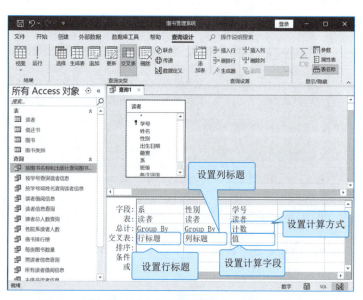

图 5-54 "各院系男女生人数统计"查询的"设计视图"

⑦ 单击"运行"按钮(或切换到"数据表视图"),即可查看查询结果,如图 5-55 所示。
⑧ 切换到"SQL 视图",即可查看与之对应的 SQL 查询语句,如图 5-56 所示。SQL 语句为:

```
TRANSFORM Count(读者.学号) AS 学号之计数
SELECT 读者.系
FROM 读者
GROUP BY 读者.系
PIVOT 读者.性别;
```

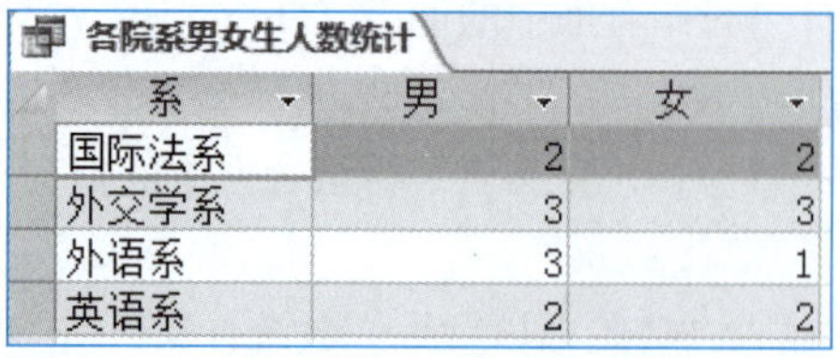

| 系 | 男 | 女 |
|---|---|---|
| 国际法系 | 2 | 2 |
| 外交学系 | 3 | 3 |
| 外语系 | 3 | 1 |
| 英语系 | 2 | 2 |

图 5-55 "各院系男女生人数统计"查询结果

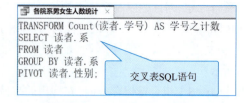

图 5-56 "各院系男女生人数统计"查询的"SQL 视图"

在 SQL 语句中,TRANSFORM 关键词后为每个行与列交叉点统计函数及字段,"Count(读者.学号)"为对"学号"进行计数,对应查询设计器中"设计网格"区"学号"字段"总计"行设置的"计数"和"交叉表"行设置的"值"。

PIVOT 关键词后为列标题，对应查询设计器中"设计网格"区"性别"字段"交叉表"行设置的"列标题"。

## 5.6 操作类查询

### 5.6.1 生成表查询

在 Access 中，通过生成表查询可以从一个或多个表中查询数据并将其写入一个新创建的表中。

**例 5-14** 创建生成表查询，查询"未还书"读者信息及借阅图书信息，包含"学号"、"姓名"、"图书编号"、"图书名称"、"借书日期"、"借书期限"和"还标记"七个字段，将查询命名为"未还书读者借阅信息查询"，并运行该查询查看结果。

微课5-17
生成表查询

详细步骤如下：

① 打开"图书管理系统"数据库，单击"创建"选项卡→"查询"选项组→"查询设计"按钮，打开"设计视图"。

② 设置数据源：在"添加表"窗格中选择查询的数据源"读者"、"借还书"和"图书"表，将其拖动到"表/查询输入区"。

③ 设置查询字段信息：在"设计网格"中"字段"行的第一列至第七列中依次通过组合框选择"读者.学号"、"读者.姓名"、"图书.图书编号"、"图书.图书名称"、"借还书.借书日期"、"借还书.借书期限"和"借还书.还标记"字段（或双击"表/查询输入区"中相应表中的字段）。

④ 设置查询条件：在"还标记"字段的"条件行"上输入条件"No"，如图 5-57 所示。

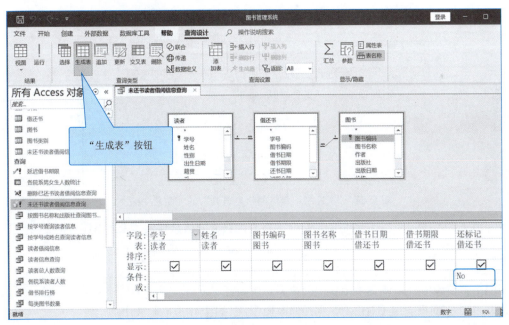

图 5-57 "未还书读者借阅信息查询"的"设计视图"

⑤ 设置查询种类：单击"查询设计"选项卡→"查询"选项组→"生成表"按钮，在弹出的"生成表"对话框中输入表名称"未还书读者借阅信息"，如图 5-58 所示。

⑥ 单击"确定"按钮，关闭"生成表"对话框。

⑦ 按【Ctrl+S】组合键保存查询，在弹出的"另存为"对话框中输入"未还书读者借阅信息查询"，单击"确定"按钮，保存该查询。

⑧ 单击"运行"按钮，运行该查询，在弹出的对话框中单击"是"按钮，如图 5-59 所示，即可创建新表，如图 5-60 所示，并将查询的信息添加到"未还书读者借阅信息"表中，如图 5-61 所示。

图 5-58 "生成表"对话框

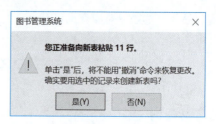

图 5-59 运行生成表查询确认对话框

图 5-60 创建"未还书读者借阅信息"表

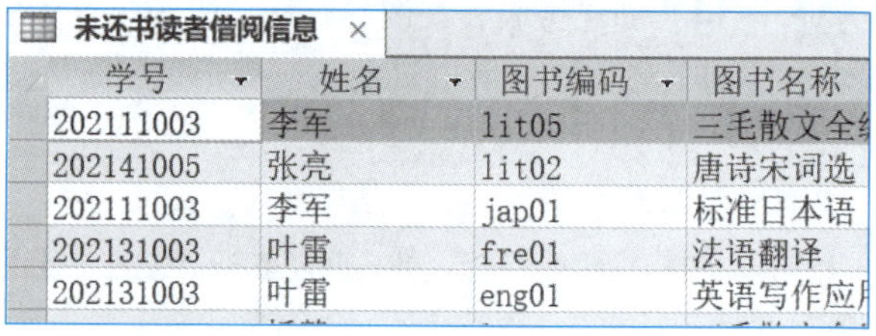

图 5-61 "未还书读者借阅信息"表中数据

⑨ 切换到"未还书读者借阅信息"查询的"SQL 视图",即可查看与之对应的 SQL 查询语句,如图 5-62 所示。SQL 语句为:

```
SELECT 读者.学号, 读者.姓名, 图书.图书编码, 图书.图书名称, 借还书.借书日期, 借还书.借书期限, 借还书.还标记 INTO 未还书读者借阅信息
FROM 图书 INNER JOIN (读者 INNER JOIN 借还书 ON 读者.学号 = 借还书.学号) ON 图书.图书编码 = 借还书.图书编码
WHERE (((借还书.还标记)=No));
```

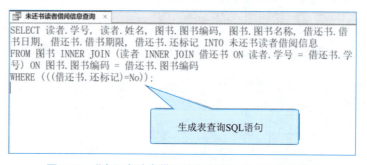

图 5-62 "未还书读者借阅信息查询"的"SQL 视图"

在 SQL 语句中,"INTO 未还书读者借阅信息"为将查询获取的信息写入"未还书读者借阅信息"表中。

## 5.6.2 更新查询

更新查询用于修改表中一条或多条记录中的数据。比如将"读者"表中的"外交学系"批量修改为"外交学与外事管理系"。更新查询只能用于对已有数据的修改操作,不能新增或删除表中的记录。

**例 5-15** 创建更新查询,统一将"未还书读者借阅信息"表中的"借书期限"延长 5 天,将查询命名为"延长借书期限",并运行该查询查看结果。

详细步骤如下:

① 打开"图书管理系统"数据库,单击"创建"选项卡→"查询"选项组→"查询设计"按钮,打开"设计视图"。

② 设置数据源:在"添加表"窗格中选择查询的数据源"未还书读者借阅信息"表,将其拖动到"表/查询输入区"。

③ 设置查询字段信息:在"设计网格"中"字段"行的第一列通过组合框选择"借书期限"字段。

④ 设置查询种类:单击"查询设计"选项卡→"查询"选项组→"更新"按钮,在"设计网格"中"借书期限"字段的"更新为"行输入"[借书期限]+5",如图 5-63 所示。其中"[借书期限]"为获取"借书期限"字段中的值。

⑤ 按【Ctrl+S】组合键保存查询,在弹出的"另存为"对话框中输入"延长借书期限",单击"确定"按钮,

保存该查询。

⑥ 单击"运行"按钮,运行该查询,在弹出的对话框中单击"是"按钮,即可批量更新表中的数据,可以打开"未还书读者借阅信息"表,查看更新查询是否正常运行。

⑦ 切换到"未还书读者借阅信息"查询的"SQL 视图",即可查看与之对应的 SQL 查询语句。如图 5-64 所示,SQL 语句使用了 UPDATE 命令动词。

```
UPDATE 未还书读者借阅信息 SET 未还书读者借阅信息.借书期限 = [借书期限]+5；
```

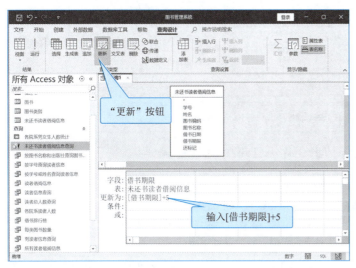

图 5-63 "延长借书期限"查询的"设计视图"　　　图 5-64 "延长借书期限"查询的"SQL 视图"

在 SQL 语句中,UPDATE…SET… 为更新关键词：UPDATE 后为数据源,即指定更新哪一张表,对应查询设计器中"表/查询输入"区中选择的表；SET 后为更新内容,对应查询设计器中"设计网格"区"字段"行和"更新为"行设置的内容。

### 5.6.3　追加查询

追加查询用于将查询出的数据添加到现有的表中,可以向现有的表中添加同一数据库或外部数据库中的数据。

**例 5-16**　创建追加查询,查询"已还书"读者信息及借阅图书信息,包含"学号"、"姓名"、"图书编码"、"图书名称"、"借书日期"、"借书期限"和"还标记"七个字段,追加到"未还书读者借阅信息"表中,将查询命名为"追加已还书读者借阅信息查询",并运行该查询查看结果。

详细步骤如下：

① 打开"图书管理系统"数据库,单击"创建"选项卡→"查询"选项组→"查询设计"按钮,打开"设计视图"。

② 设置数据源：在"添加表"窗格中选择查询的数据源"读者"、"借还书"和"图书"表,将其拖动到"表/查询输入区"。

③ 设置查询字段信息：在"设计网格"中"字段"行的第一列至第七列中依次通过组合框选择"读者.学号"、"读者.姓名"、"图书.图书编码"、"图书.图书名称"、"借还书.借书日期"、"借还书.借书期限"和"借还书.还标记"字段（或双击"表/查询输入区"中相应表中的字段）。

④ 设置查询条件：在"还标记"字段的"条件行"上输入条件"Yes"。

⑤ 设置查询种类：单击"查询设计"选项卡→"查询"选项组→"追加"按钮,在弹出的"追加"对话框"表名称"组合框中下拉选择"未还书读者借阅信息",如图 5-65 所示。

⑥ 单击"确定"按钮,关闭"追加"对话框,"追加已还书

图 5-65 "追加"对话框

读者借阅信息查询"的"设计视图"如图 5-66 所示。

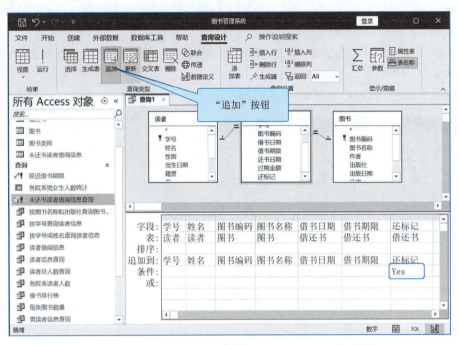

图 5-66 "追加已还书读者借阅信息查询"的"设计视图"

⑦ 按【Ctrl+S】组合键保存查询,在弹出的"另存为"对话框中输入"追加已还书读者借阅信息查询",单击"确定"按钮,保存该查询。

⑧ 单击"运行"按钮,运行该查询,在弹出的对话框中单击"是"按钮,即可向目标表中追加查询出的信息,可以打开"未还书读者借阅信息"表,查看追加查询是否正常运行。

⑨ 切换到"未还书读者借阅信息"查询的"SQL 视图",即可查看与之对应的 SQL 查询语句,如图 5-67 所示。SQL 语句使用了 INSERT INTO 命令动词:

```
INSERT INTO 未还书读者借阅信息（学号，姓名，图书编码，图书名称，借书日期，借书期限，还标记）
SELECT 读者.学号，读者.姓名，图书.图书编码，图书.图书名称，借还书.借书日期，借还书.借书期限，借还书.还标记
FROM 图书 INNER JOIN (读者 INNER JOIN 借还书 ON 读者.学号 = 借还书.学号) ON 图书.图书编码 = 借还书.图书编码
WHERE (((借还书.还标记)=Yes));
```

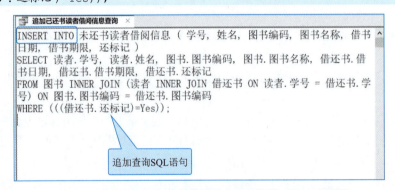

图 5-67 "追加已还书读者借阅信息查询"的"SQL 视图"

在 SQL 语句中,INSERT INTO… 为追加查询的关键词,即将查询获取的数据以追加的方式写入"未还书读者借阅信息"表中。

### 5.6.4 删除查询

删除查询用于删除表中一条或多条记录。该操作执行后无法撤销。执行该操作之前要先对所涉及的表进行备份。

**例 5-17** 创建删除查询，删除"未还书读者借阅信息"表中"已还书"的读者借阅信息，将查询命名为"删除已还书读者借阅信息查询"，并运行该查询查看结果。

详细步骤如下：

① 打开"图书管理系统"数据库，单击"创建"选项卡→"查询"选项组→"查询设计"按钮，打开"设计视图"。

② 设置数据源：在"添加表"窗格中选择查询的数据源"未还书读者借阅信息"表，将其拖动到"表/查询输入区"。

③ 设置查询字段信息：在"设计网格"中"字段"行的第一列通过组合框选择"还标记"字段。

④ 设置查询条件：在"设计网格"中"还标记"字段的"条件"行输入"Yes"。

⑤ 设置查询种类：单击"查询设计"选项卡→"查询"选项组→"删除"按钮，如图 5-68 所示。

⑥ 按【Ctrl+S】组合键保存查询，在弹出的"另存为"对话框中输入"删除已还书读者借阅信息查询"，单击"确定"按钮，保存该查询。

⑦ 单击"运行"按钮，运行该查询，在弹出的对话框中单击"是"按钮，即可批量删除表中的数据。可以打开"未还书读者借阅信息"表，查看删除查询是否正常运行。

⑧ 切换到"删除已还书读者借阅信息查询"查询的"SQL 视图"，即可查看与之对应的 SQL 查询语句，如图 5-69 所示。SQL 语句为使用了 DELETE 命令动词：

```
DELETE 未还书读者借阅信息.还标记
FROM 未还书读者借阅信息
WHERE (((未还书读者借阅信息.还标记)=Yes));
```

图 5-68 "删除已还书读者借阅信息查询"的"设计视图"

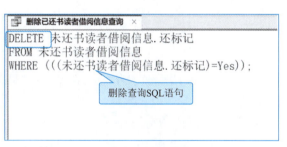
图 5-69 "删除已还书读者借阅信息查询"的"SQL 视图"

在 SQL 语句中，DELETE 为删除查询关键词，删除查询会删除数据源中所有满足条件的记录。即上述 SQL 语句会删除"未还书读者借阅信息"表中"还标记"字段值为"Yes"的记录。

## 5.7 SQL 特定查询

在 Access 中，SQL 特定查询是指无法通过"查询向导"或"设计视图"创建的查询，包括数据定义查询、子查询、联合查询和传递查询，这四类查询只能通过 SQL 查询来创建。其中数据定义查询相关内容请参见第 2.3.3 节，这里不再讲述。

### 5.7.1 子查询

在 Access 中，可以通过在设计视图中查询的字段行或某个字段的条件行插入 SELECT 语句来构建子查询，可以利用子查询的结果进行进一步查询。

**例 5-18** 查找图书表中馆藏数低于平均值的图书信息,显示"图书编码"、"图书名称"、"出版社"、"出版日期"和"馆藏数"字段信息,并命名为"小于平均馆藏数查询"。

详细步骤如下:

① 打开"图书管理系统"数据库,单击"创建"选项卡→"查询"选项组→"查询设计"按钮,打开"设计视图"。

② 设置数据源:在"添加表"窗格中选择查询的数据源"图书"表,并将其拖动到"表/查询输入区"。

③ 设置查询字段信息:在"设计网格"中"字段"行的第一列至第五列中依次通过组合框选择"图书编码"、"图书名称"、"出版社"、"出版日期"和"馆藏数"字段(或双击"表/查询输入区"中相应表中的字段)。

④ 通过子查询设置查询条件:在"馆藏数"字段"条件"行上输入"<(SELECT AVG(馆藏数) FROM 图书)",如图 5-70 所示。

● 视频
微课5-21
子查询

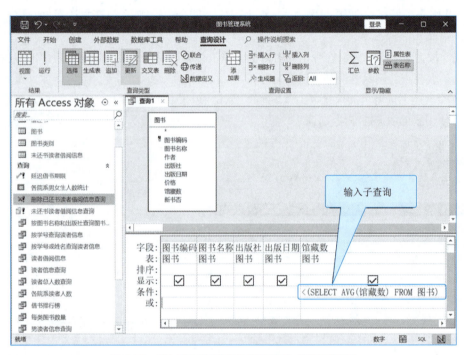

图 5-70 "小于平均馆藏数查询"的"设计视图"

⑤ 按【Ctrl+S】组合键保存查询,在弹出的"另存为"对话框中输入"小于平均馆藏数查询",单击"确定"按钮,保存该查询。

⑥ 单击"运行"按钮,即可查看查询结果。

⑦ 切换到"SQL 视图",即可查看与之对应的 SQL 查询语句,如图 5-71 所示。SQL 语句为:

```
SELECT 图书.图书编码, 图书.图书名称, 图书.出版社, 图书.出版日期, 图书.馆藏数
FROM 图书
WHERE (((图书.馆藏数)<(SELECT AVG(馆藏数) FROM 图书)));
```

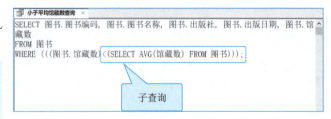

图 5-71 "小于平均馆藏数查询"的"SQL 视图"

### 5.7.2 联合查询

联合查询是将两个或多个查询结果组合成一个新的集合,但前提是每个查询的字段名称、类型及字段显示顺序必须保持一致。在 Access 中,多个 SQL 查询语句通过 UNION 关键词连接。

**例 5-19** 复制"读者"表,生成"读者1"表,创建联合查询,查询"读者"表中"英语系"和"读者1"表中"外语系"的学生信息,包含"学号"、"姓名"、"性别"和"系",并命名为"联合查询"。

详细步骤如下:

① 打开"图书管理系统"数据库,单击"创建"选项卡→"查询"选项组→"查询设计"按钮,打开"设计视图"。

② 单击"查询设计"选项卡→"查询类型"选项组→"联合"按钮,系统会自动关闭"设计视图",并打开"SQL 视图"。

③ 在"SQL 视图"中输入如下所示 SQL 语句,如图 5-72 所示。

```
SELECT 读者.学号,读者.姓名,读者.性别,读者.系
FROM 读者
WHERE 读者.系=" 英语系 "
UNION
SELECT 读者1.学号,读者1.姓名,读者1.性别,读者1.系
FROM 读者1
WHERE 读者1.系=" 外语系 "
```

其中,UNION 为联合查询关键词,用于联合上下两个 SQL 语句。

④ 按【Ctrl+S】组合键保存查询,在弹出的"另存为"对话框中输入"联合查询",单击"确定"按钮,保存该查询。

⑤ 切换到"数据表视图",即可查看查询结果,如图 5-73 所示。

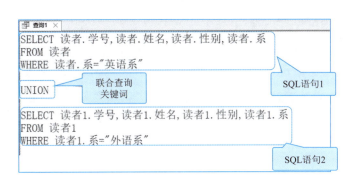

图 5-72 联合查询的"SQL 视图"　　　　图 5-73 联合查询的"数据表视图"

其中,在"数据表视图"中,院系为"英语系"的读者信息为 SQL 语句 1 查询获取的内容,院系为"外语系"的读者信息为 SQL 语句 2 查询获取的内容,联合查询是将这两部分数据结合在一起。

### 5.7.3　传递查询

传递查询是一种直接将 SQL 语句发送到数据源(如关系型数据库或其他外部数据源)以获得结果的查询。使用传递查询可以不需要将服务器中的表链接到本地的 Access 数据库中,而是可以直接操作和使用服务器中的表,通常用于 Access 作为客户端工具或前端,而 SQL 数据库服务器作为系统后端的情况。传递查询可以利用特定服务器所需的语法来发送命令,完成检索记录、更改数据、运行服务器端存储的程序或触发器等操作。

传递查询的优势在于实际的分析和处理是在后端服务器上完成,而不是在 Access 中完成,因此比那些从链接表提取数据的查询更高效,特别是在链接表非常大时,速度差距非常大。

传递查询由两部分组成,分别为以 SQL 语句编写的命令字符串和 ODBC(open database connectivity)连接字符串。其中,命令字符串包含一个或多个事务 SQL 语句;ODBC 连接字符串用来标识命令字符串要发送的数据源以及指定 SQL 数据库的用户登录信息。

所以,在 Access 中,传递查询用于向 SQL 数据库传递一组执行的 SQL 命令,专门用于远程数据处理。

## 5.8　利用查询统计分析数据

### 5.8.1　查询年龄小于 19 岁的读者

通过"设计视图"创建"年龄小于 19 岁读者"查询,显示"学号"、"姓名"、"出生日期"和"年龄"字段,并命名为"年龄小于 19 岁读者"。在本节中会用到系统提供的 Year() 和 Date() 函数,分别为获取年份和获取当前

日期函数。其中年龄的计算方式为：当前年份 – 出生年份。

详细步骤如下：

① 打开"图书管理系统"数据库，单击"创建"选项卡→"查询"选项组→"查询设计"按钮，打开"设计视图"。

② 设置数据源：在"添加表"窗格中选择查询的数据源"读者"表，并将其拖动到"表/查询输入区"。

③ 设置查询字段信息：在"设计网格"中"字段"行的第一列至第三列通过组合框选择"学号"、"姓名"和"出生日期"字段（或双击"表/查询输入区"中相应表中的字段）。

④ 添加"年龄"字段：在第四列"字段"行右击，在弹出的快捷菜单中选择生成器，打开"表达式生成器"对话框。在"表达式生成器"中，可以通过双击"函数"→"内置函数"→"日期/时间"，获取 Year() 和 Date() 函数；可以通过双击"图书管理系统.accdb"→"表"→"读者"，获取"读者"表中读者的"出生日期"。因此，在"表达式生成器"中，通过选择的方式输入"Year( Date() ) – Year( [ 读者 ]![ 出生日期 ] )"，获取年龄。单击"确定"按钮关闭"表达式生成器"对话框，同时将"表达式 1"修改为"年龄"。

⑤ 设置查询条件：在"年龄"字段"条件"行中输入"<19"，如图 5-74 所示。

⑥ 按【Ctrl+S】组合键保存查询，在弹出的"另存为"对话框中输入"年龄小于 19 岁读者"，单击"确定"按钮，保存该查询。

⑦ 单击"运行"按钮（或切换到"数据表视图"），即可查看查询结果。

⑧ 切换到"SQL 视图"，即可查看与之对应的 SQL 查询语句，如图 5-75 所示。SQL 语句为：

```
SELECT 读者.学号，读者.姓名，读者.出生日期, Year(Date())-Year([读者]![出生日期]) AS 年龄
FROM 读者
WHERE (((Year(Date())-Year([读者]![出生日期]))<19));
```

图 5-74 "年龄小于 19 岁读者"的"设计视图"

图 5-75 "年龄小于 19 岁读者"的"SQL 视图"

### 5.8.2 计算过期图书的罚款金额

通过"设计视图"创建"计算过期图书的罚款金额"查询，查询未还且借书时间已超过借书期限的图书罚款金额，显示"学号"、"姓名"、"图书编码"、"借书日期"、"还书日期"、"还标记"、"过期时间"和"罚款金额"字段，并命名为"计算过期图书的罚款金额"。

其中，过期时间的计算方式为：当前系统日期 – 借书日期 – 借书期限；罚款金额的计算方式为：过期时间 × 每天过期金额，设定每天过期金额为 0.5 元。

详细步骤如下：

① 打开"图书管理系统"数据库，单击"创建"选项卡→"查询"选项组→"查询设计"按钮，打开"设计视图"。

② 设置数据源：在"添加表"窗格中选择查询的数据源"读者"表和"借还书"表，并将其拖动到"表/查询输入区"。

③ 设置查询字段信息：在"设计网格"中"字段"行的第一列至第六列通过组合框选择"学号"、"姓名"、"图书编码"、"借书日期"、"还书日期"和"还标记"字段（或双击"表/查询输入区"中相应表中的字段）。

④ 添加"过期时间"字段：在第七列"字段"行右击，在弹出的快捷菜单中选择生成器，打开"表达式生成

器"对话框。在"表达式生成器"中,可以通过双击"函数"→"内置函数"→"日期/时间",获取 Date() 函数,为获取日期函数;可以通过双击"图书管理系统 .accdb"→"表"→"借还书",获取"借还书"表中的"借书日期"和"借书期限"信息。因此,在"表达式生成器"中,通过选择的方式输入"Date()-[借还书]![借书日期]-[借还书]![借书期限]",即可计算过期时间,单击"确定"按钮关闭"表达式生成器"对话框。同时将字段中"表达式1"修改为"过期时间",将该字段重命名为"过期时间"。

⑤ 添加"罚款金额"字段:使用步骤④中相同的方式,在"表达式生成器"中输入"(Date()-[借还书]![借书日期]-[借还书]![借书期限])*0.5",单击"确定"按钮关闭"表达式生成器"对话框。同时将"表达式1"修改为"罚款金额"。

⑥ 设置查询条件:在"还标记"字段"条件"行输入条件"No",用于筛选未还借阅信息;在"过期时间"字段"条件"行中输入">0",用于筛选已过期借阅信息,如图 5-76 所示。

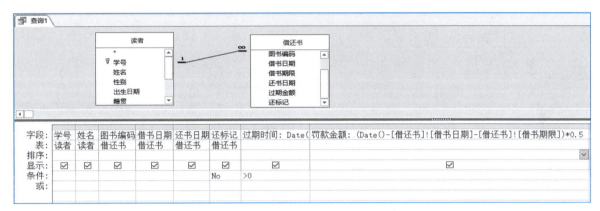

图 5-76 "计算过期图书的罚款金额"的"设计视图"

⑦ 按【Ctrl+S】组合键保存查询,在弹出的"另存为"对话框中输入"计算过期图书的罚款金额",单击"确定"按钮,保存该查询。

⑧ 单击"运行"按钮(或切换到"数据表视图"),即可查看查询结果。

⑨ 切换到"SQL 视图",即可查看与之对应的 SQL 查询语句,如图 5-77 所示。SQL 语句为:

```
SELECT 读者.学号, 读者.姓名, 读者.班级, 借还书.图书编码, 借还书.借书日期, 借还书.借书期限, 借还书.还书日期, 借还书.还标记, Date()-[借还书]![借书日期]-[借还书]![借书期限] AS 过期时间, (Date()-[借还书]![借书日期]-[借还书]![借书期限])*0.5 AS 罚款金额
FROM 读者 INNER JOIN 借还书 ON 读者.学号 = 借还书.学号
WHERE (((借还书.还标记)=No) AND ((Date()-[借还书]![借书日期]-[借还书]![借书期限])>0));
```

图 5-77 "计算过期图书的罚款金额"的"SQL 视图"

### 5.8.3 图书借阅排行榜

通过"设计视图"创建"图书借阅排行榜"查询,显示"学号"、"姓名"、"系"、"班级"和"借书册数"字段,按"借书册数"降序排序。并命名为"图书借阅排行榜"。

详细步骤如下:

① 打开"图书管理系统"数据库,单击"创建"选项卡→"查询"选项组→"查询设计"按钮,打开"设计视图"。

② 设置数据源:在"添加表"窗格中选择查询的数据源"读者"和"借还书"表,并将其拖动到"表/查询输入区"。

视 频

微课5-24
图书借阅排行榜

③ 设置查询字段信息：在"设计网格"中"字段"行的第一列至第五列通过组合框选择"读者.学号"、"读者.姓名"、"读者.系"、"读者.班级"和"借还书.图书编码"字段（或双击"表/查询输入区"中相应表中的字段）。

④ 设置分组及汇总信息：单击"查询设计"选项卡→"显示/隐藏"选项组→"汇总"按钮，在"设计网格"中显示"总计"行。在第一列的"学号"字段"总计"行通过组合框选择"Group By"（通过"学号"分组）；在第五列的"图书编码"字段"总计"行通过组合框选择"计数"（通过"图书编码"统计借书册数），在"排序"行选择"降序"，并在第五列"图书编码"字段行中"图书编码"前加入"借书册数：",将该字段重命名为"借书册数"，如图5-78所示。

⑤ 按【Ctrl+S】组合键保存查询，在弹出的"另存为"对话框中输入"图书借阅排行榜"，单击"确定"按钮，保存该查询。

⑥ 单击"运行"按钮（或切换到"数据表视图"），即可查看查询结果，如图5-79所示。

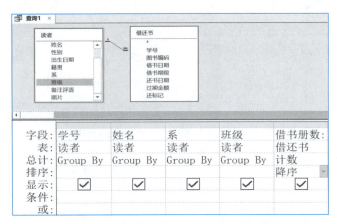

图 5-78 "图书借阅排行榜"的"设计视图"　　　　图 5-79 "图书借阅排行榜"查询结果

⑦ 切换到"SQL视图"，即可查看与之对应的SQL查询语句。如图5-80所示，SQL语句为：

```
SELECT 读者.学号, 读者.姓名, 读者.系, 读者.班级, Count(借还书.图书编码) AS 借书册数
FROM 读者 INNER JOIN 借还书 ON 读者.学号 = 借还书.学号
GROUP BY 读者.学号, 读者.姓名, 读者.系, 读者.班级
ORDER BY Count(借还书.图书编码) DESC;
```

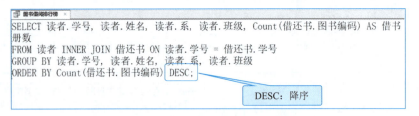

图 5-80 "图书借阅排行榜"的"SQL视图"

在SQL语句中，DESC为降序排序的关键字（升序排序关键字为ASC，默认不显示），对应查询设计器中"设计网格"区"排序"行设置的"降序"信息。

### 5.8.4 每类图书馆藏数量

通过"设计视图"创建"每类图书馆藏数量"查询，显示"图书类编码"、"图书类名称"和"每类图书馆藏数量"字段，按"每类图书馆藏数量"降序排序，并命名为"每类图书馆藏数量"。

#### 1. 数据源及表达式分析

统计每类图书馆藏数量，并显示"图书类编码"、"图书类名称"和"每类图书馆藏数量"。其中"图书类编码"和"图书类名称"这两个字段在"读者表"、"图书表"以及"借还书"表中都不存在，因此我们需要创建一张"图书类别"表，用于存放图书类编码以及图书类名称信息。

参见本书3.3.7节图书管理系统的数据标准，其中"图书编码"的编码规范为：3位"图书类编码"+2

微课5-25
每类图书馆藏数量

位"流水号"。基于"图书编码"的编码规范,我们可以获取"图书类别"表的表结构,见表 5-15,以及"图书类别"表中数据,见表 5-16。由此我们可以创建"图书类别"表并填充表中的数据。

表 5-15 图书类别表结构

| 字 段 名 称 | 字 段 类 型 | 字 段 宽 度 | 索 引 类 型 |
|---|---|---|---|
| 图书类编码 | 短文本 | 3 | 主键(无重复索引) |
| 图书类名称 | 短文本 | 5 | |

表 5-16 图书类别表数据示例表

| 图书类编码 | 图书类名称 | 图书类编码 | 图书类名称 |
|---|---|---|---|
| com | 计算机类 | jap | 日语类 |
| eng | 英语类 | law | 法律类 |
| fre | 法语类 | lit | 文学类 |

"图书类别"表创建完成后,要实现统计每类图书馆藏数量,必须将"图书"表和"图书类别"表连接起来。通过上面的描述,我们可以得出,"图书"表和"图书类别"表连接方式为:"图书"表中"图书编码"的前 3 位等于"图书类别"表中"图书类编码"。这里,我们会用到字符函数 Left() 函数,即"Left([图书]![图书编码],3)=[图书类别]![图书类编码]"。

其中"[图书]![图书编码]"为获取"图书"表中"图书编码"字段中的值,"[图书类别]![图书类编码]"为获取"图书类别"表中"图书类编码"的值,"Left([图书]![图书编码],3)"为获取"图书"表中"图书编码"字段中值的前 3 位。

2. 详细步骤

① 打开"图书管理系统"数据库,单击"创建"选项卡→"查询"选项组→"查询设计"按钮,打开"设计视图"。

② 设置数据源:在"添加表"窗格中选择查询的数据源"图书类别"表和"图书"表,并将其拖动到"表/查询输入区"。

③ 设置查询字段信息:在"设计网格"中"字段"行的第一列、第二列和第三列通过组合框选择"图书类别.图书类编码"、"图书类别.图书类名称"和"图书.馆藏数"字段(或双击"表/查询输入区"中相应表中的字段)。

④ 设置分组和汇总信息:单击"查询设计"选项卡→"显示/隐藏"选项组→"汇总"按钮,在"设计网格"中显示"总计"行。在"图书类编码"字段"总计"行通过组合框选择"Group By"(通过"图书类编码"来分组);在"馆藏数"字段"总计"行通过组合框选择"合计"(实现馆藏数的统计),并在"字段"行中"馆藏数"前加入"每类图书馆藏数量:"(实现将该字段重命名为"每类图书馆藏数量");在"馆藏数"字段"排序"行通过组合框选择"降序"。

⑤ 设置连接信息:在"设计网格"中第四列的"字段"行输入"Left([图书]![图书编码],3)",获取"图书编码"前 3 位。在"总计"行通过组合框选择"Where",在"条件"行右击,在弹出的快捷方式中选择"生成器",在弹出的"表达式生成器"对话框中选择"图书类别"表的"图书类编码"字段,如图 5-81 所示,完成图书类别表和图书表的关联,单击"确定"按钮关闭表达式生成器,并取消该字段"显示"行复选框,如图 5-82 所示。

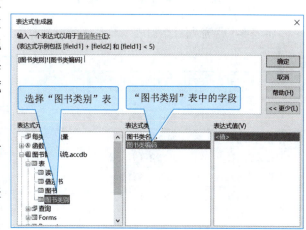

图 5-81 "表达式生成器"对话框

⑥ 按【Ctrl+S】组合键保存查询,在弹出的"另存为"对话框中输入"每类图书馆藏数量",单击"确定"按钮,保存该查询。

⑦ 单击"运行"按钮(或切换到"数据表视图"),即可查看查询结果,如图 5-83 所示。

⑧ 切换到"SQL 视图",即可查看与之对应的 SQL 查询语句,如图 5-84 所示。SQL 语句为:

```
SELECT 图书类别.图书类编码, 图书类别.图书类名称, Sum(图书.馆藏数) AS 每类图书馆藏数量
FROM 图书类别, 图书
WHERE (((Left([图书]![图书编码],3))=[图书类别]![图书类编码]))
GROUP BY 图书类别.图书类编码, 图书类别.图书类名称
ORDER BY Sum(图书.馆藏数) DESC;
```

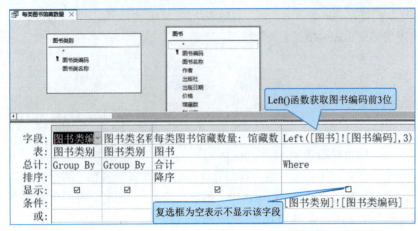

图 5-82 "每类图书数量"的"设计视图"　　图 5-83 "每类图书数量"的查询结果

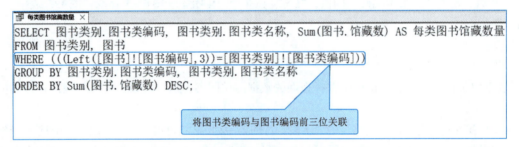

图 5-84 "每类图书数量"的"SQL 视图"

## 5.8.5 旅行社数据多维度统计分析

将表 5-17 "旅行社数据表"导入 Access 数据库。

表 5-17 旅行社数据表

| 旅行社 | 日　期 | 带团人数 | 旅行社 | 日　期 | 带团人数 |
|---|---|---|---|---|---|
| 中桥旅行社 | 2022年1月1日 | 15 | 中桥旅行社 | 2022年7月15日 | 46 |
| 中原旅行社 | 2022年1月1日 | 20 | 中原旅行社 | 2022年7月15日 | 32 |
| 康康旅行社 | 2022年1月1日 | 10 | 康康旅行社 | 2022年7月15日 | 30 |
| 远大旅行社 | 2022年1月1日 | 30 | 远大旅行社 | 2022年7月15日 | 25 |
| 中桥旅行社 | 2022年3月5日 | 25 | 中桥旅行社 | 2022年9月20日 | 80 |
| 中原旅行社 | 2022年3月5日 | 15 | 中原旅行社 | 2022年9月20日 | 90 |
| 康康旅行社 | 2022年3月5日 | 15 | 康康旅行社 | 2022年9月20日 | 70 |
| 远大旅行社 | 2022年3月5日 | 20 | 远大旅行社 | 2022年9月20日 | 75 |
| 中桥旅行社 | 2022年5月10日 | 25 | 中桥旅行社 | 2022年11月25日 | 43 |
| 中原旅行社 | 2022年5月10日 | 40 | 中原旅行社 | 2022年11月25日 | 56 |
| 康康旅行社 | 2022年5月10日 | 35 | 康康旅行社 | 2022年11月25日 | 93 |
| 远大旅行社 | 2022年5月10日 | 46 | 远大旅行社 | 2022年11月25日 | 78 |

● 视　频

微课5-26　统计每天所有旅行社累计团队人数以及每个旅行社团队人数

**1. 统计每天所有旅行社累计团队人数以及每个旅行社团队人数**

创建交叉表查询,统计每天所有旅行社累计团队人数以及每个旅行社团队人数,其中行标题为"日期",列标题为"旅行社"。

详细步骤如下：

① 打开"图书管理系统"数据库,单击"创建"选项卡→"查询"选项组→"查询向导"按钮,在弹出的"新建查询"对话框中选择"交叉表查询向导",单击"确定"按钮。

② 在弹出的"交叉表查询向导"对话框一中选择"旅行社数据"表(设置数据源),单击"下一步"按钮。

③ 在弹出的“交叉表查询向导”对话框二中，选中“可用字段”列表框中的“日期”，单击“>”按钮添加到“选定字段”中，将“日期”字段设置为“行标题”。单击“下一步”按钮。

④ 在弹出的“交叉表查询向导”对话框三中，选中“旅行社”字段，将“旅行社”字段设置为“列标题”。单击“下一步”按钮。

⑤ 在弹出的“交叉表查询向导”对话框四中，选中“字段”列表框中的“带团人数”字段和“函数”列表框中的“总数”项，通过“带团人数”统计每天所有旅行社累计团队人数以及每个旅行社团队人数。并勾选对话框中左侧“是，包括各行小计”复选框，单击“下一步”按钮。

⑥ 在弹出的“交叉表查询向导”对话框五中，输入查询名称“每天所有旅行社累计团队人数以及每个旅行社团队人数”。

⑦ 单击“完成”按钮，即可完成查询创建，并显示查询结果，如图 5-85 所示。

### 2. 统计每个旅行社每季度团队人数以及累计团队人数

视频

微课5-27 统计每个旅行社每季度团队人数以及累计团队人数

创建交叉表查询，统计每个旅行社每季度团队人数以及累计团队人数，其中行标题为“旅行社”，列标题为“日期”。详细步骤如下：

① 打开“图书管理系统”数据库，单击“创建”选项卡→“查询”选项组→“查询向导”按钮，在弹出的“新建查询”对话框中选择“交叉表查询向导”，单击“确定”按钮。

② 在弹出的“交叉表查询向导”对话框一中选择“旅行社数据”表（设置数据源），单击“下一步”按钮。

③ 在弹出的“交叉表查询向导”对话框二中，选中“可用字段”列表框中的“旅行社”，单击“>”按钮添加到“选定字段”中，将“旅行社”字段设置为“行标题”。单击“下一步”按钮。

④ 在弹出的“交叉表查询向导”对话框三中，选中“日期”字段，将“日期”字段设置为“列标题”。单击“下一步”按钮。在弹出的“交叉表查询向导”对话框四中，选择“季度”，实现按“季度”统计，单击“下一步”按钮。

⑤ 在弹出的“交叉表查询向导”对话框五中，选中“字段”列表框中的“带团人数”字段和“函数”列表框中的“总数”项，通过“带团人数”统计每个旅行社每季度团队人数以及累计团队人数。并勾选对话框中左侧“是，包括各行小计”复选框，单击“下一步”按钮。

⑥ 在弹出的“交叉表查询向导”对话框六中，输入查询名称“每个旅行社每季度团队人数以及累计团队人数”。

⑦ 单击“完成”按钮，即可完成查询创建，并显示查询结果，如图 5-86 所示。

每天所有旅行社累计团队人数以及每个旅行社团队人数

| 日期 | 总计 带团人数 | 康康旅行社 | 远大旅行社 | 中桥旅行社 | 中原旅行社 |
|---|---|---|---|---|---|
| 2022/1/1 | 75 | 10 | 30 | 15 | 20 |
| 2022/3/5 | 75 | 15 | 20 | 25 | 15 |
| 2022/5/10 | 146 | 35 | 46 | 25 | 40 |
| 2022/7/15 | 133 | 30 | 25 | 46 | 32 |
| 2022/9/20 | 315 | 70 | 75 | 80 | 90 |
| 2022/11/25 | 270 | 93 | 78 | 43 | 56 |

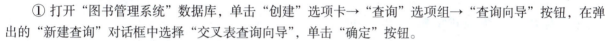

图 5-85 “每天所有旅行社累计团队人数以及每个旅行社团队人数”查询结果

每个旅行社每季度团队人数以及累计团队人数

| 旅行社 | 总计 带团人数 | 季度1 | 季度2 | 季度3 | 季度4 |
|---|---|---|---|---|---|
| 康康旅行社 | 253 | 25 | 35 | 100 | 93 |
| 远大旅行社 | 274 | 50 | 46 | 100 | 78 |
| 中桥旅行社 | 234 | 40 | 25 | 126 | 43 |
| 中原旅行社 | 253 | 35 | 40 | 122 | 56 |

图 5-86 “每个旅行社每季度团队人数以及累计团队人数”查询结果

## 5.9 查询与数据库三级模式

### 5.9.1 查询的本质

Access 支持的查询总共分为四类，分别是选择查询、交叉表查询、参数查询和操作查询。其中操作查询又分为追加查询、删除查询、更新查询和生成表查询。通过前面章节的学习，可以发现 Access 本质上提供了两大类查询，即选择类查询和操作类查询。其中，选择查询、交叉表查询和参数查询的命令动词都是 SELECT，所以同属于选择类查询。操作类查询中更新查询的命令动词是 UPDATE，追加查询的命令动词是 INSERT INTO，删除查询的命令动词是 DELETE。

通过前面章节的学习，我们已经理解到查询设计工具实际上是在帮助使用者编写 SQL 语句，所以我们的结论是：查询的本质是 SQL 语句。SQL 语句的全称是“结构化查询语言”，它是关系数据库的标准语言，是一个通用的、功能极强的关系数据库语言。其功能不仅仅是查询，而是包括数据库模式创建、数据插入、修改等一系列功能。SQL 语句已成为数据库领域中的主流语言，其突出特点是：

① 集数据定义、数据操纵、数据控制功能于一体，语言风格统一。

② 高度非过程化，用 SQL 进行数据操作时，只要提出"做什么"，无须指明"怎么做"，存取路径的选择及 SQL 的操作过程由系统自动完成。大大减轻了用户负担，而且极大地提高了数据独立性。

③ 面向集合的操作方式，操作对象和查询结果都是元组的集合，而且插入、删除和更新操作也可以是元组的集合。

④ 以同一种语法结构提供多种使用方式。SQL 的语法结构基本上是一致的，例如条件子句用 WHERE 关键词引导、排序子句用 ORDER BY 关键词引导。这种以统一的语法结构提供多种不同使用方法的做法，实现了数据查询和操作方面极大的灵活性和方便性。

⑤ 语言简洁，易学易用。SQL 功能极强，语言十分简洁，通常由一些关键字和参数组成，完成核心功能只用了九个动词。例如数据查询 SELECT，数据操纵 INSERT、UPDATE、DELETE 等。SQL 接近英语口语，因此易学易用。

### 5.9.2 关系数据库的三级模式结构

支持 SQL 语句的关系数据库管理系统是支持关系数据库三级模式结构的。三级模式包括外模式、模式和内模式，如图 5-87 所示。

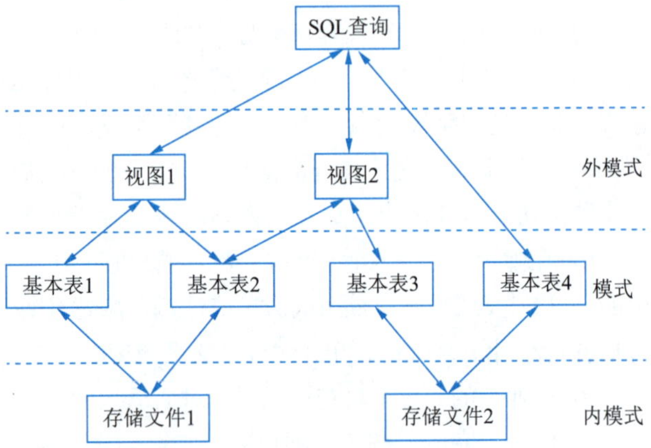

① 外模式：是指数据库对外界的应用程序、外界用户呈现出来的一种视图，它并不代表真正的逻辑结构，仅仅是一种映像。如果应用程序不同、用户不同，则外模式就不同。

② 模式：是数据库中全体数据的中间层，描述了数据的逻辑结构和特征，是所有用户的公共数据视图，是所有外模式的抽象总和。针对一个数据库，只存在一个模式。

③ 内模式：又称存储模式，是数据库的物理结构，描述了数据在磁盘上的存储方式和存储结构，一个数据库只有一个存储模式。

图 5-87 数据库的三级模式结构

在实际数据库系统中，外模式包括若干视图，模式包括若干基本表，内模式包括若干存储文件，用户可以用 SQL 语句对基本表和视图中的数据进行查询和其他操作。其中，基本表和视图一样，都是关系。具体地讲：

"外模式"中的"视图"是从一个或几个基本表导出的表。在数据库中，可以基于相同的基本表，根据不同的需求产生多个输出，生成多个视图。视图本身不独立存储在数据库中，即数据库中只存放视图的定义而不存放视图对应的数据。这些数据仍存放在导出视图的基本表中，因此，视图是一个虚拟的表。在使用时，视图在概念上与基本表等同，用户可以在视图上再定义视图。

"模式"中的"基本表"是本身独立存在的表。在图书管理系统中，"读者"表、"图书"表和"借还书"表都是基本表。

基本表都存储在同一个存储文件中，基本表的索引也存储在这个存储文件中。存储文件的逻辑结构组成了关系数据库的内模式。存储文件的物理结构对最终用户是隐藏的。

由此我们可以得出，在 Access 中，建立查询的过程就是创建外模式"视图"的过程。选择查询的本质是 SQL-SELECT 语句，查询中只保存了数据定义，而查询的结果数据是在执行查询时从基本表中导出的。

### 5.9.3 关系数据库三级模式的现实应用

在理解了关系数据库的三级模式结构和查询的基本关系后，结合现实的应用，尤其是在 Excel 电子表格设计和数据统计过程中，依据关系规范化理论和三级模式结构，我们可以总结出：现实表格应用中，应该只有两种表，一种是源数据表，另一种是汇总统计表。表格设计规范的核心理念就是：设计一个标准正确的源数据表，变出 N

个汇总统计表。其中，源数据表是灵魂，函数是精髓。关系数据库三级模式体系结构是判定源数据和统计数据的科学依据，在日常电子表格设计中有非常重要的指导意义，下面我们进行讲解分析：

首先，“标准正确”的源数据表，在这里的“标准正确”就是源数据表在设计时，要符合关系规范化理论中第一范式要求，即属性不可再分，属性不重。或者符合第二范式要求，即主键不重不空，非主属性完全依赖于主属性。按照经验来说，在 Excel 中“源数据表”的设计，只要符合第一范式要求，就是结构合理的表格了。

其次，*N* 个汇总统计表，就是指利用 SELECT 语句及函数表达式，可以产生输出各种查询统计结果。

如图 5-88 所示，图书管理系统中“读者表”是一个符合第二范式的基本表，在后续的查询统计中，我们完成了“各院系男女生人数统计表”和“读者年龄统计表”，如图 5-89 和图 5-90 所示。这些统计表都是以“读者表”为源数据，利用查询完成的。对应到关系数据库的三级模式，就是基于“读者表”这个基本表产生的多个外模式视图。在 Excel 中，如果能遵循关系规范化和数据库三级模式理论，就可以帮助我们正确地判定：如何基于源数据表，利用 Excel 数据透视表和函数表达式功能产生汇总统计表，从而避免出现将统计表设计成基本表这种低效率甚至是错误的做法。

| 学号 | 姓名 | 性别 | 出生日期 | 籍贯 | 系 | 班级 | 备注评语 |
|---|---|---|---|---|---|---|---|
| 202111001 | 方文华 | 男 | 2003年10月25日 | 湖南省 | 外交学系 | 2021111 | 兴趣爱好广泛 |
| 202111003 | 李军 | 男 | 2003年2月10日 | 北京市 | 外交学系 | 2021111 | 典型的书虫 |
| 202111010 | 王立 | 女 | 2003年5月18日 | 江苏省 | 外交学系 | 2021111 | |
| 202121002 | 李贝 | 男 | 2003年8月21日 | 上海市 | 外交学系 | 2021111 | |
| 202121003 | 匡明 | 男 | 2004年2月2日 | 甘肃省 | 英语系 | 2021211 | |
| 202121004 | 王小彦 | 女 | 2004年9月12日 | 北京市 | 英语系 | 2021211 | |
| 202121005 | 刘宁宁 | 女 | 2002年12月31日 | 北京市 | 英语系 | 2021212 | |
| 202121011 | 张亮 | 男 | 2002年9月11日 | 上海市 | 国际法系 | 2021411 | |
| 202121012 | 陆军 | 男 | 2002年3月6日 | 山东省 | 英语系 | 2021212 | |
| 202131001 | 马严 | 男 | 2004年12月4日 | 山东省 | 外语系 | 2021311 | |
| 202131003 | 叶雷 | 男 | 2003年9月30日 | 湖南省 | 外语系 | 2021311 | |
| 202131006 | 高峰 | 男 | 2003年6月2日 | 天津市 | 外语系 | 2021311 | |
| 202141003 | 恬静 | 女 | 2004年11月12日 | 上海市 | 国际法系 | 2021412 | |
| 202141008 | 王方 | 女 | 2003年10月2日 | 江苏省 | 国际法系 | 2021411 | |
| 202141010 | 张费 | 男 | 2002年7月16日 | 北京市 | 国际法系 | 2021412 | |

图 5-88　源数据表——“读者”表

各院系男女生人数统计

| 系 | 男 | 女 |
|---|---|---|
| 国际法系 | 4 | 4 |
| 外交学系 | 3 | 2 |
| 外语系 | 3 | 2 |
| 英语系 | 4 | 5 |

图 5-89　各院系男女生人数统计表

读者年龄统计

| 学号 | 姓名 | 性别 | 年龄 |
|---|---|---|---|
| 202111001 | 方文华 | 男 | 20 |
| 202111003 | 李军 | 男 | 20 |
| 202111010 | 王媛 | 女 | 20 |
| 202111014 | 王碧玉 | 女 | 20 |
| 202121002 | 李贝 | 男 | 20 |
| 202121003 | 匡明 | 男 | 19 |
| 202121004 | 王小彦 | 女 | 19 |
| 202121005 | 刘宁宁 | 女 | 21 |
| 202121006 | 刘玲 | 女 | 19 |
| 202121007 | 高强 | 男 | 19 |
| 202121008 | 刘雪竹 | 女 | 19 |
| 202121009 | 刘若冰 | 女 | 19 |
| 202121012 | 陆军 | 男 | 21 |
| 202121013 | 陆强 | 男 | 21 |
| 202131001 | 马严 | 男 | 19 |

图 5-90　读者年龄统计表

## 小　　结

本章主要讲述：

① 查询的概述以及查询基本语法。

② 选择查询、参数查询、交叉表查询、操作查询的创建和使用。

③ SQL 特定查询。

④ 利用查询统计分析数据。

⑤查询与数据库三级模式的关联。

## 习 题

### 一、选择题

1. 根据用户输入的信息从一个或多个表中获取数据并显示结果的查询称为（　　）。
   A. 交叉表查询　　　B. 参数查询　　　C. 选择查询　　　D. 操作查询
2. 以下不属于操作查询的是（　　）。
   A. 更新查询　　　B. 参数查询　　　C. 追加查询　　　D. 生成表查询
3. SELECT 语句中用于指明分组信息的关键词是（　　）。
   A. WHERE　　　B. GROUP BY　　　C. ORDER BY　　　D. SUM
4. 若要查询成绩 60～80 分之间（包括 60 和 80）的学生信息，查询条件设置正确的是（　　）。
   A. >=60 OR <=80　　　B. Between 60 And 80　　　C. >60 OR <80　　　D. IN(60,80)
5. 在 Access 数据库中使用向导创建查询，其数据可以来自（　　）。
   A. 只能是一个表或多个表　　　B. 只能是一个表
   C. 一个表的一部分　　　D. 表或查询
6. 下列关于操作查询的叙述中，错误的是（　　）。
   A. 在更新查询中可以使用计算功能　　　B. 删除查询可删除符合条件的记录
   C. 生成表查询生成的新表是原表的子集　　　D. 追加查询要求两个表的结构必须一致
7. 将表 A 的记录添加到表 B 中，要求表 B 中原有的记录保持不变，可以使用的查询是（　　）。
   A. 更新查询　　　B. 追加查询　　　C. 选择查询　　　D. 删除查询
8. 下列关于查询设计视图"设计网格"各行作用的叙述中，错误的是（　　）。
   A. "总计"行是用于对查询的字段进行求和
   B. "表"行设置字段所在的表或查询的名称
   C. "字段"行表示可以在此输入或添加字段的名称
   D. "条件"行用于输入一个条件来限定记录的选择
9. 下列不属于查询设计视图"设计网格"中的选项的是（　　）。
   A. 排序　　　B. 显示　　　C. 字段　　　D. 类型
10. 需要指定行标题和列标题的查询是（　　）。
    A. 交叉表查询　　　B. 参数查询　　　C. 追加查询　　　D. 更新查询

### 二、操作题

1. 交叉表查询

① 创建交叉表查询，统计"读者"表每个系每个班的男女生人数，其中行标题为"系"和"班级"，列标题为"性别"。

② 参照表 5-18，在数据库中创建"学生成绩"表，并输入数据。创建交叉表查询，展示学生各门课程成绩，其中行标题为"学号"和"姓名"，列标题为"课程"，数值项为"成绩"。

表 5-18 学生成绩表

| 学 号 | 姓 名 | 课 程 | 成 绩 | 学 号 | 姓 名 | 课 程 | 成 绩 |
| --- | --- | --- | --- | --- | --- | --- | --- |
| 202121001 | 林梦羽 | 精读 | 92 | 202121004 | 何晓燕 | 精读 | 93 |
| 202121001 | 林梦羽 | 二外 | 80 | 202121004 | 何晓燕 | 二外 | 95 |
| 202121001 | 林梦羽 | 计算机 | 93 | 202121004 | 何晓燕 | 计算机 | 91 |
| 202121001 | 林梦羽 | 高数 | 85 | 202121004 | 何晓燕 | 高数 | 91 |
| 202122001 | 肖清 | 精读 | 69 | 202122004 | 李山 | 精读 | 94 |
| 202122001 | 肖清 | 二外 | 64 | 202122004 | 李山 | 二外 | 83 |
| 202122001 | 肖清 | 计算机 | 68 | 202122004 | 李山 | 计算机 | 86 |
| 202122001 | 肖清 | 高数 | 76 | 202122004 | 李山 | 高数 | 96 |

2. 参数查询

①创建参数查询，根据运行查询时输入的"学号"查询读者信息。

②创建参数查询，根据运行查询时输入的"姓名"查询读者信息。

3. 操作类查询

（1）"更新"查询

①批量更新"读者"表，将"外交学系"更新为"外交学与外事管理系"。

②批量更新"借还书"表，将"借书期限"增加10天。

（2）"生成表"查询

①将借书的"男"读者，生成一张新的数据表，保存为"男借书读者"。字段包括"学号"、"姓名"、"性别"、"班级"和"图书编码"。

②将借书的"女"读者，生成一张新的数据表，保存为"女借书读者"。字段包括"学号"、"姓名"、"性别"、"班级"和"图书编码"。

（3）"追加"查询

将"男借书读者"表中数据追加到"女借书读者"表中。

（4）"删除"查询

将"男"读者从"女借书读者"表中删除。

4. 利用"查询向导"完成操作

①查找借阅多本书的读者。

②查找没有借书的读者。

# 第 6 章

# 数据库系统应用界面设计

数据库系统应用界面设计是为了实现用户与数据库系统之间的交互，使用户能够方便、有效地访问和管理数据库中的数据。优秀的界面设计能够帮助用户更容易地理解和使用数据库系统，能够优化用户体验、提高工作效率、提升软件可维护性。在 Access 中可以通过窗体来实现系统应用界面设计。窗体是 Access 中的一个重要组件，它允许开发人员创建自定义界面。通过窗体可以为数据库系统应用创建一个直观、易用的界面，以便用户可以轻松地输入、修改和查看数据。

### 本章知识要点

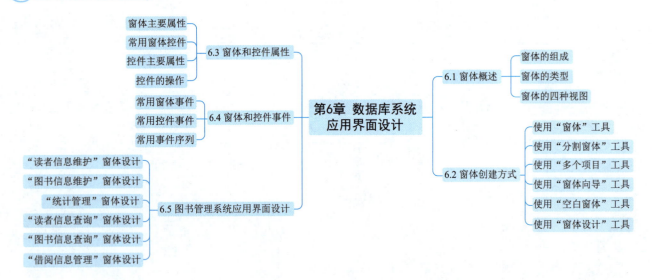

## 6.1 窗体概述

窗体是 Access 数据库构建应用系统不可或缺的重要组成部分，是实现人机交互的纽带。在 Access 数据库应用系统中，通过窗体可以实现数据库中数据的展示、维护以及对用户输入的信息进行判断和计算等功能。窗体是保证 Access 数据库应用系统功能完备性、操作友好性的至关重要一环。窗体设计的好坏将直接影响应用系统整体的可用性。

Access 中窗体是一个容器对象，可以添加多种控件，包括标签、文本框、组合框、列表框以及按钮等。通过窗体和多种控件的组合可以实现应用系统整体界面设计以及完备功能的实施。应用系统开发完成后，对数据库中的数据进行增、删、改、查等全部操作都可以通过窗体来实现。

## 6.1.1 窗体的组成

窗体包含五个部分,分别是"窗体页眉"节、"页面页眉"节、"主体"节、"页面页脚"节和"窗体页脚"节。默认情况下,窗体只显示"主体"节,单击"创建"选项卡→"窗体设计"按钮,在窗体"主体"节空白处右击,在弹出的快捷菜单中勾选"页面页眉/页脚"和"窗体页眉/页脚"选项,即可显示窗体的所有部分,如图6-1所示。

Access中窗体由五部分组成,各部分的功能及作用如下:

① 窗体页眉:显示在窗体顶部,通常放置窗体标题,属于静态文本,与数据源中的数据无关。

② 页面页眉:显示在窗体打印页的上方,页面页眉中的内容只在打印时显示,在运行时不显示,通常对打印表格标题进行设置。

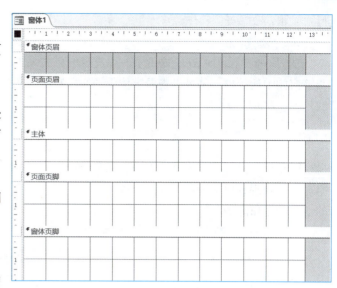

图 6-1　窗体的组成

③ 主体:是窗体的重要组成部分,每个窗体必须包含主体,通常用来设置显示数据源中的数据或接收用户的输入,是窗体设计的重要部分。

④ 页面页脚:显示在窗体打印页下方,页面页脚中的内容只在打印时显示,在运行时不显示,通常对打印表格页码进行设置。

⑤ 窗体页脚:显示在窗体底部,通常放置说明文本、命令按钮以及使用指导等相关信息。

## 6.1.2 窗体的类型

Access中窗体包含多种类型。不同的分类方法可以将窗体分成不同的类型,见表6-1。

① 数据操作窗体:只用来查询、修改表中的数据的窗体。

② 控制窗体:由多个控件组成,执行程序正常运行的窗体。

表 6-1　窗体分类

| 分类方法 | 窗体类型 |
| --- | --- |
| 按功能划分 | 数据操作窗体、控制窗体、信息显示窗体、信息交互窗体 |
| 按显示方式划分 | 简单窗体、多个项目窗体 |
| 按数据源个数划分 | 单表窗体、多表窗体 |
| 按逻辑结构划分 | 主窗体、子窗体 |

③ 信息显示窗体:展示数据或图表的窗体,可供控制窗体调用。

④ 信息交互窗体:用于提示信息的窗体,比如"登录"窗体。

⑤ 简单窗体:一页只显示数据源中一条记录的窗体。

⑥ 多个项目窗体:一页显示数据源中多条记录的窗体。

⑦ 单表窗体:显示的数据来源于同一个表或查询的窗体。

⑧ 多表窗体:显示的数据来源于多个表或查询的窗体。

⑨ 主窗体、子窗体:最外层原始的窗体属于主窗体,子窗体是窗体中的窗体。主窗体中可以创建多个子窗体。

## 6.1.3 窗体的四种视图

Access中窗体共有"窗体视图""数据表视图""布局视图""设计视图"四种视图。

### 1. 窗体视图

"窗体视图"能够展示窗体最终运行效果。在"窗体视图"下只能查看窗体布局及展示效果,不能对窗体中的布局内容进行修改。

### 2. 数据表视图

"数据表视图"是以电子表格的方式显示数据源中的多条记录。在"数据表视图"下可以对数据表中的数据进行增、删、改、查等操作。

#### 3. 布局视图

"布局视图"为 Access 提供了一种直观的方式来设计和编辑窗体。在"布局视图"中，既可以添加、移动和调整窗体中的控件，又可以查看窗体中的实际数据。通过"布局视图"可以确保窗体在显示数据时具有更加理想的外观和功能。

#### 4. 设计视图

在"设计视图"中，开发人员可以轻松地添加、修改和布局控件，以便创建出直观、易于使用的界面。与布局视图相比，设计视图提供了更为详细和全面的界面设计功能，可以添加和修改控件、更改控件的属性和布局、添加事件处理程序等。虽然在设计视图下无法直接查看和操作数据源中的数据，但这并不影响其在界面设计方面的强大功能和优势。

## 6.2 窗体创建方式

Access 中包含多种创建窗体的方法，如图 6-2 所示，可以通过"创建"选项卡→"窗体"选项组中的"窗体"、"窗体设计"、"空白窗体"、"窗体向导"、"导航"及"其他窗体"等命令按钮创建，其中，在"其他窗体"下拉列表中，包含"多个项目"、"数据表"、"分割窗体"和"模式对话框"等创建窗体的命令按钮。

图 6-2　创建窗体的方法

### 6.2.1 使用"窗体"工具

在 Access 中使用"窗体"工具创建窗体时需先选择一个数据源（表或查询），再单击"窗体"按钮，才能完成窗体创建。使用该工具创建的窗体是一个简单窗体，每页只能显示数据源中的一条记录。创建完成后，可以在"设计视图"以及"布局视图"下对窗体布局及内容进行修改。

**例 6-1**　选择"图书"表作为数据源，使用"窗体"工具创建"图书信息"窗体。

详细操作步骤如下：

① 首先单击选中数据源中的"图书"表，再单击"创建"选项卡→"窗体"选项组→"窗体"按钮，即可显示新创建的窗体。

② 按【Ctrl+S】组合键保存窗体，在弹出的"另存为"对话框中输入窗体名称"图书信息"，单击"确定"按钮，即可完成"图书信息"窗体的创建，如图 6-3 所示。

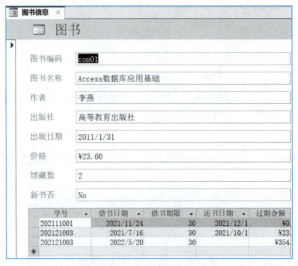

微课6-1
使用"窗体"工具创建窗体

图 6-3　"图书信息"窗体

## 6.2.2 使用"分割窗体"工具

使用"分割窗体"工具创建的窗体包含两个部分：一部分与简单窗体一样可以展示数据源中的一条记录；另一部分以电子表格的形式展示数据源中的全部记录。"分割窗体"中两个部分使用的是同一数据源，并且两个部分会时刻保持同步，当一部分单击选中某个字段，另一部分也会选中同样的字段。与"窗体"工具一样，使用"分割窗体"工具创建窗体时需先选择一个数据源（表或查询），再单击"分割窗体"按钮，才能完成窗体创建

**例6-2** 选择"图书"表作为数据源，使用"分割窗体"工具创建"图书信息-分割"窗体。

详细操作步骤如下：

① 首先单击选中数据源中的"图书"表，再单击"创建"选项卡→"窗体"选项组→"其他窗体"→"分割窗体"按钮，即可显示新创建的窗体。

② 按【Ctrl+S】组合键保存窗体，在弹出的"另存为"对话框中输入窗体名称"图书信息-分割"，单击"确定"按钮，即可完成"图书信息-分割"窗体的创建，如图6-4所示。

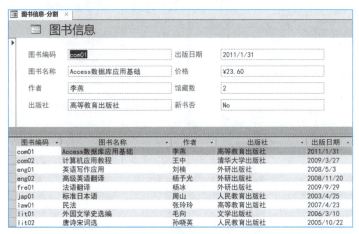

图 6-4 "图书信息-分割"窗体

视 频
微课6-2
使用"分割窗体"工具创建窗体

## 6.2.3 使用"多个项目"工具

与"窗体"工具不同，使用"多个项目"工具创建的窗体可以显示数据源中的多条记录。使用"多个项目"工具创建窗体时，也需要先选择一个数据源。

**例6-3** 选择"图书"表作为数据源，使用"多个项目"工具创建"图书信息-多个项目"窗体。

详细操作步骤如下：

① 首先单击选中数据源中的"图书"表，再单击"创建"选项卡→"窗体"选项组→"其他窗体"→"多个项目"按钮，即可显示新创建的窗体。

② 使用【Ctrl+S】组合键保存窗体，在弹出的"另存为"对话框中输入窗体名称"图书信息-多个项目"，单击"确定"按钮，即可完成该窗体的创建，如图6-5所示。

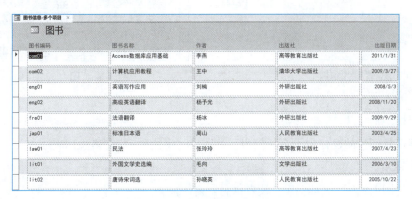

图 6-5 "图书信息-多个项目"窗体

视 频
微课6-3
使用"多个项目"工具创建窗体

## 6.2.4 使用"窗体向导"工具

与"窗体"工具、"分割窗体"工具和"多个项目"工具不同,使用"窗体向导"工具创建的窗体中显示的字段可以从已指定关系的多个数据表中选择。"窗体向导"工具更加灵活,可以依照实际方案选择需要展示的字段,并且可以对窗体使用的布局进行选择和设置。

**例 6-4** 使用"窗体向导"工具创建"图书信息 - 向导"窗体。

详细操作步骤如下:

① 单击"创建"选项卡→"窗体"选项组→"窗体向导"按钮,弹出对话框如图 6-6 所示。在"表/查询"组合框选择"图书"表(数据源),通过">"按钮选定某个字段,或通过">>"按钮选择数据源中的所有字段。

② 单击"下一步"按钮,选择窗体布局为"表格",如图 6-7 所示。

微课6-4
使用"窗体向导"工具创建窗体

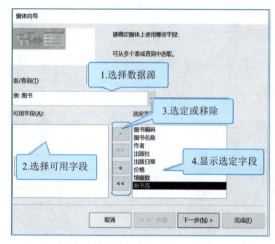

图 6-6 窗体向导对话框

图 6-7 选择"表格"窗体布局

③ 单击"下一步"按钮,指定窗体标题为"图书信息 - 向导",如图 6-8 所示。

④ 单击"完成"按钮,窗体效果如图 6-9 所示。

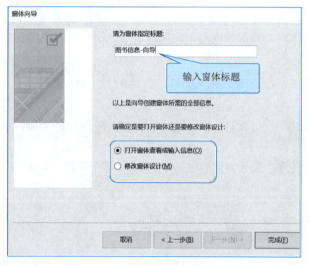

图 6-8 设置窗体标题

图 6-9 "图书信息 - 向导"窗体

## 6.2.5 使用"空白窗体"工具

使用"空白窗体"工具创建的窗体中没有任何内容,可以从"字段列表"窗格添加表或相关表中的字段到窗体中,该工具适合创建内容比较简单的窗体。

**例 6-5** 使用"空白窗体"工具创建"读者信息"窗体。

详细操作步骤如下:

① 单击"创建"选项卡→"窗体"选项组→"空白窗体"按钮，弹出对话框如图6-10所示。

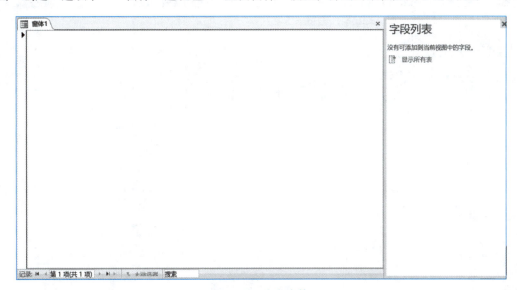

图6-10 空白窗体

② 单击"字段列表"窗格中的"显示所有表"，在显示出的所有表中选择"读者"表，单击其左侧的"+"按钮展开字段列表，双击或拖动"读者"表中的所有字段到窗体中，效果如图6-11所示。

③ 按【Ctrl+S】组合键保存窗体，在弹出"另存为"对话框中输入窗体名称"读者信息"，单击"确定"按钮，即可完成"读者信息"窗体的创建。切换到"窗体视图"可查看窗体最终运行效果，如图6-12所示。

图6-11 在空白窗体上显示字段结果

图6-12 "读者信息"窗体

## 6.2.6 使用"窗体设计"工具

使用"窗体设计"工具，Access会创建一个空白的窗体并打开设计视图，可以更加灵活地设置窗体内容及布局方式。使用该工具，开发人员可以在窗体中自行添加多种控件，从而对窗体整体内容进行设计，例如添加标签、文本框、组合框、选项卡以及子窗体等。同时，在该模式下可以对窗体及控件的属性进行修改，比如修改窗体及控件名称，调整控件大小、边框样式、背景颜色，更改控件中文本的字体名称、字号和对齐方式等。

单击"创建"选项卡→"窗体"选项组→"窗体设计"按钮即可创建新的窗体并打开窗体设计视图。默认情况下窗体视图只显示"主体"节，若要显示其他节，可以右击，在弹出的快捷菜单（见图6-13）中将"页面页眉/页脚""窗体页眉/页脚"勾选上即可。通过相同的方式，在快捷菜单中去掉勾选，即可删除相应的节。

窗体左上角的小方块称为"窗体选择器"，双击它可以打开窗体的"属性表"窗格。窗体中每一节最上面的横条称为"节选择器"，单击"节选择器"可以选中该节，同时"属性表"中的内容也会随之发生改变，如图6-14所示。

图6-13 快捷菜单

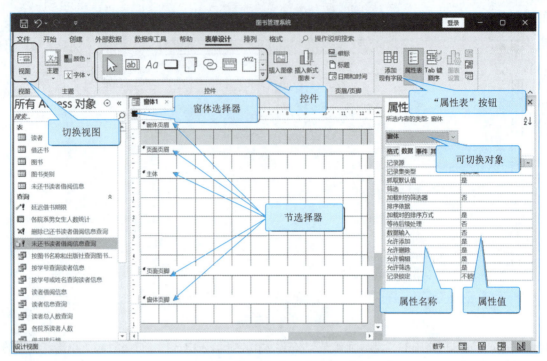

图 6-14　窗体设计视图

Access 在设计视图下提供了多种窗体设计的工具，包括"表单设计"、"排列"和"格式"三个选项卡，每个选项卡下涵盖多种功能。

① "表单设计"选项卡：如图 6-15 所示，包含"视图"、"主题"、"控件"、"页眉/页脚"和"工具"五个选项组，涵盖了窗体内容设计的多种工具。

图 6-15　"表单设计"选项卡

② "排列"选项卡：如图 6-16 所示，包含"表"、"行和列"、"合并/拆分"、"移动"、"位置"和"调整大小和排序"六个选项组，"排列"选项卡下的功能主要应用于窗体整体布局方面的调整工作。

图 6-16　"排列"选项卡

③ "格式"选项卡：如图 6-17 所示，包含"字体"、"数字"、"背景"和"控件格式"四个选项组，主要应用于窗体及窗体内各控件的外观格式设置。

图 6-17　"格式"选项卡

## 6.3　窗体和控件属性

窗体属性是用于设置窗体的外观和行为的属性，如窗体的名称、标题、背景颜色、大小、边框样式、启动位置等。控件属性是用于设置控件的外观和行为的属性，如控件的名称、文本、背景颜色、大小、位置、是否可见、是否可用、字体、文本对齐方式、是否被选中、值、图像等。窗体属性和控件属性都是用于设置用户界面的外观和行为的重要属性，可以通过设置这些属性来实现所需的界面效果。

## 6.3.1 窗体主要属性

Access 中窗体包含多种属性，可以通过"属性表"窗格对其进行修改，如图 6-18 所示，"属性表"窗格中的属性包含"格式"、"数据"、"事件"、"其他"和"全部"五个部分。窗体主要属性见表 6-2。通过对窗体属性的修改，可以实现多种功能，比如修改窗体的外观、设置窗体的数据源、设置窗体的事件操作等。在设置窗体属性时，需要先单击选中该对象，可以通过查看"属性表"中"所选内容的类型"的值来判断是否选中该对象。

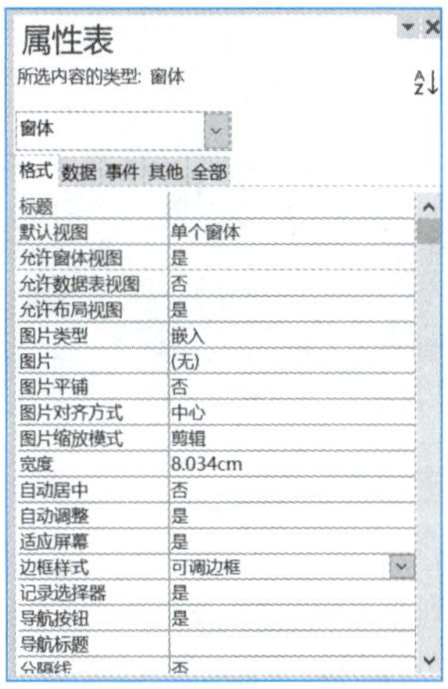

图 6-18 "属性表"窗格

表 6-2 窗体主要属性及其含义

| 类型 | 属性名称 | 属性标识 | 说　　明 |
| --- | --- | --- | --- |
| 格式属性 | 标题 | Caption | 用于设定窗体标题 |
| | 默认视图 | DefaultView | 包含"单个窗体"、"连续窗体"、"数据表"和"分割窗体"四个选项，用于设定窗体打开时所用的视图 |
| | 允许"窗体"视图 | AllowFormView | 包含"是"和"否"两个选项，用于设定窗体是否可以用"窗体"视图打开 |
| | 允许"数据表"视图 | AllowDatasheetView | 包含"是"和"否"两个选项，用于设定窗体是否可用"数据表"视图打开 |
| | 允许"布局"视图 | AllowLayoutView | 包含"是"和"否"两个选项，用于设定窗体是否可以用"布局"视图打开 |
| | 图片类型 | PictureType | 用于设定图片为链接对象、嵌入对象还是共享对象 |
| | 图片 | Picture | 用于设定窗体背景图 |
| | 图片缩放模式 | PictureSizeMode | 包含"剪辑"、"拉伸"、"缩放"、"水平拉伸"和"垂直拉伸"五个选项，用于设定图片调整大小的方式 |
| | 宽度 | Width | 用于设定窗体宽度 |
| | 自动居中 | AutoCenter | 包含"是"和"否"两个选项，用于设定窗体打开时是否自动居中 |
| | 自动调整 | AutoResize | 包含"是"和"否"两个选项，用于设定窗体打开时是否可以自动调整来显示整条记录 |
| | 边框样式 | BorderStyle | 包含"无"、"细边框"、"可调边框"和"对话框边框"四个选项，用于设定窗体的边框和边框元素（标题栏、"控制"菜单、"最小化"、"最大化"按钮或"关闭"按钮）的类型 |
| | 记录选择器 | RecordSelectors | 包含"是"和"否"两个选项，用于设定窗体在运行时是否有记录选择器 |
| | 导航按钮 | NavigationButtons | 包含"是"和"否"两个选项，用于设定窗体在运行时是否有导航按钮 |
| | 分割线 | DividingLines | 包含"是"和"否"两个选项，用于设定窗体在运行时是否显示各节的分隔线 |
| | 滚动条 | ScrollBars | 包含"两者均无"、"只水平"、"只垂直"和"两者都有"四个选项，用于设定窗体在运行时是否显示滚动条 |
| | 控制框 | ControlBox | 包含"是"和"否"两个选项，用于设定窗体在运行时是否有"控制"菜单 |
| | 关闭按钮 | CloseButton | 包含"是"和"否"两个选项，用于设定窗体在运行时是否启用"关闭"按钮 |
| | 最大化最小化按钮 | MinMaxButtons | 包含"无"、"最小化按钮"、"最大化按钮"和"两者都有"四个选项，用于设定窗体在运行时是否显示"最小化"或"最大化"按钮 |
| | 可移动的 | Moveable | 包含"是"和"否"两个选项，用于设定窗体在运行时是否可移动 |
| 数据属性 | 记录源 | RecordSource | 用于设定窗体的数据源（表、查询或 SELECT 语句） |
| | 筛选 | Filter | 在对窗体应用筛选时设定要显示的记录子集 |
| | 排序依据 | OrderBy | 用于设定窗体中显示记录的排序规则 |
| | 数据输入 | DataEntry | 包含"是"和"否"两个选项，若选择"是"则会显示一条空记录，若选择"否"则显示数据源中的一条或多条记录 |
| | 允许添加 | AllowAdditions | 包含"是"和"否"两个选项，用于设定窗体运行时是否允许添加数据 |
| | 允许删除 | AllowDeletions | 包含"是"和"否"两个选项，用于设定窗体运行时是否允许删除数据 |

续表

| 类型 | 属性名称 | 属性标识 | 说 明 |
|---|---|---|---|
| 数据属性 | 允许编辑 | AllowEdits | 包含"是"和"否"两个选项,用于设定窗体运行时是否允许编辑数据 |
| | 允许筛选 | AllowFilters | 包含"是"和"否"两个选项,用于设定窗体运行时是否允许筛选数据 |
| | 记录锁定 | RecordLocks | 包含"不锁定"、"所有记录"和"已编辑的记录"三个选项,用于设定多用户修改数据时,数据源中记录的锁定模式。"不锁定"指多个用户可以同时修改同一记录;"所有记录"指当一个用户修改数据时,数据源中的所有记录都会被锁定,不允许其他用户修改;"已编辑的记录"是指用户修改数据时,当前数据源中的该条记录会被锁定,不允许其他用户修改 |
| 其他属性 | 弹出方式 | PopUp | 包含"是"和"否"两个选项,用于设定窗体运行时是否为弹出式窗口 |
| | 模式 | Modal | 包含"是"和"否"两个选项,用于设定窗体运行时是否为模式窗口 |
| | 工具栏 | Toolbar | 设定窗体显示的工具栏 |
| | 快捷菜单 | ShortcutMenu | 包含"是"和"否"两个选项,用于设定窗体中的对象通过右击是否显示快捷菜单 |
| | 菜单栏 | MenuBar | 用于设定窗体运行时的自定义菜单栏 |
| | 快捷菜单栏 | ShortcutMenuBar | 用于设定窗体中的对象通过右击弹出的快捷菜单栏 |

### 6.3.2 常用窗体控件

控件是窗体和报表的核心组成部分,通过控件可以实现展示数据源中的数据、接收用户的输入、执行系统操作、维护数据库数据以及美化系统界面等功能。常用的控件包括"标签""文本框""按钮""组合框"等,依照控件与数据源之间的关系,Access 中控件可以分为绑定型控件、非绑定型控件和计算型控件三种类型。

① 绑定型控件:是一种与数据源(表或查询)中的字段相关联的控件。绑定型控件可以从数据源中动态获取字段信息并展示,并且可以用来修改字段信息,常见的绑定型控件包括文本框、组合框、列表框等。

② 非绑定型控件:是一种与数据源没有关联的控件,比如"标签""直线""矩形"等控件,可以通过静态文字、绘制直线以及矩形等来展示其他信息以及美化窗体。

③ 计算型控件:与绑定型控件不同,计算型控件的数据源是表达式而非表或查询中的字段。表达式必须以"="开始,可以由常量、运算符、函数、字段或控件等多种组合构成。比如在窗体中显示当前时间,可以在文本框中输入"=Now()"来实现,如图 6-19 所示。

详细的控件描述见表 6-3。

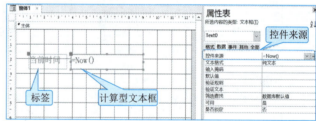

图 6-19 添加计算型控件

表 6-3 控件简介表

| 控件类别 | 控件图标 | 控件名称 | 功能描述 |
|---|---|---|---|
| 绑定型控件/计算型控件 | ab| | 文本框 | 用于窗体或报表输出数据源中的数据,并可用于接收用户的输入 |
| | | 选项组 | 用于在窗体上显示一组可选值 |
| | | 组合框 | 列表框和文本框的组合,既可以在文本框中输入文本,也可以通过列表框下拉选择 |
| | | 切换按钮 | 用于在窗体上创建保持开/关、真/假或是/否值的切换按钮控件 |
| | | 列表框 | 用于在窗体上显示数据的列表,可下拉选择一个值 |
| | | 复选框 | 用于多选,选中为 1,未选中为 0 |
| | | 附件 | 用于在窗体上插入附件 |
| | | 选项按钮 | 用于多项数据的单选 |
| | | 子窗体/子报表 | 用于在窗体上插入子窗体或子报表的控件 |
| | | 绑定对象框 | 用于在窗体上插入绑定对象 |
| | | 图像 | 用于在窗体上插入图像 |
| | | Web 浏览器控件 | 用于在窗体上插入浏览器控件 |
| | | 图表 | 用于在窗体上插入图表 |
| 非绑定型控件 | | 选择 | 选择窗体、控件 |
| | Aa | 标签 | 用于显示标题及其他说明文本 |

续表

| 控件类别 | 控件图标 | 控件名称 | 功能描述 |
|---|---|---|---|
| 非绑定型控件 | □ | 按钮 | 用于执行各种命令 |
| | | 选项卡控件 | 用于在窗体上创建多个页面的控件 |
| | | 链接 | 用于在窗体上创建链接，以快速访问网页和文件 |
| | | 导航控件 | 用于在窗体上创建导航条 |
| | | 插入分页符 | 用于打印窗体或报表时，多个页面的分隔 |
| | | 直线 | 用于在窗体上绘制直线 |
| | | 矩形 | 用于在窗体上绘制矩形 |
| | | 未绑定对象框 | 用于在窗体中插入未绑定对象，比如 Word、Excel、PowerPoint 对象等 |

## 6.3.3 控件主要属性

在 Access 中，控件是用户界面设计的基本元素。控件拥有多种属性以定义其外观、行为和功能。控件主要属性见表 6-4，包括控件来源、标题、名称、字体、前景色/背景色、可见性、是否锁定等。这些属性可在属性表中设置和修改，具体属性取决于控件类型和用途。

表 6-4 控件主要属性及其含义

| 类型 | 属性名称 | 属性标识 | 功能 |
|---|---|---|---|
| 格式属性 | 标题 | Caption | 用于设定控件标题 |
| | 格式 | Format | 用于设定数字、日期、时间和文本的显示方式 |
| | 可见 | Visible | 包含"是"和"否"两个选项，用于设定控件是否可见 |
| | 上边距 | Top | 用于设定控件距窗体上边的距离 |
| | 左边距 | Left | 用于设定控件距窗体左边的距离 |
| | 背景样式 | BackStyle | 包含"常规"和"透明"两个选项，用于设定控件是否透明 |
| | 背景色 | BackColor | 用于修改控件背景色 |
| | 边框样式 | BorderStyle | 包含"透明""实线""虚线""短虚线"等八个选项，用于设定控件边框的不同样式 |
| | 边框宽度 | BorderWidth | 用于设定控件边框宽度 |
| | 特殊效果 | SpecialEffect | 包含"平面""凸起""凹陷""蚀刻""阴影""凿痕"六个选项，用于设定控件的不同效果 |
| | 字体名称 | FontName | 设置字体名称 |
| | 字号 | FontSize | 设置字体大小 |
| | 字体粗细 | FontWeight | 设置字体粗细 |
| 格式属性 | 倾斜字体 | FontItalic | 包含"是"和"否"两个选项，设置字体是否倾斜 |
| | 前景色 | ForeColor | 设置控件显示文本的颜色 |
| 数据属性 | 控件来源 | ControlSource | 用于设定控件的数据来源，可以绑定表、查询或 SELECT 语句中的字段 |
| | 输入掩码 | InputMask | 用于设定控件输入内容的格式 |
| | 默认值 | DefaultValue | 指新增记录时自动输入的初始值 |
| | 验证规则 | ValidationRule | 用于设定验证输入数据是否有效的规则 |
| | 验证文本 | ValidationText | 当输入的数据不满足验证规则时，用于显示提示信息 |
| | 可用 | Enabled | 包含"是"和"否"两个选项，用于设定该控件是否可用 |
| | 是否锁定 | Locked | 包含"是"和"否"两个选项，用于设定是否可以通过窗体修改该数据 |
| 其他属性 | 名称 | Name | 用于设置控件名称，且同一窗体该名称不可重复 |
| | 控件提示文本 | ControlTipText | 当鼠标指针移动到该控件时，用于显示提示信息 |
| | Tab 键索引 | TabIndex | 用于设定控件在【Tab】键次序中的位置 |
| | 状态栏文字 | StatusBarText | 用于设定状态栏显示的文字 |
| | 允许自动更正 | AllowAutoCorrect | 包含"是"和"否"两个选项，用于设定是否允许自动更正控件中输入的内容 |
| | 自动 Tab 键 | AutoTab | 包含"是"和"否"两个选项，用于设定在输入文本框控件中掩码所允许的最后一个字符的情况下，是否允许自动【Tab】切换 |

### 6.3.4 控件的操作

#### 1. 插入控件
单击控件选项组中的控件，在窗体适当位置单击或拖动鼠标绘制一个矩形区域，即可完成控件的插入。

#### 2. 选择控件
在"窗体设计"视图中，单击选中控件，会在控件周围显示八个尺寸控制点，如图6-20所示。左上角的尺寸控制点较大，用于移动控件，其他尺寸控制点可以调整控件的大小。

① 选择单个控件：单击即可选中该控件。
② 选中多个控件：按住【Ctrl】键并单击要选择的每一个控件，或者拖动鼠标框选每一个控件。

#### 3. 移动控件
单击选中控件，将鼠标指针移动到控件的边框上，指针显示为图6-21所示的形状时，按住鼠标左键拖动即可将控件移动到指定位置。

#### 4. 控件布局
在窗体"设计视图"中，可以通过"排列"选项卡→"调整大小和排序"选项组中的"大小/空格"、"对齐"、"置于顶层"和"置于底层"功能按钮对窗体中控件的布局进行设置，如图6-22所示。

如图6-23所示，同时选中多个控件，可以通过"大小/空格"下拉按钮中的功能对多个控件的大小及间距等进行设置，可以通过"对齐"下拉按钮中的功能同时调整多个控件的对齐方式，也可以通过"置于顶层"和"置于底层"按钮对控件布局进行设置。

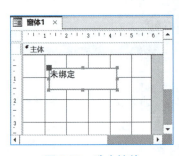

图6-20 选中控件

图6-21 移动控件

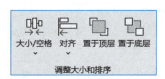

图6-22 "调整大小和排序"选项组

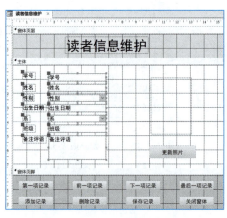

图6-23 选中多个控件并设置布局

#### 5. 复制控件
单击选中需要复制的控件，右击，在弹出的快捷菜单中选择"复制"命令，在窗体适当位置右击，在弹出的快捷菜单中选择"粘贴"命令，即可复制控件，复制完成后需要对其属性进行修改和设置。

#### 6. 删除控件
单击选中控件，按【Delete】键即可删除选中的控件。

## 6.4 窗体和控件事件

对于窗体或控件而言，事件是可以被识别的动作，是对外部操作的响应。比如可以通过单击"按钮"控件修改"文本框"控件中的内容，即"按钮"控件可以识别并响应"单击"（Click）事件并完成修改"文本框"控件中内容的操作。

### 6.4.1 常用窗体事件

在Access中，窗体可以识别并响应的事件有很多种，主要包括基本窗体事件、鼠标和键盘事件以及数据事件。

#### 1. 基本窗体事件
Access窗体最基本、最常用的窗体事件见表6-5。

## 2. 窗体鼠标和键盘事件

Access 窗体还可以响应很多鼠标和键盘事件，见表 6-6。

表 6-5　基本的窗体事件

| 事件 | 触发事件的条件 |
| --- | --- |
| 打开（Open） | 当打开窗体，但第一条记录尚未显示时 |
| 加载（Load） | 当打开窗体并显示记录时 |
| 调整大小（Resize） | 当改变窗体大小时 |
| 卸载（Unload） | 当窗体关闭，但从屏幕中移除之前 |
| 关闭（Close） | 当窗体关闭，并从屏幕中移除时 |
| 激活（Activate） | 当窗体成为活动窗口时 |
| 停用（Deactivate） | 当窗体成为非活动窗口时 |
| 获得焦点（GotFocus） | 当窗体接收到焦点时 |
| 失去焦点（LostFocus） | 当窗体失去焦点时 |
| 计时器触发（Timer） | 当经过指定的时间间隔（通过"计时器间隔"属性设置，单位为毫秒）时 |

表 6-6　窗体鼠标和键盘事件

| 事件 | 触发事件的条件 |
| --- | --- |
| 单击（Click） | 当单击鼠标左键时 |
| 双击（DblClick） | 当双击鼠标左键时 |
| 鼠标按下（MouseDown） | 当按下鼠标键时 |
| 鼠标移动（MouseMove） | 当移动鼠标时 |
| 鼠标释放（MouseUp） | 当释放鼠标键时 |
| 键按下（KeyDown） | 当按下某个键盘键时 |
| 键释放（KeyUp） | 当释放某个键盘键时 |
| 击键（KeyPress） | 当按下并释放某个键盘键时 |

## 3. 窗体数据事件

在 Access 中，窗体还可以识别并响应窗体数据管理相关的事件，见表 6-7。

表 6-7　窗体数据事件

| 事件 | 触发事件的条件 | 事件 | 触发事件的条件 |
| --- | --- | --- | --- |
| 成为当前（Current） | 当一条记录成为当前记录时 | 更新后（AfterUpdate） | 在记录更新之后 |
| 插入前（BeforeInsert） | 在实际添加新记录之前 | 删除（Delete） | 当删除某条记录时 |
| 插入后（AfterInsert） | 在添加新纪录之后 | 确认删除前（BeforeDelConfirm） | 在显示"删除确认"对话框之前 |
| 更新前（BeforeUpdate） | 在记录更新之前 | 确认删除后（AfterDelConfirm） | 在"删除确认"对话框关闭并确认删除之后 |

**例 6-6**　创建"窗体事件练习"窗体，设置窗体"加载"（Load）事件。实现窗体运行时，窗体中"标签"控件的标题由"窗体设计"变为"窗体加载"，窗体"设计视图"如图 6-24 所示，"窗体视图"如图 6-25 所示。

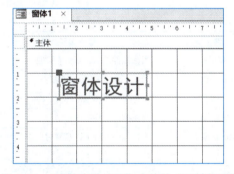

图 6-24　"窗体事件练习"窗体的"设计视图"

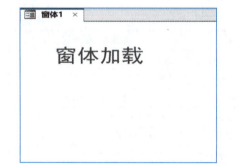

图 6-25　"窗体事件练习"窗体的"窗体视图"

视频

微课6-6
创建"窗体事件"

详细操作步骤如下：

① 单击"创建"选项卡→"窗体"选项组→"窗体设计"按钮，即可创建一个新的窗体并打开该窗体的"设计视图"。

② 添加"标签"控件：单击"控件"选项组→"标签"按钮，在窗体适当位置鼠标拖动绘制一个矩形区域，输入"窗体设计"，即可完成"标签"控件的插入。单击选中该控件，修改"名称"属性值为"Label"，"标题"属性值为"窗体设计"，"字号"属性值为"24"。

③ 添加窗体"加载"（Load）事件：单击"窗体选择器"，在"属性表"窗格→"事件"选项组中添加"加载"事件。单击选中"加载"事件，然后单击右侧"…"按钮，在弹出的对话框中选中"代码生成器"，单击"确定"按钮，如图 6-26 所示。在弹出的"代码生成器"界面输入如下所示代码：

```
Private Sub Form_Load()
    Label.Caption = "窗体加载"
End Sub
```

其中"Label.Caption = "窗体加载""是指修改"标签"控件（Label）的"标题"属性值为"窗体加载"。（注：Private Sub Form_Load()是"加载"事件的第一句代码，"End Sub"是最后一句代码，系统会自动生成。）

④ 关闭"代码生成器"窗口，按【Ctrl+S】组合键保存窗体，在弹出的"另存为"对话框中输入窗体名称"窗体事件练习"，单击"确定"按钮保存窗体。单击"视图"选项组→"窗体视图"按钮，即可查看窗体展示效果，如图6-25所示。

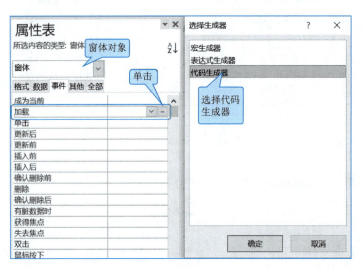

图 6-26　打开"代码生成器"

### 6.4.2　常用控件事件

在 Access 中，控件也可以识别并响应事件，比如"单击"事件、"双击"事件、"更改"事件等，用来实现某些操作。即当某一个动作发生时，完成某一事项。比如，单击"红色"按钮，修改"矩形"控件的背景色为"红色"。控件常用事件见表 6-8。

表 6-8　控件常用事件

| 事件 | 触发事件的时间 | 事件 | 触发事件的时间 |
| --- | --- | --- | --- |
| 更新前（BeforeUpdate） | 在控件中的数据更新之前 | 双击（DblClick） | 当在控件上双击鼠标左键时 |
| 更新后（AfterUpdate） | 在控件中的数据更新之后 | 鼠标按下（MouseDown） | 当在控件上按下鼠标键时 |
| 更改（Change） | 当控件中的数据发生更改时 | 鼠标移动（MouseMove） | 当在控件上移动鼠标时 |
| 不在列表中（NotInList） | 当在组合框中输入不在列表中的值时 | 鼠标释放（MouseUp） | 当在控件上释放鼠标键时 |
| 获得焦点（GotFocus） | 当控件接收到焦点时 | 键按下（KeyDown） | 当在控件上按下键盘键时 |
| 失去焦点（LostFocus） | 当控件失去焦点时 | 击键（KeyPress） | 当在控件上按下并释放键盘键时 |
| 单击（Click） | 当在控件上单击鼠标左键时 | 键释放（KeyUp） | 当在控件上释放键盘键时 |

视频
微课6-7
创建"控件事件练习"窗体

**例** 6-7　创建"控件事件练习"窗体如图6-27所示，要求实现单击"加粗"按钮后，"几何形状"标签字体加粗；单击"倾斜"按钮后，"几何形状"标签字体倾斜。

详细操作步骤如下：

① 单击"创建"选项卡→"窗体"选项组→"窗体设计"按钮，即可创建一个新的窗体并打开该窗体的"设计视图"。

② 添加"标签"控件：单击"控件"选项组→"标签"按钮，在窗体适当位置鼠标拖动绘制一个矩形区域，输入文字"几何形状"，即可完成控件的插入。单击选中该控件，修改"名称"属性值为"labJhxz"，"字号"属性值为"36"，"字体名称"属性值为"宋体"。

③ 添加"按钮"控件：单击"控件"选项组→"按钮"按钮，在窗体适当位置鼠标拖动绘制一个矩形区域，在弹出的"命令向导对话框"中单击"取消"按钮，即可完成控件的插入。单击选中该控件，修改"名称"属性值为"cmdJc"，"标题"属性值为"加粗"。

④ 为"按钮"控件添加"单击"事件（Click）：单击选中"加粗"控件（cmdJc），在"属性表"窗格→"事件"选项组中设置"单击"事件。单击选中"单击"事件，然后单击右侧"…"按钮，在弹出的对话框中选中"代码生成器"，单击"确定"按钮，在弹出的"代码生成器"界面输入如下所示：

```
Private Sub cmdJc_Click()
    labJhxz.FontBold = True
End Sub
```

其中，"labJhxz.FontBold = True"是指修改"标签"控件（labJhxz）的"字体粗体"属性值为"True"。（注：Private Sub cmdJc_Click() 是"加粗"按钮"单击"事件的第一句代码，"End Sub"是最后一句代码，系统会自动生成。）

⑤ 使用相同的方法创建"倾斜"按钮，修改"名称"属性值为"cmdQx"，"标题"属性值为"倾斜"。并添加"单击"事件，执行代码如下：

```
Private Sub cmdQx_Click()
    labJhxz.FontItalic = True
End Sub
```

其中，"labJhxz.FontItalic = True"是指修改"标签"控件（labJhxz）的"字体倾斜"属性值为"True"。（注：Private Sub cmdQx_Click() 是"倾斜"按钮"单击"事件的第一句代码，"End Sub"是最后一句代码，系统会自动生成。）

⑥ 关闭"代码生成器"窗口，按【Ctrl+S】组合键保存窗体，在弹出的"另存为"对话框中输入窗体名称"控件事件练习"，单击"确定"按钮保存窗体。单击"视图"选项组→"窗体视图"按钮，切换到"窗体视图"。单击"加粗"按钮，效果如图 6-28 所示；单击"倾斜"按钮，效果如图 6-29 所示。

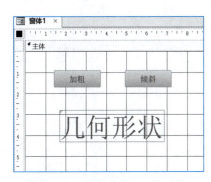

图 6-27 "控件事件练习"窗体

图 6-28 "加粗"按钮"单击"效果

图 6-29 "倾斜"按钮"单击"效果

### 6.4.3 常见事件序列

事件并不是随机发生的，所有的事件发生都是有先后顺序的。下面将介绍某些动作发生时事件的执行顺序。

1. 打开和关闭窗体

打开窗体和关闭窗体动作发生时，事件执行顺序见表 6-9，从上到下依次执行。

2. 焦点更改

焦点更改相关动作发生时，事件执行顺序见表 6-10，从上到下依次执行。

3. 修改数据

修改数据相关动作发生时，事件执行顺序见表 6-11，从上到下依次执行。

### 表 6-9  打开和关闭窗体时事件执行顺序

| 动　作 | 事件执行顺序 |
| --- | --- |
| 打开窗体 | ① 打开（Open）（窗体） |
| | ② 加载（Load）（窗体） |
| | ③ 调整大小（Resize）（窗体） |
| | ④ 激活（Activate）（窗体） |
| | ⑤ 成为当前（Current）（窗体） |
| | ⑥ 进入（Enter）（控件） |
| | ⑦ 获得焦点（GotFocus）（控件） |
| 关闭窗体 | ① 退出（Exit）（控件） |
| | ② 失去焦点（LostFocus）（控件） |
| | ③ 卸载（Unload）（窗体） |
| | ④ 停用（Deactivate）（窗体） |
| | ⑤ 关闭（Close）（窗体） |

### 表 6-10  焦点更改时事件执行顺序

| 动　作 | 事件执行顺序 |
| --- | --- |
| 当焦点从一个窗体转移到另一个窗体时 | ① 停用（Deactivate）（窗体1） |
| | ② 激活（Activate）（窗体2） |
| 当焦点移动到窗体上的某个控件时 | ① 进入（Enter） |
| | ② 获得焦点（GotFocus） |
| 当焦点离开窗体上控件时 | ① 退出（Exit） |
| | ② 失去焦点（LostFocus） |
| 当焦点从一个控件转移到另一控件时 | ① 退出（Exit）（控件1） |
| | ② 失去焦点（LostFocus）（控件1） |
| | ③ 进入（Enter）（控件2） |
| | ④ 获得焦点（GotFocus）（控件2） |
| 当焦点离开修改数据后的记录，但在进入下一条记录之前 | ① 更新前（BeforeUpdate）（窗体） |
| | ② 更新后（AfterUpdate）（窗体） |
| | ③ 退出（Exit）（控件） |
| | ④ 失去焦点（LostFocus）（控件） |
| | ⑤ 成为当前（Current）（窗体） |
| 当焦点转移到窗体视图中的某条现有记录时 | ① 更新前（BeforeUpdate）（窗体） |
| | ② 更新后（AfterUpdate）（窗体） |
| | ③ 成为当前（Current）（窗体） |

### 表 6-11  修改数据时事件执行顺序

| 动　作 | 事件执行顺序 |
| --- | --- |
| 当在窗体控件中输入或修改数据，同时焦点转移到另一控件上时 | ① 更新前（BeforeUpdate） |
| | ② 更新后（AfterUpdate） |
| | ③ 退出（Exit） |
| | ④ 失去焦点（LostFocus） |
| 当用户在某个窗体控件具有焦点的情况下同时按下然后释放一个键时 | ① 键按下（KeyDown） |
| | ② 击键（KeyPress） |
| | ③ 键释放（KeyUp） |
| 当某个文本框或者组合框的文本框部分中的文本发生更改时 | ① 键按下（KeyDown） |
| | ② 击键（KeyPress） |
| | ③ 更改（Change） |
| | ④ 键释放（KeyUp） |
| 当某个组合框中输入的值不在组合框列表中 | ① 键按下（KeyDown） |
| | ② 击键（KeyPress） |
| | ③ 更改（Change） |
| | ④ 键释放（KeyUp） |
| | ⑤ 不在列表中（NotInList） |
| | ⑥ 出错（Error） |
| 当修改控件中的数据，且用户按下【Tab】键转移到下一控件时 | ① 键按下（KeyDown）（控件1） |
| | ② 更新前（BeforeUpdate）（控件1） |
| | ③ 更新后（AfterUpdate）（控件1） |
| | ④ 退出（Exit）（控件1） |
| | ⑤ 失去焦点（LostFocus）（控件1） |
| | ⑥ 进入（Enter）（控件2） |
| | ⑦ 获得焦点（GotFocus）（控件2） |
| | ⑧ 击键（KeyPress）（控件2） |
| | ⑨ 键释放（KeyUp）（控件2） |
| 当打开窗体，且修改控件中数据时 | ① 成为当前（Current）（窗体） |
| | ② 进入（Enter）（控件） |
| | ③ 获得焦点（GotFocus）（控件） |
| | ④ 更新前（BeforeUpdate）（控件） |
| | ⑤ 更新后（AfterUpdate）（控件） |
| 当删除记录时 | ① 删除（Delete） |
| | ② 删除确认前（BeforeDelConfirm） |
| | ③ 删除确认后（AfterDelConfirm） |
| 当焦点转移到窗体中一条新的空白记录，且当用户在控件中输入内容创建新的记录时 | ① 成为当前（Current）（窗体） |
| | ② 进入（Enter）（控件） |
| | ③ 获得焦点（GotFocus）（控件） |
| | ④ 插入前（BeforeInsert）（窗体） |
| | ⑤ 插入后（AfterInsert）（窗体） |

**4．鼠标事件**

鼠标事件执行顺序见表 6-12。

表 6-12 鼠标事件执行顺序

| 动 作 | 事件执行顺序 | 动 作 | 事件执行顺序 |
|---|---|---|---|
| 当用户在鼠标指针位于某个窗体控件上时按下并释放某个鼠标按钮时 | ① 鼠标按下（MouseDown）<br>② 鼠标释放（Mouseup）<br>③ 单击（Click） | 当用户通过单击第二个控件把焦点从一个控件转移到另一控件上时 | ⑥ 鼠标释放（MouseUp）（控件 2）<br>⑦ 单击（Click）（控件 2） |
| 当用户通过单击第二个控件把焦点从一个控件转移到另一控件上时 | ① 退出（Exit）（控件 1）<br>② 失去焦点（LostFocus）（控件 1）<br>③ 进入（Enter）（控件 2）<br>④ 获得焦点（GotFocus）（控件 2）<br>⑤ 鼠标按下（MouseDown）（控件 2） | 当用户双击非命令按钮控件时 | ① 鼠标按下（MouseDown）<br>② 鼠标释放（MouseUp）<br>③ 单击（Click）<br>④ 双击（DblClick）<br>⑤ 鼠标释放（MouseUp） |

## 6.5 图书管理系统应用界面设计

窗体设计是依照用户的需求，使用控件完成窗体的布局、功能实现及美化等工作。本节通过"图书管理系统"整体应用界面设计实例来讲解窗体、控件的使用及属性设置，"图书管理系统"系统功能框图如图 6-30 所示。

### 6.5.1 "读者信息维护"窗体设计

"读者信息维护"窗体是维护读者信息的系统界面，要求能够实现查看、添加、删除以及保存读者信息等功能。

#### 1. 窗体数据源分析

"读者信息维护"窗体的数据源为"读者"表，可以通过设置"读者信息维护"窗体的"记录源"属性值为"读者"表来实现，这样就可以从"读者"表中获取读者信息并将其显示在窗体上，如图 6-31 所示。

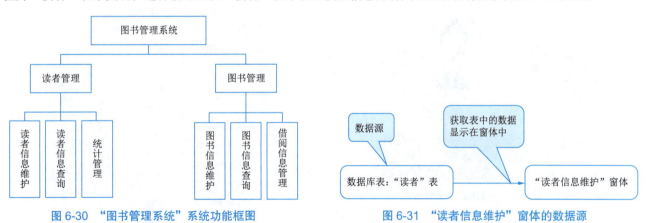

图 6-30 "图书管理系统"系统功能框图　　　　图 6-31 "读者信息维护"窗体的数据源

#### 2. 窗体设计与实施

"读者信息维护"窗体"设计视图"如图 6-32 所示，"窗体视图"如图 6-33 所示。窗体及窗体中控件的主要属性设置见表 6-13。其中"照片"字段的实现方式及要求如下：

① 在与项目文件同一文件夹目录下创建"照片"文件夹，用于存放读者照片，"读者"表中"照片"字段存放读者照片存储的相对路径。

② 通过"更新照片"按钮获取用户上传的照片，将照片重命名为"学号"并将其保存至"照片"文件夹中，同时更新"读者"表中的"照片"字段。

③ 照片分辨率统一为 300×400 像素，宽高比为 3∶4；格式统一为"JPG"格式。

详细操作步骤如下：

① 打开"图书管理系统"数据库，单击"创建"选项卡→"窗体"选项组→"窗体设计"按钮，即可创建一个新的窗体并打开该窗体的"设计视图"，并参照表 6-13 设置窗体属性，如图 6-34 所示。

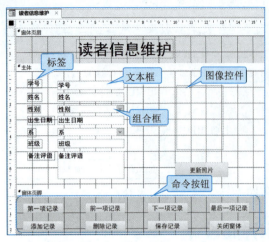

图 6-32 "读者信息维护"窗体的"设计视图"

表 6-13 "读者信息维护"窗体属性设置表

| 对象 | 对象名 | 属性 |
|---|---|---|
| 窗体 | 读者信息维护 | 记录源:"读者"表 |
| | | 标题:读者信息维护 |
| | | 边框样式:对话框边框 |
| | | 记录选择器:否 |
| | | 导航按钮:否 |
| | | 滚动条:两者均无 |
| | | 弹出方式:是 |
| 标签 | Label0 | 标题:读者信息维护 |
| | Label1 | 标题:学号 |
| | Label2 | 标题:姓名 |
| | Label3 | 标题:性别 |
| | Label4 | 标题:出生日期 |
| | Label5 | 标题:系 |
| | Label6 | 标题:班级 |
| | Label7 | 标题:备注评语 |
| 文本框 | 学号 | 控件来源:学号 |
| | 姓名 | 控件来源:姓名 |
| | 出生日期 | 控件来源:出生日期 |
| | 班级 | 控件来源:班级 |
| | 备注评语 | 控件来源:备注评语 |
| 组合框 | 性别 | 控件来源:性别 |
| | 系 | 控件来源:系 |
| 图像 | imgZp | 名称:imgZp |
| | | 宽度:3 cm |
| | | 高度:4 cm |
| 按钮 | cmdGxzp | 名称:cmdGxzp |
| | | 标题:更新照片 |
| | Command20 | 标题:第一项记录 |
| | Command21 | 标题:前一项记录 |
| | Command22 | 标题:下一项记录 |
| | Command23 | 标题:最后一项记录 |
| | Command24 | 标题:添加记录 |
| | Command25 | 标题:删除记录 |
| | Command26 | 标题:保存记录 |
| | Command27 | 标题:关闭窗体 |

图 6-33 "读者信息维护"窗体的"窗体视图"

②在窗体空白处右击,在弹出的快捷菜单中勾选"窗体页眉/页脚",如图 6-35 所示,即可在窗体中添加"窗体页眉"和"窗体页脚"节。

③在"窗体页眉"节使用"标签"控件添加标题"读者信息维护":单击"控件"选项组→"标签"按钮,在"窗体页眉"相应位置拖动鼠标绘制一个矩形区域即可添加"标签"控件,同时设置标签内容为"读者信息维护"。添加完成后,可以通过鼠标对其位置、大小进行修改,也可以通过"属性表"对该标签的"标题"、"宽度"、"高度"、"字体"及"字号"等多种属性进行修改。

④添加绑定型文本框:单击"工具"选项组→"添加现有字段"按钮,打开"字段列表"窗格,如图 6-36 所示。将"读者"表中的"学号"、"姓名"、"出生日期"、"籍贯"、"班级"和"备注评语"依次拖到窗体相应的位置上,即可完成绑定型文本框的创建,如图 6-37 所示,选中"学号"文本框可以查看"控件来源"属性值为"读者"表中的"学号"字段。

第 6 章 数据库系统应用界面设计　143

图 6-35　显示"窗体页眉/页脚"

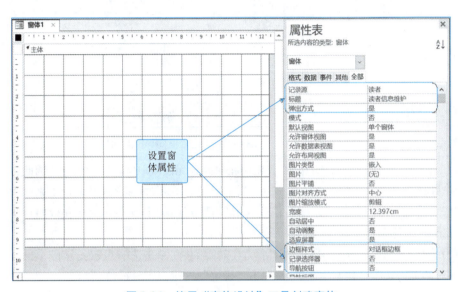

图 6-34　使用"窗体设计"工具创建窗体　　　　　　　　图 6-36　"字段列表"窗格

⑤ 添加组合框，以"性别"字段为例：单击"控件"选项组→"组合框"按钮，在窗体相应位置拖动鼠标绘制一个矩形区域，在弹出的对话框中选择"自行键入所需的值"，如图 6-38 所示。

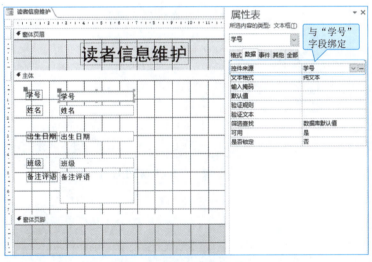

图 6-37　创建绑定型文本框　　　　　　　　　图 6-38　"组合框向导"对话框一

⑥ 单击"下一步"按钮，在弹出的对话框中"第一列"输入内容"男""女"，如图 6-39 所示。

⑦ 单击"下一步"按钮，在弹出的对话框中选择"将该数值保存在这个字段中"，在组合框中选择"性别"字段，完成与"读者"表中"性别"字段的绑定，如图 6-40 所示。

⑧ 单击"下一步"按钮，在弹出的对话框中输入组合框的标签名称，在文本框中输入"性别"，如图 6-41 所示。单击"完成"按钮，完成"性别"组合框的创建。

⑨ 使用相同的方法，创建"系"组合框。

⑩ 添加图像控件：单击"控件"选项组→"图像"按钮，在窗体相应位置拖动鼠标绘制一个矩形区域，在弹出的对话框中单击"取消"按钮。在"属性表"窗格→"其他"选项组中，修改"名称"属性值为"imgZp"。

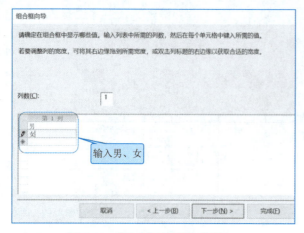

图 6-39 "组合框向导"对话框二

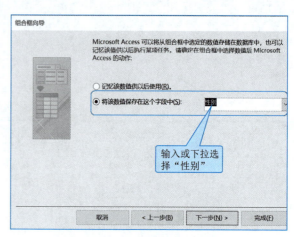

图 6-40 "组合框向导"对话框三

由于"读者"表中"照片"字段只保存了照片存储的相对路径,仅使用相对路径无法获取实际照片信息。因此,需要先获取照片的实际存储位置,并将其设置为图像控件(imgZp)的"图片"属性值,才能将照片显示出来。为实现这个功能,需要给窗体添加"成为当前"事件,即显示每一位读者信息时都会触发该事件,完成获取照片实际存储位置以及设置图像控件(imgZp)"图片"属性等操作。

单击"窗体选择器",在"属性表"窗格→"事件"选项组中添加"成为当前"事件。单击选中"成为当前"事件,然后单击右侧"…"按钮,在弹出的对话框中选中"代码生成器",单击"确定"按钮,如图 6-42 所示。

图 6-41 "组合框向导"对话框四

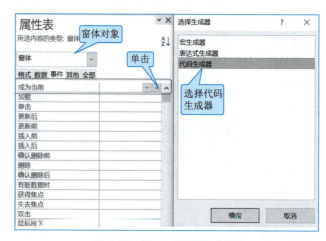

图 6-42 打开"代码生成器"

在弹出的"代码生成器"界面输入如下代码:

```
Private Sub Form_Current()
    If ( 照片 .Value <> "") Then
        imgZp.Picture = CurrentProject.Path & 照片
    Else
        imgZp.Picture = ""
    End If
End Sub
```

其中,"照片.Value<>"""是指从"读者"表"照片"字段中读取信息,并判断是否为空;"imgZp.Picture = CurrentProject.Path & 照片"是指获取照片路径并修改"图像"控件(imgZp)的"图片"属性;"CurrentProject.Path"是指当前对象的路径,"照片"是获取"照片"字段存储的相对路径,"&"是连接符。(注:Private Sub Form_Current() 是"成为当前"事件的第一句代码,"End Sub"是最后一句代码,系统会自动生成。)

⑪ 添加"更新照片"按钮,单击"控件"选项组→"按钮",在窗体相应位置拖动鼠标绘制一个矩形区域,在弹出的对话框中单击"取消"按钮。选中该按钮,在"属性表"窗格中修改"名称"属性值为"cmdGxzp","标题"属性值为"更新照片"。

同时,在属性窗格→"事件"选项组中为"更新照片"按钮添加"单击"事件。选中"单击"事件,然后单击"…"按钮,在弹出的对话框中选中"代码生成器",单击"确定"按钮,在弹出的"代码生成器"界面输入如下所示代码,代码注释见表6-14。

```
Private Sub cmdGxzp_Click()
    Dim PathYwj, PathMbwj, Xh As String
    With Application.FileDialog(msoFileDialogFilePicker)
        If .Show = -1 Then
            PathYwj = .SelectedItems.Item(1)
            Xh = 学号
            PathMbwj = CurrentProject.Path & "\ 照片 \" & Xh & ".jpg"
            FileCopy PathYwj, PathMbwj
            照片 = "\ 照片 \" & Xh & ".jpg"
            imgZP.Picture = CurrentProject.Path & 照片
        End If
    End With
End Sub
```

表6-14 "更新照片"按钮"单击"事件执行代码注释

| 代 码 | 注 释 |
| --- | --- |
| Dim PathYwj, PathMbwj, Xh As String | 定义"源文件路径""目标文件路径""学号"三个变量 |
| With Application.FileDialog(msoFileDialogFilePicker)<br>  If .Show = -1 Then<br>    PathYwj = .SelectedItems.Item(1)<br>  End If<br>End With | 打开"选择文件"对话框,并获取用户选择图片的路径 |
| Xh = 学号 | 获取"读者"表"学号"字段的值 |
| PathMbwj = CurrentProject.Path & "\ 照片 \" & Xh & ".jpg" | 用"学号"重命名图片并给"目标文件路径"变量赋值 |
| FileCopy PathYwj, PathMbwj | 复制用户选择的源文件并粘贴到目标文件路径下 |
| 照片 = "\ 照片 \" & Xh & ".jpg" | 更新"读者"表"照片"字段的值 |
| imgZP.Picture = CurrentProject.Path & 照片 | 修改"照片"图像控件"图片"属性 |

"更新照片"按钮运行效果如图6-43所示;将照片以"学号"命名并保存到"照片"文件夹中,如图6-44所示;更新读者表中的"照片"字段,如图6-45所示。

图6-43 "更新"按钮运行效果

⑫添加其他命令按钮,以添加"第一项记录"按钮为例:单击"控件"选项组→"按钮",在"窗体页脚"相应位置拖动鼠标绘制一个矩形区域,在弹出的对话框中,"类别"列表框中选择"记录导航","操作"列表框中选择"转至第一项记录",如图6-46所示。

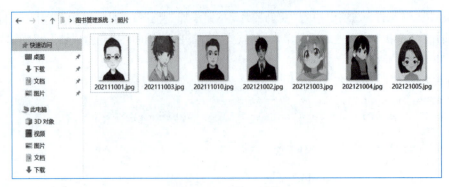

图 6-44 照片文件夹

图 6-45 "读者表"中"照片"字段

⑬ 单击"下一步"按钮,在弹出的对话框中选择"文本",并输入"第一项记录",如图 6-47 所示。

图 6-46 "命令按钮向导"对话框一

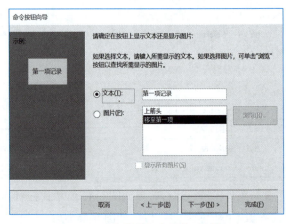

图 6-47 "命令按钮向导"对话框二

⑭ 单击"下一步"按钮,在弹出的对话框中"请指定按钮名称"文本框内输入该按钮的名称,单击"完成"按钮即可完成"第一项记录"按钮的创建。

⑮ 使用相同的方法,在窗体上添加其他按钮,在"命令按钮向导"对话框一(图 6-46)中"类别"列表框和"操作"列表框中选择相应的内容即可,这里就不再赘述。

⑯ 按【Ctrl+S】组合键保存窗体,在弹出的"另存为"对话框中输入窗体名称"读者信息维护",单击"确定"按钮保存窗体。单击"视图"选项组→"窗体视图"按钮,即可查看窗体展示效果。

"读者信息维护"窗体创建完成后,可以实现"读者信息"的查看、添加、修改以及删除等功能。

## 6.5.2 "图书信息维护"窗体设计

"图书信息维护"窗体是用于维护图书信息的系统界面,要求能够实现查看、添加、删除以及保存图书信息等功能。

### 1. 窗体数据源分析

"图书信息维护"窗体的数据源为"图书"表,可以通过设置"图书信息维护"窗体的"记录源"属性值为"图书"表来实现,这样就可以从"图书"表中获取图书信息并将其显示在窗体上,如图 6-48 所示。

图 6-48 "读者信息维护"窗体的数据源

### 2. 窗体设计与实施

"图书信息维护"窗体"设计视图"如图 6-49 所示,"窗体视图"如图 6-50 所示。窗体及窗体中控件的主要属性设置见表 6-15。

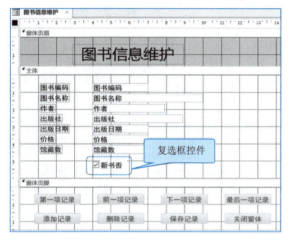

图 6-49 "图书信息维护"窗体的"设计视图"

表 6-15 "图书信息维护"窗体属性设置表

| 对　象 | 对 象 名 | 属　　性 |
| --- | --- | --- |
| 窗体 | 图书信息维护 | 记录源:"图书"表 |
| | | 标题:图书信息维护 |
| | | 边框样式:对话框边框 |
| | | 记录选择器:否 |
| | | 导航按钮:否 |
| | | 滚动条:两者均无 |
| | | 弹出方式:是 |
| 标签 | Label0 | 标题:图书信息维护 |
| | Label1 | 标题:图书编码 |
| | Label2 | 标题:图书名称 |
| | Label3 | 标题:作者 |
| | Label4 | 标题:出版社 |
| | Label5 | 标题:出版日期 |
| | Label6 | 标题:价格 |
| | Label7 | 标题:馆藏数 |
| | Label8 | 标题:新书否 |
| 文本框 | 图书编码 | 控件来源:图书编码 |
| | 图书名称 | 控件来源:图书名称 |
| | 作者 | 控件来源:作者 |
| | 出版社 | 控件来源:出版社 |
| | 出版日期 | 控件来源:出版日期 |
| | 价格 | 控件来源:价格 |
| | 馆藏数 | 控件来源:馆藏数 |
| 复选框 | Check12 | 控件来源:新书否 |
| 按钮 | Command14 | 标题:第一项记录 |
| | Command15 | 标题:前一项记录 |
| | Command16 | 标题:下一项记录 |
| | Command17 | 标题:最后一项记录 |
| | Command18 | 标题:添加记录 |
| | Command19 | 标题:删除记录 |
| | Command20 | 标题:保存记录 |
| | Command21 | 标题:关闭窗体 |

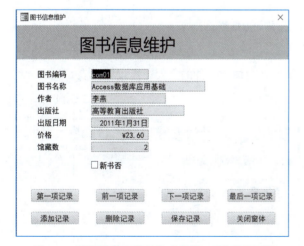

图 6-50 "图书信息维护"窗体的"窗体视图"

详细操作步骤如下:

① 打开"图书管理系统"数据库,单击"创建"选项卡→"窗体"选项组→"窗体设计"按钮,创建新的窗体并打开该窗体的"设计视图"。单击"窗体选择器",在"属性表"中设置窗体属性,见表 6-15。

② 添加"窗体页眉"和"窗体页脚"节，在"窗体页眉"节使用"标签"控件添加标题"图书信息维护"。

③ 通过"字段列表"窗格添加绑定型文本框，将"图书"表中的"图书编码"、"图书名称"、"作者"、"出版社"、"出版日期"、"价格"和"馆藏数"依次拖到窗体相应的位置上，即可完成绑定型文本框的创建。

④ 添加复选框：单击"控件"选项组→"复选框"按钮，在窗体相应位置单击，即可创建，修改标签为"新书否"。选中复选框，在"属性表"窗格→"数据"选项组中单击"控件来源"下拉按钮，修改属性值为"新书否"字段，如图 6-51 所示。

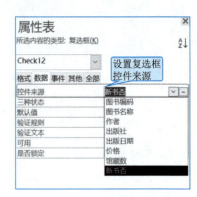

图 6-51 修改"新书否"复选框"控件来源"属性

⑤ 添加按钮：在"命令按钮向导"对话框提示下完成"第一项记录""前一项记录""下一项记录""最后一项记录"等按钮的创建。

⑥ 按【Ctrl+S】组合键保存窗体，在弹出的"另存为"对话框中输入窗体名称"图书信息维护"，单击"确定"按钮保存窗体。切换至"窗体视图"，即可查看窗体展示效果。

### 6.5.3 "统计管理"窗体设计

"统计管理"窗体是用于展示统计数据的系统界面，要求能够查看"图书借阅排行榜"以及"每类图书馆藏数量"。

#### 1. 窗体数据源分析

在"统计管理"窗体中包含"图书借阅排行榜"和"每类图书馆藏数量"两个子窗体，其数据源分别为"图书借阅排行榜"查询和"每类图书馆藏数量"查询，需将子窗体的"记录源"属性设置为相应的查询，这样就可以通过查询获取数据并将其显示在窗体中，如图 6-52 所示。

微课6-10 "统计管理"窗体设计

图 6-52 "统计管理"窗体中子窗体的数据源

#### 2. 窗体设计与实施

"设计视图"如图 6-53 所示，"窗体视图"如图 6-54 所示。窗体及窗体中控件的主要属性设置见表 6-16。

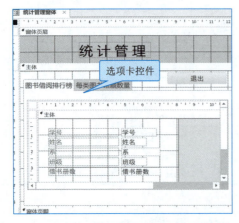

图 6-53 "统计管理"窗体的"设计视图"

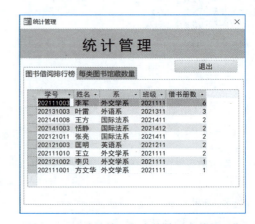

图 6-54 "统计管理"窗体的"窗体视图"

表 6-16 "统计管理"窗体属性设置表

| 对象 | 对象名 | 属性 | 对象 | 对象名 | 属性 |
|---|---|---|---|---|---|
| 窗体 | 统计管理 | 标题：统计管理 | 标签 | Label7 | 标题：统计管理 |
| | | 边框样式：对话框边框 | | 学号_Label | 标题：学号 |
| | | 记录选择器：否 | | 姓名_Label | 标题：姓名 |
| | | 导航按钮：否 | | 系_Label | 标题：系 |
| | | 滚动条：两者均无 | | 班级_Label | 标题：班级 |
| | | 弹出方式：是 | | 借书册数_Label | 标题：借书册数 |
| 选项卡 | 页1 | 标题：图书借阅排行榜 | | 图书类编码_Label | 标题：图书类编码 |
| | 页2 | 标题：每类图书馆藏数量 | | 图书类名称_Label | 标题：图书类名称 |
| 子窗体 | 借书排行榜 | 记录源："图书借阅排行榜"查询 | | 每类图书馆藏数量_Label | 标题：每类数量 |
| | | 标题："图书借阅排行榜" | 文本框 | 学号 | 控件来源：学号 |
| | | 边框样式：对话框边框 | | 姓名 | 控件来源：姓名 |
| | | 记录选择器：否 | | 系 | 控件来源：系 |
| | | 导航按钮：否 | | 班级 | 控件来源：班级 |
| | | 滚动条：两者均无 | | 借书册数 | 控件来源：借书册数 |
| | 每类图书馆藏数量 | 记录源："每类图书馆藏数量"查询 | 文本框 | 图书类编码 | 控件来源：图书类编码 |
| | | 标题："每类图书馆藏数量" | | 图书类名称 | 控件来源：图书类名称 |
| | | 边框样式：对话框边框 | | 每类图书馆藏数量 | 控件来源：每类图书馆藏数量 |
| | | 记录选择器：否 | 按钮 | Command18 | 标题：退出 |
| | | 导航按钮：否 | | | |
| | | 滚动条：两者均无 | | | |

详细操作步骤如下：

(1) 创建选择查询

① 参照第 5 章 5.8.3 节图书借阅排行榜创建"图书借阅排行榜"查询。

② 参照第 5 章 5.8.4 节每类图书馆藏数量创建"每类图书馆藏数量"查询。

(2) 创建窗体

① 打开"图书管理系统"数据库，单击"创建"选项卡→"窗体"选项组→"窗体设计"按钮，创建一个新的窗体并打开该窗体的"设计视图"，单击"窗体选择器"，在"属性表"中参照表 6-16 所示设置窗体属性。

② 添加"窗体页眉""窗体页脚"节，在"窗体页眉"节使用"标签"控件添加标题"统计管理"。

③ 添加选项卡控件：单击"控件"选项组→"选项卡控件"按钮，在窗体"主体"节相应位置拖动鼠标绘制一个矩形区域，创建选项卡控件。单击"选项卡控件"最上方的"页1"，在"属性表"→"格式"选项组中修改"标题"属性值为"图书借阅排行榜"，如图 6-55 所示。采用同样的方式将"页2"修改为"每类图书馆藏数量"。

④ 添加子窗体/子报表控件：单击"控件"选项组→"子窗体/子报表"按钮，在"选项卡控件"相应的"页"中适当位置拖动鼠标绘制一个矩形区域，创建子窗体控件，在弹出的对话框中选择"使用现有的表和查询"，如图 6-56 所示。

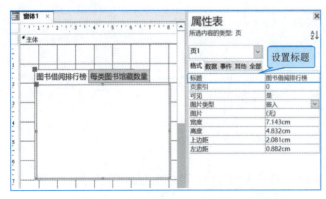

图 6-55 添加"选项卡控件"并修改页"标题"属性

图 6-56 "子窗体向导"对话框一

⑤ 单击"下一步"按钮,在弹出的对话框中,选择"图书借阅排行榜"查询,单击">>"按钮选中所有字段,如图 6-57 所示。

⑥ 单击"下一步"按钮,在弹出的对话框中输入子窗体名称"图书借阅排行榜",如图 6-58 所示。单击"完成"按钮,即可完成子窗体的创建。

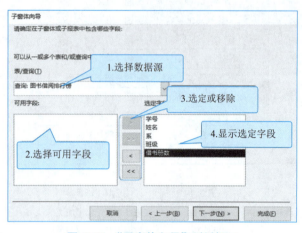

图 6-57 "子窗体向导"对话框二　　　　图 6-58 "子窗体向导"对话框三

⑦ 切换至选项卡中"每类图书馆藏数量"页,添加"每类图书馆藏数量"子窗体。添加方式与"图书借阅排行榜"子窗体相同,这里就不再赘述。

⑧ 添加"退出"按钮:单击"控件"选项组→"按钮",在"主体"节相应位置拖动鼠标绘制一个矩形区域,在弹出的"命令按钮向导"对话框中,"类别"列表框中选择"窗体操作","操作"列表框中选择"关闭窗体",参照提示完成"退出"按钮的添加。

⑨ 按【Ctrl+S】组合键保存窗体,在弹出的"另存为"对话框中输入窗体名称"统计管理",单击"确定"按钮保存窗体。单击"视图"选项组→"窗体视图"按钮,即可查看窗体展示效果。

### 6.5.4 "读者信息查询"窗体设计

"读者信息查询"窗体是用于查找读者信息的系统界面,要求能够按照"学号"或"姓名"查找读者信息。

#### 1. 窗体数据源分析

在"读者信息查询"窗体中,通过"读者信息"子窗体展示查询获取的信息,其数据源为"按学号或姓名查询读者信息"查询,需将子窗体的"记录源"属性设置为该查询。

"读者信息"子窗体中数据获取及显示过程如图 6-59 所示,首先获取"读者信息查询"窗体中"学号"和"姓名"文本框中的值,然后为"按学号或姓名查询读者信息"查询提供参数并进行查询,最后将查询的结果显示在"读者信息"子窗体中。

● 视　频

微课6-11
"读者信息查询"窗体设计

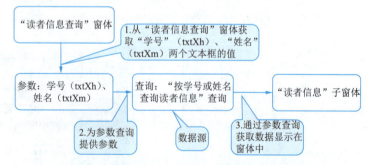

图 6-59 "读者信息"子窗体中数据获取及显示过程

#### 2. 窗体设计与实施

"设计视图"如图 6-60 所示,"窗体视图"如图 6-61 所示。窗体及窗体中控件的主要属性设置见表 6-17。

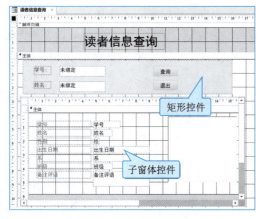

图 6-60 "读者信息查询"窗体的"设计视图"

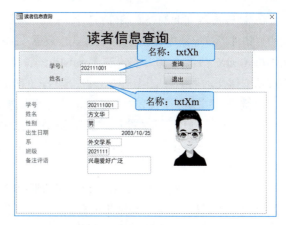

图 6-61 "读者信息查询"窗体的"窗体视图"

表 6-17 "读者信息查询"窗体属性设置表

| 对象 | 对象名 | 属性 | 对象 | 对象名 | 属性 |
| --- | --- | --- | --- | --- | --- |
| 窗体 | 读者信息查询 | 标题：读者信息查询 | 标签 | 系_Label | 标题：系 |
| | | 边框样式：对话框边框 | | 班级_Label | 标题：班级 |
| | | 记录选择器：否 | | 备注评语_Label | 标题：备注评语 |
| | | 导航按钮：否 | 文本框 | txtXh | 名称："txtXh" |
| | | 滚动条：两者均无 | | txtXm | 名称："txtXm" |
| | | 弹出方式：是 | | 学号 | 控件来源：学号 |
| 子窗体 | 读者信息 | 记录源："按学号或姓名查询读者信息"查询 | | 姓名 | 控件来源：姓名 |
| | | 标题：读者信息 | | 出生日期 | 控件来源：出生日期 |
| | | 边框样式：对话框边框 | | 班级 | 控件来源：班级 |
| | | 记录选择器：否 | | 备注评语 | 控件来源：备注评语 |
| | | 导航按钮：否 | | 性别 | 控件来源：性别 |
| | | 滚动条：两者均无 | | 系 | 控件来源：系 |
| 标签 | Label20 | 标题：读者信息查询 | 图像 | imgZp | 名称："imgZp" |
| | 学号_Label | 标题：学号 | | | 宽度：3 cm |
| | 姓名_Label | 标题：姓名 | | | 高度：4 cm |
| | 性别_Label | 标题：性别 | 按钮 | Command11 | 标题：查询 |
| | 出生日期_Label | 标题：出生日期 | | Command12 | 标题：退出 |

详细操作步骤如下：

（1）创建参数查询

参照第 5 章 5.4.2 节按"学号"或"姓名"查询读者创建参数查询，同时添加其他需要显示的字段，如"出生日期""籍贯""系""备注评语"和"照片字段"等，并将该查询命名为"按学号或姓名查询读者信息"。

（2）创建窗体

① 打开"图书管理系统"数据库，单击"创建"选项卡→"窗体"选项组→"窗体设计"按钮，即可创建一个新的窗体并打开该窗体的"设计视图"，并参照表 6-17 设置窗体属性。

② 在"窗体页眉"节使用"标签"控件添加标题"读者信息查询"。

③ 添加"学号"和"姓名"文本框，并设置"学号"文本框的"名称"属性值为"txtXh"，"姓名"文本框的"名称"属性值为"txtXm"。同时修改对应标签的"标题"属性值为"学号："和"姓名："。

④ 添加矩形：单击"控件"选项组→"矩形"按钮，在窗体适当位置拖动鼠标绘制一个矩形区域，创建"矩形"控件。在"属性表"窗格→"格式"选项组中修改该矩形的"背景色"属性，并单击"排列"选项卡→"调整大小和排序"选项组→"置于底层"按钮，将矩形调整至功能区下方，突出"读者信息查询"窗体功能区。

⑤ 按【Ctrl+S】组合键保存窗体，在弹出的"另存为"对话框中输入窗体名称"读者信息查询"，单击"确定"按钮保存窗体。

⑥ 修改参数查询的查询条件：打开"按学号或姓名查询读者信息"查询的设计视图，修改"学号"和"姓名"字段"条件"行上的内容，通过"表达式生成器"选择"读者信息查询"窗体中"学号"文本框（txtXh）和"姓名"文本框（txtXm）的值，分别为"[Forms]![读者信息查询]![txtXh]"和"[Forms]![读者信息查询]![txtXm]"，从而实现从窗体文本框中获取用户输入并完成查询的功能。

⑦ 添加子窗体/子报表控件：单击"控件"选项组→"子窗体/子报表"按钮，在窗体适当位置拖动鼠标绘制一个矩形区域，创建子窗体控件，在弹出的对话框中选择"使用现有的表和查询"。

⑧ 单击"下一步"按钮，在弹出的对话框中，选择"按学号或姓名查询读者信息"查询，单击">>"按钮选中所有字段。

⑨ 单击"下一步"按钮，在弹出的对话框中输入子窗体名称"读者信息"。单击"完成"按钮，即可完成子窗体的创建，实现读者信息查询结果的显示。由于子窗体"默认视图"属性值为"数据表"，为了数据显示更加美观，需要在"属性表"窗格"格式"选项卡中修改该子窗体"默认视图"属性值为"单个窗体"。

⑩ 参照第6.5.1节读者信息维护窗体中设计步骤10修改"照片"字段，利用图像控件显示照片信息，并给子窗体添加"成为当前"事件，输入如下代码：

```
Private Sub Form_Current()
    If ( 照片 .Value <> "") Then
        imgZp.Picture = CurrentProject.Path & 照片
    Else
     ImgZp.Picture = ""
    End If
End Sub
```

⑪ 添加"查询"按钮：单击"控件"选项组→"按钮"，在窗体相应位置拖动鼠标绘制一个矩形区域，在弹出的对话框中单击"取消"按钮。单击选中该按钮，在"属性表"窗格→"格式"选项组中修改"标题"属性值为"查询"。

为"查询"按钮添加"单击"事件，并通过宏命令实现查询功能。在"属性表"窗格→"事件"选项组中设置"单击"事件。单击"…"按钮，在弹出的"选择生成器"对话框中，选择"宏生成器"，单击"确定"按钮。在弹出的"宏设计"界面，单击"操作目录"窗格→"操作"选项卡→"筛选/查询/搜索"选项组，双击选中"Requery"命令，如图6-62所示。保存设置并单击"关闭"选项组→"关闭"按钮，关闭"宏设计"界面，完成"查询"按钮"单击"事件的添加。

⑫ 添加"退出"按钮，并完成"退出"功能的设置。

⑬ 切换至"窗体视图"，即可查看窗体展示效果。

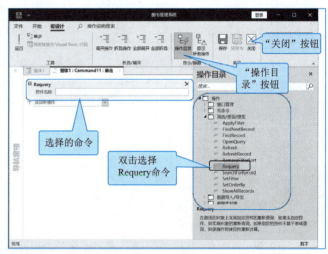

图 6-62　宏设计器

### 6.5.5 "图书信息查询"窗体设计

"图书信息查询"窗体是用于查找图书信息的系统界面，要求能够按照"图书名称"以及"出版社"联合查找图书相关信息，并能实现模糊搜索。

#### 1. 窗体数据源分析

在"图书信息查询"窗体中，通过"图书信息"子窗体展示查询获取的信息，其数据源为"按图书名称和出版社查询图书信息"查询，需将子窗体的"记录源"属性设置为该查询。

"图书信息"子窗体中数据获取及显示过程如图6-63所示，首先获取"图书信息查询"窗体中"图书名称"和"出版社"文本框中的值，然后为"按图书名称和出版社查询图书信息"查询提供参数并进行查询，最后将查询的结果显示在"图书信息"子窗体中。

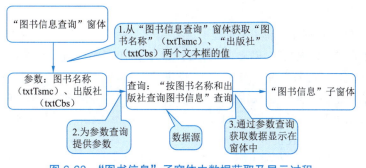

图6-63 "图书信息"子窗体中数据获取及显示过程

### 2. 窗体设计与实施

"设计视图"如图6-64所示,"窗体视图"如图6-65所示。窗体及窗体中控件的主要属性设置见表6-18。

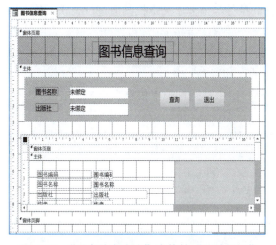

图6-64 "图书信息查询"窗体的"设计视图"

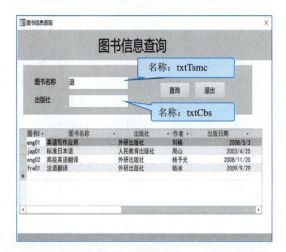

图6-65 "图书信息查询"窗体的"窗体视图"

详细操作步骤如下：

（1）创建参数查询

参照第5章5.4.3节按"图书名称"和"出版社"模糊查询图书创建参数查询,同时添加其他需要显示的字段,比如"出版日期"、"馆藏数"和"新书否"字段,并将该查询命名为"按图书名称和出版社查询图书信息"。

表6-18 "图书信息查询"窗体属性设置表

| 对　象 | 对 象 名 | 属　性 |
| --- | --- | --- |
| 窗体 | 图书信息查询 | 标题：图书信息查询 |
|  |  | 边框样式：对话框边框 |
|  |  | 记录选择器：否 |
|  |  | 导航按钮：否 |
|  |  | 滚动条：两者均无 |
|  |  | 弹出方式：是 |
| 子窗体 | 图书信息 | 记录源："按图书名称和出版社查询图书信息"查询 |
|  |  | 标题：图书信息 |
|  |  | 边框样式：对话框边框 |
|  |  | 记录选择器：否 |
|  |  | 导航按钮：否 |
|  |  | 滚动条：两者均无 |
| 标签 | Label1 | 标题：图书信息查询 |
|  | Label2 | 标题：图书名称 |
|  | Label2 | 标题：出版社 |
|  | 图书编码_Label | 标题：图书编码 |
|  | 图书名称_Label | 标题：图书名称 |
|  | 作者_Label | 标题：作者 |
|  | 出版日期_Label | 标题：出版日期 |
|  | 价格_Label | 标题：价格 |
|  | 馆藏数_Label | 标题：馆藏数 |
|  | 新书否_Label | 标题：新书否 |
| 文本框 | txtTsmc | 名称："txtTsmc" |
|  | txtCbs | 名称："txtCbs" |
|  | 图书编码 | 控件来源：图书编码 |
|  | 图书名称 | 控件来源：图书名称 |
|  | 作者 | 控件来源：作者 |
|  | 出版日期 | 控件来源：出版日期 |
|  | 价格 | 控件来源：价格 |
|  | 馆藏数 | 控件来源：馆藏数 |
|  | 新书否 | 控件来源：新书否 |
| 按钮 | Command9 | 标题：查询 |
|  | Command10 | 标题：退出 |

### （2）创建窗体

① 打开"图书管理系统"数据库，单击"创建"选项卡→"窗体"选项组→"窗体设计"按钮，即可创建一个新的窗体并打开该窗体的"设计视图"。单击"窗体选择器"，参照表 6-18 在"属性表"中设置窗体属性。

② 在"窗体页眉"节使用"标签"控件添加标题"图书信息查询"。

③ 在窗体中添加"图书名称"标签、"出版社"标签、"图书名称"文本框、"出版社"文本框以及"矩形"控件，并修改控件相应属性。在"属性表"窗格→"其他"选项组中修改"图书名称"文本框和"出版社"文本框"名称"属性值分别为"txtTsmc"和"txtCbs"。

④ 按【Ctrl+S】组合键保存窗体，在弹出的"另存为"对话框中输入窗体名称"图书信息查询"，单击"确定"按钮保存窗体。

⑤ 修改参数查询的查询条件：打开"按图书名称和出版社查询图书信息"查询的设计视图，修改"学号"和"姓名"字段"条件"行上的内容。通过表达式生成器分别输入"Like "*" & [forms]![ 图书信息查询 ]![txtTsmc] & "*""和"Like "*" & [Forms]![ 图书信息查询 ]![txtCbs] & "*""，将查询条件与窗体中文本框的值进行关联，从而实现从窗体文本框中获取用户输入并完成模糊查询的功能。

⑥ 添加子窗体 / 子报表控件：单击"控件"选项组→"子窗体 / 子报表"按钮，在窗体适当位置拖动鼠标绘制一个矩形区域，创建子窗体控件，在弹出的对话框中选择"使用现有的表和查询"。

⑦ 单击"下一步"按钮，在弹出的对话框中，选择"按图书名称和出版社查询图书信息"查询，单击">>"按钮选中所有字段。

⑧ 单击"下一步"按钮，在弹出的对话框中输入子窗体名称"图书信息"。单击"完成"按钮，即可完成子窗体的创建。子窗体创建完成后，也需对子窗体属性进行设置。

⑨ 添加"查询"按钮以及"退出"按钮，并实现相应功能。

⑩ 切换至"窗体视图"，即可查看窗体展示效果。

### 6.5.6 "借阅信息管理"窗体设计

"借阅信息管理"窗体是用于查看读者借阅信息的系统界面，要求能够按照"学号"查找读者及借阅图书相关信息。

#### 1. 窗体数据源分析

"借阅信息管理"窗体中包含两个子窗体："借阅信息 - 读者信息"和"借阅信息"子窗体，其数据源分别为"按学号查询读者信息"查询和"按学号查询借阅信息"查询，需将子窗体的"记录源"属性值设置为相应的查询。"借阅信息 - 读者信息"和"借阅信息"子窗体中数据获取及显示过程如图 6-66 所示，首先获取"借阅信息管理"窗体中"学号"文本框（txtXh）中的值，然后为"按学号查询读者信息"和"按学号查询借阅信息"查询提供参数并进行查询，最后将查询的结果显示在相应的子窗体中。

微课6-13
"借阅信息管理"窗体设计

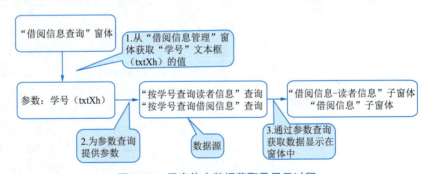

图 6-66 子窗体中数据获取及显示过程

#### 2. 窗体设计与实施

"设计视图"如图 6-67 所示，"窗体视图"如图 6-68 所示。窗体及窗体中控件的主要属性设置见表 6-19。

# 第 6 章 数据库系统应用界面设计

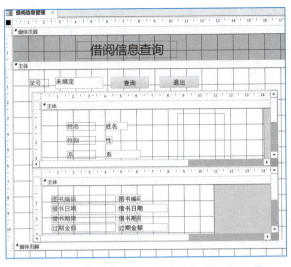

图 6-67 "借阅信息管理"窗体的"设计视图"

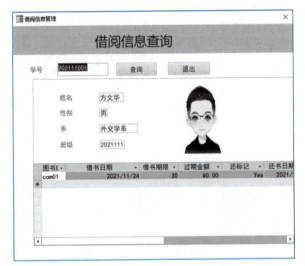

图 6-68 "借阅信息管理"窗体的"窗体视图"

详细操作步骤如下：

（1）创建参数查询

① 参照第 5 章 5.4.1 节按"学号"查询读者创建参数查询，同时添加其他需要显示的字段，如"出生日期"、"籍贯"、"系"、"备注评语"和"照片字段"等，并将该查询命名为"按学号查询读者信息"。

② 使用相同的方法创建"按学号查询借阅信息"查询，显示"图书编码"、"借书日期"、"借书期限"、"过期金额"、"还标记"和"还书日期"信息。

（2）创建窗体

① 打开"图书管理系统"数据库，单击"创建"选项卡→"窗体"选项组→"窗体设计"按钮，即可创建一个新的窗体并打开该窗体的"设计视图"。单击"窗体选择器"，参照表 6-19 在"属性表"中设置窗体属性。

表 6-19 "借阅信息管理"窗体属性设置表

| 对 象 | 对 象 名 | 属 性 |
|---|---|---|
| 窗体 | 借阅信息管理 | 标题：借阅信息管理 |
| | | 边框样式：对话框边框 |
| | | 记录选择器：否 |
| | | 导航按钮：否 |
| | | 滚动条：两者均无 |
| | | 弹出方式：是 |
| 子窗体 | 借阅信息 - 读者信息 | 记录源："按学号查询读者信息"查询 |
| | | 标题：借阅信息 - 读者信息 |
| | | 边框样式：对话框边框 |
| | | 记录选择器：否 |
| | | 导航按钮：否 |
| | | 滚动条：两者均无 |
| | 借阅信息 | 记录源："按学号查询借阅信息"查询 |
| | | 标题：借阅信息 |
| | | 边框样式：对话框边框 |
| | | 记录选择器：否 |
| | | 导航按钮：否 |
| | | 滚动条：两者均无 |
| 标签 | Label17 | 标题：借阅信息管理 |
| | Label18 | 标题：学号 |
| | 姓名_Label | 标题：姓名 |
| | 性别_Label | 标题：性别 |
| | 系_Label | 标题：系 |
| | 班级_Label | 标题：班级 |
| | 图书编码_Label | 标题：图书编码 |
| | 借书日期_Label | 标题：借书日期 |
| | 借书期限_Label | 标题：借书期限 |
| | 过期金额_Label | 标题：过期金额 |
| | 还书日期_Label | 标题：还书日期 |
| | 还标记_Label | 标题：还标记 |
| 文本框 | txtXh | 名称："txtXh" |
| | 姓名 | 控件来源：姓名 |
| | 性别 | 控件来源：性别 |
| | 系 | 控件来源：系 |
| | 班级 | 控件来源：班级 |
| | 图书编码 | 控件来源：图书编码 |
| | 借书日期 | 控件来源：借书日期 |
| | 借书期限 | 控件来源：借书期限 |
| | 过期金额 | 控件来源：过期金额 |
| | 还书日期 | 控件来源：还书日期 |
| | 还标记 | 控件来源：还标记 |
| 图像 | imgZp | 名称："imgZp" |
| | | 宽度：3 cm |
| | | 高度：4 cm |
| 按钮 | Command18 | 标题：查询 |
| | Command19 | 标题：退出 |

② 在"窗体页眉"节使用"标签"控件添加标题"借阅信息查询"。

③ 在窗体中添加"学号"标签、"学号"文本框，并修改控件相应属性。在"属性表"窗格→"其他"选项组中修改"学号"文本框"名称"属性值为"txtXh"。

④ 按【Ctrl+S】组合键保存窗体，在弹出的"另存为"对话框中输入窗体名称"借阅信息管理"，单击"确定"按钮保存窗体。

⑤ 修改参数查询的查询条件：打开"按学号查询读者信息"查询的设计视图，修改"学号"字段"条件"行上的内容，通过"表达式生成器"选择"借阅信息管理"窗体中"学号"文本框（txtXh）的值，为"[Forms]![借阅信息管理]![txtXh]"；打开"按学号查询借阅信息"查询的设计视图，修改"学号"字段"条件"行上的内容，通过"表达式生成器"选择"借阅信息管理"窗体中"学号"文本框（txtXh）的值为"[Forms]![借阅信息管理]![txtXh]"，从而实现从窗体文本框中获取用户输入并完成查询的功能。

⑥ 添加子窗体/子报表控件：单击"控件"选项组→"子窗体/子报表"按钮，在窗体适当位置拖动鼠标绘制一个矩形区域，创建子窗体控件，在弹出的对话框中选择"使用现有的表和查询"。

⑦ 单击"下一步"按钮,在弹出的对话框中选择"按学号查询读者信息"查询,单击">>"按钮选中所有字段。

⑧ 单击"下一步"按钮，在弹出的对话框中输入子窗体名称"借阅信息 - 读者信息"。单击"完成"按钮，即可完成子窗体的创建。子窗体创建完成后，也需对子窗体属性进行设置。由于子窗体"默认视图"属性值为"数据表"，为了数据显示更加美观,需要在"属性表"窗格"格式"选项卡中修改该子窗体"默认视图"属性值为"单个窗体"。

⑨ 参照第 6.5.1 节读者信息维护窗体中设计步骤⑩修改"照片"字段，利用图像控件显示照片信息，并给子窗体添加"成为当前"事件，输入如下代码：

```
Private Sub Form_Current()
    If ( 照片 .Value <> "") Then
        imgZp.Picture = CurrentProject.Path & 照片
    Else
     ImgZp.Picture = ""
    End If
End Sub
```

⑩ 使用相同的方法完成"借阅信息"子窗体的创建。

⑪ 添加"查询"按钮以及"退出"按钮，并实现相应功能。

⑫ 切换至"窗体视图"，即可查看窗体展示效果。

# 小　　结

窗体是 Access 数据库构建应用系统不可或缺的重要组成部分，是保证 Access 数据库应用系统功能完备性、操作友好性的至关重要一环。本章主要内容如下：

① 窗体的组成、类型及视图。

② 使用系统提供的"窗体""分割窗体"窗体设计视图等工具创建窗体。

③ 讲解窗体主要属性、常用的窗体控件、控件属性、控件种类以及控件操作。

④ 讲解窗体常用事件、控件常用事件以及常见事件序列。

⑤ 讲解利用窗体和控件完成"图书管理系统"应用界面设计。

# 习　　题

一、选择题

1. 下面关于窗体的作用描述错误的是（　　）。

　　A. 可以接收用户数据的数据　　　　　　B. 可以编辑、显示数据库中的数据

C. 可以设计美观、便捷的操作界面　　　　D. 可以直接存储数据
2. 下面不是按钮"事件"属性的是(　　)。
   A. 单击　　　　B. 获取焦点　　　　C. 退出　　　　D. 更新前
3. 既可以直接输入文字，又可以从列表中选择输入的控件是(　　)。
   A. 选项卡　　　　B. 文本框　　　　C. 组合框　　　　D. 列表框
4. 在窗体中可以用(　　)控件来显示多页的内容。
   A. 选项卡　　　　B. 标签　　　　C. 组合框　　　　D. 文本框
5. 以下不属于窗体事件的是(　　)。
   A. 加载　　　　B. 打开　　　　C. 成为当前　　　　D. 确定
6. 要改变窗体上文本框控件的数据源，应设置的属性是(　　)。
   A. 记录源　　　　B. 控件来源　　　　C. 默认值　　　　D. 筛选查询
7. 窗体在"窗体"视图下没有导航按钮，应将窗体的"导航按钮"属性值设置为(　　)。
   A. 是　　　　B. 否　　　　C. 有　　　　D. 无
8. 在窗体中，用于输入或编辑字段数据的交互控件是(　　)。
   A. 文本框控件　　　　B. 标签控件　　　　C. 复选框控件　　　　D. 列表框控件
9. 下列控件中，一般用于显示说明文字或使用指导，并且与表中字段无关的是(　　)。
   A. 命令按钮　　　　B. 标签　　　　C. 文本框　　　　D. 复选框
10. 以下不是窗体的组成部分的是(　　)。
    A. 窗体设计器　　　　B. 窗体页眉　　　　C. 窗体主体　　　　D. 窗体页脚

二、操作题

完成图书管理系统的"读者信息维护"窗体、"图书信息维护"窗体、"统计管理"窗体、"读者信息查询"窗体、"图书信息查询"窗体、"借阅信息查询"窗体应用界面设计。

# 第 7 章 数据库报表设计

数据库报表设计是一个将数据库中的数据以可视化、易于理解的方式展示给用户的过程。它涉及分析用户需求、确定数据源、设计报表结构和布局以及使用报表工具来创建报表。数据库报表可以帮助用户更好地理解和分析数据,从而支持决策过程。一个成功的数据库报表设计应能为用户提供有价值的信息,并支持有效的决策。

### 本章知识要点

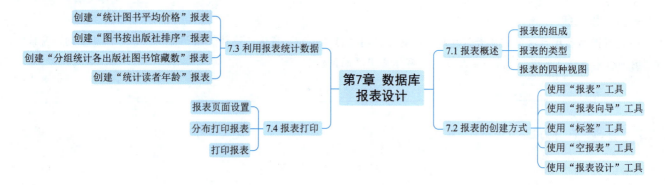

## 7.1 报表概述

报表是 Access 数据库中的一个对象,能够以格式化形式输出数据,比如订单、成绩单、财务报表、发票等。和窗体相似,报表的创建方法有很多种,可以通过系统提供的"报表""报表向导""标签""空报表""报表设计"等工具灵活地创建报表,实现数据的展示和分析。

在报表中,可以按照用户所需的方式展示数据库中的数据,可以实现对数据的排序、分组、统计和汇总等功能,另外还可以将结果打印成出来,以纸张的形式保存或输出。

### 7.1.1 报表的组成

与窗体相类似,报表包含七个部分,分别是"报表页眉"节、"页面页眉"节、"组页眉"节、"主体"节、"组页脚"节、"页面页脚"节和"报表页脚"节,如图 7-1 所示。

① 报表页眉中的内容显示在报表的首页,一般常用于设置报表的封面,包括标题、日期、制作单位等信息,也可以包含图形和图片等内容。

② 页面页眉中的内容显示在每一页的上方,可以用于设置页面的页标题,也可以用于显示每一列数据的标题。

③ 组页眉用于显示分组字段等信息,但需使用"分组和排序"功能添加并设置分组,从而在报表中以分组的方式实现数据的展示和统计。

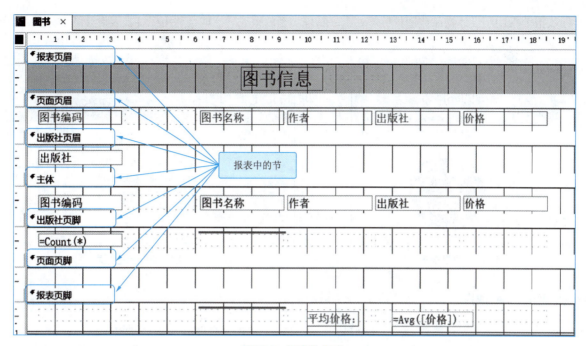

图 7-1  报表的组成

④ "主体"节主要用于展示数据源中的每条记录，是报表中必不可少的核心部分。根据"主体"节中展示数据方式不同，将报表分为纵栏式报表、表格式报表、图表报表和标签报表。

⑤ 组页脚与组页眉相对应，组页脚中的内容显示在每个分组的下方，常用于显示分组的统计等信息。

⑥ 页面页脚与页面页眉相对应，页面页脚中的内容显示在每一页的下方，常用于设置页码、日期等信息。

⑦ 报表页脚与报表页眉相对应，报表页脚中的内容显示在报表的结尾，常用于显示整个报表的统计信息等内容。

## 7.1.2  报表的类型

Access 中主要包含纵栏式报表、表格式报表、图表报表和标签报表四种类型的报表。

① 纵栏式报表是通过垂直方式在"主体"节中展示一条或多条数据，每个字段占一行，一般包含标签和文本框，如图 7-2 所示。

② 表格式报表与纵栏式报表不同，在表格式报表中，标签显示在"页面页眉"节，在"主体"节中显示多条记录，且每一条记录的所有字段都在同一行显示，与数据表相类似，如图 7-3 所示。

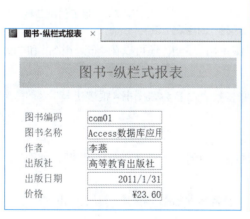

图 7-2  纵栏式报表

图 7-3  表格式报表

③ 图表报表是以图表的方式展示数据，通过这种方式可以让用户能够更加清晰直观地获取数据之间的关系，便于展示和分析，如图 7-4 所示。

④ 标签报表常用于设计物品或用户标签，是一特殊类型的报表。比如，利用标签报表设计图书标签，如图 7-5 所示。

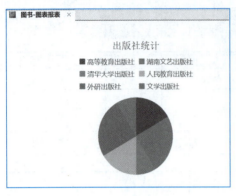

图 7-4　图表报表

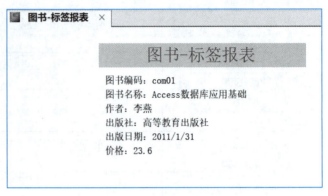

图 7-5　标签报表

### 7.1.3　报表的四种视图

Access 中报表共有"报表视图"、"打印预览"、"布局视图"和"设计视图"四种视图。

① "报表视图"是报表的最终呈现形式，它显示了根据设计视图和布局视图设置的报表内容，在该视图下只能查看数据展示效果，不能对内容进行修改。

② 在"打印预览"中，可以对报表打印时的"页面布局"、"页面大小"和"缩放"等进行设置。打印预览显示了报表在纸张上的实际呈现效果。在打印预览中，用户可以检查报表的分页、页边距、横纵向设置等因素，以确保报表在打印时具有良好的可读性和美观性。

③ "布局视图"提供了一种在报表中直接操作数据和元素的方式。在布局视图中，用户可以对报表元素进行拖放操作，以调整其位置和大小。布局视图还允许用户对报表数据进行排序、过滤和搜索。

④ "设计视图"允许用户创建和修改报表的布局和结构。在设计视图中，用户可以添加或删除字段、调整列宽和行高、设置数据排序和分组规则，以及编辑报表的标题、页眉、页脚等元素。

## 7.2　报表的创建方式

与创建窗体相似，在 Access 中提供了多种工具来灵活地创建报表，主要包括"报表"、"报表设计"、"空报表"、"报表向导"和"标签"工具，如图 7-6 所示。

图 7-6　报表创建工具

### 7.2.1　使用"报表"工具

使用"报表"工具可以快速地生成一个新的报表，但前提是需要先选择一个数据源（表或查询），在该报表中会显示数据源中的所有字段信息。同时，为了满足用户需求，还可以在"布局视图"和"设计视图"对新创建的报表进行修改。

**例 7-1**　以"图书"表为数据源，使用"报表"工具创建报表，并将报表命名为"图书 - 报表工具"。

详细操作步骤如下：

① 打开"图书管理系统"数据库，在"导航窗格"中选中"图书"表。

② 单击"创建"选项卡→"报表"选项组→"报表"按钮，可完成报表的创建并打开"布局视图"，如图 7-7 所示。

③ 按【Ctrl+S】组合键保存报表，在弹出"另存为"对话框中输入报表名称"图书 - 报表工具"，单击"确定"按钮，即可保存该报表。

图 7-7 "图书 - 报表工具"报表

微课7-1 使用"报表"工具创建报表

## 7.2.2 使用"报表向导"工具

相对于"报表"工具,"报表向导"工具能够更加灵活地创建报表。使用该工具,可以对报表中显示的字段、是否添加分组级别、排序次序、汇总信息以及报表的布局方式等内容进行设置。

**例 7-2** 以"图书"表为数据源,使用"报表向导"工具创建报表,通过"出版社"字段进行分组,并通过"图书编码"对记录进行排序。布局方式选择"递阶""纵向",并将报表命名为"图书 - 报表向导工具"。

详细操作步骤如下:

① 打开"图书管理系统"数据库,单击"创建"选项卡→"报表"选项组→"报表向导"按钮,弹出"报表向导"对话框一。在"表/查询"组合框选择"图书"表,可以通过">"按钮选定某字段,通过">>"按钮选择数据源中的所有字段,如图 7-8 所示。

② 单击"下一步"按钮,在弹出的"报表向导"对话框二中,选择"出版社"为分组字段,如图 7-9 所示。

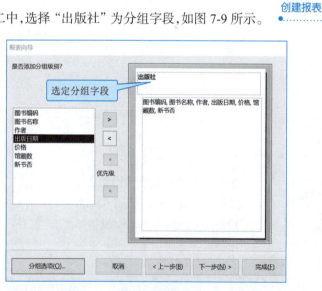

图 7-8 "报表向导"对话框一　　　　图 7-9 "报表向导"对话框二

③ 单击"下一步"按钮,在弹出的"报表向导"对话框三中,设定"图书编码"为排序字段,如图 7-10 所示。

④ 单击"下一步"按钮,在弹出的"报表向导"对话框四中,选择布局为"递阶",方向为"纵向",如图 7-11 所示。

⑤ 单击"下一步"按钮,在弹出的"报表向导"对话框五中,输入报表标题为"图书 - 报表向导工具",如图 7-12 所示。

⑥ 单击"完成"按钮,即可完成报表创建,效果如图 7-13 所示。

图 7-10 "报表向导"对话框三

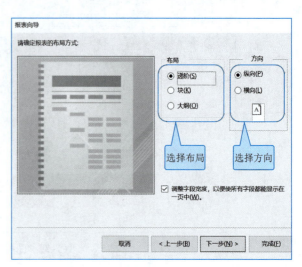

图 7-11 "报表向导"对话框四

图 7-12 "报表向导"对话框五　　　　　　图 7-13 "图书 - 报表向导工具"报表效果

### 7.2.3 使用"标签"工具

• 视　频
微课7-3
使用"标签"工具创建报表

标签报表常用于设计物品或用户标签,是一特殊类型的报表。使用"标签"工具可以快速创建标签报表。和"报表"工具一样,使用"标签"工具时必须先选择一个数据源(表或查询)。

**例 7-3** 以"图书"表为数据源,使用"标签"工具创建报表,并将报表命名为"图书 - 标签工具"。详细操作步骤如下：

① 打开"图书管理系统"数据库,在"导航窗格"中选中"图书"表。

② 单击"创建"选项卡→"报表"选项组→"标签"按钮,在弹出的"标签向导"对话框一中选择标签尺寸、度量单位和标签类型,如图 7-14 所示。

③ 单击"下一步"按钮,在弹出的"标签向导"对话框二中设置字体、字号、字体粗细、文本颜色、倾斜和是否有下划线,如图 7-15 所示。

④ 单击"下一步"按钮,在弹出的"标签向导"对话框三中,选择"可用字段"列表框中的"图书编码",单击">"按钮,将其添加到"原型标签"列表框中。然后按下键盘【Enter】键,将光标移动到下一行,再选择"可用字段"列表框中的"图书名称"单击">"按钮,将其添加到"原型标签"列表框中。使用相同的方法添加"作者"、"出版社"、"出版日期"和"价格"字段。并在每一个字段前加入描述性的文本,如图 7-16 所示。

⑤ 单击"下一步"按钮,在弹出的"标签向导"对话框四中选择"图书编码"字段为排序依据,如图 7-17 所示。

第 7 章 数据库报表设计

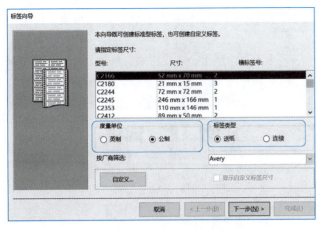

图 7-14 "标签向导"对话框一

图 7-15 "标签向导"对话框二

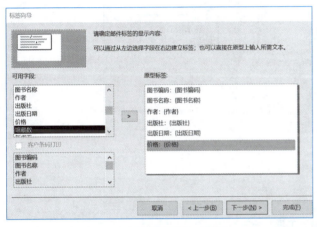

图 7-16 "标签向导"对话框三

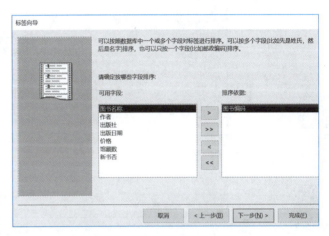

图 7-17 "标签向导"对话框四

⑥ 单击"下一步"按钮,在弹出的"标签向导"对话框五中输入报表名称"图书 - 标签工具",如图 7-18 所示。

⑦ 单击"完成"按钮,即可完成报表创建,效果如图 7-19 所示。

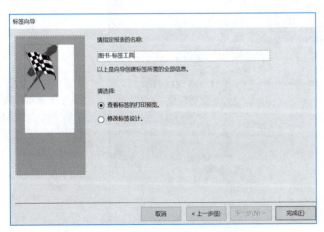

图 7-18 "标签向导"对话框五

图 7-19 "图书 - 标签工具"报表

### 7.2.4 使用"空报表"工具

和窗体一致,使用"空报表"工具创建的报表中没有任何内容,可以从"字段列表"窗格添加表或相关表中的字段到报表中,该工具适合创建内容比较简单的报表。

**例 7-4** 以"图书"表为数据源,使用"空报表"工具创建报表,并将报表命名为"图书-空报表工具"。详细步骤如下:

① 打开"图书管理系统"数据库,单击"创建"选项卡→"报表"选项组→"空报表"按钮,即可创建空报表并打开"布局视图",如图 7-20 所示。单击"报表布局设计"选项卡→"工具"选项组→"添加现有字段"按钮,即可显示"字段列表"窗格。

微课7-4 使用"空报表"工具创建报表

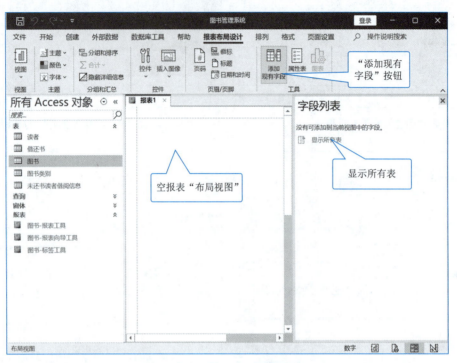

图 7-20 "图书-标签工具"报表

② 单击"字段列表"窗格中的"显示所有表",显示数据库中的所有表。然后单击"图书"表左侧的"+",显示表中的所有字段。

③ 双击"图书"表中的"图书名称"、"作者"和"价格"字段,使其在报表中显示,如图 7-21 所示。

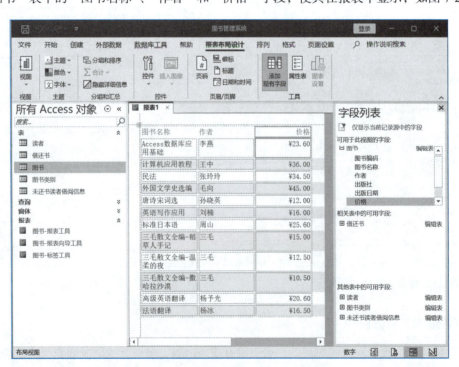

图 7-21 选择在报表中显示的字段

④ 按【Ctrl+S】组合键保存报表，在弹出"另存为"对话框中输入报表名称"图书 - 空报表工具"，单击"确定"按钮，即可保存该报表。单击右下角"报表视图"按钮，切换至"报表视图"，即可查看显示效果，如图 7-22 所示。

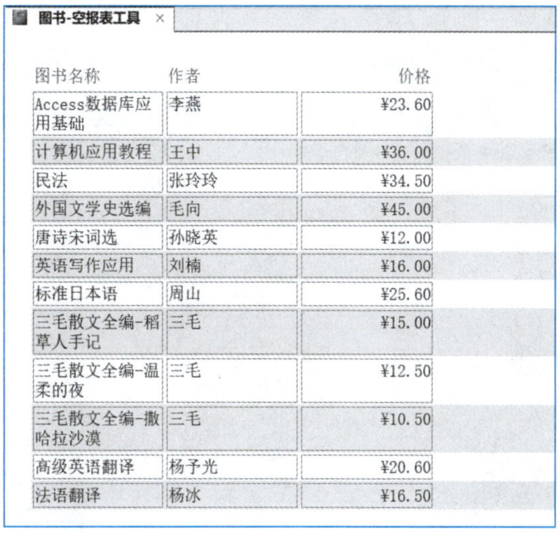

图 7-22 "图书 - 空报表工具"报表显示效果

## 7.2.5 使用"报表设计"工具

使用"报表设计"工具可以更加灵活地创建报表。使用该工具，用户可以自行对报表整体内容进行设计，以满足实际场景的需求。

**例 7-5** 以"图书"表为数据源，使用"报表设计"工具创建报表，并将报表命名为"图书"。

详细步骤如下：

① 打开"图书管理系统"数据库，单击"创建"选项卡→"报表"选项组→"报表设计"按钮，即可创建空报表并打开"设计视图"。单击"报表布局设计"选项卡→"工具"选项组→"添加现有字段"按钮，即可显示"字段列表"窗格。

② 单击"字段列表"窗格中的"显示所有表"，显示数据库中的所有表。然后单击"图书"表左侧的"+"，显示表中的所有字段。

③ 设置报表显示字段信息：双击"图书"表中的"图书编码"、"图书名称"、"出版社"、"作者"和"价格"字段，使其在报表中显示，如图 7-23 所示。

④ 按【Ctrl+S】组合键保存报表，在弹出的"另存为"对话框中输入报表名称"图书"，单击"确定"按钮，即可保存该报表。单击右下角"报表视图"按钮，切换至"报表视图"，即可查看显示效果，如图 7-24 所示。

图 7-23 "图书"报表的"设计视图"

图 7-24 "图书"报表的"报表视图"

微课7-5 使用"报表设计"工具创建报表

**例 7-6** 修改"图书"报表的布局,以表格的形式显示,如图 7-25 所示。

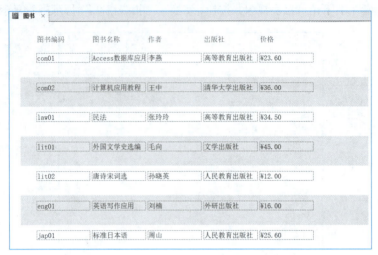

图 7-25 以表格方式显示"图书"报表

详细步骤如下:

① 打开"图书"报表,单击"设计视图"按钮切换至"设计视图"。

② 设置报表布局:选中"主体"节中的所有内容,如图 7-26 所示。单击"排列"选项卡→"表"选项组→"表格"按钮,即可切换布局,如图 7-27 所示。

③ 按【Ctrl+S】组合键保存报表,切换至"报表视图",即可查看显示效果,如图 7-25 所示。

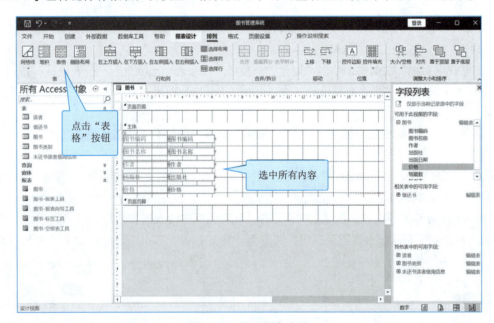

图 7-26 修改报表布局

图 7-27 修改后的"图书"报表的"设计视图"

## 7.3 利用报表统计数据

在 Access 中,报表不仅可以展示数据源中的数据,还可以实现以下功能:
① 能够实现数据的计算,比如对数值字段总计或平均值等的计算。
② 能够实现展示的数据记录按照一个或多个字段进行排序。
③ 能够实现展示的数据记录按照一个或多个字段进行分组,并可以计算每个分组的汇总信息。

### 7.3.1 创建"统计图书平均价格"报表

#### 1. 报表常用的聚合函数

报表常用的聚合函数见表 7-1,使用聚合函数,可以快速地汇总表中的所有数据。

#### 2. 计算

在实际应用中,创建报表时往往需要通过计算来统计和分析数据,比如对数据求和或平均值等。可以在报表中添加计算型控件来显示计算后的结果。

创建"统计图书平均价格"报表,在报表页脚位置计算图书平均价格。

详细操作步骤如下:

① 打开"图书管理系统"数据库,单击"创建"选项卡→"报表"选项组→"报表设计"按钮,即可创建空报表并打开"设计视图"。单击"报表布局设计"选项卡→"工具"选项组→"添加现有字段"按钮,即可显示"字段列表"窗格。

② 单击"字段列表"窗格中的"显示所有表",显示数据库中的所有表。然后单击"图书"表左侧的"+",显示表中的所有字段。

③ 设置报表显示字段信息:双击"图书"表中的"图书编码"、"图书名称"、"出版社"、"作者"和"价格"字段,使其在报表中显示。

④ 设置数据展示形式:选中"主体"节中的所有内容,单击"排列"选项卡→"表"选项组→"表格"按钮,以表格的形式展示数据。

⑤ 显示"报表页眉"和"报表页脚"节:在"主体"节空白处右击,弹出的快捷菜单如图 7-28 所示。选择快捷菜单中的"报表页眉/页脚",在报表"设计视图"中显示"报表页眉"和"报表页脚"节,如图 7-29 所示。

表 7-1 常用的聚合函数

| 函　　数 | 功　　能 |
| --- | --- |
| Avg(< 表达式 >) | 返回表达式中包含的一组值的算术平均值 |
| Count(< 表达式 >) | 返回表达式中的记录数 |
| Max(< 表达式 >) | 返回表达式中包含的一组值的最大值 |
| Min(< 表达式 >) | 返回表达式中包含的一组值的最小值 |
| Sum(< 表达式 >) | 返回表达式中包含的一组值的和 |

图 7-28 快捷菜单

视频
微课7-6
创建"统计图书平均价格"报表

⑥ 在"报表页脚"节中添加文本框控件:单击"控件"选项组→"文本框"按钮,在"报表页脚"节中适当位置拖动鼠标绘制一个矩形区域,创建"文本框"控件。选中文本框左侧的标签控件,在"属性表"窗格中设置"标题"属性为"平均价格:",如图 7-30 所示。

⑦ 修改文本框"控件来源"属性:选中"报表页脚"中的文本框,在"属性表"窗格中设置"控件来源"属性为"=Avg([ 价格 ])",如图 7-31 所示。

⑧ 按【Ctrl+S】组合键保存报表,在弹出"另存为"对话框中输入报表名称"统计图书平均价格报表",单击"确定"按钮,即可保存该报表。切换至"报表视图",即可查看显示效果,如图 7-32 所示。

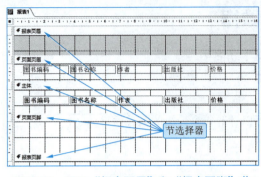

图 7-29　显示"报表页眉"和"报表页脚"节

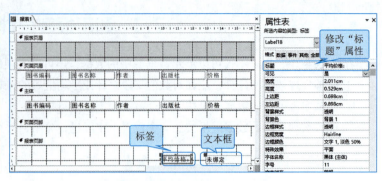

图 7-30　修改标签的"标题"属性

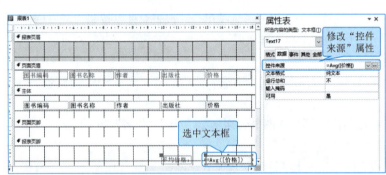

图 7-31　修改文本框的"控件来源"属性

图 7-32　统计图书平均价格报表显示效果

### 7.3.2　创建"图书按出版社排序"报表

在报表中，除了使用"报表向导"工具可以设置排序字段以及排序方式外，在报表的"设计视图"下也可以实现数据记录的排序。

创建"图书按出版社排序"报表，使数据记录按照"出版社"字段升序排序。

详细操作步骤如下：

① 打开"图书管理系统"数据库，单击"创建"选项卡→"报表"选项组→"报表设计"按钮，即可创建空报表并打开"设计视图"。单击"报表布局设计"选项卡→"工具"选项组→"添加现有字段"按钮，即可显示"字段列表"窗格。

② 单击"字段列表"窗格中的"显示所有表"，显示数据库中的所有表。然后单击"图书"表左侧的"+"，显示表中的所有字段。

③ 设置报表显示字段信息：双击"图书"表中的"图书编码"、"图书名称"、"出版社"、"作者"和"价格"字段，使其在报表中显示。

④ 设置数据展示形式：选中"主体"节中的所有内容，单击"排列"选项卡→"表"选项组→"表格"按钮，以表格的形式展示数据。

⑤ 单击"报表设计"选项卡→"分组和汇总"选项组→"分组和排序"按钮，在报表下方会显示"分组、排序和汇总"窗格，如图 7-33 所示。

⑥ 设置排序字段：单击"分组、排序和汇总"窗格中的"添加排序"按钮，弹出列表框如图 7-34 所示。在列表框中选择"出版社"字段，设置效果如图 7-35 所示。

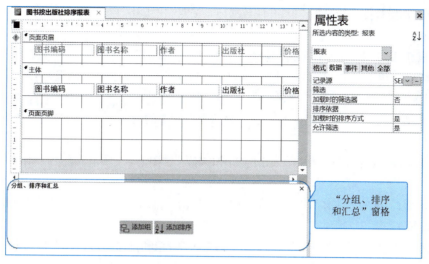

图 7-33 显示"分组、排序和汇总"窗格

微课7-7 创建"统计图书平均价格"报表

图 7-34 选择排序字段

图 7-35 设置排序字段后的"分组、排序和汇总"窗格

⑦ 按【Ctrl+S】组合键保存报表,在弹出"另存为"对话框中输入报表名称"图书按出版社排序报表",单击"确定"按钮,即可保存该报表。切换至"报表视图",即可查看显示效果,如图 7-36 所示。

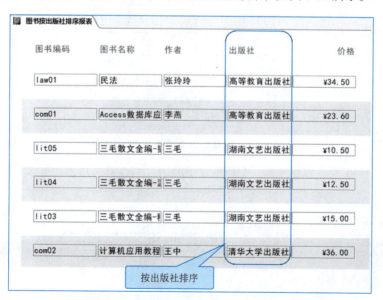

图 7-36 图书按出版社排序报表显示效果

## 7.3.3 创建"分组统计各出版社图书馆藏数"报表

在报表中,可以设定一个或多个字段来对数据记录进行分组,分组字段值相同的为一组,不同的归为不同的组,便于对不同组进行统计和查看。通过"报表向导"工具以及报表的"设计视图"都可以实现数据记录的分组,下面将通过例子讲解在"设计视图"下如何设置分组字段并对数据记录进行分组。

创建"分组统计各出版社图书馆藏数"报表,使数据记录按照"出版社"字段分组,并展示各出版社图书馆藏数。详细操作步骤如下：

① 打开"图书管理系统"数据库,单击"创建"选项卡→"报表"选项组→"报表设计"按钮,即可创建空报表并打开"设计视图"。单击"报表布局设计"选项卡→"工具"选项组→"添加现有字段"按钮,即可显示"字段列表"窗格。

② 单击"字段列表"窗格中的"显示所有表",显示数据库中的所有表。然后单击"图书"表左侧的"+",显示表中的所有字段。

③ 设置报表显示字段信息：双击"图书"表中的"图书编码"、"图书名称"、"出版社"、"作者"和"价格"字段,使其在报表中显示。

④ 设置数据展示形式：选中"主体"节中的所有内容,单击"排列"选项卡→"表"选项组→"表格"按钮,以表格的形式展示数据。

⑤ 单击"报表设计"选项卡→"分组和汇总"选项组→"分组和排序"按钮,在报表下方会显示"分组、排序和汇总"窗格。

⑥ 设置分组字段：单击"分组、排序和汇总"窗格中的"添加分组"按钮,在列表框中选择"出版社"字段,并复制"主体"节中"出版社"文本框,将其粘贴到"出版社页眉"节中,如图 7-37 所示。

微课7-8 创建"分组统计各出版社图书馆藏数"报表

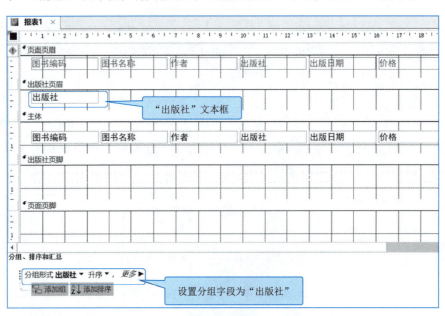

图 7-37　设置分组字段为"出版社"

⑦ 单击"分组、排序和汇总"窗格中的"分组形式 出版社"行,然后单击"更多"按钮,展开分组功能项如图 7-38 所示。

图 7-38　分组功能项

⑧ 设置汇总字段及汇总方式：单击"无汇总"下拉按钮,弹出"汇总"窗格,设置汇总方式为"馆藏数"字段,类型为"合计",并勾选"在组页脚中显示小计"复选框,如图 7-39 所示。

⑨ 在汇总数据文本框前添加"标签"控件,按【Ctrl+S】组合键保存报表,在弹出的"另存为"对话框中输入报表名称"分组统计各出版社图书馆藏数报表",单击"确定"按钮,即可保存该报表。切换至"报表视图",即可查看显示效果,如图 7-40 所示。

图 7-39  汇总方式

图 7-40  按出版社分组汇总显示效果

## 7.3.4 创建"统计读者年龄"报表

创建"统计读者年龄"报表，报表显示读者的学号、姓名、性别、年龄、系、班级信息。其中，"年龄"需要通过"出生日期"字段计算得出，我们可以借助 Year() 函数和 Date() 函数进行计算。计算公式为："=Year(Date())-Year([出生日期])"，即当前年份－出生年份。

详细操作步骤如下：

① 打开"图书管理系统"数据库，单击"创建"选项卡→"报表"选项组→"报表设计"按钮，即可创建空报表并打开"设计视图"。单击"报表布局设计"选项卡→"工具"选项组→"添加现有字段"按钮，即可显示"字段列表"窗格。

② 单击"字段列表"窗格中的"显示所有表"，显示数据库中的所有表。然后单击"读者"表左侧的"+"，显示表中的所有字段。

③ 设置报表显示字段信息：双击"读者"表中的"学号"、"姓名"、"性别"、"出生日期"、"系"和"班级"字段，使其在报表中显示。

④ 设置数据展示形式：选中"主体"节中的所有内容，单击"排列"选项卡→"表"选项组→"表格"按钮，以表格的形式展示数据。

⑤ 修改"页面页眉"节中"出生日期"标签"标题"属性值为"年龄"。

⑥ 新增"年龄"文本框并修改"控件来源"属性：删除"主体"节中"出生日期"文本框，在相同位置新增"年龄"文本框，通过"表达式生成器"修改其"控件来源"属性值为"=Year(Date())-Year([出生日期])"。

⑦ 选中报表中的所有控件，在属性表中修改"边框样式"属性值为"透明"，"文本对齐"属性值为"居中"。

⑧ 按【Ctrl+S】组合键保存报表，在弹出的"另存为"对话框中输入报表名称"统计读者年龄报表"，单击"确定"按钮，即可保存该报表。单击右下角"报表视图"按钮，切换至"报表视图"，即可查看显示效果，如图 7-41 所示。

图 7-41  统计读者年龄报表

微课7-9
创建"统计读者年龄"报表

## 7.4 报表打印

报表创建完成之后，可以将其打印到纸张上。在"打印预览"视图下不仅可以查看打印效果，还可以对页面大小、页面布局、缩放以及分页打印等进行设置，直至达到满意效果。

### 7.4.1 报表页面设置

页面设置是指报表在打印时对纸张大小、页边距、页面布局等方面的设置。在 Access 中可以通过多种方式对报表页面进行设置：在"设计视图"和"布局视图"下，可以使用"页面设置"选项卡中的功能对其进行设置，如图 7-42 所示；在"打印预览"视图下可以通过"打印预览"选项卡中的功能对其进行设置，如图 7-43 所示。

其中，在"打印预览"视图下，可以在修改页面布局的情况下快速查看报表打印效果。在"页面大小"选项组中，可以通过"纸张大小"和"页边距"按钮以及"显示边距"和"仅打印数据"复选框对页面进行设置。单击"纸张大小"下拉按钮，在弹出的列表框中可以选择相应的纸张大小，如图 7-44 所示。单击"页边距"下拉按钮，在弹出的列表框中可以选择相应的页边距，如图 7-45 所示。

图 7-42 报表"页面设置"选项卡

图 7-43 报表"打印预览"选项卡

图 7-44 设置打印纸张

在"页面布局"选项组中，可以通过"横向"、"纵向"、"列"和"页面设置"按钮设置报表页面布局。单击"页面设置"按钮，在弹出的"页面设置"对话框中，单击"页"按钮可以对纸张方向及大小进行设置，如图 7-46 所示。单击"列"选项卡可以对"列数"、"行间距"、"列间距"、"列尺寸"和"列布局"等进行设置，如图 7-47 所示。

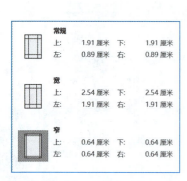

图 7-45 设置页边距

图 7-46 设置打印纸张

图 7-47 设置页边距

## 7.4.2 分页打印报表

默认情况下，报表会依纸张大小及各节高度自动分页。在实际情况中，往往需要根据不同的情况对打印的数据内容进行分页。在 Access 中可以通过两种方式对报表打印内容设置强制分页。

### 1. 使用"属性表"设置强制分页

**例 7-7** 修改 7.3.3 节分组统计各出版社图书馆藏数报表，实现不同出版社图书数据记录打印到不同的页面上。

视频

微课7-10
分页打印报表

详细操作步骤如下：

① 打开"分组统计各出版社图书馆藏数"报表，单击"设计视图"按钮切换至"设计视图"。

② 单击"出版社"页眉节选择器，在"属性表"窗格中设置"重复节"属性为"是"，"强制分页"属性为"节前"，如图 7-48 所示。

设置完成后，不同出版社的记录将会显示在不同的页面上。当某一组中的记录超出一页时，每一页均会显示"组页眉"信息。其中"重复节"属性是保证报表打印时的每一页均显示列标题，便于数据查看和展示。

③ 按【Ctrl+S】组合键保存报表，切换至"打印预览"，即可查看显示效果。

### 2. 添加"插入分页符"控件

在 Access 中，可以通过添加"插入分节符"控件来实现分页打印。打开报表"设计视图"，单击"报表设计"选项卡→"控件"选项组→"插入分节符"按钮，在报表相应位置插入即可。

## 7.4.3 打印报表

报表在"打印预览"视图下查看无误后，即可单击"打印预览"选项卡→"打印"选项组→"打印"按钮，打开"打印"对话框，如图 7-49 所示。

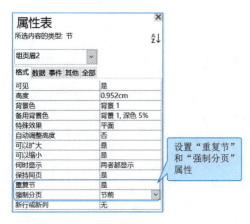

图 7-48 设置强制分页

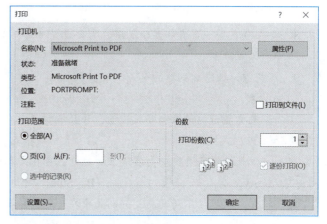

图 7-49 "打印"对话框

在打印对话框中，可以设置"打印范围"、"份数"、"页边距"和"网格设置"等内容，设置完成后，单击"确认"按钮，即可打印。

# 小　结

在 Access 中，报表是一种将查询或表中的数据以易于理解和打印的格式展示给用户的工具。报表可以用于汇总、分析和呈现数据，以支持业务决策和数据可视化需求。通过使用 Access 中的报表功能，用户可以根据自己的需求对数据进行排序、分组、过滤和格式化。本章主要讲述：

① 报表的组成、基本类型及报表视图。

② 利用系统提供的工具快速建立简单的报表。

③ 在报表中进行计算、排序、分组和汇总。

④ 打印报表。

# 习 题

### 一、选择题

1. 设计报表属性时，需要在（　　）视图下进行设置。
   A. 设计视图　　　　B. 数据表视图　　　　C. 布局视图　　　　D. 报表视图
2. 以下对报表的理解正确的是（　　）。
   A. 报表可以输入/输出数据　　　　　　　B. 报表与查询功能一样
   C. 报表可以输出数据和实现计算　　　　D. 报表只能输出数据
3. 计算报表中所有图书的平均价格，在报表页脚节中添加一个计算型文本框，并设置该控件的"控件来源"属性值为（　　）。
   A. =Avg(价格)　　B. Avg([价格])　　C. =Avg([价格])　　D. Avg()
4. 在 Access 中，报表由（　　）部分组成。
   A. 3　　　　　　　B. 5　　　　　　　C. 7　　　　　　　D. 8
5. 要实现报表按某字段分组统计输出时，需要设置的是（　　）。
   A. 报表页脚　　　B. 页面页脚　　　C. 该字段的组页脚　　　D. 页面页眉
6. （　　）不属于报表的作用。
   A. 数据分组　　　B. 数据汇总　　　C. 数据输出　　　　　D. 数据输入
7. 报表的分组统计信息显示于（　　）。
   A. 报表页眉或报表页脚　　　　　　　　B. 页面页眉或页面页脚
   C. 组页眉或组页脚　　　　　　　　　　D. 主体
8. 要在报表每一页底部显示页码，需要设置（　　）。
   A. 页面页脚　　　B. 组页脚　　　　C. 报表页脚　　　　　D. 主体
9. 不能作为报表数据源的是（　　）。
   A. 表　　　　　　B. 查询　　　　　C. SQL 语句　　　　　D. 窗体
10. 如果要显示的记录和字段较多，并且希望可以同时浏览多条记录，则应创建（　　）报表。
    A. 纵栏式报表　　B. 表格式报表　　C. 标签报表　　　　　D. 图表报表
11. 在报表的报表页脚中要实现求和统计，可在文本框中使用的函数是（　　）。
    A. Avg　　　　　B. Sum　　　　　C. Count　　　　　　D. Min
12. 将大量数据按不同的类型分别集中在一起，该操作称为（　　）。
    A. 合计　　　　　B. 排序　　　　　C. 分组　　　　　　　D. 计算

### 二、简答题

1. 什么是报表，报表与窗体的区别是什么？
2. 报表有几部分组成，各部分有何含义及作用？
3. 创建报表的方法有哪几种？
4. 报表类型有哪几种？
5. 报表中如何将不同分组的记录打印到不同页面上？

# 第 8 章

# 数据库系统应用宏

"宏"是 Access 中的一个对象，可以将宏理解为一种简化的编程语言，通过 UI（user interface）界面可以很方便地编写宏。基于宏可以实现自定义的功能模块，并且可将功能模块添加到窗体、报表和控件中，而无须在模块中编写 VBA（visual basic for applications）代码。宏可提供 VBA 中可用的部分命令，编写宏比编写 VBA 代码更容易。使用宏可以将表、查询、窗体和报表这四个对象有机地整合在一起，完成特定的功能。

### 本章知识要点

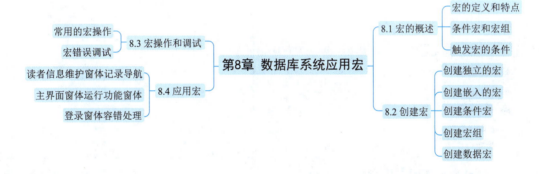

## 8.1 宏的概述

"宏"是一种可用于自动执行任务及向表单、窗体、报表和控件添加功能的工具。例如，如果向窗体添加命令按钮，将该按钮的 OnClick 事件与宏关联，则单击按钮时会执行宏相关的命令。宏包含几十种操作，涵盖窗口操作、数据的筛选/查询/搜索、数据的导入/导出、数据库对象操作、数据输入操作、系统操作、用户界面操作和宏管理操作。宏操作既可以单独使用，可以组合使用，从而完成更复杂的功能。宏的主要功能有：

① 窗口管理：窗口的最大化、最小化、关闭和移动。
② 数据管理：数据的筛选、查询、搜索、排序，数据的导入导出等。
③ 数据库对象管理：打开、打印指定表，查询，窗体和报表。
④ 系统操作：关闭数据库或 Access，发出声音、改变光标样式。
⑤ 用户界面管理：自定义菜单栏、导航菜单、对话框等。
⑥ 宏操作管理：宏操作的运行、暂停、取消、终止等。

### 8.1.1 宏的定义和特点

每个宏由一个或多个宏操作组成，当宏包含多个操作时，各操作一般按从上到下的顺序执行。通过"创建"

选项卡下"宏"按钮创建的宏称为独立的宏。

对象（如窗体）和控件（如文本框）具有各种事件属性，每个事件属性都与特定的事件相关联，例如单击鼠标、打开窗体或修改文本框中的数据。如果在对象或控件的事件中，通过宏生成器创建宏，则该宏称为嵌入的宏。嵌入的宏将成为嵌入宏的对象或控件的一部分。宏对象在导航窗格中的"宏"下可见，嵌入的宏不会显示在导航窗格中，可以在创建嵌入宏的窗体或报表的"加载时""单击"等事件中调用。

### 8.1.2 条件宏和宏组

一般情况下，宏操作按照从上到下的顺序依次执行，如需要针对不同的条件执行不同的宏操作，则可以使用条件宏操作。条件宏操作可以根据输入的条件表达式的值控制宏操作的执行流程。

宏组表示相关宏的集合，可以把操作类似或功能相关的宏放在同一个宏中。各个具有独立功能的宏称为子宏，包含各子宏的宏称为宏组。可以使用"宏组名.宏名"的格式来引用子宏。

### 8.1.3 触发宏的条件

触发宏共有四种方式，具体如下：

#### 1. 手动执行宏

在导航窗格中，右击宏名，弹出快捷菜单，选择"运行"命令，或单击"宏设计"选项卡→"工具"组→"运行"按钮，如图 8-1 和图 8-2 所示。

图 8-1　通过快捷菜单运行宏　　　　　图 8-2　通过"宏设计"选项卡运行宏

#### 2. 自动运行宏

如果希望每次启动 Access 数据库时执行一组特定的宏操作，可创建一个 AutoExec 宏。例如，自动最大化应用程序窗口，锁定"导航窗格"，然后打开特定报告等。

AutoExec 宏不过是一种名为 AutoExec 的宏。启动数据库时，Access 在运行任何其他宏或 VBA 代码前先运行 AutoExec 宏。如果已创建包含数据库启动时要发生的操作的宏，只需将该宏重命名为 AutoExec，下次打开数据库时，该宏就会运行。

#### 3. 通过事件运行宏

无论是通过先创建宏再绑定到对象或控件的事件中，还是直接通过对象或控件的事件生成宏，均可以在该事件响应时执行宏操作。

#### 4. 通过宏调用宏

使用"RunMacro"或"OnError"宏操作调用宏。

## 8.2 创 建 宏

### 8.2.1 创建独立的宏

宏的创建只有一种方式，即通过宏设计视图创建宏。宏设计视图整体包含四部分，如图 8-3 所示。

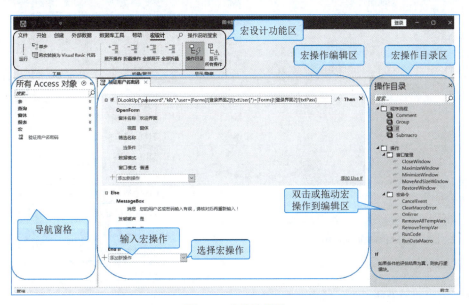

图 8-3　宏设计视图

宏设计视图最上方是功能区，包含宏的运行调试、展开/折叠、显示隐藏等操作。功能区下方共分三部分，从左到右依次是"导航窗格""宏操作编辑区""宏操作目录区"。如果宏操作目录区未显示，可以通过单击"宏设计"选项卡→"显示/隐藏"组→"操作目录"按钮打开"宏操作目录区"，再次单击该按钮，关闭"宏操作目录区"。

创建宏操作的步骤为：

① 打开"图书管理系统"数据库，单击"创建"选项卡→"宏与代码"组→"宏"按钮，进入宏设计视图。

② 在"宏操作编辑区"中第一个显示"添加新操作"的文本框里面输入宏操作的名称，或者在输入框右侧的下拉列表中选择宏操作，或者在"宏操作目录区"双击宏操作命令，或者在"宏操作目录区"右击宏操作命令，在弹出的快捷菜单中选择"添加操作"，或者在"宏操作目录区"拖动宏操作到"宏操作编辑区"，均可创建宏操作，如图 8-3 所示。

③ 宏操作一般均需要输入参数信息，不同的宏操作要求输入的参数个数和内容均有区别，可以根据宏操作的具体要求输入参数数据。

④ 当鼠标指针悬浮在宏操作名称上时，在鼠标指针下方将显示该宏操作的功能，在宏操作右侧将显示三个图标，分别代表上移、下移和删除宏操作，如图 8-4 所示。

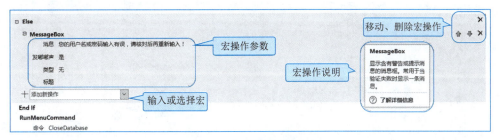

图 8-4　宏操作编辑

⑤ 根据需要，按步骤②~③重复创建宏即可完成宏操作的创建。

⑥ 按【Ctrl+S】组合键或单击左上角的快速保存按钮进行保存，在弹出的"另存为"对话框中输入宏名，单击"确定"即可完成宏的创建。

**例 8-1** 为"图书管理系统"数据库创建"打开关闭登录界面窗体"宏，要求为首先打开"登录界面"窗体，并弹出对话框"打开了登录界面窗体"，在单击确认后，关闭"登录界面"窗体。其中 OpenForm、MessageBox 和 CloseWindow 三个宏操作的参数列表见表 8-1。

表 8-1 宏操作的参数列表

| 宏操作名称 | 功能描述 | 参数 | 说 明 |
| --- | --- | --- | --- |
| OpenForm | 在"窗体视图"、"设计视图"、"打印预览"或"数据表"视图中打开窗体 | 窗体名称 | 打开窗体的名称 |
| | | 视图 | 打开的视图类型，例如"窗体视图"或"设计视图"等 |
| | | 筛选名称 | 限制窗体中记录的筛选 |
| | | 当条件 | 输入一个 SQL WHERE 语句或表达式，以从窗体的数据基本表或查询中选定记录 |
| | | 数据模式 | 窗体的数据输入方式 |
| | | 窗体模式 | 打开窗体的窗口模式 |
| MessageBox | 显示含有警告或提示消息的消息框 | 消息 | 消息框中的文本 |
| | | 发嘟嘟声 | 是否有声音提示 |
| | | 类型 | 消息框的类型 |
| | | 标题 | 消息框标题栏中显示的文本 |
| CloseWindow | 关闭指定的窗口。如果无指定的窗口，则关闭当前的活动窗口 | 对象类型 | 要关闭的对象类型 |
| | | 对象名称 | 要关闭的对象名称 |
| | | 保存 | 是否保存 |

该例用于熟悉宏操作的设计流程，详细操作步骤如下：

① 打开"图书管理系统"数据库，单击"创建"选项卡→"宏与代码"组→"宏"按钮，进入宏设计视图。

② 在"宏操作编辑区"中第 1 个显示"添加新操作"的文本框中输入或选择"OpenForm"，弹出"OpenForm"宏参数列表，在参数列表中的"窗体名称"参数中输入或选择"登录界面"。

③ 第 2 个显示"添加新操作"的文本框中输入或选择"MessageBox"，弹出"MessageBox"宏参数列表，在参数列表中的"消息"参数中输入"打开了登录界面窗体"。

④ 第 3 个显示"添加新操作"的文本框中输入或选择"CloseWindow"，弹出"CloseWindow"宏参数列表，在参数列表中的"对象类型"参数中输入或选择"窗体"，在参数列表中的"对象名称"参数中输入或选择"登录界面"。

⑤ 按【Ctrl+S】组合键或单击左上角的快速保存按钮进行保存，在弹出的"另存为"对话框中输入宏名"打开关闭登录界面窗体"，单击"确定"按钮。

⑥ 单击"宏设计"选项卡→"工具"组→"运行"按钮，即可查看宏操作，如图 8-5 所示。

视 频
微课8-1
创建宏

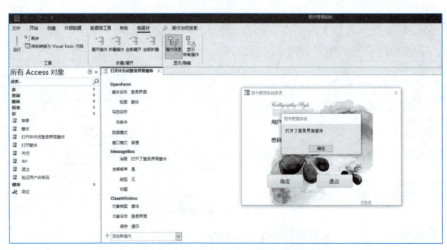

图 8-5 "打开关闭登录界面窗体"宏操作

## 8.2.2 创建嵌入的宏

可以创建嵌入在对象事件属性中的宏，此类宏不会显示在"导航窗格"中，但可从一些事件中调用，例如单击事件。由于宏将成为窗体或报表对象的一部分，因此建议使用嵌入的宏来自动执行特定的任务，操作步骤如下：

① 在"导航窗格"中右击将包含宏的窗体或报表，在弹出的快捷菜单中选择"设计视图"选项。

② 如果属性表未显示，可以按【F4】键显示它。

③ 单击要在其中嵌入宏的控件或节，也可以使用属性表顶部的"所选内容的类型"下的下拉列表选择控件或节。

④ 在"属性表"任务窗格中单击"事件"选项卡，选择要为其触发宏的事件的属性框。

⑤ 如果属性框包含"嵌入的宏"字样，这意味着已为此事件创建了宏，可以通过继续执行本过程中的剩余步骤来编辑宏。

⑥ 单击属性框右侧的"更多"按钮，在弹出的"选择生成器"对话框中选择宏生成器，如图8-6所示。

图8-6　选择宏生成器

⑦ 在弹出的宏设计视图下创建宏操作即可。

在"属性表"的"事件"选项卡中，可以为事件选择已经创建好的宏，单击属性框右侧的下拉按钮，在弹出的下拉列表中选择创建好的宏即可，如图8-7所示。

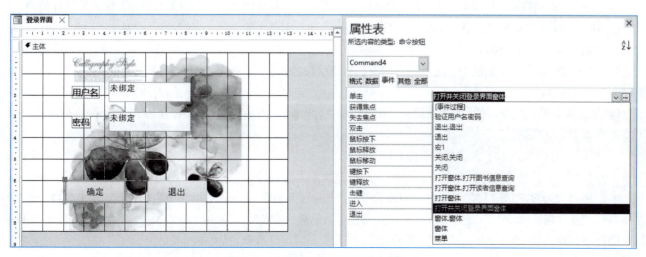

图8-7　为按钮事件选择已创建好的宏

**例 8-2**　为"图书管理系统"数据库创建"登录界面2"窗体，样式参考图8-7左图，并为"登录界面2"窗体的"确定"按钮创建单击打开"欢迎界面"窗体的嵌入宏。

微课8-2
创建嵌入宏

该例用于熟悉嵌入宏的设计流程，详细操作步骤如下：

① 打开"图书管理系统"数据库，在"导航窗格"中右击"登录界面"窗体，在弹出的快捷菜单中选择"设计视图"。

② 单击"确定"按钮控件，打开"确定"按钮控件的属性表，在事件选项卡中单击"单击"事件的"更多"按钮，在弹出的对话框中选择"宏生成器"，即可进入宏设计视图。

③ 在宏设计视图中，在"宏操作编辑区"中第1个显示"添加新操作"的文本框中输入或选择"OpenForm"，弹出"OpenForm"宏参数列表，在参数列表中的"窗体名称"参数中输入或选择"欢迎界面"。

④ 单击"宏设计"选项卡中→"关闭"组→"保存"按钮，再单击"关闭"按钮，保存创建的宏并返回窗体设计视图。

⑤ 切换"登录界面"窗体到"窗体视图"，单击"确定"按钮，即可通过宏打开"欢迎界面"窗体。

### 8.2.3 创建条件宏

有时用户可能希望仅在某些条件成立的情况下执行某个或某些操作，可以使用条件宏实现该功能。使用"If"宏创建条件宏，可以添加"Else If"宏和"Else"宏来扩展"If"宏，其中"Else If"宏可以添加多个，"If"宏和"Else"宏最多有一个，另外，"If"宏必须有。If宏操作如图8-8所示。

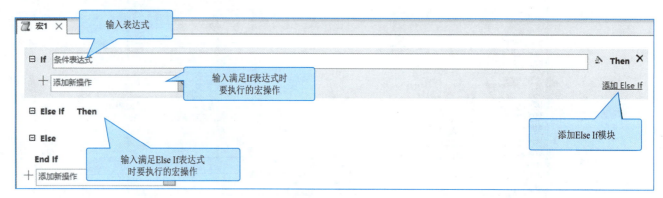

图 8-8  If 宏操作

条件宏中只有一个分支能被执行，即"If""Else If"中只要有一个条件表达式为True，便执行该分支，否则执行"Else"分支。

创建If宏的流程如下：

① 打开"图书管理系统"数据库，单击"创建"选项卡→"宏与代码"组→"宏"按钮，进入宏设计视图。

② 在"宏操作编辑区"中第1个显示"添加新操作"的文本框中输入或选择"If"，或者从"操作目录"窗格中把If宏拖动到"宏操作编辑区"，打开"If"宏参数列表。

③ 在If宏的条件表达式框中，输入确定何时执行该模块的表达式。表达式的结果必须为布尔值，即计算结果为Yes或No的值。

④ 通过从If模块内显示的"添加新操作"下拉列表中选择操作，或者将操作从"操作目录"窗格拖动到If模块，可将操作添加到if模块。

⑤ 可以在If模块的右下方选择"添加Else"或"添加Else If"，这样就可以添加Else或Else If模块。如果添加了Else If模块，需要添加条件表达式，添加了Else模块不需要条件表达式，If模块的分支只会执行其中一个。

在宏中可以通过Forms对象引用窗体中的控件，Forms对象包含Access数据库中当前打开的所有窗体。如果窗体名称包含空格或汉字，必须使用方括号（[ ]）将名称括起来，规则为：Forms![窗体名]。可以使用!继续引用窗体上的控件，规则为：Forms![窗体名]![控件名]。

**例 8-3** 为"图书管理系统"数据库增加登录功能，其中登录的用户名和密码存放在"klb"表中，表的设计见表8-2。在"登录界面2"窗体中增加"用户名"和"密码"文本框，分别用于输入用户名密码，增加"确定"用于验证用户名密码，如果输入正确，则打开"欢迎界面"窗体，如果输入错误，则提示"您的用户名或密码输入有误，请核对后再重新输入！"，增加"退出"按钮，单击后关闭 Access 数据库。"登录界面 2"窗体如图 8-7 左图所示。

微课8-3
窗体、系统函数和宏操作的综合应用

该例为窗体、系统函数和宏操作的综合应用，详细操作步骤如下：

① 首先创建 "klb"表，打开"图书管理系统"数据库，选择"创建"选项卡，单击"表设计"按钮，进入表设计视图，在第 1 行"字段名称"列中输入"ID"，"数据类型"列选择"自动编号"，在属性表"常规"选项卡中的"字段大小"属性中选择"长整型"，单击"设计"选项卡中的"主键"按钮，设置为表的主键。

② 在第 2 行"字段名称"列中输入"user"，"数据类型"列选择"短文本"，属性表"常规"选项卡"字段大小"属性中输入"20"。

③ 在第 3 行"字段名称"列中输入"password"，"数据类型"列选择"短文本"，属性表"常规"选项卡"字段大小"属性中输入"20"。

④ 按【Ctrl+S】组合键或单击左上角的快速保存按钮，在弹出的"另存为"对话框中输入表名"klb"。

⑤ 将"klb"表切换到"数据表"视图，录入数据示例见表 8-3。

表 8-2 "klb" 表结构表

| 字 段 名 称 | 字 段 类 型 | 字 段 大 小 | 是 否 主 键 |
|---|---|---|---|
| ID | 自动编号 | 长整型 | 是 |
| user | 短文本 | 20 | 否 |
| password | 短文本 | 20 | 否 |

表 8-3 "klb" 表数据示例表

| ID | user | password |
|---|---|---|
| 1 | admin | 123456 |
| 2 | zongwei | 123456 |
| 3 | liupei | 123456 |

⑥ 参考图 8-7 左图创建窗体控件，单击"创建"选项卡"窗体设计"按钮，进入窗体设计视图，单击"表单设计"选项卡"控件"组"文本框"按钮，根据图例绘制文本框，在文本框属性表中设置文本框标题"用户名"，设置文本框名称"txtUser"。

⑦ 单击"表单设计"选项卡"控件"组"文本框"按钮，根据图例绘制文本框，在文本框属性表中，设置文本框标题"密码"，设置文本框名称"txtPass"，设置文本框输入掩码"密码"。

⑧ 单击"表单设计"选项卡→"控件"组→"按钮"按钮，根据图例绘制按钮，在按钮属性表中设置按钮标题"确定"。

⑨ 单击"表单设计"选项卡→"控件"组→"按钮"按钮，根据图例绘制按钮，在按钮属性表中设置按钮标题"退出"。

⑩ 按【Ctrl+S】组合键或单击左上角的快速保存按钮，在弹出的"另存为"对话框中输入窗体名"登录界面 2"。

⑪ 单击"创建"选项卡→"宏与代码"组→"宏"按钮，进入宏设计视图。

⑫ 在"宏操作编辑区"中第 1 个显示"添加新操作"的文本框中输入或选择"If"，弹出"If"宏参数列表，在条件参数中输入"DLookUp("password","klb","user=[Forms]![登录界面 2]![txtUser]")=[Forms]![登录界面 2]![txtPass]"。

⑬ 在 If 块内部的"添加新操作"的文本框中输入或选择"OpenForm"，弹出"OpenForm"宏参数列表，在参数列表中"窗体名称"参数中输入或选择"欢迎界面"。

⑭ 选中 If 块，单击右侧显示的"添加 Else"，为 If 块添加 Else 模块。

⑮ 在 Else 块内部的"添加新操作"的文本框中输入或选择"MessageBox"，弹出"MessageBox"宏参数列表，在参数列表中的"消息"参数中输入"您的用户名或密码输入有误，请核对后再重新输入！"。

⑯ 按【Ctrl+S】组合键或单击左上角的快速保存按钮，在弹出的"另存为"对话框中输入宏名"验证用户名密码"，如图 8-9 所示。

⑰ 在导航窗格中右击"登录界面 2"，在弹出的快捷菜单中选择"设计视图"，选择"确定"按钮控件，在"确定"按钮属性表的"单击"事件中选择"验证用户名密码"宏，如图 8-7 所示。

⑱ 选择"登录界面 2"界面中的"退出"按钮控件，在"退出"按钮属性表的"单击"事件中单击"更多"按钮，选择"宏生成器"，进入宏设计视图，在"宏操作编辑区"中第 1 个显示"添加新操作"的文本框中输入或选择"QuitAccess"，弹出"QuitAccess"宏参数列表，在参数列表中的"选项"参数中选择"全部保存"。

图 8-9 验证用户名密码宏

⑲ 单击"宏设计"选项卡中→"关闭"组→单击"保存"按钮,再单击"关闭"按钮,保存创建的宏并返还窗体设计视图,按【Ctrl+S】组合键保存窗体,即全部完成。

> **提示:** DLookUp 函数可以对表对象中的数据进行查询,并把结果反馈到窗体上。DLookup 函数可以从一组记录中获得特定字段的值,其参数共有三个。第一个参数是需要查询的字段名称;第二个参数是要查询的表或查询的名称;第三个参数是查询条件,条件通常是相当于 WHERE 子句中的 SQL 表达式。

### 8.2.4 创建宏组

可以通过宏名调用宏,这意味着在使用宏的时候,如果宏内包含多个操作,不能单独调用其中一个,采用子宏可以解决这个问题,在"宏操作目录区"中选择 Submacro 即可创建独立的子宏,在子宏中创建宏操作即可。如果直接运行宏,则只执行最前面的子宏,该宏称为宏组。调用子宏的方式为:宏组名.子宏名。操作步骤如下:

① 单击"创建"选项卡→"宏与代码"组→"宏"按钮,进入宏设计视图。

② 在"宏操作编辑区"中第 1 个显示"添加新操作"的文本框中输入或选择"Submacro",弹出"Submacro"宏参数列表,在名称参数中输入子宏的名称,例如"窗体操作"。

③ 在"子宏"块中的"添加新操作"的文本框中输入需要的宏操作。

④ 重复步骤②~步骤③,完成子宏的创建。

⑤ 单击"宏设计"选项卡中→"关闭"组→"保存"按钮,输入"宏组名",即完成宏组创建。

**例 8-4** 创建一个窗体,命名为"导航",在导航窗体上创建 2 个按钮,即"读者信息查询"和"图书信息查询",使其能分别打开"读者信息查询"窗体和"图书信息查询"窗体,通过创建 1 个宏组实现该功能。

该例用于熟悉宏组的设计流程,详细操作步骤如下:

① 打开"图书管理系统"数据库,单击"创建"选项卡→"宏与代码"组→单击"宏"按钮,进入宏设计视图。

② 在"宏操作编辑区"中第 1 个显示"添加新操作"的文本框中输入或选择"Submacro",弹出"Submacro"宏参数列表,在名称参数中输入子宏的名称"读者信息查询",在"子宏"块中的"添加新操作"的文本框输入"OpenForm","窗体名称"参数输入"读者信息查询"。

③ 在"宏操作编辑区"中第 2 个显示"添加新操作"的文本框中输入或选择"Submacro",在文本框中输入子宏的名称"图书信息查询",在"子宏"块中的"添加新操作"的文本框输入"OpenForm",弹出"OpenForm"宏参数列表,在参数列表中的"窗体名称"参数中输入"读者信息查询"。

④ 单击"宏设计"选项卡中"关闭"组→"保存"按钮,在弹出的"另存为"对话框中输入"打开窗体"。

⑤ 单击"创建"→"窗体"组→"窗体设计"按钮,进入窗体设计视图。

• 视 频
微课8-4
创建宏组

⑥ 单击"表单设计"选项卡→"控件"组→"按钮"控件,分别创建"读者信息查询"和"图书信息查询"按钮。

⑦ 选中"读者信息查询"按钮的属性表,在其"单击"事件中选择"打开窗体.读者信息查询"宏,如图 8-10 所示。

图 8-10 "导航"窗体界面及"读者信息查询"按钮事件

⑧ 选中"图书信息查询"按钮的属性表,在其"单击"事件中选择"打开窗体.图书信息查询"宏。

⑨ 单击快速访问工具栏中的"保存"按钮,在弹出的"另存为"对话框中输入窗体名"导航",单击"确定"按钮完成操作。

**例 8-5** 为"图书管理系统"创建选项卡自定义菜单,菜单及功能见表 8-4,涉及的 AddMenu 和 QuitAccess 说明见表 8-5。

表 8-4 选项卡菜单及功能

| 一级菜单 | 二级菜单 | 三级菜单 |
| --- | --- | --- |
| 窗体 | 打开窗体 | 读者信息查询 |
| | | 图书信息查询 |
| 关闭 | 关闭 | — |

表 8-5 宏操作的参数列表

| 宏操作名称 | 功能描述 | 参数 | 说　明 |
| --- | --- | --- | --- |
| AddMenu | 为窗体或报表将菜单添加到自定义菜单栏 | 菜单名称 | 出现在自定义菜单栏中的菜单的名称 |
| | | 菜单宏名称 | 输入或选择宏组名称 |
| | | 状态栏文字 | 此文本将出现在状态栏上 |
| QuitAccess | 退出 Access | 选项 | 是否保存 |

该例为宏组和菜单宏的综合应用,详细操作步骤如下:

**1. 创建包含菜单命令的子宏对象**

在此步骤中,使用 submacro 宏操作创建一个子宏对象,每个子宏都将是快捷菜单上的一个单独的命令。宏对象内的子宏可以独立于各种控件和对象事件进行调用。宏对象中的单个子宏具有唯一名称,并且可以包含一个或多个宏操作。创建流程如下:

① 打开"图书管理系统"数据库,单击"创建"选项卡→"宏与代码"组→"宏"按钮,进入宏设计视图。

② 在"宏操作编辑区"中第 1 个显示"添加新操作"的文本框中输入或选择"Submacro",弹出"Submacro"宏参数列表,在名称参数中输入子宏的名称"读者信息查询",在"子宏"块中的"添加新操作"的文本框中输入"OpenForm",弹出"OpenForm"宏参数列表,在参数列表中的"窗体名称"参数中输入"读者信息查询"。

③ 在"宏操作编辑区"中第 2 个显示"添加新操作"的文本框中输入或选择"Submacro",弹出"Submacro"宏参数列表,在名称参数中输入子宏的名称"图书信息查询",在"子宏"块中的"添加新操作"的文本框输入"OpenForm",弹出"OpenForm"宏参数列表,在参数列表中的"窗体名称"参数中输入"读者信息查询"。

④ 单击"宏设计"选项卡中→"关闭"组→"保存"按钮,在弹出的另存为对话框中输入"打开窗体",单击"确定"按钮完成操作,如图 8-11 所示。

⑤ 参考图 8-12"关闭"宏,图 8-13"窗体"宏,按照步骤①~④,依次创建"关闭"宏、"窗体"宏。

视频

微课8-5
宏组和菜单宏
的综合应用

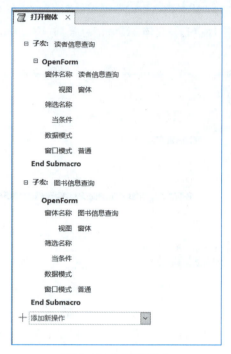

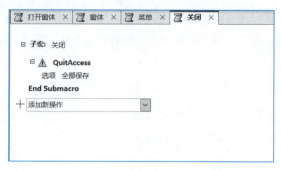

图 8-12　关闭宏

图 8-11　打开窗体宏　　　　　　　　　　　图 8-13　窗体宏

2. 创建用于创建菜单的第二个宏对象

此步骤用来创建菜单，在宏列表中选择 AddMenu 宏即可，AddMenu 中可以包含步骤 1 创建的子宏对象，此宏操作有时称为"菜单宏"。创建流程如下：

参考图 8-13"窗体"宏、图 8-14"菜单"宏，按照步骤①~④，依次创建"窗体"宏和"菜单"宏。

3. 菜单附加到控件、窗体、报表或整个数据库

操作步骤如下：

① 在导航窗格中，右击要在其中显示菜单的窗体或报表，然后在弹出的快捷菜单中选择"设计视图"，进入设计视图。

② 在"设计"选项卡上的"工具"组中，单击"属性表"。

③ 通过从"属性表"任务窗格顶部的列表中选择"窗体"或"报表"，选择整个对象。

④ 在属性表上的"其他"选项卡上的"菜单栏"属性框中，输入"菜单"宏对象的名称。

⑤ 保存窗体或报表，下次打开窗体或报表时，功能区中将显示"加载项"选项卡。单击选项卡可以查看创建的菜单，如图 8-15 所示。

图 8-14　菜单宏

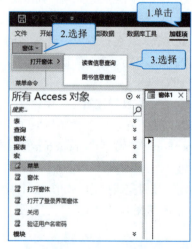

图 8-15　自定义菜单

## 8.2.5 创建数据宏

Access 中的数据宏允许向表中发生的事件（例如添加、更新或删除数据）添加处理逻辑。它们类似于 Microsoft SQL Server 中的"触发器"，只要添加、更新或删除表中的数据，就会发生表事件，可以将数据宏理解为在发生表事件后立即运行的宏，或者在删除或更改事件之前运行的宏。

数据宏从"表"选项卡进行管理，如图 8-16 所示，不会显示在导航窗格中的"宏"下，常用的数据宏操作见表 8-6。可以使用数据宏来验证并确保表中数据的准确性。

表 8-6 常用数据宏操作介绍

| 类 型 | 操 作 | 功 能 说 明 |
|---|---|---|
| 数据块 | CreateRecord | 在表中创建新记录 |
| | EditRecord | 编辑记录 |
| | ForEachRecord | 根据条件变量表或查询记录 |
| | LookupRecord | 根据条件查找记录 |
| 数据操作 | SetField | 将字段值设置为表达式结果 |
| | RaiseError | 出错时通知应用程序，可用于失败验证 |
| | RunDateMacro | 运行一个已命名数据宏 |
| | SetlocalVar | 创建或修改一个本地变量 |

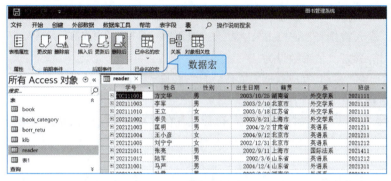

图 8-16 数据宏相关表事件

### 1. 由表事件触发的宏

表事件触发的宏需要在"表"选项卡下操作，具体操作步骤如下：

① 在导航窗格中，双击要添加数据宏的表，进入数据表视图。

② 在"表"选项卡上的"事件前"组或"事件后"组中，单击要添加宏的事件。例如，若要创建从表中删除记录后运行的数据宏，请单击"删除后"，如果事件已有一个与之关联的宏，其图标将在功能区上突出显示。

③ Access 将打开宏设计视图，如果以前为此事件创建了宏，Access 会显示现有宏，如图 8-17 所示，数据宏的设计视图和其他宏一致，操作方法一致，唯一的区别是支持的宏操作不一样，使用宏操作的方式也无区别，根据不同宏操作的说明，按要求输入参数信息即可。

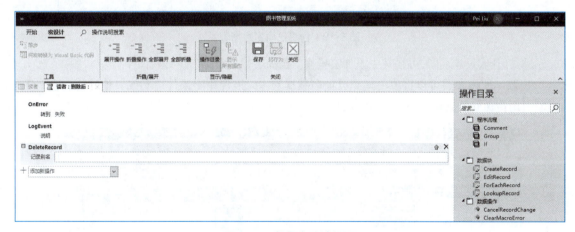

图 8-17 数据宏设计视图

④ 添加需要宏执行的操作。

⑤ 保存并关闭宏。

**例 8-6** "图书管理系统"数据库的"图书"表中，对录入的"馆藏数"进行数据处理，当录入数据大于 50 时，数据保存为 50，当录入数据小于 0 时，保存为 0，其他数据不做更改。

该例用于熟悉数据宏的设计流程，详细操作步骤如下：

① 打开"图书管理系统"数据库，在导航窗格中双击"图书"表，进入数据表视图。

视频

微课8-6
创建数据宏

② 选择"表"选项卡，单击"更改前"按钮，进入数据宏设计视图。

③ 在"宏操作编辑区"中第 1 个显示"添加新操作"的文本框中输入或选择"If"，或者从"操作目录"窗格中把 If 宏拖动到"宏操作编辑区"，打开 If 宏参数列表，如图 8-18 所示。

④ 在 If 宏的条件表达式框中，输入"[ 馆藏数 ] > 50"。

⑤ 在 If 宏内部选择"添加新操作"，输入或选择"SetField"，弹出"SetField"宏参数列表，将参数列表中的名称参数设为"馆藏数"，值参数设为"50"。

⑥ 添加 Else If 宏，在 Else If 宏条件表达式框中输入"[ 馆藏数 ] < 0"。

⑦ 在 Else If 宏内部选择"添加新操作"，输入或选择"SetField"，弹出"SetField"宏参数列表，将名称参数设为"馆藏数"，值参数设为"0"。

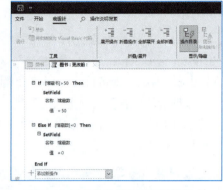

图 8-18　图书表"更改前"数据宏

⑧ 单击"宏设计"选项卡→"关闭"组→"保存"按钮，完成数据宏操作，可创建、修改新的图书数据用于验证。

2. 为了响应名称（也称为"已命名"数据宏）而运行的数据宏

已命名或"独立"数据宏与特定表相关联，但不与特定事件相关联。可以从任何其他数据宏或标准宏调用命名数据宏，具体操作如下：

① 在导航窗格中，双击要添加数据宏的表。

② 在"表"选项卡上的"命名宏"组中，单击"已命名的宏"，然后选择"创建已命名宏"，如图 8-19 所示。

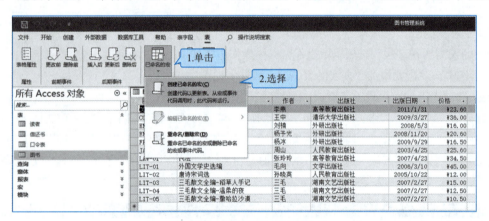

图 8-19　创建已命名数据宏

③ Access 将打开宏设计视图，可在其中添加宏操作。已命名数据宏的宏设计视图中，包含"参数"选项，位于"宏操作编辑区"顶部，使用参数可以将值传递到已命名数据宏中，以便用于条件语句或其他计算。它们还允许将标准宏中的对象引用传递到数据宏，如图 8-20 所示。

图 8-20　已命名数据宏设计视图

向已命名数据宏添加参数的步骤如下：

① 在宏顶部，单击"创建参数"，如图 8-20 所示。

② 在"名称"框中，输入参数的名称，参数名称不能重复，这是用于引用表达式中的参数的名称。

③（可选）在"说明"框中输入参数的说明，建议输入说明，因为在使用参数时，此处输入的说明文本会显示在工具提示中，这有助于记住参数的用途。

④ 若要从另一个宏运行已命名数据宏，请使用 RunDataMacro 操作，该操作为创建的每个参数提供一个框，以便提供所需的值。

## 8.3 宏操作和调试

Access 提供的宏操作非常丰富，涉及数据库使用的各个方面。

### 8.3.1 常用的宏操作

下面通过表 8-7 对常用的宏操作进行简单介绍。

表 8-7 常用的宏操作介绍

| 类 型 | 操 作 | 功 能 说 明 | 参 数 说 明 |
|---|---|---|---|
| 窗口管理 | CloseWindow | 关闭指定的窗口。如果无指定的窗口，则关闭当前的活动窗口 | 对象类型：选择要关闭的对象类型。<br>对象名称：选择要关闭的对象名称。<br>保存：选择"是"和"否" |
| | MaximizeWindow | 活动窗口最大化 | 无参数 |
| | MinimizeWindow | 活动窗口最小化 | 无参数 |
| | RestoreWindow | 窗口还原 | 无参数 |
| 宏命令 | CancelEvent | 终止一个事件 | 无参数 |
| | RunCode | 运行 Visual Basic 的函数过程 | 函数名称：要执行的"Function"过程名 |
| | RunMacro | 运行一个宏 | 宏名：所要运行的宏的名称。<br>重复次数：运行宏的最大次数。<br>重复表达式：输入当值为假时停止宏的运行的表达式 |
| | StopMacro | 停止当前正在运行的宏 | 无参数 |
| | StopAllMacro | 终止所有正在运行的宏 | 无参数 |
| 筛选/查询/搜索 | FindRecord | 查找符合指定条件的第一条记录或下一条记录 | 查找内容：输入要查找的数据。<br>匹配：选择"字段的任何部分"、"整个字段"或"字段开头"。<br>区分大小写：选择"是"或"否"。<br>搜索：选择"全部"、"向上"或"向下"。<br>格式化搜索：选择"是"或"否"。<br>只搜索当前字段：选择"是"或"否"。<br>查找第一个：选择"是"或"否" |
| | FindNextRecord | 使用 FindNext 操作可以查找下一个符合前一个 FindRecord 操作或"查找和替换"对话框（通过单击"编辑"菜单中的"查找"可以打开"查找和替换"对话框）中指定条件的记录。使用 FindNext 操作可以反复搜索记录 | 无参数 |
| | OpenQuery | 打开选择查询或交叉表查询，或者执行操作查询。查询可在"数据表"视图、"设计视图"或"打印预览"中打开 | 查询名称：打开查询的名称。<br>视图：打开查询的视图。<br>数据模式：查询的数据输入方式 |
| | ShowAllRecords | 关闭活动表、查询的结果集合和窗口中所有已应用过的筛选，并且显示表或结果集合，或窗口的基本表或查询中的所有记录 | 无参数 |

续表

| 类　　型 | 操　　作 | 功 能 说 明 | 参 数 说 明 |
|---|---|---|---|
| 数据库对象 | GoToControl | 将焦点移动到激活的数据表或窗体上指定的字段或控件上 | 控件名称：输入将要获得焦点的字段或控件名称 |
| | GoToRecord | 将表、窗体或查询结果中的指定记录设置为当前记录 | 对象类型：选择对象类型。<br>对象名称：当前记录的对象名称。<br>记录：要作为当前记录的记录。可在"记录"框中单击"向前移动"、"向后移动"、"首记录"、"尾记录"、"定位"或"新记录"。默认值为"向后移动"。<br>偏移量：整型数或整型表达式 |
| | OpenForm | 在"窗体视图"、"设计视图"、"打印预览"或"数据表"视图中打开窗体 | 窗体名称：打开窗体的名称。<br>视图：选择打开"窗体视图"或"设计视图"等。<br>筛选名称：限制窗体中记录的筛选。<br>Where 条件：输入一个 SQL WHERE 语句或表达式，以从窗体的数据基本表或查询中选定记录。<br>数据模式：窗体的数据输入方式。<br>窗体模式：打开窗体的窗口模式 |
| | OpenReport | 在"设计视图"或"打印预览"中打开报表，或立即打印该报表 | 报表名称：打开报表的名称。<br>视图：选择打开"报表"或"设计视图"等。<br>筛选名称：限制报表中记录的筛选。<br>Where 条件：输入一个 SQL WHERE 语句或表达式，以从报表的基本表或查询中选定记录。<br>窗口模式：打开报表的窗口模式 |
| | OpenTable | 在"数据表视图"、"设计视图"或"打印预览"中打开表 | 表名称：打开表的名称。<br>视图：打开表的视图。<br>数据模式：表的数据输入方式 |
| 系统命令 | Beep | 使计算机发出嘟嘟声 | 无参数 |
| | QuitAccess | 退出 Microsoft Access | 选项：是否保存 |
| 用户界面命令 | AddMenu | 为窗体或报表将菜单添加到自定义菜单栏 | 菜单名称：出现在自定义菜单栏中的菜单的名称。<br>菜单宏名称：输入或选择宏组名称。<br>状态栏文字：此文本将出现在状态栏上 |
| | Submacro | 子宏 | 在"宏设计器"窗口中定义单独的宏 |
| | Echo | 指定是否打开响应 | 打开回响：是否响应打开状态栏文字，关闭响应时，在状态栏中显示的文字 |
| | MessageBox | 显示含有警告或提示消息的消息框 | 消息：消息框中的文本。<br>发嘟嘟声：选择"是"或"否"。<br>类型：选择消息框的类型。<br>标题：消息框标题栏中显示的文本 |

### 8.3.2　宏错误调试

宏创建好后，参照 8.1.3 的四种方式均可运行宏。如果宏的编写无误，即可看到运行的结果。如果宏运行错误，系统将会自动提示错误，如图 8-21 和图 8-22 所示。对于报错的宏，需要按照错误提示进行修改。

如果宏包含的操作较多，根据系统提示，不容易判断出错误的宏操作，可以在"宏设计"选项卡，通过单步执行宏操作来判断错误信息。具体操作步骤如下：

① 在"导航窗格"中右击需要错误处理的宏，在弹出的快捷菜单中选择"设计视图"，进入宏设计视图。

图 8-21 宏运行错误提示

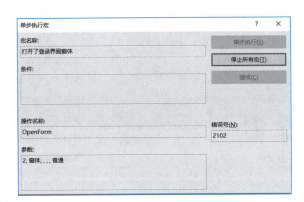

图 8-22 宏运行错误对话框

② 单击"宏设计"选项卡→"工具"组→"单步"按钮,弹出"单步执行宏"对话框。

③ 在"单步执行宏"对话框中依次单击"单步执行宏"按钮,直到找出错误的宏操作,即可根据系统提示进行修改,如图 8-23 所示。

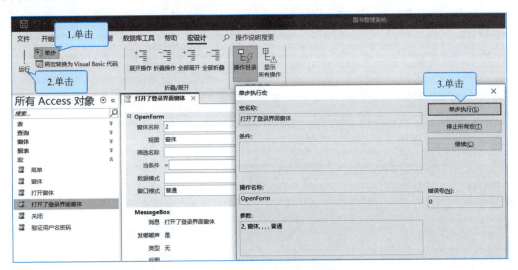

图 8-23 "单步执行宏"对话框

除了通过系统提示获取宏运行的错误信息外,还可以通过 OnError 宏主动处理错误信息。OnError 宏可以指定当宏发生错误时应如何处理。OnError 宏的宏操作见表 8-8。

表 8-8 OnError 宏操作说明

| 宏操作名称 | 功能描述 | 参数 | 说明 |
| --- | --- | --- | --- |
| OnError | 定义错误处理行为 | 转至 | 指定遇到错误时应处理的操作,共三种,分别是:<br>① 下一个:Access 宏在 MacroError 对象中记录错误的详细信息,但不停止宏。宏将继续执行下一个操作;<br>② 宏名称:Access 停止当前宏,并运行在"宏名称"参数中设置的宏;<br>③ 失败:Access 将停止当前宏并显示错误消息 |
| | | 宏名称 | 如果转至参数设置为"宏名称",则需要输入用于错误处理的子宏的名称。输入的名称必须与当前宏中的子宏名称匹配;不能输入其他宏对象的名称 |

MacroError 对象包含一次只能有一个错误的信息,如果在一个宏中出现多个错误,MacroError 对象将包含的信息只是最后的一个。可以通过查看 MacroError 对象中的属性信息判断错误原因,MacroError 对象属性信息介绍见表 8-9。

表 8-9　MacroError 对象属性说明

| 属　　性 | 说　　明 |
| --- | --- |
| ActionName | 获取出错时所执行的宏操作的名称 |
| Arguments | 获取指定发生错误时正在执行的宏操作的参数 |
| Condition | 获取发生错误时正在执行的宏操作的条件 |
| Description | 获取表示当前错误消息的文本 |
| MacroName | 获取发生错误时正在运行的宏的名称 |
| Number | 获取当前的错误号 |

## 8.4　应　用　宏

### 8.4.1　读者信息维护窗体记录导航

除了根据需求设计宏操作外，也可以利用 Access 数据库的控件向导自动创建宏操作。例如，在窗体中"按钮"控件就提供了自动创建宏操作的功能。在第 6 章数据库系统应用界面设计 6.5.1 中，"读者信息维护"窗体利用"按钮"控件结合宏操作，实现了对记录的维护操作，如图 8-24 所示。

其中"第一项记录"、"前一项记录"、"下一项记录"、"最后一项记录"、"添加记录"、"删除记录"、"保存记录"和"关闭窗体"按钮，分别对应了不同的宏操作，其均有 Access 数据库自动生成，可以参考学习。查看各按钮对应宏操作的方式为：在"导航窗格"右击"读者信息维护"窗体，在弹出的快捷菜单中选择"设计视图"，进入窗体设计视图，选择"按钮"控件，在其"属性表"的"事件"选项卡中选择"单击"事件，编辑"嵌入的宏"，即可在宏设计视图下查看到宏操作。Access 自动创建的宏，优先考虑错误处理，这样程序运行不容易出错，可以增强程序的健壮性，故宏操作一般最上方是 OnError 宏。Access 自动创建的宏涉及了多种宏操作的融合，是最佳的学习案例。"图书信息维护"窗体中的宏操作和"读者信息维护"窗体类似，不再赘述。"图书信息维护"窗体中的宏操作具体见表 8-10。

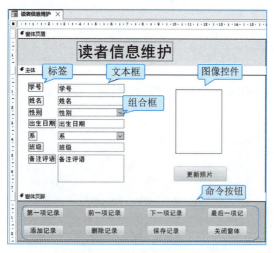

图 8-24　"读者信息维护"窗体

表 8-10　"读者信息维护"窗体中按钮的宏操作说明

| 按 钮 名 称 | 宏操作说明 |
| --- | --- |
| 第一项记录 | GoToRecord |
| 前一项记录 | OnError、GoToRecord、If、MessageBox |
| 下一项记录 | OnError、GoToRecord、If |
| 最后一项记录 | GoToRecord |
| 添加记录 | OnError、GoToRecord、If、MessageBox |
| 删除记录 | OnError、GoToRecord、ClearMacroError、If、RunMenuCommand、Beep、MessageBox |
| 保存记录 | OnError、If、RunMenuCommand、MessageBox |
| 关闭窗体 | CloseWindow |

### 8.4.2　主界面窗体运行功能窗体

当一个应用系统包含多个窗体时，通过"导航窗口"进行窗口操作就不太方便了，故可以结合 OpenForm 和 OpenReport 宏操作创建一个主界面窗体，创建"按钮"，将"按钮"的标题设置为具体的窗体/报表名称，当单击该按钮时，借用 OpenForm 宏操作打开对应的窗体，OpenReport 宏打开报表，主界面窗体如图 8-25 所示。

进入"图书管理系统"窗体的设计视图，单击"读者信息管理"按钮控件属性表的"单击"事件的"更多"按钮，弹出"选择生成器"对话框，如图 8-26 所示，选择"宏生成器"。进入"宏设计器"界面，创建 OpenForm 宏操作，并为"OpenForm"宏的窗体名称属性选择"读者信息维护"窗体，保存退出宏设计视图，完成"读者信息管理"按钮设置。其他三个按钮按此步骤操作即可。

第 8 章　数据库系统应用宏　191

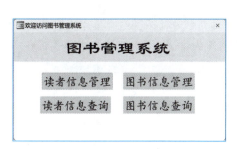

图 8-25　主界面窗体

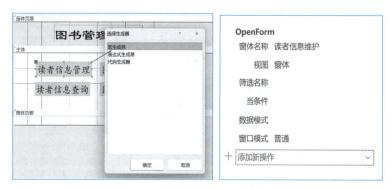

图 8-26　主界面窗体运行功能窗体

## 8.4.3　登录窗体容错处理

**例 8-7**　"图书管理系统"数据库的"验证用户名密码"宏中,设置当出现错误时,弹窗显示导致错误的宏操作名称、错误的信息,并以错误码为标题。

该例用于验证宏的出错处理流程,详细操作步骤如下:

① 打开"图书管理系统"数据库,在导航窗格右击"验证用户名密码"宏,在弹出的快捷菜单中选择"设计视图",进入宏设计视图。

② 在"宏操作编辑区"末尾显示"添加新操作"的文本框中输入或选择"Submacro",弹出"Submacro"宏参数列表,在名称参数中输入子宏的名称"handleError"。

③ 在"handleError"子宏的"添加新操作"的文本框中输入"MessageBox",弹出"MessageBox"宏参数列表。

④ 在"MessageBox"宏的"消息"参数中输入"=" 宏操作 " & [MacroError].[MacroName] & " 发生【"& [MacroError].[Description] & " 】错误 ""。

⑤ "标题"参数输入"=" 错误码 : " & [MacroError].[Number]"。

⑥ 在"宏操作编辑区"末尾显示"添加新操作"的文本框中输入或选择"OnError",弹出"OnError"宏参数列表,在"转至"参数中输入"宏名",在"宏名称"参数中输入"handleError",将"OnError"宏操作移动到顶部,并保存。

⑦ 在不打开"登录界面 2"窗体的情况下,单击"运行"按钮,Access 将执行"OnError"宏操作,并提示错误信息,如图 8-27 所示。

视　频

微课8-7
设置宏的出错处理流程

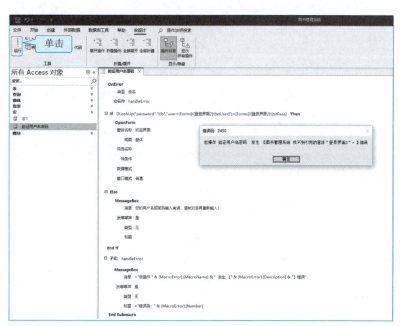

图 8-27　OnError 宏操作

## 小　　结

本章介绍了宏的基本概念，简单介绍了运行宏四种方式，详细介绍了如何创建宏，并结合操作实例详细介绍了创建独立的宏、嵌入的宏、条件宏和宏组，并介绍了如何排查宏运行时出现的错误，给出了常用宏的说明表。

## 习　　题

一、简答题

1. 请简述宏和宏组的区别。
2. 在"图书管理系统"中，条件宏有哪些作用？

二、操作题

1. 为"图书管理系统"的"登录窗体"创建一个宏，当打开窗体时，弹出一个提示消息框，当双击窗体时，关闭该窗体。

2. 为"图书管理系统"的"登录窗体"创建一个条件宏，当用户输入用户名为"admin"、密码为"password"时，打开"欢迎界面"，否则提示"您的用户名或密码输入有误，请核对后再重新输入！"。

3. 为"图书管理系统"创建一个宏组，宏组包含2个子宏，分别打开2个窗体。创建1个"测试"窗体，绘制2个按钮，分别为2个按钮设置单击事件到2个子宏，实现单击不同按钮打开不同窗体的操作。

# 第 9 章 数据库系统程序设计

"模块"是 Access 中的一个对象，模块基于 VBA（Visual Basic for applications）语言编写。VBA 代码相比于"宏"更加灵活，可以实现更复杂的功能、提高数据库应用系统的用户使用体验。模块是一个存储在一起的声明、陈述和过程的集合，模块分为类模块和标准模块。类模块附加在表单或报表上，包含其所附加的表单或报表的特定处理功能。标准模块可以提供公共的处理功能，可以在其他模块中调用。模块中可以调用表、查询、窗体、报表和宏这五个对象，并进行数据、UI（user interface）处理操作，可以提供更加友好的用户操作界面。

## 本章知识要点

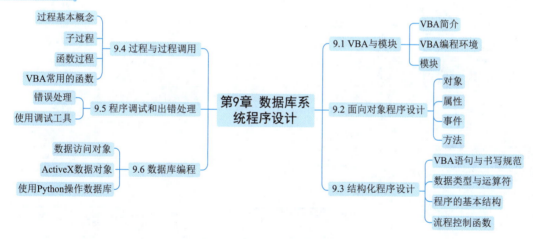

## 9.1 VBA 与模块

### 9.1.1 VBA 简介

VBA 是新一代标准宏语言，是基于 Visual Basic for Windows 发展而来的。它与传统的宏语言不同，传统的宏语言不具有高级语言的特征，没有面向对象的程序设计概念和方法。而 VBA 提供了面向对象的程序设计方法，提供了相当完整的程序设计语言，它的编写是以子过程和函数为单位。VBA 是 Microsoft Office 内置的编程语言，其语法与 VB 语言兼容。VBA 不是一个独立的开发工具，一般被嵌入像 Word、Excel、Access 这样的宿主软件中，与其配套使用，在 Access 中以模块形式出现。

VBA 是基于 Visual Basic 发展而来的，它们具有相似的语言结构。Visual Basic 是 Microsoft 的主要图形界面开发工具，VBA 5.0（亦即 VBA 97）则是 Visual Basic 5.0 的子集。VBA 不但继承了 VB 的开发机制，还具有与 VB 相似的语言结构。

## 9.1.2 VBA 编程环境

Access 提供的 VBA 编程环境称为 VBE，即 Visual Basic Editor，VB 编辑器，它为 VBA 程序的开发提供了完整的开发和调试环境。可以在 VBE 中编写 VBA 代码，并可以对代码进行调试，便于发现代码中的错误，基于 VBE 可以实现各种功能的 VBA 代码。

下面介绍两种打开 VBE 的方式：

① 单击"数据库工具"选项卡→"宏"功能组→"Visual Basic"按钮，即可打开 VBE，如图 9-1 所示。

② 单击"创建"选项卡，在"宏与代码"功能组中选择"Visual Basic"按钮，即可打开 VBE。如果选择"模块""类模块"按钮，则在打开 VBE 的同时创建一个"模块"或"类模块"，如图 9-2 所示。

图 9-1 通过数据库工具选项卡打开 VBE

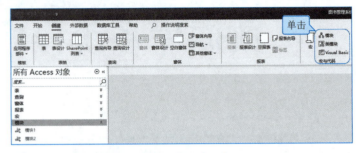

图 9-2 通过创建选项卡打开 VBE

VBE 是独立于 Access 主界面的窗口，打开后以全屏显示的方式呈现在窗口的最前面，VBE 窗口由菜单栏、工具栏、工程资源管理器、属性窗口、工作区五大部分组成，如图 9-3 所示，下面分别进行介绍。

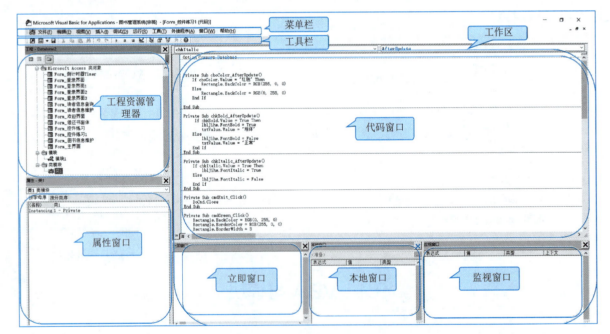

图 9-3 VBE 窗口

### 1. 菜单栏

VBE 中所有的功能都可以在菜单栏中实现，类似于 Access 的选项卡。下面介绍下菜单栏中的几个重要的功能：

① "文件"菜单的功能有保存、导入文件、导出文件、移除模块、打印、关闭 VBE 返回到 Access。

② "编辑"菜单主要是编辑代码相关的功能，主要有撤销、复制、粘贴、查找、替换、属性/方法列表、常数列表、参数信息等。

③ "视图"菜单用于打开不同的功能窗口，主要功能有代码窗口、对象浏览器、立即窗口、本地窗口、监视窗口、工程资源管理器，属性窗口等。

④ "插入"菜单用于新建模块、过程和文件。

⑤ "调试菜单"用于调试运行中的 VBA 程序，包括逐语句、逐过程、跳出、运行到光标处、添加监视、切换断点、清除所有断点等。

⑥ "运行"菜单用于对 VBA 程序的运行管理。

⑦ "帮助"菜单用于打开 Visual Basic 帮助功能。

### 2. 工具栏

工具栏中包含各种快捷工具按钮，主要有"运行子过程/用户窗体""中断""重新设置"等按钮，方便用户快速编辑代码。

### 3. 工程资源管理器

工程资源管理器用来显示和管理当前数据库中包含的工程，当打开 VBE 时，会自动产生一个与当前 Access 数据库同名的空工程，可以在其中插入模块。一个数据库可以对应多个工程，一个工程可以包含多个模块。

工程资源管理器窗口下面有三个按钮：

① "查看代码"：用于显示代码窗口以编写或编辑所选工程目标代码。

② "查看对象"：显示选取的工程，可以是文档或是 UserForm 的对象窗口。

③ "切换文件夹"：可以隐藏或显示包含在对象文件夹中的工程。

### 4. 属性窗口

属性窗口用来显示所选对象的属性，同时可以修改对象的属性。下面对属性窗口中的几个控件进行介绍：

① "对象列表框"：用来列出当前所选的对象。

② "按字母序"：选项卡中按字母顺序列出所选对象的所有属性。

③ "按分类序"：选项卡中根据性质列出所选对象的所有属性，可以折叠这个列表，这样将只看到分类，也可以打开一个分类，并可以看到其所有属性。当打开或折叠列表时，可以在分类名称的左边看到一个加号或减号图标，用于打开或折叠。

### 5. 工作区

用来显示当前操作对应的主窗体，一般情况下显示的是"代码窗口"，可以在"代码"窗口中编辑模块代码，可以打开多个"代码窗口"。可以在"视图"选项卡中打开不同类型的窗口，并在主显示区域显示，如"立即窗口""本地窗口""监视窗口"。

① 代码窗口：编写代码的区域，不同的模块具有一个单独的编写窗口，可以通过双击"工程资源管理器"中的模块名称打开代码窗口，也可以对模块名称右击，弹出快捷菜单，选择查看代码打开代码窗口。可以同时打开多个模块的代码窗口，并通过右上角的"最小化""还原""关闭"按钮进行控制。

② 立即窗口：可以显示模块中通过 Debug.Print 输出的结果，也可以直接在立即窗口中计算表达式的值，若要输出表达式的结果，需要在表达式前面添加"？"。

③ 本地窗口：当处于 VBA 代码调试状态时，本地窗口中可以实时显示代码中变量及变量的值，主要用于代码流程梳理或排查错误。

④ 监视窗口：当处于 VBA 代码调试状态时，可以右击监视窗口选择"添加监视"，并设置监视的表达式，可以动态监视表达式的值，主要用于代码流程梳理或排查错误。

**例 9-1** 创建一个模块，命名为"测试"，并创建代码运行子过程"test"。

详细操作步骤如下：

① 打开"图书管理系统"数据库，单击"创建"选项卡"宏与代码"功能组→"模块"按钮，打开 VBE 窗口。

② 在 VBE 窗口中，VBA 的代码需要写在"代码窗口"中，并且代码需要包含在子过程或函数过程中，相关内容在 9.4 节介绍，按图 9-4 在代码窗口编写子过程即可。

③ 按【Ctrl+S】组合键或单击"文件"菜单→"保存"按钮或工具栏的快速保存按钮保存编写的 VBA 代码，在弹出的"另存为"对话框中输入模块名"测试"，即可完成模块的创建。

④ 将鼠标光标放在"test"子过程内部，单击工具栏中的"运行子过程/用户窗体"按钮或按快捷键【F5】，即可运行编写的测试子过程。

视频

微课9-1
创建模块

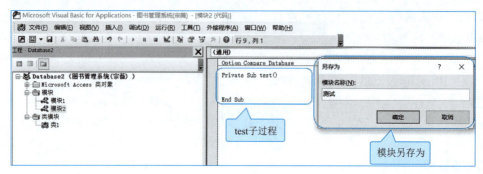

图 9-4 测试模块

### 9.1.3 模块

在 Access 中，宏可以解决很多和用户操作相关的问题，但是当遇到需要复杂的数据结构或者循环结构才能解决问题时，宏就无法完成任务了，这个时候可以采用模块对象来解决问题，模块中的代码是使用 VBA 语言编写的。当要执行以下操作时，应使用 VBA 编程而不是宏。

#### 1. 使用内置函数或创建自己的函数

Access 中包含许多内置函数，例如可以计算利息支付的 IPMT 函数，可使用内置函数来执行计算，而无须创建复杂的表达式。使用 VBA 代码，还可创建自己的函数，用于执行超出表达式功能的计算或替代复杂的表达式。

#### 2. 创建或操纵对象

在大多数情况下，在对象的"设计"视图中创建和修改对象是最简单的。但是，在某些情况下，可能需要在窗体的运行时动态调整对象，可以使用 VBA 动态处理数据库中的所有对象。

#### 3. 执行系统级操作

通过 VBA，可以查看计算机上是否存在某个文件，也可以使用自动化或动态数据交换（dynamic data exchange, DDE）与其他基于 Microsoft Windows 的程序进行通信，如 Excel，还可以在 Windows 动态链接库（dynamic link library, DLL）中调用处理函数。

#### 4. 一次处理一个记录

可以使用 VBA 单步执行一组记录，每次处理一条记录，相比之下，宏一次处理整个记录集。

在 Access 中，有两种类型的模块：标准模块和类模块。标准模块包含与任何其他对象都无关的常规过程，或者叫公共过程。它不是窗体或报表的组成部分，标准模块中的函数、变量或常量可以在当前程序的任何地方使用，而且这些存放于标准模块中的函数、变量或常量在逻辑上没有内在的联系。

在 VBA 中类模块是面向对象编程的基础，可以在类模块中编写代码建立新对象。这些新对象可以包含自定义的属性和方法。实际上，窗体正是这样一种类模块，可以在其上安放控件，可显示窗体窗口。用类模块创建对象，这些对象可被应用程序内的过程调用。标准模块只包含代码，而类模块既包含代码又包含数据，可视为没有物理表示的控件。

标准模块与类模块的主要区别在于类模块支持事件，可以响应用户操作。标准模块包含与其他对象无关的常规过程。标准模块可以在"导航窗格"中的"模块"下查看，类模块未在"模块"下列出。

## 9.2 面向对象程序设计

面向对象程序设计（object oriented programming, OOP）是一种计算机编程架构。OOP 的原则是计算机程序由多个对象组合而成，单个对象能起到子程序作用。OOP 达到了软件工程的三个主要目标：重用性、灵活性和扩展性。

面向对象程序设计方法是尽可能模拟人类的思维方式，使得软件的开发方法与过程尽可能接近人类认识世界、解决现实问题的方法和过程，也即使得描述问题的问题空间与问题的解决方案空间在结构上尽可能一致，把客观世界中的实体抽象为问题域中的对象。

面向对象程序设计以对象为核心，该方法认为程序由一系列对象组成。类是对现实世界的抽象，包括表示静态属性的数据和对数据的操作，对象是类的实例化。对象间通过消息传递相互通信，来模拟现实世界中不同实体间的联系。面向对象的程序设计包括三个主要特点：封装、继承、多态。

### 1. 封装

封装是将数据和对数据的操作封装在一起，使其构成一个不可分割的"模块"，数据被保护在内部，只保留一些对外接口使之与外部发生联系，这个"模块"称为类。类是对一组具有相同特征和行为的对象的抽象描述，描述了该类对象应该具有什么特征，对象是类的实例，对象是类的具体实现，表示一个独立个体。例如，可以定义一个"学生"类，具有学号、姓名等特征，而当表示一个具体的学生"小明"时，需要为小明赋予学号"2023010"，姓名"小明"，而"小明"就是对应"学生"类的一个对象。

使用封装能够减少代码耦合，并且类内部的结构可以自由修改而对外部提供的接口保持不变，增加代码的灵活性。可以对成员进行更精确的控制，即控制哪些类内部的成员可以被外部访问，哪些不可以。同时封装隐藏了具体的实现细节，外部不需要知道类内部如何进行操作的，只需要知道能够提供哪些功能即可。例如需要寄快递，只需要将寄件信息和邮寄物品给快递员即可送到收件人手中，至于快递是怎么运输的、怎么送给收件人的则不需要关心。

### 2. 继承

继承是指两种或者两种以上的类之间的联系与区别。继承，顾名思义，是后者延续前者的某些方面的特点，而在面向对象技术中则是指一个类针对于另一个类的某些独有的特点、能力进行复制或者延续。继承能够非常方便地复用以前的代码，能够大大地提高开发的效率。例如，定义一个"动物"类，其具有"吃饭""睡觉"两个方法，当需要再定义两个同样具有"吃饭""睡觉"的类"狗"和"猫"时，就可以让"狗"和"猫"继承"动物"类，从而"狗"和"猫"类型即可复用"动物"类的"吃饭""睡觉"方法，当然也可以定义自己的"吃饭""睡觉"方法。

### 3. 多态

从宏观的角度来讲，多态是指在面向对象技术中，当不同的多个对象同时接收到同一个完全相同的消息之后，所表现出来的动作是各不相同的，具有多种形态；从微观的角度来讲，多态是指在一组对象的一个类中，面向对象技术可以使用相同的调用方式来对相同的函数名进行调用，即便这若干个具有相同函数名的函数所表示的函数是不同的。例如，上述定义的继承自"动物"类的"狗"和"猫"类，假定均定义了自己的"吃饭""睡觉"方法时，当遇到一个"动物"类的对象时，能够自动识别这个对象应该使用的"吃饭""睡觉"方法，当这个对象是"狗"类时，调用"狗"类型的方法，当对象是"猫"类时，调用"猫"类的方法。

VBA 提供了对面向对象的编程（包括封装、继承和多态性）的完整支持，是一种面向对象的程序设计语言。"封装"意味着将一组相关属性、方法和其他成员视为一个单元或对象。"继承"描述基于现有类创建新类的能力。"多态"意味着可以有多个可互换使用的类，即使每个类以不同方式实现相同属性或方法。

## 9.2.1 对象

"类"和"对象"这两个术语有时互换使用，但实际上，类描述对象的"类型"，而对象是类的可用"实例"。因此，创建对象的操作称为"实例化"。 如果使用蓝图类比，类是蓝图，对象就是基于该蓝图的建筑。每个类都可以具有不同的"类成员"。类成员包括属性（用于描述类数据）、方法（用于定义类行为）和事件（用于在不同的类和对象之间提供通信）。

在 VBA 中，我们常见的表、查询、窗体、报表、宏、对话框、输入框、文本框等，均可以理解为一个"类"，当我们创建了一个具体的表、查询或窗体时，称为实例化了一个表、查询或窗体对象，对象具有"类"所有的属性、方法和事件，并可以进行调用。

Access 中数据库中的六大对象，实际上为六大类，基于这六大类创建出的图书表、图书管理窗体才是实际的对象。在 VBA 代码中，可以访问创建的具体对象及其属性，并且都可以作为变量使用。Access 中窗体对象的引用格式为：

```
Forms!窗体名称
```

Access 中报表对象的引用格式如下：

```
Reports!报表名称
```

关键字 Forms 或 Reports 分别表示数据库中窗体或报表的对象的集合，包含了数据库全部的窗体或报表对象，感叹号用于获取指定的对象名称和控件名称，感叹号为英文格式。

### 9.2.2 属性

属性用来表示对象包含的信息，可以为属性赋值或读取属性中存储的值。不同类型的对象，其属性会有所不同，同一个类生成的不同的对象，属性的值也可能不同。在 VBA 中，访问到具体的对象后，可以访问对象中的属性，进而对属性值进行设置。Me 关键字代表了当前使用的对象，如果当前使用的是窗体，就代表当前的窗体，可以替代掉 Forms![窗体名]；如果使用的是报表，可以替代掉 Report![报表名]。实际上，在窗体中，除了窗体是一个实例化的对象外，窗体中的控件，也是一个对象。通过 VBA 访问窗体属性和窗体中控件属性的格式为：

```
Forms!窗体名称 [.属性名称]（如果访问的是当前窗体:Me.[属性名称]）
Forms!窗体名称!控件名称[.属性名称]（如果访问的是当前窗体:Me.控件名称[.属性名称]）
```

Access 中访问报表对象属性和报表中控件属性的格式如下：

```
Reports!报表名称[.属性名称]（如果访问的是当前报表:Me.[属性名称]）
Reports!报表名称!控件名称[.属性名称]（如果访问的是当前报表:Me.控件名称[.属性名称]）
```

在访问当前窗体或报表中控件对象时，Me 关键字亦可以省略，即直接使用控件名称：

```
控件名称[.属性名称]
```

如果省略了"属性名称"部分，则表示控件的基本属性。如果对象名称中含空格或标点符号，需要用方括号括起来。可以在创建对象时给对象设置属性值，动态修改对象的属性值。在 VBA 代码中，通过"="为对象的属性赋值，其语法格式为：

```
对象名.属性名 = 属性值
```

**例 9-2** 创建"控件练习"窗体如图 9-5 所示，要求实现单击"红色"按钮后，矩形框填充红色，并增加绿色边框；单击"绿色"按钮后，矩形框填充绿色，并增加红色边框，其中矩形控件名称为"Rectangle"。

程序流程图如图 9-6 所示。

微课9-2
创建窗体控件

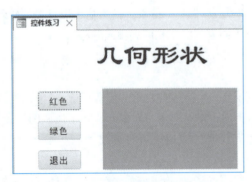

图 9-5 "控件练习"窗体

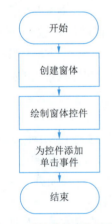

图 9-6 "控件练习"流程图

详细操作步骤如下：

① 打开"图书管理系统"数据库，单击"创建"选项卡→"窗体"功能组→"窗体设计"按钮，进入"窗体设计视图"。

② 在"窗体设计视图"中，通过"表单设计"选项卡，参考图 9-5 创建页面控件，按【Ctrl+S】组合键或单击"文件"菜单→"保存"按钮保存创建的窗体，在弹出的"另存为"对话框中输入窗体名"控件练习"。

③在"红色"按钮控件的"属性表"中,单击"其他"选项卡,在"名称"属性中设置控件名称为"cmdRed"。

④参考步骤③,设置"绿色"按钮控件的名称为"cmdGreen",设置"退出"按钮控件的名称为"cmdExit",设置矩形控件名称为"Rectangle"。

⑤在"红色"按钮控件的"属性表"中,单击"事件"选项卡,单击"单击"事件的"..."按钮,在弹出的"选择生成器"对话框中,选择"代码生成器",单击"确定"按钮,自动打开VBE,同时在代码窗口中自动为"红色"按钮控件的"单击"事件生成子过程。在该子过程中添加代码如下:

```
Private Sub cmdRed_Click()
    '在窗体或报表对象中,可用控件名称直接控件
        '设置矩形控件Rectangle的背景色为红色
    Rectangle.BackColor = RGB(255, 0, 0)
        '设置矩形控件Rectangle的边框色为绿色
    Rectangle.BorderColor = RGB(0, 255, 0)
        '设置矩形控件Rectangle的边框宽度为6像素
    Rectangle.BorderWidth = 6
End Sub
```

⑥参考步骤⑤,为"绿色"按钮控件添加单击事件,单击事件代码如下:

```
Private Sub cmdGreen_Click()
        '设置矩形控件Rectangle的背景色为绿色
    Rectangle.BackColor = RGB(0, 255, 0)
        '设置矩形控件Rectangle的边框色为红色
    Rectangle.BorderColor = RGB(255, 0, 0)
        '设置矩形控件Rectangle的边框宽度为3像素
    Rectangle.BorderWidth = 3
End Sub
```

⑦参考步骤⑤,为"退出"按钮控件添加单击事件,单击事件代码如下:

```
Private Sub cmdExit_Click()
    DoCmd.Close            '调用DoCmd对象的Close函数关闭当前窗体
End Sub
```

⑧在"控件练习"窗体的窗体视图下,分别单击"红色""绿色"按钮,查看矩形显示情况,如图9-7和图9-8所示。

图9-7 "红色"按钮单击效果

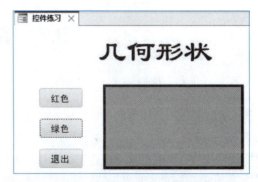

图9-8 "绿色"按钮单击效果

### 9.2.3 事件

事件就是发生在一个对象上的事情或者消息,Access为对象提供多种不同类型事件以响应用户操作。Access事件是用户操作的结果,当用户单击窗体上的命令按钮、在文本框中输入内容时,就会发生Access事件。Access应用程序是由事件驱动的,Access事件绑定到特定的对象属性上,例如选中或者取消选中某个复选框会触发鼠标按下(MouseDown)、鼠标释放(MouseUp)和单击(Click)事件,这些事件分别通过鼠标按下、鼠标释放和单击属性绑定到该复选框,可以通过VBA来编写这些事件过程,只要用户单击该复选框,便会运行这些事件过程。

可以将 Access 事件归为以下七组：
① 窗体(报表)事件：打开、关闭和调整大小。
② 键盘事件：按下或释放键。
③ 鼠标事件：单击或按下某个鼠标按钮。
④ 焦点事件：激活、进入和退出。
⑤ 数据事件：更改当前行、删除、插入或更新。
⑥ 打印事件：格式设置和打印。
⑦ 错误和计时事件：出现错误或经历一定的时间之后发生。

Access 总共支持 50 多种可以通过 VBA 事件过程进行管理的事件，最常见的是窗体上的键盘和鼠标事件，窗体和大多数控件都可以识别键盘和鼠标事件，此外，大多数 Access 对象类型都有自己的独特事件，可以通过以下流程设置控件的事件处理程序：

① 选择窗体并切换到窗体的设计视图中。
② 选中要设置的控件，在控件的属性表中选择事件选项卡。
③ 选项卡中列出的即是该控件可使用的事件，选择一个事件，例如单击，单击右侧的"更多"按钮，在弹出的"选择生成器"中，选中代码生成器，并单击"确认"按钮，即可弹出该事件的 VBA 编辑视图，及 VBE。
④ 在 VBE 的代码窗口中，可以查看到 Access 自动为该事件生成的过程，通常自动生成的过程为子过程，并且用 Private 修饰，以控件名加事件类型相结合命名过程，参数列表也是自动生成。只需要在过程中编写 VBA 代码即可，无须修改自动生成的过程信息。

### 9.2.4 方法

方法是指一个对象可以执行的操作，即对数据的处理。对应到 VBA 里，创建方法的途径有两种：如果方法不返回值，可使用 Sub 语句；如果方法返回值，可使用 Function 语句。除了自己创建方法外，Access 也提供了一些系统内置的方法供使用。方法调用的基本语法为：

```
[对象名.]方法名 [参数列表]
```

例如使用 Debug 对象的 Print 方法打印"今天是个好天气"：

```
Debug.Print "今天是个好天气"
```

# 9.3 结构化程序设计

### 9.3.1 VBA 语句及书写规范

一个程序由多条不同功能的语句组成，VBA 中的语句是能够完成某项操作的一条完整命令，它可以包含关键字、函数、运算符、变量、常量以及表达式等。在 VBA 程序中，按照功能的不同将程序语句分为声明语句和执行语句两类。声明语句用于定义变量、常量或过程。执行语句用于执行赋值操作、调用过程和实现各种流程控制。VBA 程序的书写规范如下：

① VBA 不区分大小写，英文字母的大小写是等价的，当然字符串除外。但是为了提高程序的可读性，VBA 编译器对不同的程序部分都有默认的书写规则。当程序的书写不符合这些规则时，编译器会自动进行转换，例如关键字首字母大写，其他字母小写。

② 通常一个语句写一行，一行最多可有 255 个字符，当语句较长，一行写不完时，可以使用续行符"_"将语句连续写在下一行。一行如果要写多个语句，语句之间用冒号"："分开。

③ 如果一条语句输入完成，按【Enter】键后该行代码呈红色，说明该行语句有错误，应当及时修改。

④ 为了增加程序的可读性，可在程序中设置注释语句。注释语句可以添加到程序模块的任何位置。由于注释语句不会被执行，因此可以根据需要添加注释内容，直到能够描述清楚程序的作用为止。

在 VBA 中注释有两种语法格式，具体情况如下：

第一，使用 VBA 注释符号添加注释语句，其中右单引号'是注释符。语法格式为：

```
'<注释语句>
```

注释可以和语句同行并跟随其后，也可以另占一整行，例如：

```
'定义一个变量
   Dim num as Integer   '定一个 Integer 类型的变量 num，用于存放数字
```

如果注释需要多行，可在每行的前面使用注释符号，例如：

```
'完成单击"保存"按钮功能
'在页面上提示保存信息
```

另外，也可以通过 VBE 界面里的编辑工具栏进行快速注释，编辑工具栏可以通过以下操作调出：

打开"视图"菜单，选择"工具栏"，单击编辑选项，即可弹出编辑工具栏，设置注释块和解除注释块，对选中的代码进行注释和解除注释。

第二，使用 REM 语句添加注释语句，Rem 语句就是程序中的注释语句。在 Rem 语句之后，可以在该行的余下部分输入任何说明语句。如果注释不止一行，在每行的开头都要加上 Rem 语句。语法格式为：

```
Rem   <注释语句>
```

在 Rem 关键字与后面的注释内容之间要加一个空格，Rem 注释单独占一行，如果在其他代码之后，那么在代码后面加一个半角冒号也是可以的。例如：

```
Rem 定义一个变量
Dim num as Integer ： Rem 定一个 Integer 类型的变量 num，用于存放数字
```

VBA 不会强制添加注释规则，编写注释时，应编写对编程人员和代码的任何其他读者都最为有效的注释。在 VBA 代码前添加注释的一般原则如下：

① 每个重要的变量声明前都应有注释，用以描述被声明变量的用途。
② 变量、控件和过程的命名应当足够清楚，使得只在遇到复杂的实现详细情况时才使用注释。
③ 注释不能与行继续符同行。

## 9.3.2 数据类型与运算符

编程的语言与人类的语言非常相似，就像人类使用单词、句子和段落写文章一样，计算机语言也是使用单词、语句和过程来告诉计算机希望它执行什么操作。人类语言和计算机语言的主要差别在于，计算机语言要遵循非常严格的格式，必须准确地书写每个单词和句子，要严格按照编程语言支持的语法编写代码。在进行 VBA 编程工作之前，先介绍基本的 VBA 术语。

① 关键字：在 VBA 中具有特殊含义的单词，例如，在英语环境中，单词 now 只是表示一个时间点，在 VBA 中，now 是一个内置函数的名称，该函数可以返回当前日期和时间，在自定义名称时，不要和关键字重复。

② 语句：构成可以由 VBA 引擎执行的指令的单个 VBA 单词或单词的组合，VBA 不区分大小写字符，一般情况下，一条语句用于完成一个功能，并且写在同一行中。

③ 过程：组合到一起以执行某项特定任务的 VBA 语句集合，例如，当需要从表中提取数据，并以某种特定的方式组合数据，然后在某个窗体上显示这些数据，可以把这些功能的语句组合成一个过程。当然过程也可以包含很少的功能。在 VBA 中存在两种类型的过程，分别是子过程和函数。

④ 模块：过程存储于模块中，如果说语句类似于句子，过程类似于段落，那么模块就是 VBA 语言的章节或文档，模块由一个或多个过程组成。

⑤ 变量：由于 Access 是一种数据库开发工具，因此要求 VBA 代码必须能够通过特定的方式管理应用程序中涉及的数据，变量是一块内存的名称，可以通过变量名获得保存在内存中的数据，例如 VBA 代码可以保存用户名称、日期以及数字等。

1. 基本数据类型

为了满足不同的数据存储要求，并且能更加节省程序内存占用，同时提高程序的运行速度，VBA 构造了多种基本数据类型，用于存放不同类型的数据，其主要区别在于占用的内存大小和取值范围，根据实际需求，开发者可以选择合适的数据类型存放数据。VBA 基本数据类型见表 9-1。

表 9-1 VBA 基本数据类型表

| 数 据 类 型 | 类型标识 | 字 节 | 取 值 范 围 |
| --- | --- | --- | --- |
| 布尔型 | Boolean | 2 | True 或 False |
| 字节型 | Byte | 1 | 0 到 255 |
| 货币 | Currency | 8 | -922 337 203 685 477.580 8 到 922 337 203 685 477.580 7 |
| 日期型 | Date | 8 | 公元 100 年 1 月 1 日到公元 9999 年 12 月 31 日 |
| 单精度浮点型 | Single | 4 | 负数：-3.402823E38 到 -1.401298E-45<br>正数：1.401298E-45 到 3.402823E38 |
| 双精度浮点型 | Double | 8 | 负数：-1.797 693 134 862 31E308 到 -4.940 656 458 412 47E-324<br>正数：4.940 656 458 412 47E-324 到 1.797 693 134 86 232E308 |
| 整型 | Integer | 2 | -32 768 到 32 767 |
| 长整型 | Long | 4 | -2 147 483 648 到 2 147 483 647 |
| 字符串型 | String | 由字符串长度决定 | 1 到 65 400 |
| 变体型 | Variant | 由传入的数据决定 | |
| 对象型 | Object | 4 | 任何 Object 引用 |

字符串型、日期型、变体型在使用时需要特殊注意：

① 字符串型：字符串需要包含在 "" 中，例如 "张三"。

② 日期型：用于存储日期和时间，日期可以从公元 100 年 1 月 1 日到公元 9999 年 12 月 31 日，时间可以从 0:00:00 到 23::59:59。日期数据需要包含在符号（#）中，例如，#2023/08/08# 或 #2025#。

③ 变体型：表示数据类型未确定，根据实际传入的数据值自动判断其类型。它包含除固定长度字符串数据以外的任何类型的数据，变体型还可以包含特殊值 Empty、Error、Nothing 和 Null。可以使用 VarType 函数或 TypeName 函数来确定 Variant 中存储的数据类型。

2. 常量

常量是指其值永远不会发生改变的数据，常量的值在声明时进行分配，例如 100、3.141 592 6、"张三"等。使用常量可以提高 VBA 代码的可读性，并使代码更易于维护。使用固有常量还可以保证即使常量所代表的基础值在以后的 Microsoft Access 版本中被改变了也能使代码正常运行。Access 支持三种类型的常量：

（1）符号常量

在代码中需要反复使用的数值，或者需要使用一些没有明显意义的数字，可以用符号常量的形式来表示，从而增加代码的可读性与可维护性。符号常量使用关键字 Const 来定义，使用 "=" 来赋值，格式如下：

```
Const 符号常量名称 = 常量值
```

例如：

```
Const pi = 3.14                          ' 定义一个常量 pi，并赋值为 3.14
Const pi2 = 3.1415926                    ' 定义一个常量 pi2，并赋值为 3.1415926
Const softVersion = "Version 2.0"        ' 定义一个字符串常量 softVersion，并赋值为 Version 2.0
```

符号常量的另一个好处是，如果需要修改常量的值，只需要在常量初始赋值的代码位置调整常量的值，而不需要修改所有使用常量的代码。

（2）系统定义常量

可以在 Microsoft Access 的任意位置使用系统定义的常量，例如 True、False 和 Null。

（3）固有常量

Access 还自动声明了许多固有常量，所有的固有常量都可在宏或 VBA 中使用。内部常量具有一个双字母前缀，用于标识定义常量的对象库。Microsoft Access 库中的常量以"ac"开头；ADO 库中的常量以"ad"开头；Visual Basic 库中的常量以"vb"开头。例如：

```
acForm, adAddNew, vbCurrency
```

#### 3. 变量

变量是指程序在运行期间会发生变化的量，主要用于存储数据，并且其存储的数据可以根据需要动态调整。程序运行时数据是需要加载到内存中的，变量名称则指向数据在内存中存储的位置，因此可以通过名称访问或修改内存中存储的数据。

VBA 变量名称的命名规则为：

① 第一个字符必须使用字母。
② 不能使用空格、句号（。）、感叹号（！）、@、&、$、#。
③ 名称不能超过 255 个字符。
④ 在同一级作用域内，名称不能重复。例如，不能在同一过程中声明两个名为 age 的变量。但是，可以在同一模块中声明名为的 age 私有变量和过程级变量。
⑤ 变量名称不能和 VBA 的关键字重复。
⑥ 变量名称不区分大小写。

（1）变量的声明

变量一般先创建再使用，而创建变量即声明变量，VBA 在声明变量时需要指定变量类型，同时也定义了变量的生存周期与作用范围。

一般使用 Dim 关键字声明变量，一个声明语句可以放到过程中以创建属于过程级别的变量，也可以放到模块的顶部，以创建属于模块级别的变量，其语法格式为：

```
Dim <变量名> [As <数据类型>]
```

在 VBA 的语法格式中，通常 <> 内的是必须提供的，[] 内的是可选的，下面的示例创建变量 studentName 并指定为 String 数据类型。

```
Dim studentName As String
```

当变量名称后没有附加数据类型时，默认为 Variant 数据类型。在一条 Dim 语句中可以定义多个变量，其语法格式为：

```
Dim <变量名> [As <数据类型>] [, <变量名> [As <数据类型>] ] …
```

例如，同时创建一个 String 类型的变量 studentName 和一个 Integer 类型的变量 studentAge：

```
Dim studentName As String, studentAge As Integer
```

也可以直接把值指定给变量名，例如 x=10，该语句定义了一个 Variant 类型变量 x，并赋值为 10。如果要强制要求变量必须先声明再使用，可以在模块的顶部说明区域，可加入"Option Explicit"语句强制要求变量必须先定义才能使用。也可以通过 VBE 进行全局设置，后续所有模块的顶部自动加入"Option Explicit"语句，具体操作步骤如下：

① 打开"图书管理系统"数据库，单击"创建"选项卡，在"宏与代码"组中单击"模块"按钮，打开 VBE 窗口。

② 选择"工具"菜单，单击"选项"按钮。

③ 选择"编辑器"选项卡，选中"要求变量声明"复选框，单击"确定"按钮，如图 9-9 所示。

为变量的赋值方式和常量一样，均使用"="来赋值，格式如下：

```
变量名称 = 数值
例如：studentName = "张三"
```

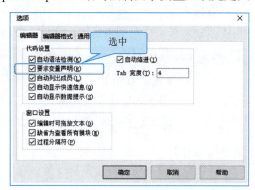

图 9-9 "选项"对话框

微课9-3
创建变量

**例 9-3** 在"测试"模块中,设置变量必须先定义再声明,同时创建一个 String 类型的变量 studentName,赋值为"张三",创建一个 Integer 类型的变量 studentAge,赋值为 18。

详细操作步骤如下:

① 打开"图书管理系统"数据库,单击"创建"选项卡,选择"宏与代码"组,单击"Visual Basic"按钮,打开 VBE 窗口。

② 在"工程资源管理器"中单击"模块",打开模块列表,双击"测试"模块,在代码窗口中显示"测试"模块代码。

③ 在代码窗口中,在"测试"模块顶部说明区域"Option Compare Database"后面按回车,新增一行,在新的一行下面添加代码"Option Explicit"。

④ 在"test"子过程中输入:

```
Dim studentName As String, studentAge As Integer
studentName = " 张三 "
studentAge = 18
```

代码如下:

```
Option Compare Database
Option Explicit
Private Sub test()
 '声明一个字符串类型的变量 studentName,声明一个整型变量 studentAge
   Dim studentName As String, studentAge As Integer
   '将变量 studentName 赋值为张三
   studentName = " 张三 "
   '将变量 studentAge 赋值为 18
   studentAge = 18
End Sub
```

(2) 变量的作用域

变量在声明后,并不是到处能用。变量的使用是有一定范围的,根据声明变量时使用的关键字以及声明变量时所在的位置,具体如下:

① 过程级变量。在子过程或函数内部使用的变量,其作用范围为从变量声明到子过程或函数执行结束,通过 Dim 关键字进行声明。例如:

```
Dim studentName as String
```

使用 Static 关键字也可以声明过程级变量,其声明的变量成为静态变量。静态变量的持续时间是整个模块的执行时间,即其保存的值不会随着子过程或函数执行结束而消失。例如:

```
Static studentName as String
```

② 模块级变量。在模块内部使用的变量,其作用范围为整个模块,模块中所有的子过程或函数均可以使用它,使用 Private 关键字声明模块级别变量,声明语句要在模块顶部,不能声明在子过程或函数中。例如:

```
Private schoolName As String
```

③ 全局变量。对整个 VBA 工程的所有过程都有效的变量,其作用范围为所有模块,使用 Public 关键字声明全局变量,声明语句要在模块顶部,不能声明在子过程或函数中。例如:

```
Public schoolName As String
```

**4. 数组**

如果说需要声明 100 个整型变量,那么按照之前的做法,可能的声明结构如下:

```
Dim i1 as Integer, i2 as Integer,  ... i100  as Integer
```

按照此类方式定义变量非常麻烦,因为这些变量彼此之间没有任何的关联,也就是说如果现在突然再有一个要求，要求输出这 100 个变量的内容，意味着你要编写打印语句 100 次。而通过数据可以很方便地解决这个问题。

数组是一组具有相同属性和相同类型的数据，并用统一的名称作为标识的数据类型，这个名称称为数组名。相比于单独的变量，数组在内存中保留了多块区域，即多块变量地址，数组保留的内存大小由数组包含的变量个数决定。在 VBA 中，数组大小既可以是固定的，也可以是动态的。使用动态数据可以自由地增大或减小数组的大小。数组中的每个数据称为数组元素，或称为数据元素变量。数组元素在数组中的序号称为下标，数组元素变量由数组名和数组下标组成。A(1),A(2),A(3) 表示数组的三个元素。

(1) 固定数组

数组的声明方式与其他变量相同，即使用 Dim、Static、Private 或 Public 语句声明。普通变量和数组变量之间的区别在于通常数组变量必须指定数组的大小。指定了大小的数组为固定大小的数组，程序运行时大小可以更改的数组是动态数组。当声明固定数组时，需要在 Dim 语句中指定数组的大小，并且以后无法更改数组的大小，声明固定数组最简单的方法是在变量名后面的小括号中输入下标上限。例如：

```
Dim numbers (10) as Integer
```

表示声明了一个可以保存 11 个整数型数字的数组 numbers，通过只输入下标上限的方式声明数组，数组的下标下限是 0。数组是以 0 还是以 1 开始编制下标索引取决于 Option Base 语句的设置。如果在模块顶部指定"Option Base 1"，则所有数组索引都从 1 开始，否则都是从 0 开始。因此 numbers (0)、numbers (1) 中均可以存储数据，一直可以到 numbers (10)，共可以存储 11 个整数。

声明固定数组的另一种方法是同时指定数组的下标下限和下标上限，可以使用 To 关键字指定下标下限和下标上限，VBA 中不允许隐式声明数组，即数组在使用前必须用 Public、Private 或 Dim 语句进行声明，说明数组的大小、数据类型及作用范围。如果声明了数组的数据类型，则数组中的所有元素必须赋于相同的或可以转换的数据类型。As 选项省略时，数组中各元素为变体数据型。其语法格式为：

```
Dim  <数组名> ( [<下标下限>  to ]  <下标上限> )   [ <As  数据类型>]
```

示例如下：

```
Dim numbers (1 to 10) as Integer
```

与上个示例不同的是，该数组的空间只能保存 10 个 Integer 类型的数组，这是因为数组的下标下限从 1 开始的，0 是不可以使用的内存空间，如果在 VBA 中使用了不属于数组的下标，在程序运行中会提示下标越界错误。声明了固定大小的数组后，即使未使用该数组，系统也会保留这些内存，其他对象无法使用该内存，因此，应当根据程序的实际需要确定申请数组的大小。

为数组中的元素赋值的方式和为普通变量赋值一样，只不过必须指定数组元素的下标索引。其语法格式为：

```
数组名 ( 下标 )  = 数值
```

例如 numbers(1) = 10，即可为 numbers 数组中下标为 1 的元素赋值为 10。

使用普通变量的值时，只需要使用变量名即可，使用数组元素变量时，除了数组名，同样需要加上数组元素的下标索引，例如 numbers (2) 即可获取 numbers 数组下标为 2 的值。

Debug 对象的 Print 方法，可以将表达式或变量的值在"立即窗口"中输出，可以使用空格或分号分隔多个表达式。其语法格式为：

```
Debug.Print  <表达式或变量1>   [<表达式或变量2>] …
```

例如：

```
Debug.Print studentName  studentAge
```

在 VBE 中，可以通过"视图"菜单中的"立即窗口"按钮打开立即窗口，也可以通过快捷键【Ctrl+G】打开立即窗口。将鼠标光标置于子过程的代码中，通过工具栏中的"运行子过程 / 用户窗体"按钮或按快捷键【F5】运行子过程或函数，即可在立即窗口中输出 studentName 和 studentAge 的值，如图 9-10 所示。

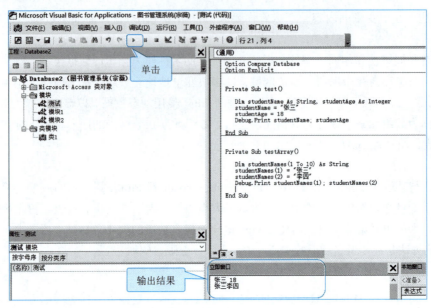

图 9-10　在立即窗口中输出结果

**例 9-4**　在"测试"模块中，创建子过程"testArrary"，在"testArrary"中创建一个下标从 1 开始，能够存储 10 个 String 类型的数组变量 studentNames，同时为数组的前两个元素赋值为"张三""李四"，并在"立即窗口"输出数组前两个数据的值。

详细操作步骤如下：

① 打开"图书管理系统"数据库，单击"创建"选项卡，在"宏与代码"组中单击"Visual Basic"按钮，打开 VBE 窗口。

② 在 VBE 的"工程资源管理器"中单击"模块"，显示模块列表，双击"测试"模块，在代码窗口中显示"测试"模块代码，在"测试"模块中创建子过程"testArrary"。

③ 在"testArrary"子过程中定义数组 studentNames，并为前两个数组元素赋值，最后输出前两个数组元素的值，代码如下：

微课9-4
创建数组

```
Private Sub testArray()
    '声明一个字符串类型的数组变量studentNames，下标从1开始，到10结束，共存储10个元素
    Dim studentNames(1 To 10) As String
    '为studentNames数组第一个元素赋值 张三
    studentNames(1) = "张三"
    '为studentNames数组第二个元素赋值 李四
    studentNames(2) = "李四"
    '在立即窗口输出 studentNames 数组第一个元素和第二个元素的值
    Debug.Print studentNames(1); studentNames(2)
End Sub
```

④ 将鼠标光标置于"testArray"子过程的代码中，单击工具栏中的"运行子过程/用户窗体"按钮或按快捷键【F5】，即可运行"testArray"子过程。

到目前为止，我们用到的数组称为一维数组，一维数组类似于列表，可以存储多个数据，但只有 1 行；如果需要存储多行多列数据可以使用二维数组，在声明二维数组时，可以使用逗号来分割一维数组与二维数组的边界，二维数组的声明格式如下：

```
Dim <数组名>([<下标下限> to ] <下标上限>，[<下标下限> to ] <下标上限>)  [As <数据类型>]
```

例如：

```
Dim studentScores(1 to 10,1 to 3) As Integer
```

声明一个包含 10 个学生，每个学生 3 门成绩的学生成绩二维数组。

VBA 支持两个维度以上的数组，但是多维数组使用、管理都比较困难，如果需要存储非常多的数据，可以考虑使用用户自定义类型。

**例 9-5** 在"测试"模块中，创建子过程"testArray2"，在"testArray2"中创建一个能够存储两个学生 3 门成绩的二维数组 studentScores，同时为两个学生的成绩赋值，并在立即窗口输出。

视频
微课9-5
创建二维数组

详细操作步骤如下：

① 打开"图书管理系统"数据库，单击"创建"选项卡，在"宏与代码"组中单击"Visual Basic"按钮，打开 VBE 窗口。

② 在"工程资源管理器"中单击"模块"，打开模块列表，双击"测试"模块，在代码窗口中显示"测试"模块代码，在"测试"模块中创建子过程"testArray2"。

③ 在"testArray2"子过程中定义数组 studentScores，并为数组元素赋值，最后输出前两个数组元素的值，代码如下：

```
Private Sub testArray2()
    '声明一个整型的 2 行 3 列的二维数组变量 studentScores，数组下标均从 0 开始
    Dim studentScores(1, 2) As Integer
    '为第 1 行第 1 列的元素赋值 100
    studentScores(0, 0) = 100
    '为第 1 行第 2 列的元素赋值 90
    studentScores(0, 1) = 90
    '为第 1 行第 3 列的元素赋值 80
    studentScores(0, 2) = 80
    '为第 2 行第 1 列的元素赋值 70
    studentScores(1, 0) = 70
    '为第 2 行第 2 列的元素赋值 60
    studentScores(1, 1) = 60
    '为第 2 行第 3 列的元素赋值 50
    studentScores(1, 2) = 50
    '在立即窗口输出 studentScores 数组第 1 列元素的值
    Debug.Print studentScores(0, 0); studentScores(0, 1); studentScores(0, 2)
    '在立即窗口输出 studentScores 数组第 1 列元素的值
    Debug.Print studentScores(1, 0); studentScores(1, 1); studentScores(1, 2)
End Sub
```

④ 将鼠标光标置于"testArray2"子过程的代码中，单击工具栏中的"运行子过程/用户窗体"按钮或按快捷键【F5】，即可运行"testArray2"子过程。

**（2）动态数组**

动态数组在声明时不包含任何下标，并且以后可以在过程中调整其大小，除了缺少索引编号外，其声明方式与固定数组完全相同，语法格式为：

```
Dim <数组名>()    [ As  <数据类型>]
```

例如：

```
Dim studentName () As String
```

定义一个名为 studentName 的动态数组，其元素类型为字符串。对于动态数组的声明，在初始化数组之前，系统不会为其分配任何内存，只有初始化该数组后，才能为数组元素赋值。要初始化动态数组，需要使用 ReDim 关键字，语法格式为：

```
ReDim 数组名(下标下限   to   下标上限)
```

例如：

```
ReDim studentName(1 to 100), ReDim
```

语句中不包含数据类型，数据类型在声明数组时设置，且不能更改。

如果在程序运行前不知道所需数组的大小，可以使用动态数组。如果知道数组大小，建议创建固定数组。如

果必须使用动态数组，可以使用 ReDim 关键字调整数组大小，但如果数组大小不够用，可以通过 Preserve 关键字来调整动态数组的大小，而且不会丢失数组中已经存在的数据。使用 ReDim 也可以调整数组大小，但会对数组重新初始化，导致丢失数组中的所有数据。

Preserve 关键字会生成一个具有新大小的新数组，然后将就数组中的所有数据复制到新数组中，即使对于中等大小的数组，该过程也会导致程序性能受到非常大的影响，仅当没有其他选项可以使用时，才能使用 Preserve 关键字。

Preserve 的语法格式为：

```
ReDim Preserve 数组名（下标下限 to 下标上限） [As 数据类型]
```

### 5. 自定义类型

当系统提供的数据类型不足以存储复杂的数据时，用户可以使用 Type 语句定义任何数据类型。用户自定义数据类型可以包括基础数据类型、数组或其他用户自定义类型。可以看成是一些类型的组合，用户自定义类型的语法格式为：

```
[Private | Public ] Type   类型名
    元素名 As   数据类型
    [元素名 As   数据类型 ]
    …
End   Type
```

例如，当定义一个学生类型时，学生有姓名、学号、年龄，目前系统提供的数据类型能满足我们的需求，我们可以采用用户自定义类型来实现。

```
'定义类型 student
Public Type student
  studentName As String          '定义字符串类型元素 studentName
  studentID As String            '定义字符串类型元素 studentID
  age As Integer                 '定义整型元素 age
End Type
```

当定义完一个用户自定义类型后，可以像普通类型一样使用它。使用自定义类型中的元素时，可以通过"."获取类型中的元素，语法格式为：

```
类型名.元素名
```

例如：

```
'声明类型 student 变量 xiaoMing
Dim xiaoMing As student
'为 xiaoMing 变量的元素 studentName 赋值 "小名"
xiaoming. StudentName = "小名"
'为 xiaoMing 变量的元素 studentID 赋值   "1002"
xiaoming. studentID = "1002"
'为 xiaoMing 变量的元素 age 赋值 "18"
xiaoming. age = 18
```

**例 9-6** 在"测试"模块中，创建子过程"testUserType"，在"testUserType"中创建一个学生类型，能够存储学生的姓名、学号、年龄，同时声明一个学生类型变量，赋值并在立即窗口输出。

详细操作步骤如下：

① 打开"图书管理系统"数据库，单击"创建"选项卡，在"宏与代码"组中单击"Visual Basic"按钮，打开 VBE 窗口。

微课9-6
创建自定义类型

② 在"工程资源管理器"中单击"模块"，打开模块列表，双击"测试"模块，在代码窗口中显示"测试"模块代码，在"测试"模块中创建子过程"testUserType"。

③ 在"testUserType"子过程中输入代码，如下所示：

```
'定义类型 student
Public Type student
    studentName As String              '定义字符串类型元素 studentName
```

```
            studentID As String        '定义字符串类型元素studentID
            age As Integer             '定义整型元素age
End Type
Private Sub testUserType()
  '声明类型student变量xiaoMing
    Dim xiaoMing As student
    '为xiaoMing变量的元素studentName赋值"小名"
    xiaoming. StudentName = "小名"
    '为xiaoMing变量的元素studentID赋值"A1002"
    xiaoming. studentID = "1002"
    '为xiaoMing变量的元素age赋值"18"
    xiaoming. age = 18
    '在立即窗口输出变量xiaoMing的所有元素的值
  Debug.Print xiaoMing.studentName; xiaoMing.studentID; xiaoMing.studentAge
End Sub
```

④ 将鼠标光标置于"testUserType"子过程的代码中，单击工具栏中的"运行子过程/用户窗体"按钮或按快捷键【F5】，即可运行"testUserType"子过程。

#### 6. 运算符

VBA 中，当表达式中发生多个运算操作时，将按预先确定的顺序来计算和解析各个部分，称为运算符优先级。当表达式包含多个类别中的运算符时，将根据以下规则对其进行评估：

① 算术运算符和串联运算符优先级比比较运算符、逻辑逻辑运算符和位运算符的优先级高。

② 比较运算符都具有相同的优先级，并且其优先级比逻辑运算符和位运算符更高，但优先级低于算术运算符和串联运算符。

③ 逻辑运算符和位运算符优先级低于算术运算符、串联运算符和比较运算符。

④ 具有相同优先级的运算符将按照它们在表达式中出现的顺序从左到右进行计算。

具体运算符的优先顺序如下：

① Await 运算符：包括 Await。

② 算术和串联运算符：包括求幂（^）、乘法和浮点除法（*，/）、整数除法（\）、取余运算符（Mod）、加法和减法（+，-）、字符串串联（&）。

③ 比较运算符：等号（=）、不等号（<>）、小于号（<）、小于等于（<=）、大于（>）、大于等于（>=）、Is、IsNot、Like、TypeOf。

④ 逻辑运算符和位运算符：与（And）、或（Or）、非（Not）、异或（Xor）、析取（OrElse）。

等号（=）运算符只是相等比较运算符，而不是赋值运算符。字符串串联运算符（&）不是算术运算符，但在优先级上，它是与算术运算符组合在一起的。Is 和 IsNot 运算符是对象引用比较运算符。它们不会比较两个对象的值；它们仅检查以确定两个对象变量是否引用同一对象实例。当相同优先级的运算符同时出现在表达式中时（例如，乘法和除法），编译器将按从左至右的顺序计算每个运算。

### 9.3.3 程序的基本结构

在 VBA 中，按语句代码执行的顺序可分为顺序结构、分支结构和循环结构，下面分别进行介绍。

#### 1. 顺序结构

VBA 的代码按从上到下的顺序依次执行，中间没有任何判断和跳转，即为顺序结构。目前为止，示例中的代码均为顺序结构。

#### 2. 分支结构

与其他面向对象的编程语言一样，VBA 中的语句也是从第一条开始，逐条执行直到最后一条语句结束，但在很多情况下，需要程序按照一定的条件来执行，即满足条件时执行某些语句，不满足条件的时候去执行另外的语句。要想解决这个问题，就需要使用 VBA 语法体系中的分支选择语句。VBA 程序会检查条件中的值，并根据该值决定要运行的代码。

根据条件表达式的值来选择程序运行的语句，分支控制就是让程序有选择的执行，有下面三种形式：

单分支：指当条件表达式为 True 时，就会执行某些代码。

双分支：指当条件表达式为 True 时，就会执行某些代码，否则执行另一些代码。

多分支：指有多个条件表达式。

多分支的判断流程如下：

① 先判断条件表达式 1 是否成立，如果为真，就执行代码块 1。

② 如果条件表达式 1 为假，就去判断条件表达式 2 是否成立，如果条件表达式 2 为真，就执行代码块 2。

③ 依次类推，对所有的表达式进行判断。

④ 如果所有的条件表达式不成立，则执行默认的语句块。

⑤ 多分支只能有一个执行入口。

VBA 提供了 If...Then...Else...End If 和 Select...Case...End Select 两种条件处理语句。

下面分别进行介绍。

(1) If 条件语句

由多条语句组成的模块称为语句块，If 条件语句有两种：一种是 If...Then...Else；另一种是 If...Then...ElseIf...Then。

(2) If...Then...Else 语句

语法格式 1：

```
If 条件表达式 Then 语句块1  Else 语句块2
```

语法格式 2：

```
If <条件表达式> Then
    <语句块1>
[Else
    语句块2]
End IF
```

格式 1 称为行 If 语句，格式 2 称为块 If 语句。格式 1 简洁但语句较长时使用不太方便，且只能根据条件的走向执行单个的语句；格式 2 结构清晰明了，可根据条件的走向执行多条语句，但必须以 End If 语句结束。如果无须执行语句 2 或语句块 2，以上两种格式中的 Else 语句均可省略，称为单分支结构，如果不省略，称为双分支结构。Else 语句不能脱离 If 语句单独存在。

If 条件语句使用 If 关键字实现，If 关键字会检查其后面的条件表达式，并根据评估结果执行相应的操作。条件的结果必须为布尔类型，即必须为 True 或 False。如果条件为 True，程序将执行 If 语句之后的语句。如果为 False 则执行 Else 语句之后的语句。

**例 9-7** 创建"求最大值"窗体，参考图 9-11 绘制控件位置，其中文本框"数据 1"的名称为"number1"，文本框"数据 2"的名称为"number2"，文本框"最大值"的名称为"maxNumber"，要求单击"计算"按钮，在"最大值"文本框中输出"数据 1"和"数据 2"中的最大值。

> **注意：**
> IsNull 函数用于判断传入的表达式是否为 Null，如果表达式为 Null，则 IsNull 返回 True；否则，IsNull 返回 False。

程序流程图如图 9-12 所示。

详细操作步骤如下：

① 打开"图书管理系统"数据库，单击"创建"选项卡，在"窗体"选项组中单击"窗体设计"按钮，进入窗体的"设计视图"，参照图 9-11 绘制控件，创建"求最大值"窗体。

② 在"数据 1"文本框控件的"属性表"中，单击"其他"选项卡，在"名称"属性中设置控件名称为"number1"。

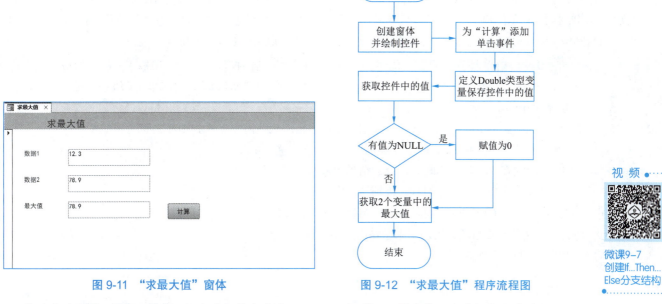

图9-11 "求最大值"窗体　　　　　图9-12 "求最大值"程序流程图

③ 参考步骤②，设置"数据2"文本框的名称为"number2"，设置"最大值"文本框的名称为"maxNumber"。

④ 为"计算"按钮增加单击事件，事件中子过程中代码如下：

```
Private Sub Command7_Click()
    '声明2个变量用于存储文本框控件数据，声明1个变量用于存最大值
    Dim num1 As Double, num2 As Double, max As Double
    If IsNull(number1) Then  '判断是否有数据
        num1 = 0
    Else
        num1 = Val(number1)
    End If
    If IsNull(number2) Then  '判断是否有数据
        num2 = 0
    Else
        num2 = Val(number2)
    End If
    '判断最大值
    If num1 >= num2 Then
        max = num1
    Else
        max = num2
    End If
    '为最大值控件赋值  最大值
    maxNumber = max
End Sub
```

⑤ 在"求最大值"窗体的窗体视图下分别输入数据"数据1"和"数据2"的值，单击"计算"按钮验证结果。

（3）If...Then...ElseIf...Then 语句

```
If <条件表达式> Then
  语句块1
ElseIf <条件表达式> Then
  语句块2
  ……
[Else
  语句块2]
End If
```

ElseIf 条件语句使用 If 和 Else if 关键字实现，当 If 后面的条件不满足时，才会执行后面的 ElseIf，ElseIf 关键字同样检查其后面的条件，ElseIf 后面条件的结果必须为 True 或 False。如果条件为 True，程序将执行 ElseIf 语句之后的语句，执行完该语句后，整个条件分支就结束了，不会再判断其他分支。如果为 False 则跳过该 ElseIf 语句，继续判断其他 ElseIf 分支条件，若所有的 ElseIf 均不满足条件，则执行 Else 语句。

· 视 频 ·
微课9-8
创建If...Then...
ElseIf Then 分支结构

**例 9-8** 在"控件练习"窗体中，参考图 9-13 增加新的控件，其中"请输入成绩"对应的文本框名称为"txtScore"，"级别"按钮下方的"级别"文本框名称为"txtJibie"，要求单击"级别"按钮，根据成绩在级别结果中输出结果，具体要求如下：

① 当成绩大于 100 或小于 0 时，级别结果中输出"成绩需要在 0 到 100 之间"。
② 当成绩在 100 和 90 之间时，级别结果中输出"优"。
③ 当成绩在 89 和 80 之间时，级别结果中输出"良"。
④ 当成绩在 79 和 70 之间时，级别结果中输出"中"。
⑤ 当成绩在 69 和 60 之间时，级别结果中输出"差"。
⑥ 当成绩在 59 和 0 之间时，级别结果中输出"不及格"。

程序流程图如图 9-14 所示。

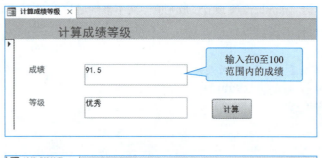

图 9-13 "计算成绩等级"窗体

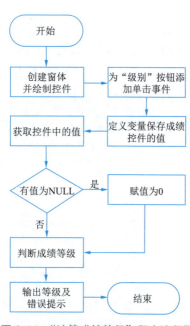

图 9-14 "计算成绩等级"程序流程图

详细操作步骤如下：

① 打开"图书管理系统"数据库，在"导航窗口"中选择"窗体"分类，右击"控件练习"窗体，在弹出的快捷菜单中选择"设计视图"，进入窗体设计视图，参照图 9-13 绘制控件。

② 在"请输入成绩"文本框控件的"属性表"中，单击"其他"选项卡，在"名称"属性中设置控件名称为"txtScore"。

③ 参考步骤②，设置"级别"文本框的名称为"txtJibie"。

④ 为"级别"按钮增加单击事件，事件中子过程中代码如下：

```
Private Sub Command7_Click()
    '声明1个变量用于存储成绩文本框控件数据
    Dim studentScore As Double
    If IsNull(txtScore) Then    '判断是否有数据
        studentScore = 0
    Else
        studentScore = Val(score)
    End If
    '如果成绩大于100，在等级文本框提示错误信息
```

```
        If studentScore > 100
            txtJibie = "成绩需要在 0 到 100 之间"
    '判断成绩的值,并为等级赋值
        ElseIf studentScore >= 90 Then
            txtJibie = "优"
        ElseIf score >= 80 Then
            txtJibie = "良"
        ElseIf score >= 70 Then
            txtJibie = "中"
        ElseIf score >= 60
            txtJibie = 差
        ElseIf score >= 0 Then
            txtJibie = "不及格"
        '如果成绩小于 0 在等级文本框提示错误信息
        Else
            txtJibie = "成绩需要在 0 到 100 之间"
        End If
End Sub
```

⑤ 在"控件练习"窗体的窗体视图下,输入"成绩"文本框的值,单击"级别"按钮验证结果。

**(4) 嵌套 If 语句**

嵌套语句是指在其他语句块的内部放置一些语句,对于 If 语句,嵌套意味着一个 If 块包含在另一个 If 块中。内部的 If 语句是根据最外层的 If 语句执行的。这使得 VBA 能够轻松处理复杂的条件,VBA 支持多层的 If 语句嵌套。

**例 9-9** 结合 If 嵌套,重新设计【例 9-8】,要求"成绩在 0 到 100 之间"只在代码中编写一次,程序流程如图 9-15 所示。

详细操作步骤如下:

① 打开"图书管理系统"数据库,在"导航窗口"中选择"窗体"分类,右击"控件练习"窗体,在弹出的快捷菜单中选择"设计视图",进入窗体设计视图。

② 为"等级"按钮重新编写单击事件对应的代码,事件中子过程中代码如下:

```
Private Sub Command7_Click()
    '声明 1 个变量用于存储成绩文本框控件数据
    Dim studentScore As Double
    If IsNull(txtScore) Then    '判断是否有数据
        studentScore = 0
    Else
        studentScore = Val(score)
    End If
    '如果成绩大于100 或小于 0,在等级文本框提示错误信息
    If studentScore > 100 Or studentScore < 0 Then
        txtJibie = "成绩需要在 0 到 100 之间"
    Else
        '判断成绩的值,并为等级赋值
        If studentScore >= 90 Then
            txtJibie = "优"
        ElseIf score >= 80 Then
            txtJibie = "良"
        ElseIf score >= 70 Then
            txtJibie = "中"
        ElseIf score >= 60 Then
            txtJibie = "差"
        Else
```

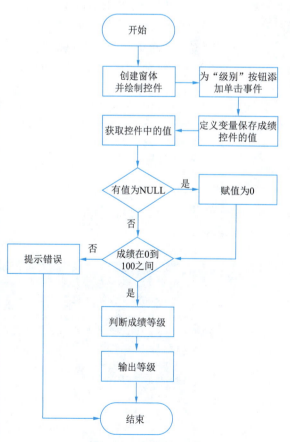

图 9-15 "嵌套计算成绩等级"程序流程图

```
                txtJibie = "不及格"
            End If
        End If
End Sub
```

③ 在"控件练习"的窗体视图下,在"成绩"文本框中输入成绩,单击"级别"按钮验证结果。

**(5) Select Case ... End Select 语句**

当有很多条件需要测试时,If..Then…ElseIf…Else 条件可能会变得非常不实用,一种更好的方法是实用 Select Case ... End Select 构造。VBA 提供了 Select Case 语句用于检查多个条件,下面列出了 Select Case 语句的常规语法:

```
Select Case 表达式
    Case 表达式1
        [ 当表达式 = 表达式1 时执行的语句块 ]
    Case 表达式2
        [ 当表达式 = 表达式2 时执行的语句块 ]
    …
    Case Else
        [ 上述情况均不符合时执行的语句 ]
End Select
```

上述语法与 If…Then 语法的格式类似,Select Case 语句不使用布尔条件,而是在最顶部使用表达式,然后用该表达式和每个 Case 语句后面的表达式进行比较,当与某个 Case 语句的表达式匹配时,程序将执行该 Case 语句中的代码块,直到遇到另外一个 Case 语句或 End Select 为止。同样,VBA 也将仅为一个匹配的 Case 语句执行代码块。

如果有多个 Case 语句匹配 Select Case 顶部表达式的值,仅执行第一个匹配项的代码,如果其他匹配的 Case 语句显示在第一个匹配项之后,VBA 将忽略它们。Case Else 语句是可选的,但建议尽量使用它,Case Else 语句始终是 Select Case 的最后一个 Case 语句,并在没有任何 Case 值与 Select Case 顶部表达式的值匹配时执行。

通过与 Is 关键字结合使用,Case 语句可以是不等式,此处 Is 关键字代表了 Select Case 顶部表达式的值。

微课9-10
创建Select
Case分支结构

**例 9-10** 使用 Select Case 语句重新实现【例 9-8】,程序流程如图 9-14 所示,详细操作步骤如下:

① 打开"图书管理系统"数据库,在"导航窗口"中选择"窗体"分类,右击"控件练习"窗体,在弹出的快捷菜单中选择"设计视图",进入窗体设计视图。

② 为"级别"按钮修改单击事件对应的代码,事件中子过程中代码如下:

```
Private Sub Command7_Click()
        '声明1个变量用于存储成绩文本框控件数据
Dim studentScore As Double
If IsNull(txtScore) Then '判断是否有数据
    studentScore = 0
Else
    studentScore = Val(score)
End If
'根据成绩的值分配进行判断
Select Case studentScore
    Case Is > 100
        txtJibie = "成绩需要在0到100之间"
    Case Is >=90
        txtJibie = "优"
    Case Is >= 80
        txtJibie = "良"
    Case Is >= 70
        txtJibie = "中"
    Case Is >=60
        txtJibie = "差"
    Case Is >= 0
        txtJibie = "不及格"
    Case Else
        txtJibie = "成绩需要在0到100之间"
```

```
        End Select
End Sub
```

③ 在"控件练习"的窗体视图下,在"成绩"文本框中输入成绩,单击"级别"按钮验证结果。

Case 语句后还可以接收多个值,可以使用逗号分隔同一个 Case 语句的多个值,另外,也可使用 To 关键字指定一个值范围。

**例 9-11** 基于【例 9-2】创建的"控件练习"窗体,参考图 9-16 增加窗体控件,其中"几何形状"标签名称为"lblJihe",文本框的名称为"txtValue",要求如下:

① 创建"请选择字体"选项组,为选项组加入四个按钮,按钮的标题分别为"宋体""黑体""幼圆""隶书",分别对应的值为 1、2、3、4,单击不同选项组按钮,"几何形状"标签字体随之变化为对应的字体,同时在名称为 txtValue 的文本框中显示相应的字体名称。

② 创建两个"复选框",标题分别为"粗体""斜体",选中"加粗"复选框,"几何形状"标签字体变粗,未选中则恢复,同时名称为 txtValue 的文本框显示"粗体",未选中则显示"正常"。选中"斜体"复选框,"几何形状"标签字体倾斜,未选中则恢复。

③ 在"请输入成绩"文本框中输入成绩,单击"级别"按钮,在下方的结果文本框中显示成绩级别,90~100 显示"优",80~89 显示"良",70~79 显示"中",60~69 显示"差",小于 60 显示"不及格"。"请输入成绩"文本框的名称为"txtScore",结果文本框的名称为"txtJibie"。

程序流程图如图 9-17 所示。

图 9-16 "控件练习"窗体

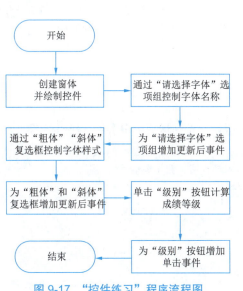

图 9-17 "控件练习"程序流程图

详细操作步骤如下:

① 打开"图书管理系统"数据库,在"导航窗口"中选择"窗体"分类,右击"控件练习"窗体,在弹出的快捷菜单中选择"设计视图",进入窗体设计视图,参照图 9-16 绘制控件,并按要求为控件命名,控件命名方式参考【例 9-8】的步骤②。

② 为"请选择字体"选项组增加更新后事件,代码参考如下:

```
Private Sub frmZiti_AfterUpdate()
    '根据请选择字体选项组的值判断字体样式
    Select Case frmZiti.Value
        Case 1
            lblJihe.FontName = "宋体"
            txtValue = "宋体"
        Case 2
            lblJihe.FontName = "黑体"
            txtValue = "黑体"
        Case 3
```

```
                lblJihe.FontName = "幼圆"
                txtValue = "幼圆"
            Case 4
                lblJihe.FontName = "隶书"
                txtValue = "隶书"
        End Select
End Sub
```

③ 为"加粗"和"倾斜"复选框，增加标签加粗和倾斜效果，为其增加更新后事件，代码如下：

```
'粗体复选框更新后事件
Private Sub chkBold_AfterUpdate()
    '粗体复选框选中，则其值为True,设置标签字体加粗
        If chkBold.Value = True Then
            lblJihe.FontBold = True
            txtValue.Value = "粗体"
        Else
            lblJihe.FontBold = False
            txtValue.Value = "正常"
        End If
End Sub
'斜体复选框更新后事件
Private Sub chkItalic_AfterUpdate()
        '斜体复选框选中，则其值为True,设置标签字体倾斜
        If chkItalic.Value = True Then
            lblJihe.FontItalic = True
        Else
            lblJihe.FontItalic = False
        End If
End Sub
```

④ 为"级别"按钮增加单击事件，代码参考如下：

```
Private Sub Command54_Click()
'根据输入的成绩，判断成绩等级
        Select Case Val(txtScore.Value)
            Case Is >= 90
                txtJibie.Value = "优"
            Case Is >= 80
                txtJibie.Value = "良"
            Case Is >= 70
                txtJibie.Value = "中"
            Case Is >= 60
                txtJibie.Value = "差"
            Case Is < 60
                txtJibie.Value = "不及格"
        End Select
End Sub
```

⑤ 在"控件练习"窗体视图下，分别为选项组、复选框、"请输入成绩"文本框赋予不同的值，验证结果。

3. 循环结构

VBA 提供的另一种非常强大的过程是循环，即能够反复执行单个语句或一组语句。在满足特定的条件前，将一直重复执行该语句或语句组。VBA 中共有三种循环结构，分别是 Do Loop 循环、For Next 循环和 While 循环。

当需要重复执行一个语句或一组语句但不知道需要重复多少次时，可以使用 Do Loop 循环或 While 循环。当已经知道需要重复执行语句的次数时，可以使用 For Next 循环。循环常用于处理一个记录集中的记录、更改窗体上控件的外观，以及其他很多需要多次重复执行相同 VBA 语句的任务，下面分别进行介绍。

（1）Do Loop 循环

Do Loop 循环用于在满足某个条件时重复执行一组语句，或者一直重复执行该组语句,直到满足某个条件为止。

该语句主要有四种格式，分别是：

格式一：
```
Do While <条件表达式>
    语句组 1
[Exit Do]
    语句组 2
Loop
```

格式二：
```
Do Until <条件表达式>
    语句组 1
[Exit Do]
    语句组 2
Loop
```

Do Loop 循环具有 While 和 Until 两种选项，使用 While 子句时，只要条件表达式为 True，就会执行 Do Loop 中的 VBA 语句组，一旦条件表达式为 False，就会放弃执行 Do Loop 中的语句。Until 子句的工作方式刚好相反，仅当条件表达式的结果为 False 时，才会执行 Do Loop 中的语句中。因此，Do Loop 循环的执行流程为：

① 判断 Do While 或 Do Until 子句中条件表达式的结果是否符合执行 Do Loop 语句的条件，如果符合，则执行 Do Loop 语句。

② 当 Do Loop 中的语句组执行完成后，会再次跳转到 Do While 或 Do Until 子句，并重新进行条件判断，根据条件表达式的结果来决定是否继续执行 Do Loop 中的语句。

③ 直到条件表达式的结果不符合要求，结束 Do Loop 循环。

**例 9-12** 使用 Do Until 计算偶数的和，通过文本框获取一个数，计算 0 至该数之间的偶数的和，窗体设计参考图 9-18，设置"数据"文本框名称为"number1"，设置"结果"文本框名称为"resultNumber"，输入数据，单击"使用 Until 计算"按钮，在"结果"文本框显示计算结果。

程序流程图如图 9-19 所示。

详细操作步骤如下：

① 打开"图书管理系统"数据库，单击"创建"选项卡，在"窗体"功能组中单击"窗体设计"按钮，进入"窗体设计视图"。

② 在"窗体设计视图"中，通过"表单设计"选项卡，参考图 9-18 创建页面控件，并按要求为控件命名，控件命名方式参考【例 9-8】的步骤②。

③ 按【Ctrl+S】组合键或单击"文件"菜单→"保存"按钮保存创建的窗体，在弹出的"另存为"对话框中输入窗体名"计算偶数的和"。

④ 为"使用 Until 计算"按钮增加单击事件，事件中子过程中代码如下：

视 频

微课9-12
创建Do Loop
循环结构

```
Private Sub Command7_Click()
    '声明 num1 用于存储 number1 文本框中的值，sum 用于存储偶数的和，i 作为循环变量
    Dim num1 As Integer, sum As Integer, i As Integer
    
    '判断 number1 文本框中是否有数据
    If IsNull(number1) Then
        num1 = 0
    Else
        num1 = Val(number1)
    End If
    
    '从 0 循环至 num1
    i = 0
    sum = 0
        Do Until i > num1     '判断 i 是否大于 num1，如果大于则不再执行循环
        sum = sum + i
        i = i + 2
    Loop
    '将偶数的和赋值给 resultNumber 文本框
    resultNumber = sum
End Sub
```

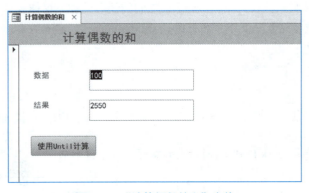

图 9-18 "计算偶数的和"窗体　　　　图 9-19 "计算偶数的和"程序流程图

⑤ 在"计算偶数的和"的窗体视图下输入"数据"文本框的值，单击"使用 Until 计算"按钮验证结果。While 和 Untile 子句也可以放在底部的 Loop 后面，例如：

格式三：
```
Do
    语句组1
[Exit Do]
    语句组2
Loop While <条件表达式>
```

格式四：
```
Do
    语句组1
[Exit Do]
    语句组2
Loop Until 条件表达式
```

如果在循环的底部放置 While 或 Until 子句，其执行流程为先执行 Do Loop 中的语句组，再进行条件判断，如果条件表达式的结果符合再次执行 Do Loop 语句的条件，则会重复执行 Do Loop 中的语句组，直到条件表达式的结果不符合要求，则循环结束。

如果在 Do Loop 的顶部放置 While 或 Until 子句，意味着如果不满足条件，name 循环永远也不会执行。如果在循环的底部放置 While 或 Until 子句意味着循环至少会执行一次，因为直到第一次执行循环中的语句以后才会对条件进行求解。

Exit Do 语句是可选的，其会立即终止 Do Loop 循环，Exit Do 经常用于阻止无限循环，如果条件的状态在循环中永远不发生改变，则会出现无限循环。

微课9-13 创建按条件终止的Do Loop循环

**例 9-13** 计算一个数的阶乘，如果数大于 10，则只计算到 10 的阶乘。窗体设计参考图 9-20，设置"数据"文本框名称为"number1"，结果文本框名称为"resultNumber"，输入数据，单击"计算"按钮，在"结果"文本框显示计算的结果。程序流程图如图 9-21 所示。

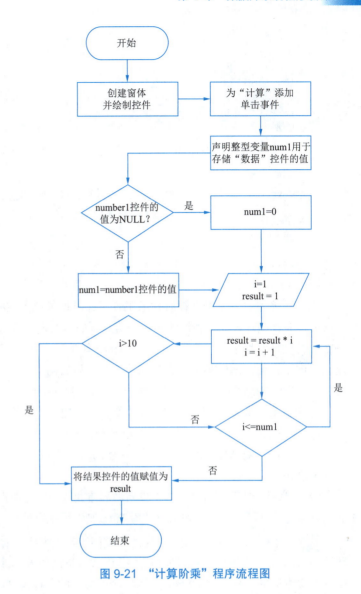

图 9-21 "计算阶乘"程序流程图

图 9-20 "计算阶乘"窗体

详细操作步骤如下：

① 打开"图书管理系统"数据库，单击"创建"选项卡，在"窗体"功能组单击"窗体设计"按钮，进入"窗体设计视图"。

② 在"窗体设计视图"中，通过"表单设计"选项卡，参考图 9-20 创建页面控件，并按要求为控件命名，控件命名方式参考【例 9-8】的步骤②。

③ 按【Ctrl+S】组合键或单击"文件"菜单→"保存"按钮保存创建的窗体，在弹出的"另存为"对话框中输入窗体名"计算阶乘"。

④ 为"计算"按钮增加单击事件，事件中子过程中代码如下：

```
Private Sub Command7_Click()
    Dim num1 As Integer, result As Long, i As Integer
    If IsNull(number1) Then         '判断是否有数据
        num1 = 0
    Else
        num1 = Val(number1)
    End If
    i = 1                           '计数
    result = 1                      '保存累积的结果
    Do
        result = result * i
```

```
            i = i + 1
            If i > 10 Then          '判断是否超过 10，若超过则退出循环
                Exit Do
            End If
        Loop While i <= num1         '判断 i 是否小于等于 num1，如果是则继续循环
        resultNumber = result
End Sub
```

⑤ 在"计算阶乘"窗体的窗体视图下输入"数据"文本框的值，单击"计算"按钮验证结果。

（2）For Next 循环

For Next 子句可以指定重复执行某个语句块的次数，这是最常用的一种循环控制结构。其语法格式如下：

```
For 循环体变量 = 初值 To 终值 [step 步长]
    语句组 1
[Exit For]
    语句组 2
Next
```

循环体变量是用来控制循环次数的变量，其取值范围在初值和终值之间，Step 关键字后的步长，会使得每次执行循环时让循环体变量增加该步长的值。例如，如果初值为 0，终值为 10，步长为 2，循环体变量将从 0 开始，每次执行循环时增加 2，直到超过终值 10 结束循环。通常情况下，For Next 循环会向上计数，但某些情况下，可能需要向下计数，即以某个较大的初值开始，最后向下到某个较小的终值，在这种情况下，可以使用负数作为步长值。当省略 Step 关键字时，默认的步长是 1。当向下计数时，不能省略 Step 关键字。For 循环的执行步骤为：

① 初始化 For 关键字后面的循环体变量，即把初值赋值给循环体变量。

② 评估条件，即把循环体变量的值与初值和终值比较，判断变量的值是否在初值和终值之间，如果在，则评估结果为 True，则循环体被执行。如果为 False，则循环体不会执行，结束 For 循环，执行紧跟在 For 循环之后的下一个语句。

③ 在执行 For 循环体之后，将更新循环体变量的值，即把循环体变量与步长相加。

④ 再次进行条件评估。如果条件为 True，则循环执行循环体。重复该循环，直到条件变为 False 后，For 循环终止。

**例 9-14** 基于【例 9-2】创建的"控件练习"窗体，增加计算功能，要求输入开始和结束的数字，用 For 循环语句，计算 2 个数字之间的累加结果，用 Do While 循环语句，计算 2 个数字之间的累积结果，窗体设计参考图 9-22，第一个文本框的名称为"txtStart"，第二个文本框的名称为"txtEnd"，计算符号组合框的名称为"cboFh"，组合框的选项为"和""积"，"计算结果"文本框的名称为"txtResult"，程序流程图如图 9-23 所示。

微课9-14
创建For...Next
循环结构

详细操作步骤如下：

① 打开"图书管理系统"数据库，在"导航窗口"中选择"窗体"分类，右击"控件练习"窗体，在弹出的快捷菜单中选择"设计视图"，进入窗体设计视图，参照图 9-22 绘制控件，并为控件命名，控件命名方式参考【例 9-8】的步骤②。

② 在"cboFh"组合框控件的"属性表"中，单击"数据"选项卡，在"行来源"属性中输入"和";"积"。将"行来源类型"属性中设置为"值列表"。

③ 为"计算"按钮增加单击事件代码，事件子过程代码如下：

```
Private Sub Command66_Click()
    '声明 sum 用于存储求和的结果，product 用于存储阶乘结果，i 和 j 作为循环变量
    Dim sum As Long, product As Long, i As Integer, j As Integer
    '判断符号组合框的值
    If cboFh = "和" Then
        '初始设置求和结果为 0
        sum = 0
        '循环从 txtStart 开始，到 txtEnd 结束，每次循环 i 递增 1
        For i = Val(txtStart) To Val(txtEnd)
            sum = sum + i
        Next
```

```
                '将求和结果赋值给结果文本框
                txtResult = sum
        Else
                '初始设置阶乘结果为1
                product = 1
                '初始设置循环变量j的值为txtStart
                j = Val(txtStart)
                '循环到txtEnd结束
                Do While j <= Val(txtEnd)
                        product = product * j
                        j = j + 1
                Loop
                '将阶乘结果赋值给结果文本框
                txtResult = product
        End If
End Sub
```

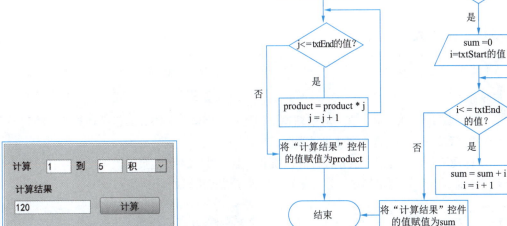

图 9-22 "控件练习"窗口新增的控件　　　图 9-23 "控件练习"计算数据的流程图

④ 在"控件练习"窗体的窗体视图下分别为两个文本框赋值，选择运算符，单击"计算"按钮验证结果。

（3）While 循环

对于循环体循环次数不能预先确定，只能给出控制条件的情况，可以使用 While 语句，While 循环功能是只要指定的条件为 True，就会重复执行循环体中的语句，其语法格式如下：

```
While <条件表达式>
        语句组
Wend
```

执行流程为：首先判断条件表达式的值，如果符合则执行语句组，然后循环判断条件表达式，直到条件表达式为 False，结束 While 循环。

**例 9-15** 如图 9-24 所示，在"计算偶数的和"窗体上增加"使用 While 计算"按钮，并在该按钮的单击事件中用 While 语句实现计算 0 至"数据"文本框之间的偶数的和，程序流程图如图 9-25 所示。

微课9-15
创建While循环结构

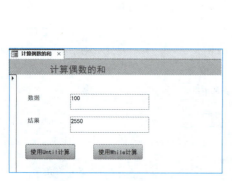

图 9-24 "计算偶数的和"窗体

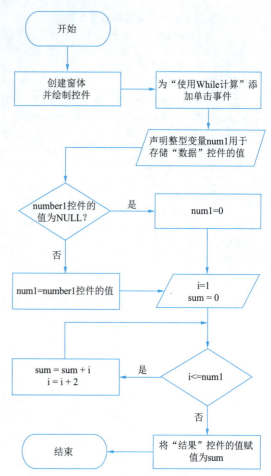

图 9-25 "While 循环实现计算内偶数的和"流程图

详细操作步骤如下：

① 打开"图书管理系统"数据库，在"导航窗口"中选择"窗体"分类，右击"计算偶数的和"窗体，在弹出的快捷菜单中选择"设计视图"，进入窗体设计视图。

② 在"窗体设计视图"中，通过"表单设计"选项卡，参考图 9-24 创建页面控件。

③ 为"使用 While 计算"按钮增加单击事件代码，事件子过程代码如下：

```
Private Sub Command8_Click()
    '声明 num1 用于存储 number1 文本框中的值，sum 用于存储偶数的和，i 作为循环变量
    Dim num1 As Integer, sum As Long, i As Integer
    '判断 number1 文本框中是否有数据
    If IsNull(number1) Then
        num1 = 0
    Else
        num1 = Val(number1)
    End If
    '初始设置循环变量 i 为 0
    i = 0
    '初始设置偶数的和变量 sum 为 0
    sum = 0
    'while 循环的条件是变量 i 小于等于 num1
    While i <= num1
        sum = sum + i
        i = i + 2
    Wend
    '将偶数的和赋值给 resultNumber 文本框
    resultNumber = sum
End Sub
```

④ 在"计算偶数的和"窗体的窗体视图下输入"数据"的值,单击"使用 While 计算"按钮验证结果。

### 9.3.4 流程控制函数

除了上述两种方式外,VBA 还提供了三个函数来完成流程控制操作,下面分别介绍。

#### 1. IIF 函数

IIF 函数的语法格式如下:

```
IIF(条件表达式,表达式1,表达式2)
```

其含义为,当条件表达式为真时,函数返回表达式 1 的值,当条件表达式为假时,返回表达式 2 的值。可以用 IIF 函数替换简单的 If Then Else 语句。

#### 2. Switch 函数

Switch 函数的调用格式为:

```
Switch(条件表达式1,表达式1[,条件表达式2,表达式2…[,条件表达式n,表达式n]])
```

该函数根据条件表达式 1 至条件表达式 n 从左到右来决定函数返回值。表达式在第一个相关的条件表达式为真时作为函数返回值返回。条件和表达式必须成对出现,否则会出错。可以用来替换 Select Case 语句。

#### 3. Choose 函数

Choose 函数的调用格式如下:

```
Choose(索引式,选项1[,选项2…[,选项n]])
```

返回基于"索引式"的值,如果"索引式"为 1,则返回列表中的第一个选项,如果"索引式"为 2,则返回第二个选项,以此类推。

## 9.4 过程与过程调用

### 9.4.1 过程基本概念

我们知道在工业生产中采用模块化生产,比如用于专门生产汽车发动机的部门,为汽车厂提供发动机。"过程"也是同样的原理,它是 VBA 程序代码的容器,是程序中的若干较小的逻辑部件,每种过程都有其独特的功能,我们可以根据需求调用不同的过程。过程可以简化程序设计任务,还可以增强或扩展 VBA 的构件。另外,过程还可用于共享任务或压缩重复任务,如减少频繁运算等。

VBA 中包含有两种主要的过程类型,即子过程(Sub 过程)和函数过程(Function 过程)。在窗体的事件中,自动生成的过程为子过程。使用过程的一般规则如下:

① 必须为过程提供一个在其作用域内唯一的名称,如果在不同的作用域内,一般允许包含多个具有相同名称的过程,但是这种做法可能会使 VBA 引擎或者用户产生混淆。

② 为过程分配的名称不能与 VBA 关键字相同。

③ 过程和模块不能具有相同的名称。可以采用命名约定的方式解决过程和模块重名的问题,例如,始终在模块名称中添加前缀 bas 或 mod,就可以避免过程和模块同名的问题。

④ 过程中不能包含其他过程,但是一个过程可以随时调用其他过程,并执行其他过程中的代码。

由于存在控制过程作用域的规则,因此,不能具有两个名称均为 MyProcedure 的公共过程,但是可以具有两个名称均为 MyProcedure 的私有过程,或者一个名为 MyProcedure 的公共过程以及一个同名的私有过程,但是在后一种情况下,两个过程不能位于同一个模块中。即使多个过程具有不同的作用域,也不建议对它们使用相同的过程名称。

子过程和函数均可以包含 VBA 代码,当运行某个子过程或函数时,需要调用它。可以通过 Call 关键字、通过名称引用过程或者从立即窗口运行过程,它们都可以执行相同的任务,以及对代码进行处理、运行、执行。子过程和函数的唯一差别在于,当调用的函数执行完毕后会返回一个值,该值可以在调用函数的代码处使用,而子过程不会有返回值。例如，可以使用布尔函数返回一个 True 或者 False，用于指示该函数执行的操作是否成功。函数不仅可以返回 VBA 中的标准数据类型，也可以返回用户自定义的复杂数据类型。另外，窗体和控件创建的事件过程，默认为子过程。

可以在下面两个位置中创建过程：

① 在标准 VBA 模块中：当过程被多个窗体或报表等对象共享时，可以在标准模块中创建子过程或函数，例如可以使用函数来处理非常复杂的查询条件。

② 在窗体或报表中：如果创建的过程仅有单个窗体或报表对象调用，则应在窗体或报表的模块中创建子过程或函数。模块可以包含多个过程，是子过程和函数的容器。

### 9.4.2 子过程

子过程是由 Sub 关键字和 End Sub 关键字包括起来的 VBA 语句，其语法格式如下：

```
[Private|Public|Static]  Sub 子过程名（形参列表）
    <子过程语句>
Exit Sub
    <子过程语句>
End Sub
```

子过程的声明和变量的定义语句类似，通过选择 Private、Public 或 Static 关键字，定义过程的生存周期与作用范围。Public 表示 Sub 过程对所有模块中的过程是可访问的。如果在声明为 Option Private 的模块中使用 Sub 过程，则此过程在模块外部不可用。Private 表示 Sub 过程仅在声明此过程的模块中的其他过程可访问。Static 表示在调用 Sub 过程时，保留 Sub 过程的局部变量的值。Static 属性不会影响在 Sub 过程外部声明的变量，即使在此过程中使用这些变量。默认情况下 Sub 过程是公共的。

过程或函数的命名规则参考变量的命名规则，在过程名或函数名后边的括号内，可以给出 0 个或多个形式参数，简称形参，当形参列表中有多个形参时，每两个形参之间要用英文逗号","分隔开。形参列表的语法格式为：

```
[ByVal | ByRef] 形参1 [As 数据类型][, [ByVal | ByRef] 形参2 [As 数据类型]…
```

ByVal 表示按值传递参数，其他引用到这个参数的过程或函数，只操作此参数的值，而不改变这个参数本身的值。ByRef 表示按引用传递参数，传递参数的地址，其他引用到这个参数的过程或函数，操作此参数的值时，也会改变这个参数本身。其中 ByRef 为默认值。在子过程或函数过程调用中，所给出的参数称为实际参数，简称实参。

在 VBA 中，子过程的调用有以下两种语法格式：

格式一：

```
Call 子过程名 [([实参1][, 实参2][,…])]
```

格式二：

```
子过程名 [实参1][, 实参2][,…]
```

调用子过程时无须使用 Call 关键字，但是，如果使用 Call 关键字调用需要参数的过程，则"参数列表"必须以括号结尾。如果省略 Call 关键字，则还必须省略"参数列表"周围的括号。如果使用 Call 语法调用任何内部或用户定义的函数，则将丢弃该函数的返回值。

微课9-16
创建子过程

**例 9-16** 创建"计算立方体体积"窗体，绘制"长（米）"、"宽（米）"、"高（米）"文本框，分别命名为"x"、"y"、"z"，绘制"体积(立方米)"文本框，命名为"volumeResult"。通过调用能够计算矩形面积的子过程，计算以该矩形为底的立方体的体积，并将结果在"volumeResult"文本框中显示，窗体如图 9-26 所示。程序流程如图 9-27 所示。

详细操作步骤如下：

① 打开"图书管理系统"数据库，单击"创建"选项卡，在"窗体"功能组单击"窗体设计"按钮，进入"窗体设计视图"。

② 在"窗体设计视图"中，通过"表单设计"选项卡，参考图 9-26 创建页面控件，并按要求为控件命名，控件命名方式参考【例 9-8】的步骤②。

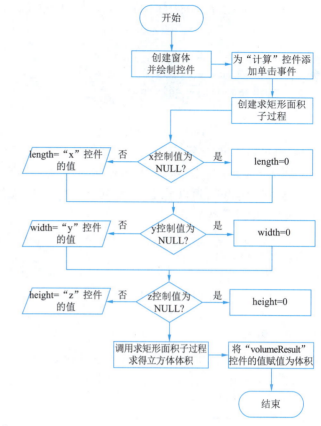

图 9-27 "计算立方体体积"流程图

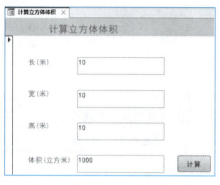

图 9-26 "计算立方体体积"窗体

③ 按【Ctrl+S】快捷键或单击"文件"菜单→"保存"按钮保存创建的窗体，在弹出的"另存为"对话框中输入窗体名"计算立方体体积"。

④ 为"计算"按钮增加单击事件，事件中子过程中代码如下：

```
'求矩形面积子过程
Private Sub Area(x As Double, y As Double)
    '计算面积，并将面积存储在变量x中
    x = x * y
End Sub
'"计算"按钮单击事件子过程
Private Sub Command7_Click()
    '声明length用于存储x文本框中的值，width用于存储y文本框中的值，height用于存储z文本框中的值，
    'volume用于存储立方体体积
    Dim length As Double, width As Double, height As Double, volume As Double
    If IsNull(x) Then '判断是否有数据
        length = 0
    Else
        length = Val(x)
    End If
    If IsNull(y) Then '判断是否有数据
        width = 0
    Else
        width = Val(y)
    End If
    If IsNull(z) Then '判断是否有数据
        height = 0
    Else
        height = Val(z)
    End If
```

```
    '调用 Area 子过程,获取面积,并将面积存储在 length 变量中
    Area length, width
    '计算立方体体积
    volume = length * height
    '将体积赋值给 volumeResult 控件
    volumeResult = volume
End Sub
```

⑤ 在"计算立方体体积"窗体的窗体视图下输入长、宽、高的值,单击"计算"按钮验证结果。

由此例可以看出,多次计算立方体体积时不需要重新书写求底面积的代码,只需要调用子过程完成。在调用子过程语句 Area 时,实参 length 和 width 把值传递给形参 $x$ 和 $y$,子过程形参声明时没有指定是 ByBal 或是 ByRef,默认是 ByRef,所以子过程中语句对形参 $x$ 和 $y$ 做的处理,实参 length 和 width 会跟随着一起变化。如果把 Area 过程的代码改为如下:

```
Public Sub Area(ByVal a As Double, ByVal b As Double)
    x = x * y
End Sub
```

请大家自行比对输出结果,分析问题的原因。

### 9.4.3 函数过程

用户可以使用 Function 语句定义一个新的函数过程(即 Function 过程)。函数过程的声明格式:

```
[Private|Public|Static] Function 函数过程名([<形参列表>])[As 数据类型]
    <子过程语句>
    Exit Function
        <子过程语句>
End Function
```

函数的定义除了关键字 Function 外,其余与子过程类似,函数的形参列表的语法格式:

```
[ByVal | ByRef] 形参名1 [As 数据类型][, [ByVal | ByRef] 形参名2 [As 数据类型]…
```

函数的形参的意义与子过程类同,与子过程最大的区别就是函数过程可以有返回值,在表达式中,可以通过使用函数名,并在其后的圆括号中给出相应的参数列表,来调用一个函数过程。函数调用的格式只有一种:

```
函数过程名([实参1][, 实参2][,…])
```

微课9-17
创建函数过程

**例 9-17** 把【例 9-16】计算立方体体积窗体中的计算矩形面积功能,使用函数过程完成,并在计算立方体体积时调用。程序流程图参考图 9-27,计算体积时,调用函数过程即可。

详细操作步骤如下:

① 打开"图书管理系统"数据库,在"导航窗口"中选择"窗体"分类,右击"计算立方体体积"窗体,在弹出的快捷菜单中选择"设计视图",进入窗体设计视图。

② 为"计算"按钮单击事件重新编辑子过程代码,如下:

```
'声明函数过程 Area2 的返回值为 Double
Private Function Area2(x As Double, y As Double) As Double
    '计算面积,并将面积存储在函数过程名称 Area2 中
    Area2 = x * y
End Function
'"计算"按钮单击事件子过程
Private Sub Command7_Click()
    '声明 length 用于存储 x 文本框中的值, width 用于存储 y 文本框中的值, height 用于存储 z 文本框中的值
    'volume 用于存储立方体体积
    Dim length As Double, width As Double, height As Double, volume As Double
    If IsNull(x) Then  '判断长是否有数据
        length = 0
    Else
```

```
            length = Val(x)
        End If
        If IsNull(y) Then  '判断宽是否有数据
            width = 0
        Else
            width = Val(y)
        End If
        If IsNull(z) Then  '判断高是否有数据
            height = 0
        Else
            height = Val(z)
        End If
        '调用 Area2 函数过程，获取面积，并和高相乘计算立方体体积
        volume = Area2(length, width) * height
        '将体积赋值给 volumeResult 控件
        volumeResult = volume
End Sub
```

③ 在"计算立方体体积"窗体的窗体视图下输入长、宽、高的值，单击"计算"按钮验证结果。

对比子过程和函数过程，可以看出，子过程本身不能返回值，只能通过参数将值带出，而函数本身可以带返回值，并且函数过程可以参与到表达式运算中。

### 9.4.4　VBA 常用的函数

在 VBA 中，系统提供了很多常用的函数，用于解决通用的问题。

#### 1. 消息框函数 MsgBox

功能为弹出消息框，可以在消息框中展示指定的信息，可以设置消息框的显示样式，弹出消息框后，等待用户单击消息框上的按钮，并返回一个整数，表示用户单击哪个按钮。

语法格式为：

`MsgBox(prompt [, buttons][, title][, helpfile, context])`

参数说明见表 9-2。

表 9-2　MsgBox 函数参数说明

| 参数名称 | 说　明 |
| --- | --- |
| prompt | 必需的参数。在对话框中显示为消息的字符串，最大长度为 1 024 个字符。如果消息包含多行，每行之间可以使用回车符（Chr(13)）或换行符（Chr(10)）来分隔，或者使用回车-换行符的组合（Chr(13) & Chr(10)） |
| buttons | 可选参数。为数值表达式之和，指定对话框中显示的按钮的数目及形式、使用的图标样式、默认按钮标识及消息框的形式等，可以此定制消息框。若省略该参数，则其默认值为 0，详见表 9-3 |
| title | 可选参数。显示在对话框的标题栏中的字符串表达式。如果标题留空，应用程序名称将被放置在标题栏中 |
| helpfile | 可选参数。一个字符串表达式，用于为对话框提供上下文相关帮助的帮助文件。如果提供 helpfile，则也必须提供 context |
| context | 可选参数。一个数字表达式，用于标识由帮助作者分配给相应帮助主题的帮助上下文编号。如果提供上下文，则还必须提供 helpfile |

Buttons 参数可以使用值来设置消息框的显示效果，见表 9-3。

表 9-3　Buttons 参数值说明

| 常　量 | 值 | 说　明 |
| --- | --- | --- |
| vbOKOnly | 0 | 仅显示"确定"按钮 |
| vbOKCancel | 1 | 显示"确定"和"取消"按钮 |
| vbAbortRetryIgnore | 2 | 显示"中止"、"重试"和"忽略"按钮 |
| vbYesNoCancel | 3 | 显示"是"、"否"和"取消"按钮 |
| vbYesNo | 4 | 显示"是"和"否"按钮 |
| vbRetryCancel | 5 | 显示"重试"和"取消"按钮 |

续表

| 常　量 | 值 | 说　明 |
|---|---|---|
| vbCritical | 16 | 显示"关键消息"图标 |
| vbQuestion | 32 | 显示"警告查询"图标 |
| vbExclamation | 48 | 显示"警告消息"图标 |
| vbInformation | 64 | 显示"信息消息"图标 |
| vbDefaultButton1 | 0 | 第一个按钮是默认按钮 |
| vbDefaultButton2 | 256 | 第二个按钮是默认按钮 |
| vbDefaultButton3 | 512 | 第三个按钮是默认按钮 |
| vbDefaultButton4 | 768 | 第四个按钮是默认按钮 |
| vbApplicationModal | 0 | 应用程序模式；用户在继续在当前应用程序中工作前必须响应消息框 |
| vbSystemModal | 40 96 | 系统模式；在用户响应消息框前，所有应用程序都挂起 |
| vbMsgBoxHelpButton | 16 384 | 在消息框中添加"帮助"按钮 |
| vbMsgBoxSetForeground | 65 536 | 将消息框窗口指定为前景窗口 |
| vbMsgBoxRight | 524 288 | 文本右对齐 |
| vbMsgBoxRtlReading | 1 048 576 | 指定文本在希伯来语和阿拉伯语系统中应从右到左显示 |

注：这些常量由 VBA 指定，因此，常量名称可代替实际值在代码中使用。

Buttons 的值在逻辑上分为四组：第一组（0 至 5）指示要在消息框中显示的按钮；第二组（16,32,48,64）描述要显示的图标的样式；第三组（0,256,512,768）指示哪个按钮必须是默认的；第四组（0,4 096,16 384,65 536,524 288,1 048 576）确定消息框的形式。将这些数字相加以生成 Buttons 参数值的时候，只能从每组值取用一个数字，Access 会根据数字之和自动识别消息框应显示的样式。

MsgBox 函数是有返回值的，其返回值是一个整数，表示用户单击的哪个按钮，如果设置了 Buttons，则该返回值必须通过变量接收，返回值具体含义见表 9-4。

**例 9-18** 提交作业情况调研，弹窗询问"是否提交了课后作业？"，要求显示查询图标，并在界面上显示"是"、"否"和"取消"按钮，把用户选择结果以弹窗的形式显示，如果用户单击"取消"按钮，则循环询问，直到单击"是"或"否"按钮。程序流程图如图 9-28 所示。

微课9-18
使用消息框
函数MsgBox
提示消息

表 9-4　MsgBox 函数返回值说明

| 常　量 | 值 | 说　明 |
|---|---|---|
| vbOK | 1 | 确定 |
| vbCancel | 2 | 取消 |
| vbAbort | 3 | 中止 |
| vbRetry | 4 | 重试 |
| vbIgnore | 5 | 忽略 |
| vbYes | 6 | 是 |
| vbNo | 7 | 否 |

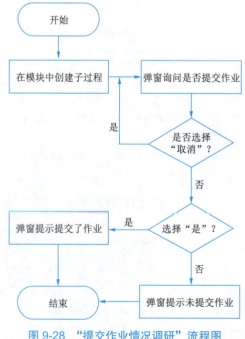

图 9-28　"提交作业情况调研"流程图

详细操作步骤如下：

① 打开"图书管理系统"数据库，单击"创建"选项卡，在"宏与代码"功能组中单击"模块"按钮，打开

VBE 窗口。

② 在"工程资源管理器"中单击"模块",打开模块列表,双击"测试"模块,在代码窗口中显示"测试"模块代码,在"测试"模块中创建函数过程"queryFunction"。

③ "queryFunction"函数过程代码如下:

```
Private Function queryFunction()
    Dim res As Integer          '定义整形变量用于存储MsgBox的返回值
    res = MsgBox("是否提交了课后作业？", 35, "问题")
    '如果单击了取消，则重复询问
    While res = 2
        res = MsgBox("是否提交了课后作业？", 35, "问题")
    Wend
    If res = 6 Then             '对用户选择的结果进行判断
        MsgBox ("你提交了作业")
    ElseIf res = 7 Then
        MsgBox ("你未提交作业")
    End If
End Function
```

④ 将鼠标光标置于"queryFunction"函数过程的代码中,单击工具栏中的"运行子过程/用户窗体"按钮或按快捷键【F5】,即可运行"queryFunction"函数过程,在弹出的消息框中选择不同的按钮,查看运行结果,消息框的样式如图 9-29 所示。

图 9-29 "问题"对话框

### 2. 输入框函数 InputBox

InputBox 函数提示用户输入值,当输入值后,如果用户单击"确定"按钮或按下【Enter】键,InputBox 函数将以字符串的形式返回文本框中的文本。如果用户单击"取消"按钮,该函数将返回一个空字符串("")。

语法格式为:

`InputBox(prompt [, title ] [, default ][ , xpos ] [, ypos ] [, helpfile, context])`

参数说明见表 9-5。

表 9-5 InputBox 函数参数说明

| 参数名称 | 说明 |
| --- | --- |
| prompt | 必需的参数。在对话框中显示为消息的字符串。提示的最大长度大约为 1 024 个字符。如果消息扩展为多行,则可以使用每行之间的回车符(Chr(13))或换行符(Chr(10))来分隔行 |
| title | 可选参数。显示在对话框的标题栏中的字符串表达式。如果标题留空,应用程序名称将被放置在标题栏中 |
| default | 可选参数。在文本框中的默认显示的文本内容,如果省略了 default,文本框将显示为空 |
| xpos | 可选参数。指定对话框的左边缘与屏幕的左边缘的水平距离(以缇为单位)的数值表达式。如果省略了 xpos,对话框将水平居中 |
| ypos | 可选参数。指定对话框的上边缘与屏幕的顶部的垂直距离(以缇为单位)的数值表达式。如果省略了 ypos,对话框将位于屏幕垂直方向往下大约三分之一的位置 |
| helpfile | 可选参数。一个字符串表达式,用于为对话框提供上下文相关帮助的帮助文件。如果提供 helpfile,则也必须提供 context |
| context | 可选参数。一个数字表达式,用于标识由帮助作者分配给相应帮助主题的帮助上下文编号。如果提供上下文,则还必须提供 helpfile |

**例 9-19** 编写一个能够计算立方体体积的程序,从输入框中输入立方体的长、宽、高,并将结果在消息对话框中显示。

详细操作步骤如下:

① 打开"图书管理系统"数据库,单击"创建"选项卡,选择"宏与代码"组,单击"Visual Basic"按钮,打开 VBE 窗口。

② 在"工程资源管理器"中单击"模块",打开模块列表,双击"测试"模块,在代码窗口中显示"测

视频
微课9-19
使用输入框函数InputBox获取用户输入

试"模块代码，在"测试"模块中创建函数过程"testInput"。

③ "testInput"函数过程代码如下所示：

```
Private Function testInput()
    '声明4个单精度类型变量，分别存储长、宽、高、体积
    Dim length As Single, width As Single, height As Single, volume As Single
    '声明1个整形变量，存储MsgBox函数的返回值
    Dim res As Integer
    length = InputBox("请输入立方体的长", "输入长") '通过InputBox获取height的值
    width = InputBox("请输入立方体的宽", "输入宽")  '通过InputBox获取width的值
    height = InputBox("请输入立方体的高", "输入高") '通过InputBox获取height的值
    '调用Area2，传入length和width，结果保存在Area2中
    volume = Area2(a, b) * c
    res = MsgBox("立方体的体积为：" & Chr(13) & volume, 65, "答案")
End Function
```

④ 将鼠标光标置于"testInput"函数过程的代码中，单击工具栏中的"运行子过程/用户窗体"按钮或按快捷键【F5】，即可运行"testInput"函数过程，运行的输入框样式如图9-30所示。

图 9-30　Input 输入框

### 3. DoCmd 对象

DoCmd 是 Access 数据库的一个特殊对象，它是通过调用 Access 内置的方法，在程序中实现某些特定的操作，其语法格式为：

```
DoCmd.方法名 [参数]
```

DoCmd 对象的大多数方法都有参数，有些是必须的，有些则是可选的，若省略，将采用默认的参数，DoCmd 对象有很多方法，例如关闭窗口、打开窗体和设置控件值等，下面介绍下 DoCmd 对象一些常用的方法。

（1）用 DoCmd 对象打开窗体

语法格式：

```
DoCmd.OpenForm "窗体名"
```

用默认的形式打开指定的窗体。

（2）用 DoCmd 对象关闭窗体

语法格式：

```
DoCmd.Close acForm, "窗体名"
```

关闭指定的窗体。

（3）用 DoCmd 对象打开报表

语法格式：

```
DoCmd.OpenReport   "报表名", acViewPreview
```

用预览的形式打开指定的报表。

（4）用 DoCmd 对象关闭报表

语法格式：

```
DoCmd.Close acReport, "报表名"
```

关闭指定的报表。

（5）用 DoCmd 对象运行宏

语法格式：

```
DoCmd.RunMacro  "宏名"
```

运行指定的宏。

（6）用 DoCmd 对象运行查询

语法格式：

```
DoCmd.OpenQuery "查询名"
```

运行指定的查询。

（7）用 DoCmd 对象运行 SQL 语句

语法格式：

```
DoCmd.RunSQL "SQL 语句"
```

运行指定的 SQL 语句。

（8）用 DoCmd 对象退出 Access

语法格式：

```
DoCmd.Quit
```

关闭所有 Access 对象和 Access 本身。

## 9.5 程序调试和出错处理

由于 VBA 具备强大的功能和灵活性，VBA 在 Access 数据库程序设计中广泛应用。由于 VBA 代码通常都比较复杂，当程序报错后，调试错误可能比较困难。VBA 代码中的过程、变量遵循合理的命名规范，例如为变量和过程名称提供描述性的名称有助于排查错误。但是，即使是非常小的错误，要想成功解决也是非常困难的。

Access 提供了一套完整的错误处理和调试工具，可以提高程序调试工作的效率，不仅可以自动处理错误信息，也可以指出发生错误的代码位置，有助于更好地了解代码的组织情况以及执行流程。

### 9.5.1 错误处理

在编写 VBA 程序代码时，程序错误经常发生，通常情况下，错误分为两类：编译错误和运行时错误。

编译错误是指在代码编写完成但还未运行程序时，VBE 检测到代码有语法错误，这是最容易处理的错误。在代码窗口提示的错误，通常以红色标识出错的代码语句，运行代码时会弹窗说明错误原因，如图 9-31 所示，根据提示的错误信息，修改代码即可。

对于运行时错误，比较难以处理，因此当预料到某一段代码可能会出现错误时，可以预先提供错误处理。VBA 中的错误处理语句，最主要的有三个不同的处理方式，具体如下：

① On Error GoTo line：当错误发生时，跳转到指定编号的错误处理程序。
② On Error Resume Next：当发生运行时错误时，继续执行发生错误语句后面的语句。
③ On Error GoTo 0：禁用当前过程中的任何已启用的错误处理程序。

重点介绍下 VBA 中的 On Error GoTo line，其语法格式如下：

```
On Error GoTo 标号
```

在程序执行时，如果发生错误，将转到标号位置执行错误处理程序。同时需要在错误处理代码的前面放置 Exit Sub、Exit Function 或 Exit Property 语句。在 VBA 中，还提供了一个对象 Err、一个函数 Errors() 和一个语句 Error 来帮助了解错误信息。

**例 9-20** 在"登录界面"窗体上，"用户名"文本框名称为"txtUser"，"密码"文本框名称为"txtPass"，分别输入"用户名"文本框和"密码"文本框的值，单击"登录"按钮，弹窗显示用户输入的"用户名"和"密码"。需要对"用户名"和"密码"文本框做错误处理，如果用户未输入数据，通过错误处理弹窗提醒用户输入，登录界面如图 9-32 所示。

微课9-20
VBA的错误处理

图 9-31　编译错误

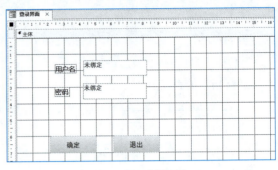
图 9-32　登录窗体

① 打开"图书管理系统"数据库，单击"创建"选项卡，在"窗体"功能组中单击"窗体设计"按钮，进入"窗体设计视图"。

② 在"窗体设计视图"中，通过"表单设计"选项卡，参考图 9-32 创建页面控件，并按要求为控件命名，控件命名方式参考【例 9-8】的步骤②。

③ 按【Ctrl+S】组合键或单击"文件"菜单→"保存"按钮保存创建的窗体，在弹出的"另存为"对话框中输入窗体名"登录界面"。

④ 为"确定"按钮添加单击事件代码，事件中代码如下；

```
Private Sub Command4_Click()
    Dim result As Integer, userName As String, password As String
    On Error GoTo errorInput   '当发生错误时，跳转到编号为 errorInput 处
    userName = Me.txtUser.Value
    password = Me.txtPass.Value
    result = MsgBox("用户名：" & userName & Chr(13) & "密码：" & password, 64, "输入正确")
    Exit Sub
' 编号为 errorInput 的处理代码
errorInput:
    result = MsgBox("请输入用户名或密码", 16, "校验")
End Sub
```

⑤ 在"登录界面"窗体视图，不输入用户名密码的情况下，单击"确定"按钮，弹窗提示用户输入用户名或密码，其结果如图 9-33 所示。正常输入用户名密码，查看程序执行结果。

⑥ 注释掉 On Error GoTo 语句及配套的错误处理语句，再次单击"确定"按钮，即可发现程序报错，如图 9-34 所示。

图 9-33　有错误处理的代码

图 9-34　无错误处理的代码

### 9.5.2　使用调试工具

Access 提供了完整的调试工具，可以使用这些工具来监控 VBA 代码的执行，在某个语句处停止代码执行，以便可以检查变量在该时刻的值，并执行其他调试任务。

#### 1. 设置断点

若要在某个语句处中断程序的执行，需要在该语句上设置断点，设置和使用断点是程序调试的基础。一个程序中可以设置多个断点，在设置断点前，要先选中断点所在的语句行，然后设置断点。在 VBE 环境中，设置好的断点行是以"酱色"亮条显示，断点的设置和使用贯穿在程序调试运行的整个过程中。

设置和取消断点的四种方法如下：
① 单击"调试"工具栏中的"切换断点"按钮，可以设置和取消断点。
② 执行"调试"菜单栏中的"切换断点"命令，可以设置和取消断点。
③ 按【F9】键，可以设置和取消断点。
④ 单击行的左端，可以设置和取消断点，如图9-35所示。

### 2. 调试工具的使用

当程序运行到断点时，即会停止运行，在VBE环境中，执行"视图"→"工具栏"→"调试"命令，可以打开"调试"工具栏，或右击菜单空白位置，在弹出的快捷菜单中选择"调试"命令。通过"调试"工具栏中的命令按钮，可以逐语句执行、逐过程执行、跳出等，控制程序代码的执行，如图9-36所示。

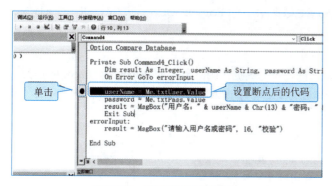

图 9-35　设置断点后的代码

图 9-36　"调试"工具栏

### 3. 使用调试窗口

在VBA中，用于调试的窗口包括本地窗口、立即窗口和监视窗口。下面分别进行简单介绍。

① 本地窗口。当程序运行到断点处时，该窗口内部自动显示当前子过程或函数中的变量名称及变量值，结合调试工具，可以看到当前过程中各变量值的变化情况，便于梳理程序逻辑及排错。

② 立即窗口。立即窗口既可以输入计算表达式，又可以在中断模式下输入调试表达式，表达式结果可以在立即窗口中进行计算并显示结果。

③ 监视窗口。当程序处于中断模式中，可以通过监视窗口查看变量或表达式值的变化。右击监视窗口将弹出快捷菜单，选择"添加监视"命令，打开"添加监视"窗口，也可以通过"调试"菜单中的"添加监视"命令打开"添加监视"窗口。在表达式位置添加监视表达式，即可动态查看表达式的值的变化情况，进而判断代码是否有错误。

中断模式下，可以先在程序代码区选定某个变量或表达式，然后在"调试"菜单下单击"快速监视"按钮，可快速将该变量或表达式添加到"监视窗口"中。调试窗口显示效果如图9-37所示。

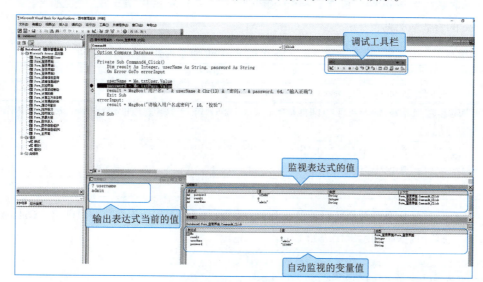

图 9-37　程序调试窗口

## 9.6 数据库编程

VBA 主要提供了三种数据库访问接口：开放数据库互联应用编程接口（open database connectivity API, ODBC API）、数据访问对象（data Access object, DAO）和 ActiveX 数据对象（activeX data object, ADO）。在 Access 应用中，直接使用 ODBC API 需要大量编程，较为烦琐。因此，实际应用中更多采用 DAO 以及 ADO 的方式访问数据库，Access VBA 可以使用 DAO 或 ADO 直连 Access 数据库。

VBA 通过数据库引擎可以访问的数据库有以下三种类型：

① 本地数据库：即 Access 数据库。
② 外部数据库：指所有的索引顺序访问方法（ISAM）数据库，如 dBase、FoxPro。
③ ODBC 数据库：符合开发数据库连接（ODBC）标准的 C/S 数据库，如 Microsoft SQL Server、MySQL、Oracle 等。

### 9.6.1 数据访问对象

DAO 提供了一个访问数据库的对象模型，利用其中定义的一系列数据访问对象（如 Database、Recordset 等），可以实现对数据库的增删改查操作，如果在创建数据库时系统没有自动引用 DAO 库，可以自行进行引用设置。具体设置步骤如下：

① 在 VBE 工作环境中，选择"工具"菜单→"引用"命令，打开"引用"对话框。
② 在"可使用的引用"列表中勾选"Microsoft DAO 3.6 Object Library"。

利用 DAO 访问数据库，首先要创建一系列对象变量，具体操作步骤如下：

首先创建一个 Workspace 对象，Workspace 对象可以为用户定义一个命名的会话。该对象包含打开的数据库，并为同步事务处理提供机制，可以提供启用安全措施的工作组支持。首次引用或使用 Workspace 对象时，将自动创建默认工作区 DBEngine.Workspaces(0)。默认工作区的 Name 和 UserName 属性设置分别是"#Default Workspace#"和"Admin"。如果启用了安全性，则 UserName 属性设置就是登录用户的名称。

DBEngine 对象是 DAO 对象模型中的顶级对象，DBEngine 对象包含和控制 DAO 对象层次结构中的所有其他对象。不能创建额外的 DBEngine 对象，并且 DBEngine 对象不是任何集合的元素。可以通过 DBEngine 对象打开工作区，使用默认的工作区即可，例如：

```
Dim ws As Workspace
Set ws = DBEngine.workspae(0)
```

其次，打开数据库，采用 Workspace 对象的 OpenDatabase 方法可以打开指定的数据库，并返回对表示该数据库的 Database 对象的引用。其语法格式为：

```
Workspace 对象.OpenDatabase(Name, Options, ReadOnly, Connect)
```

OpenDatabase 的参数情况见表 9-6。

表 9-6  OpenDatabase 的参数列表

| 参 数 名 称 | 说　　明 |
| --- | --- |
| Name | 必需的参数，为 String 类型，表示要打开的数据库文件的名称 |
| Options | 可选参数。参数是 Variant 类型，如果传入 True，表示以独占模式打开数据库。如果传入 False，表示以共享模式打开数据库，其中默认为 False |
| ReadOnly | 可选参数，参数是 Variant 类型，如果传入 True，表示使用只读访问权限打开数据库，如果传入 False，表示使用可读写访问权限打开数据库，其中默认为 False |
| Connect | 可选参数。参数是 Variant 类型，用于指定各种连接信息，包括密码 |

除 Name 参数外，其他几个参数都是可选的，我们在使用中只传入 Name 参数的值即可。Database 对象，用于表示打开的数据库。打开数据库的示例代码如下：

```
Dim db As Database
Set db = ws.OpenDatabase("数据库名")
```

如果要打开当前使用的数据库，还有另外一个方式，即通过 CurrentDb 方法，CurrentDb 方法返回当前在 Microsoft Access 窗口中打开的数据库对象，其使用方法为：

```
Set db = CurrentDb()
```

打开数据库后，就可以操作数据库中的表对象了，如果要进一步操作表中的记录，还需要获取表的字段对象。具体的操作流程如下：

首先需要使用 Database 对象的 OpenRecordset 方法创建一个新的 Recordset 对象，Recordset 对象表示表中的记录或运行查询所生成的记录，使用 Recordset 对象在记录级别处理数据库中的数据。其语法格式为：

```
Database 对象.OpenRecordset (Name, Type, Options, LockEdit)
```

OpenRecordset 方法的参数说明见表 9-7。

表 9-7　OpenDatabase 的参数列表

| 参 数 名 称 | 说　　明 |
|---|---|
| Name | 必需的参数，为 String 类型，表示 Recordset 的记录源。该源可能是表名、查询名或返回记录的 SQL 语句。对于 Access 数据库中的表类型 Recordset 对象，该源只能是表名 |
| Type | 可选参数，为 Variant 类型，其值为 RecordsetTypeEnum 常量，可指示要打开的 Recordset 的类型。RecordsetTypeEnum 常量共五种类型，分别是表类型、快照类型、仅向前类型、动态类型、动态集类型 |
| Options | 可选参数，其值为 RecordsetOptionEnum 常量的组合，可指定 Recordset 的特性 |
| LockEdit | 可选参数，其值为 LockTypeEnum 常量，可确定 Recordset 是否锁定 |

除 Name 参数外，其他几个参数都是可选的，我们只需要传入需要操作的表名即可，例如：

```
Dim rs As Recordset
Set rs = db.OpenRecordset("表名")
```

通常情况下，使用 OpenRecordset 方法返回的 Recordset 对象，其值为表的第一条记录，可以通过 Recordset 对象的几个方法，结合循环结构，新增、删除、更新、查找记录。

如果要新增记录，需要先使用 Recordset 的 AddNew 方法，其为 Recordset 对象创建新记录。其语法格式为：

```
rs.AddNew
```

通过"!"访问 Recordset 对象中的字段值，并可以为其赋值，例如，如果当前打开的记录中有一个名为"password"的字段，其赋值方式为：

```
rs!password = "password"
```

对记录中的每个字段赋值完成后，就可以使用 Close 方法关闭记录，这样新增的记录数据就会录入到表中。通常情况下，我们如果使用 OpenRecordset 方法打开了 Recordset，都要在操作完成后使用 Close 方法关闭它。其语法格式为：

```
rs.Close
```

**例 9-21**　为"图书信息维护"窗体重新调整保存按钮的代码，并通过 DAO 的方式为"图书"表录入新数据，窗体如图 9-38 所示，程序流程如图 9-39 所示。

详细操作步骤如下：

① 打开"图书管理系统"数据库，在"导航窗口"中选择"窗体"分类，右击"图书信息维护"窗体，在弹出的快捷菜单中选择"设计视图"，进入窗体设计视图。"图书信息维护"窗体的创建请参考第 6 章"6.5.2 图书信息维护窗体设计"。

② 为"保存记录"按钮单击事件添加子过程代码，如下：

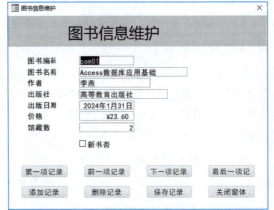

图 9-38　"图书录入"窗体

微课9-21 通过DAO的方式录入表数据

```
Private Sub Command17_Click()
    Dim db As Database, rs As Recordset          '声明 Database 变量和 Recordset 变量
    If (IsNull(Me.图书编码)) Then
        MsgBox ("图书编码不能为空")
    Else
        Set db = CurrentDb()                     '获得当前的数据库作为 db 变量的值
        Set rs = db.OpenRecordset("图书")         '获得图书表作为 rs 变量的值
        rs.AddNew                                '设置 rs 为新增
        rs!图书编码 = Me.图书编码                  '设置窗体上图书编码控件的值为 rs 图书编码的值
        rs!图书名称 = Me.图书名称                  '设置窗体上图书名称控件的值为 rs 图书名称的值
        rs!作者 = Me.作者                          '设置窗体上作者控件的值为 rs 作者的值
        rs!出版社 = Me.出版社                      '设置窗体上出版社控件的值为 rs 出版社的值
        rs!出版日期 = Me.出版日期                  '设置窗体上出版日期控件的值为 rs 出版日期的值
        rs!价格 = Me.价格                          '设置窗体上价格的值为 rs 价格的值
        rs!馆藏数 = Me.馆藏数                      '设置窗体上馆藏数控件的值为 rs 馆藏数的值
        rs!新书否 = Me.新书否                      '设置窗体上新书否控件的值为 rs 新书否的值
        rs.Update                                '更新 rs 的值到数据库
        MsgBox ("添加成功!")
        rs.Close                                 '关闭打开的图书表
        db.Close                                 '关闭打开的当前数据库
    End If
End Sub
```

③ 保存"图书信息维护"窗体，切换至"图书信息维护"窗体的窗体视图，录入新的图书数据，单击"保存"按钮查看数据录入情况。

如果要更新记录中某个字段的信息，首先要获取准备更新的字段对象，可以通过 Recordset 对象的 Fields 方法，其返回一个 Fields 集合，该集合表示指定对象的所有存储 Field 对象，可以通过传入字段名返回一个 Field 字段对象。Field 对象表示具有公共数据类型和一组公共属性的数据列。其次需要设置记录为可编辑状态，需要使用 Edit 方法，Edit 方法的使用方式为：

```
Recordset 对象的变量.Edit
```

对字段进行更新的整体方法为：

```
Dim password As Field
rs.Edit
Set password = rs.Fields("密码字段名")
```

然后，直接对 Field 字段对象的变量进行修改，例如：

```
password = "新密码"
```

最后，对字段修改完成后，要使用 Update 方法保存对它所做的更改。使用方法为：

```
rs.Update
```

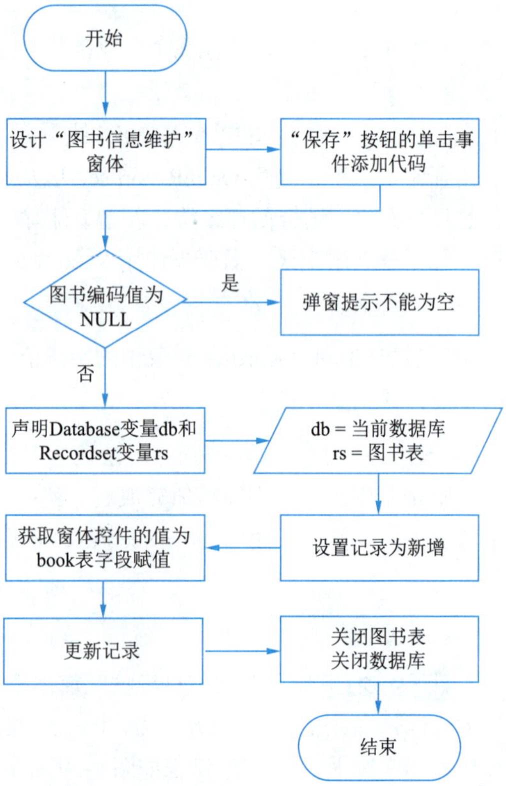

图 9-39 "图书录入"程序流程图

如果要查找到某条记录，可以使用循环结构，对表记录从第一条记录开始进行遍历，这里面涉及何时到最后一条记录和如何移动到下一条记录两个问题，可以分别通过 Recordset 对象的 EOF 属性和 MoveNext 方法解决。EOF 属性返回一个 Boolean 值，该值指示当前记录位置是否位于 Recordset 对象的最后一条记录之后。使用方式为：

```
Recordset 对象的变量.EOF
```

MoveNext 方法用于移动至指定 Recordset 对象中下一条记录，再将该记录作为当前记录。使用方式为：

```
Recordset 对象的变量.MoveNext。
```

微课9-22 通过DAO的方式更新表数据

**例 9-22** 为【例9-21】中的"图书信息维护"窗体完善"保存"按钮，使其能更新已有记录，程序流程图如图9-40所示。

详细操作步骤如下：

① 打开"图书管理系统"数据库，在"导航窗口"中选择"窗体"分类，右击"图书信息维护"窗体，在弹出的快捷菜单中选择"设计视图"，进入窗体设计视图。"图书信息维护"窗体的创建请参考第6章"6.5.2 图书信息维护窗体设计"。

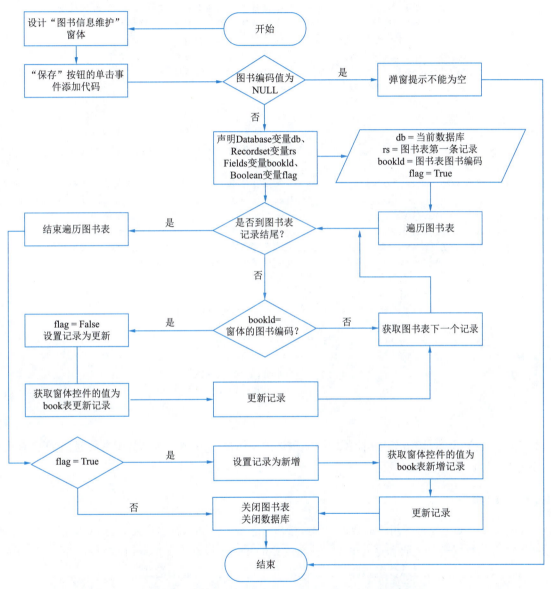

图 9-40 "图书录入"自动判断更新或新增程序流程图

② 为"保存"按钮，单击事件更新子过程代码如下：

```
Private Sub Command17_Click()
    Dim db As Database, rs As Recordset, bookId As Field
                                '声明 Database 变量、Recordset 变量、Field 变量
    Dim flag As Boolean         '标记是更新记录还是新增记录，如果为 True 是新增，否则是更新
    If (IsNull(Me.图书编码)) Then
        MsgBox ("图书编码不能为空")
    Else
        Set db = CurrentDb()                    '设置当前的数据库作为 db 变量的值
        Set rs = db.OpenRecordset("图书")        '设置图书表作为 rs 变量的值
        Set bookId = rs.Fields("图书编码")        '设置图书表的图书编码字段作为 bookId 变量的值
```

```
            flag = True                          '标记值设置为新增
            While Not rs.EOF                     '遍历图书表,查找和窗体上图书编码控件值一样的记录
                If bookId = 图书编码 Then          '如果找到图书,则更新,并标记更新
                    flag = False                 '标记值设置为更新
                    rs.Edit                      '设置更新记录
                    rs!图书名称 = Me.图书名称       '设置窗体上图书名称控件的值为 rs 图书名称的值
                    rs!作者 = Me.作者             '设置窗体上作者控件的值为 rs 作者的值
                    rs!出版社 = Me.出版社          '设置窗体上出版社控件的值为 rs 出版社的值
                    rs!出版日期 = Me.出版日期      '设置窗体上出版日期控件的值为 rs 出版日期的值
                    rs!价格 = Me.价格             '设置窗体上价格的值为 rs 价格的值
                    rs!馆藏数 = Me.馆藏数          '设置窗体上馆藏数控件的值为 rs 馆藏数的值
                    rs!新书否 = Me.新书否          '设置窗体上新书否控件的值为 rs 新书否的值
                    rs.Update                    '更新 rs 的值到数据库
                    MsgBox ("更新成功!")
                End If
                rs.MoveNext
            Wend
            If (flag) Then                       '标记为新增,表示根据图书编号未找到图书,新增数据
                rs.AddNew
                rs!图书编码 = Me.图书编码          '设置窗体上图书编码控件的值为 rs 图书编码的值
                rs!图书名称 = Me.图书名称          '设置窗体上图书名称控件的值为 rs 图书名称的值
                rs!作者 = Me.作者                 '设置窗体上作者控件的值为 rs 作者的值
                rs!出版社 = Me.出版社             '设置窗体上出版社控件的值为 rs 出版社的值
                rs!出版日期 = Me.出版日期          '设置窗体上出版日期控件的值为 rs 出版日期的值
                rs!价格 = Me.价格                '设置窗体上价格的值为 rs 价格的值
                rs!馆藏数 = Me.馆藏数             '设置窗体上馆藏数控件的值为 rs 馆藏数的值
                rs!新书否 = Me.新书否             '设置窗体上新书否控件的值为 rs 新书否的值
                rs.Update                        '更新 rs 的值到数据库
                MsgBox ("更新成功!")
                MsgBox ("添加成功!")
            End If
            rs.Close                             '关闭打开的图书表
            db.Close                             '关闭打开的当前数据库
        End If
End Sub
```

③ 保存"图书信息维护"窗体,切换至"图书信息维护"窗体的窗体视图,分别录入新的图书数据、更新已有数据,单击"保存"按钮查看数据新增、更新情况。

### 9.6.2 ActiveX 数据对象

ActiveX 数据对象(ADO)是基于组件的数据库编程接口,它是一个和编程语言无关的 COM 组件系统,可以用来自多种数据提供者的数据进行读取和写入操作。其通过 Connection 对象获取 Recordset 对象,后续对记录的操作均是通过 Recordset 对象进行,和 DAO 的操作方式相差不大,这里就不再详细描述了。

### 9.6.3 使用 Python 操作数据库

Access 支持通过 ODBC 的方式链接其他数据库,也支持其他程序通过 ODBC 的方式链接 Access 数据库。Python 中的第三方模块 pyodbc 支持 Python 通过 ODBC 方式访问所有支持 ODBC 的数据库,所以可以通过 pyodbc 模块,使用 Python 链接并操作 Access 数据库。

在使用 pyodbc 链接 Access 数据库时,需要注意操作系统版本与 Office 版本需要保持一致,即均为 32 位或均为 64 位,否则使用 pyodbc 的时候可能会遇到错误。可以通过重装 Office 软件使其和操作系统版本一致,或通过微软的 Orca 工具重新安装 Microsoft Access Database Engine。

pyodbc 通过 SQL 语言操作数据库,对数据库的增删改查均需要编写 SQL 语句,故需要熟练掌握 SQL,而 Python 语言需要简单掌握,具体操作流程如下:

1. 安装 Python

Python 支持跨平台安装，无论是 Windows、Linux 还是 Mac OS，均可以安装 Python，可以通过官网下载安装 Python。下面以 Windows 为例进行介绍。访问官网后，在 Downloads 菜单中，选择"Windows"选项，如图 9-41 所示，进入下载页面，选择"Stable Releases（稳定发行版本）"版本中的一个下载即可，这里选取的版本为 3.11.2。

安装 Python 时需要注意，需要勾选"Add Python.exe to PATH"选项，如图 9-42 所示。该选项会自动将 Python 添加至计算机的环境变量，即可以在计算机的任何位置运行 Python 程序。

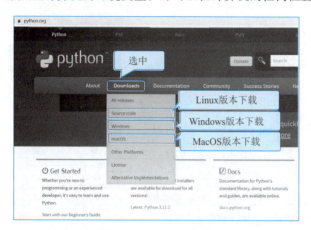

图 9-41　Python 官网

图 9-42　Python 安装页面

Python 安装完成后，可以通过命令提示符来验证安装结果，操作步骤为：在 Windows 运行（按【Win+R】组合键）中输入"cmd"命令，输入"python"命令，按【Enter】键，如果成功进入 Python 解释器环境，如图 9-43 所示，则安装成功，在该页面下输入"exit()"或【Ctrl+Z】后回车，退出 Python 解释器环境。

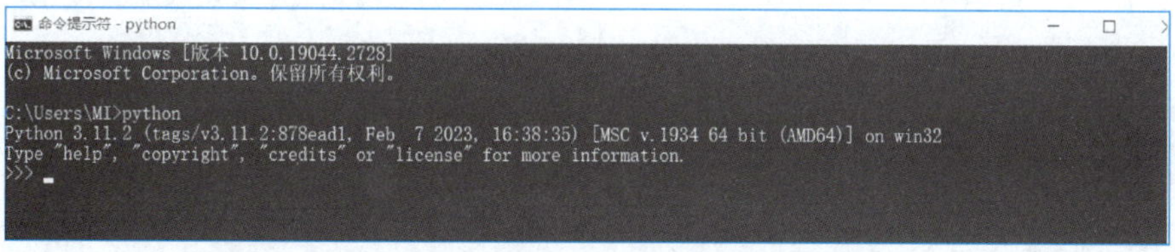

图 9-43　Python 安装结果

2. 安装 pyodbc 库

安装 Python 时会自动安装 pip，pip 是 Python 的包管理工具，即可以通过 pip 管理第三方库，该工具提供了对 Python 库的查找、下载、安装、卸载的功能。可以通过"pip -V"（查看 pip 版本）命令来查看 pip 是否安装成功，如果安装成功则可以查看到 pip 的版本信息，如图 9-44 所示。操作步骤为：在 Windows 运行中输入"cmd"命令，输入"pip -V"命令，按【Enter】键。

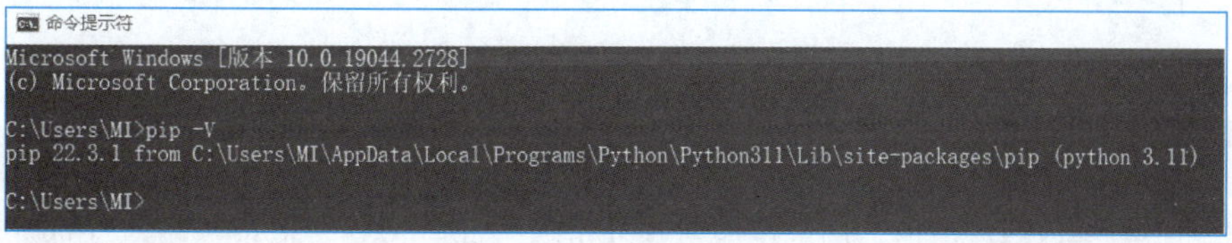

图 9-44　pip 的安装结果

可以通过 pip 安装 pyodbc 库，具体的安装操作步骤为：在 Windows 运行中输入"cmd"命令，输入"pip install pyodbc"命令，按【Enter】键。该方式通过访问 pip 官网地址进行下载，如果网络不好下载失败，可以通过清华大学镜像地址进行下载，需要修改命令为"pip install pyodbc –i https://pypi.tuna.tsinghua.edu.cn/simple"，安装成功后提示 Successfully，如图 9-45 所示。

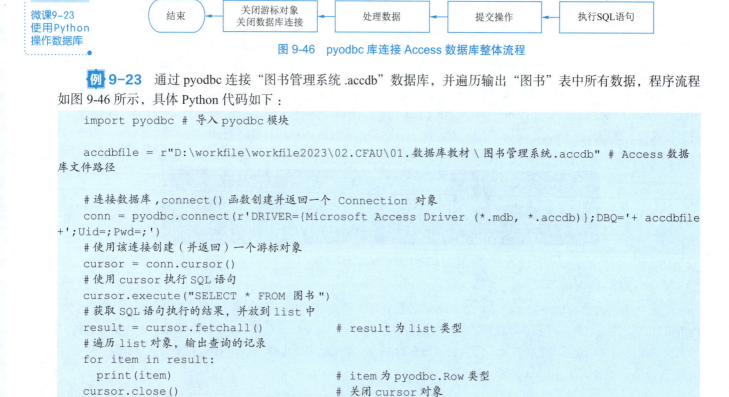

图 9-45　pyodbc 库的安装结果

### 3. 连接数据库

通过 pyodbc 创建的 ODBC 连接会返回一个 Connection 对象，用于管理这个 ODBC 连接，可以通过 Connection 对象获取一个数据库游标对象 Cursor，Cursor 对象通常用于管理数据库操作的上下文。通过 pyodbc 库连接 Access 数据的整体流程为如图 9-46 所示。

图 9-46　pyodbc 库连接 Access 数据库整体流程

**例 9-23**　通过 pyodbc 连接"图书管理系统 .accdb"数据库，并遍历输出"图书"表中所有数据，程序流程如图 9-46 所示，具体 Python 代码如下：

```python
import pyodbc  # 导入 pyodbc 模块

accdbfile = r"D:\workfile\workfile2023\02.CFAU\01.数据库教材 \ 图书管理系统.accdb"  # Access 数据库文件路径

# 连接数据库，connect() 函数创建并返回一个 Connection 对象
conn = pyodbc.connect(r'DRIVER={Microsoft Access Driver (*.mdb, *.accdb)};DBQ='+ accdbfile +';Uid=;Pwd=;')
# 使用该连接创建（并返回）一个游标对象
cursor = conn.cursor()
# 使用 cursor 执行 SQL 语句
cursor.execute("SELECT * FROM 图书 ")
# 获取 SQL 语句执行的结果，并放到 list 中
result = cursor.fetchall()              # result 为 list 类型
# 遍历 list 对象，输出查询的记录
for item in result:
    print(item)                          # item 为 pyodbc.Row 类型
cursor.close()                           # 关闭 cursor 对象
conn.close()                             # 关闭 connection 对象
```

### 4. 对表数据进行增删改查

cursor 对象通过 execute 函数运行 SQL 语句进行数据操作，ODBC 支持在 SQL 语句中使用一个问号来作为参数，在 SQL 语句后面附加上该参数对应的值，用来传递给 SQL 语句中的问号，传值按从左到右的顺序进行，比直接把参数值写在 SQL 语句中更加安全，因为每个参数传递给数据库都是单独进行的，可以防止 SQL 注入攻击。

**（1）新增**

通过编写新增 SQL 语句进行数据新增，向"图书"表中新增数据，增加图书编号为"COM99"的数据，示例 Python 代码如下：

```python
# 使用 cursor 执行 SQL 语句
cursor.execute("""
            INSERT INTO 图书表（图书编码，图书名称,作者，出版社，出版日期，价格，馆藏数，新书否）
            values (?, ?,?, ?, ?,?, ?, ?)
```

```
""", 'COM99','Python程序设计','张三','中国铁道出版
社','2023/6/8',49.9,20,True)
conn.commit()     # 提交操作
```

### （2）修改

通过编写更新SQL语句进行数据的修改，在"图书"表中更新数据，修改图书编号为"COM99"的图书价格为39.9，馆藏数为50，示例Python代码如下：

```
# 使用cursor执行SQL语句
cursor.execute("UPDATE 图书 SET 价格=?,馆藏数=? WHERE 图书编码=?", 39.9,50,'COM99')
conn.commit()     # 提交操作
```

### （3）删除

通过编写删除SQL语句进行数据的删除，在"图书"表中删除图书编号为"COM99"的图书，示例Python代码如下：

```
# 使用cursor执行SQL语句
cursor.execute("DELETE * FROM 图书 WHERE 图书编码=?",'COM99')
conn.commit()     # 提交操作
```

### （4）查找

cursor对象有多种查询函数用于查询数据，具体情况如下：

① fetchone：返回单个的元组，也就是一条记录（row），如果没有结果，则返回None。

② fetchall：返回多个元组，即返回多条记录（rows），如果没有结果，则返回一个空列。

③ fetchmany(number_of_records)：通过指定number_of_records数量的多条记录（rows）。如果不指定，默认number_of_records等于1，如果没有结果，则返回一个空列。

查找作者为"三毛"的图书，并输出结果，示例Python代码如下：

```
# 使用cursor执行SQL语句
cursor.execute("SELECT * FROM 图书  WHERE 作者 = ?",'三毛')
result = cursor.fetchall()  # result为list类型
# 遍历list对象，输出查询的记录
for item in result:
    print(item)   # item为pyodbc.Row类型
```

## 小　　结

本章介绍了VBA的基本概念，以及使用VBA编程的基本语法，包括变量、数据类型、流程控制和过程。同时对结合VBA和数据库进行编程的流程进行了详细说明，并对VBA程序错误调试的方法和步骤做了简要说明。

## 习　　题

### 简答题

1. 请简述什么是常量、什么是变量。
2. VBA有哪些常见的数据类型？请分别介绍。
3. 请简述VBA的流程控制语法。
4. 请说明子过程和函数的区别。
5. 请简述数据库编程中DAO的基本流程。
6. 完成本章例题。

# 第 10 章
# 数据库应用系统发布

前面几章在关系数据库理论基础上,依据图书管理系统整体设计方案依次完成系统需求分析、概念结构设计和逻辑结构设计。在此基础上,进行了图书管理系统创建数据库、建立数据表数据层面的具体实施。之后基于系统功能设计,完成了图书管理系统每个功能模块的实施。本章的内容就是在前期的数据和应用程序模块实施的基础上,设计和实现方便用户使用、满足用户使用习惯的集成化应用程序界面,并完成设置和发布图书管理系统。

**本章知识要点**

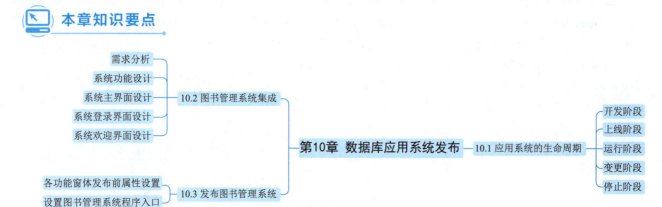

## 10.1 应用系统的生命周期

应用系统的完整生命周期是一个复杂而精密的过程,涵盖了从项目开发、上线、到运行、变更和最终停止的各个阶段,如图 10-1 所示。我们将深入探讨每个阶段的重要性、活动和挑战,以及如何有效地管理整个生命周期,以确保软件系统的成功交付和长期稳定运行。

**图 10-1 应用系统生命周期**

**1. 开发阶段**

应用系统开发阶段是整个生命周期的基础,它从需求分析、系统设计到编码构建,确保应用系统在设计初期就具备稳定性和可扩展性。确保最终的软件系统能够高质量地满足用户需求。一般经历需求分析、系统设计、编码几个阶段。

① 需求分析:目的是了解用户需求,并将之转化为可执行的计划,以指导系统的开发。需要考虑用户要求的完整性、实际可行性和可扩展性。在本阶段需要进行用户调研,确定系统所需的功能和技术解决方案。

② 系统设计:在需求分析的基础上,系统设计是确保软件系统架构的关键,包括系统模块、组件和数据库结构。需要技术人员和产品人员密切协作,为系统设计制定出一份完整的技术文档和产品设计文档,包括数据库设计和编码规范等。详细的设计文档将指导开发人员的工作,确保系统各部分的协同工作。

③ 编码：在完成系统设计之后，开发人员根据设计文档编写代码，实现系统的各个模块。开发人员需要根据代码注释、版本管理和文档说明等完善代码。代码质量和可读性至关重要，同时进行代码审查和单元测试，确保每个模块的正确性。

#### 2. 上线阶段

在应用系统上线阶段，集成测试、系统测试和部署是关键步骤，确保开发的系统能够在真实环境中正常运行。

① 测试：在完成程序代码之后，需要在真实环境中模拟用户使用场景，测试系统的功能、性能和安全性。将各个模块集成到一个完整的系统中，测试模块之间的交互和协作。发现和解决模块集成可能带来的问题。

② 部署：在经过测试后，需要进行系统部署。需要选定服务器运行环境、配置必要的系统环境，并配置 Web 服务器、数据库、代理和反向代理等相关应用服务。在部署系统之后，需要对系统进行性能优化。

#### 3. 运行阶段

应用系统的运行阶段需要持续监控、维护和支持，以确保系统稳定性和用户满意度。

① 运维与支持：维护是软件系统开发过程的最后一步。需要继续进行日常开发，测试和用户支持。需要不断地监听用户反馈，并进行系统更新，这样可以使软件系统保持持续的优化和高质量的品质。运维团队负责监控系统性能、稳定性和安全性。定期进行备份和恢复操作，及时处理故障和漏洞。

② 用户支持：提供用户培训、文档和帮助，解答用户的问题和疑虑。积极收集用户反馈，进行系统改进。

#### 4. 变更阶段

随着业务需求和技术演进，应用系统需要不断变更和升级，以满足新的挑战和机会。

① 需求变更：根据用户反馈和市场需求，对系统功能进行调整。这可能涉及新功能开发、现有功能改进等。

② 版本更新：发布新的软件版本，包括新增功能、性能优化和漏洞修复。确保新版本的稳定性和兼容性。

#### 5. 停止阶段

当应用系统不再需要或不再具备应用价值时，需要进行合理的停止管理，以保障数据和资源的安全。

① 退役决策：基于业务需求和技术状况，决定是否停止系统运行，考虑合规、数据迁移等因素。

② 数据迁移：将系统数据迁移到新的平台或应用中，确保数据的完整性和安全性。

③ 系统下线：停止系统的运行和访问，关闭相关服务器、数据库等。

④ 归档与销毁：根据法规和安全要求，对系统数据进行归档或销毁处理。

在整个生命周期中，每个阶段的成功都依赖于前一阶段的质量和成果。同时，灵活性和适应性也是关键，以便根据变化的需求和环境进行调整。通过有效的项目管理、团队合作和技术实践，应用系统的完整生命周期可以得到最佳的管理和执行，从而为用户提供稳定、高效且安全的软件体验。从项目计划到系统停止，每个阶段都有其独特的挑战和活动，有效的管理和协作是确保项目成功的关键。

## 10.2 图书管理系统集成

基于图书管理系统前期的需求分析和系统功能设计，已经实施完成读者管理、图书管理和报表三大功能模块，每个功能模块又包含维护、查询、统计等子模块，本节具体介绍通过设计统一的主界面，满足方便用户使用的具体设计和操作路径和方法。

### 10.2.1 需求分析

需求分析阶段，系统设计人员要充分了解用户需求，并在充分沟通之后，对用户需求进行充分的分析和解读。图书管理系统开发人员明确用户的具体要求包括：维护读者信息（浏览、插入、删除、修改读者信息）；维护图书信息（浏览、插入、删除、修改图书信息）；按照学号、姓名查询读者的个人信息；按照图书名称、出版社查询出相关图书的信息；统计每个读者累计借书数量；统计各类图书的数量；查询读者借书明细，以及过期图书、过期金额。

通过以上需求分析可以确认"图书管理系统"的软件功能主要包括几个模块：①读者信息的查询和维护；②图书信息的查询和维护；③各类统计信息。

## 10.2.2 系统功能设计

按照需求分析，"图书管理系统"的"主界面"功能划分读者、图书和报表功能模块。读者模块包括读者信息管理、读者信息查询、统计管理；图书模块包括图书信息管理、图书信息查询和借阅信息管理；报表模块包括读者信息、出版社汇总、班级汇总，如图10-2所示。

## 10.2.3 系统主界面设计

### 1. 主界面功能设计

"主界面"窗体是用于整合"图书管理系统"整体功能的系统界面，"主界面"窗体可以集成其他窗体，使之成为一个整体。通过"主界面"窗口，可以查看系统整体功能，并能够跳转到详细功能页面。"主界面"窗体"设计视图"如图10-3所示，"窗体视图"如图10-4所示。窗体及主要控件的属性设置见表10-1。

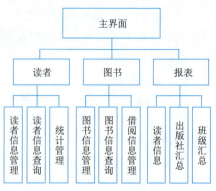

图 10-2 图书管理系统功能设计图

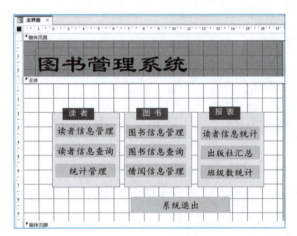

图 10-3 "主界面"窗体的"设计视图"

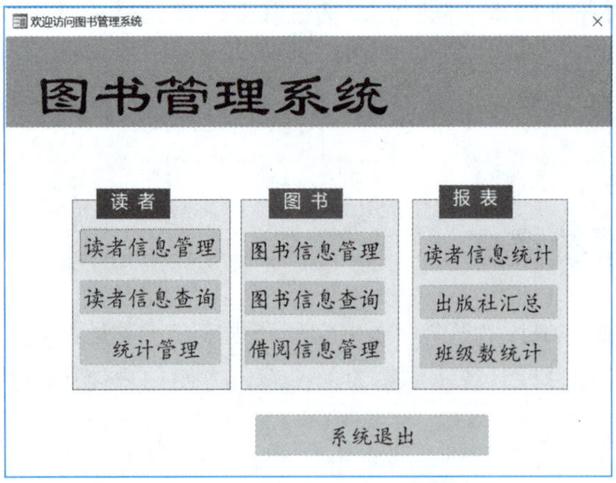

表 10-1 "主界面"窗体属性设置表

| 对象 | 对象名 | 属性 |
|---|---|---|
| 窗体 | 主界面 | 标题：欢迎访问图书管理系统 |
| | | 边框样式：对话框边框 |
| | | 记录选择器：否 |
| | | 导航按钮：否 |
| | | 滚动条：两者均无 |
| | | 弹出方式：是 |
| 标签 | Label0 | 标题：图书管理系统 |
| | Label1 | 标题：读者 |
| | Label2 | 标题：图书 |
| | Label3 | 标题：报表 |
| 矩形 | Box5 | 宽度：4.5 cm |
| | Box6 | |
| | Box7 | 高度：5.2 cm |
| 按钮 | Command10 | 标题：读者信息管理 |
| | Command11 | 标题：读者信息查询 |
| | Command12 | 标题：统计管理 |
| | Command13 | 标题：图书信息管理 |
| | Command14 | 标题：图书信息查询 |
| | Command15 | 标题：借阅信息管理 |
| | Command16 | 标题：读者信息统计 |
| | Command17 | 标题：出版社汇总 |
| | Command18 | 标题：班级数统计 |
| | Command19 | 标题：系统退出 |

图 10-4 "主界面"窗体的"窗体视图"

详细操作步骤如下：

① 打开"图书管理系统"数据库，单击"创建"选项卡→"窗体"选项组→"窗体设计"按钮，即可创建一个新的窗体，并打开该窗体的"设计视图"。单击"窗体选择器"，在"属性表"中设置窗体属性，见表10-1。

② 在"窗体页眉"节中使用"标签"控件添加标题"图书管理系统"。

③ 添加系统功能按钮：单击"控件"选项组→"按钮"，在"主体"节相应位置单击，在弹出的"命令按钮向

导"对话框中,"类别"列表框中选择"窗体操作","操作"列表框中选择"打开窗体"项。单击"下一步"按钮,在弹出的对话框中选择"读者信息维护"窗体。单击"下一步"按钮,勾选"打开窗体并显示所有记录"。单击"下一步"按钮,勾选"文本",输入"读者信息管理"。单击"完成"按钮,实现"读者信息管理"按钮的创建。

④ 通过相同的方法创建其他功能按钮。其中,报表的创建请参见第 7 章。

⑤ 在窗体中添加"读者""图书""报表"标签以及"矩形"控件,修改各控件属性,并对窗体布局进行优化。

## 2. 主界面美化设计

"图书管理系统"整体功能设置完成后,还需要对系统界面进行调整,使其更加美观。美观的界面能够极大地提升用户体验,提高工作效率。在 Access 中可以通过应用主题和添加图片的方式美化窗体。

### (1) 应用主题

在 Access 中,通过应用主题可以快速统一所有窗体的色调。在"表单设计"选项卡"主题"选项组中包含"主题"、"颜色"和"字体"三个按钮,其中主题是颜色和字体的集合。打开"读者信息维护"窗体"设计视图",单击"表单设计"选项卡→"主题"选项组→"主题"下拉按钮,选择合适的主题类型,即可完成"主题"应用。"主题"应用完成后,其他窗体的外观也会发生改变,且风格是保持统一的。

### (2) 使用图片美化窗体

在 Access 中,可以使用图片修饰窗体,实现窗体的美化工作。添加图片的方式有两种:一是设置窗体的"图片"属性;二是添加"图像"控件,并设置该控件的"图片"属性,如图 10-5 所示。

## 3. 设置主界面各按钮功能

"主界面"窗体各按钮功能通过调用"宏"命令完成,所需要的宏操作及其参数赋值情况具体见表 10-2,宏操作中带默认值的参数不再列出。

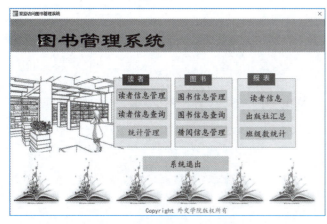

图 10-5 使用"图像"控件美化窗体

表 10-2 "主界面"窗体中按钮的宏操作说明

| 按钮标题 | 宏操作说明 | 参数 | 参数值 |
| --- | --- | --- | --- |
| 读者信息管理 | OpenForm | 窗体名称 | 读者信息维护 |
| 读者信息查询 | OpenForm | 窗体名称 | 读者信息查询 |
| 统计管理 | OpenForm | 窗体名称 | 统计管理窗体 |
| 图书信息管理 | OpenForm | 窗体名称 | 图书信息维护 |
| 图书信息查询 | OpenForm | 窗体名称 | 图书信息查询 |
| 借阅信息管理 | OpenForm | 窗体名称 | 借阅信息管理 |
| 读者信息 | OpenReport | 报表名称 | 读者信息 |
| 出版社汇总 | OpenReport | 报表名称 | 出版社汇总 |
| 班级数统计 | OpenReport | 报表名称 | 班级数统计 |
| 系统退出 | QuitAccess | 选项 | 提示 |

## 10.2.4 系统登录界面设计

应用系统的功能模块已经实施完成,并通过"主界面"进行了有序分类和组织。下一步在上线运行之前,为保证系统访问权限和安全性的问题,可以设置系统登录界面,通过不同人员的身份,显示系统的不同功能。具体解决思路是,增加"口令表","口令表"的数据包括用户名、密码和是否是管理员。

设计验证用户名和口令的"系统登录界面"窗体,如图 10-6 所示。

当输入用户名密码之后,通过查找"口令表",在确认用户名和口令无误之后,再确认"是否是管理员"。如果是管理员,系统将弹出图书管理系统的全部功能模块,如果不是管理员,系统将弹出只有查询和统计功能的模块,代码如图 10-7 所示。

图 10-6　系统登录界面

图 10-7　系统登录界面代码

运行结果如图 10-8 所示，左侧是"管理员"主界面，右侧是"普通用户"主界面。

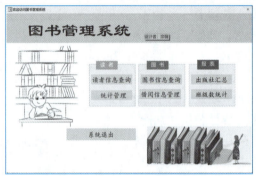

图 10-8　"管理员"主界面和"普通用户"主界面

### 10.2.5　系统欢迎界面设计

系统正式上线发布之前，可以设置一个系统"欢迎界面"，如图 10-9 所示，以此提升应用系统用户的交互体验。界面设计主要包括标签、图像控件。单击"关闭"按钮，通过调用"宏"命令，关闭当前窗体，并运行"登录界面"窗体，宏命令如图 10-10 所示。

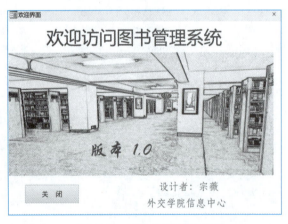

图 10-9　系统"欢迎界面"　　　　　　　图 10-10　宏命令

## 10.3　发布图书管理系统

### 10.3.1　各功能窗体发布前属性设置

系统正式发布之前，再次确认各个功能窗体的通用属性设置，具体设置请参见表 10-3。

## 10.3.2 设置图书管理系统程序入口

正式发布最后一步,把"欢迎界面"设置为图书管理系统的入口,整体的系统功能设计如图 10-11 所示。

表 10-3 各功能窗体通用属性设置表

| 对象 | 对象名 | 属性 |
|---|---|---|
| 窗体 | 读者信息维护窗体 | 标题:各窗体功能 |
|  | 读者信息查询窗体 | 边框样式:对话框边框 |
|  | 统计窗体 | 记录选择器:否 |
|  | 图书信息维护窗体 | 导航按钮:否 |
|  | 图书信息查询窗体 | 滚动条:两者均无 |
|  | 图书信息借阅窗体 | 弹出方式:是 |

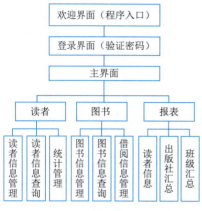

图 10-11 图书管理系统功能设计图

设置步骤:单击"开始"选项→"选项"→"当前数据库"→"显示窗体",从下拉列表中选择"欢迎界面",如图 10-12 所示。

设置完毕,退出 Access。在 Windows 资源管理系统,找到"图书管理系统 .accdb"文件,双击运行该文件,图书管理系统将会从"欢迎界面"开始运行。

图 10-12 图书管理系统功能设计图

## 小　　结

至此,完成图书管理系统从数据到系统的需求分析、设计、实施和发布运行,以及数据库系统的系统设计方法论到数据素养、数据管理的全过程,在数据基础的支撑下,设计和完成系统的功能设计,通过复杂任务的阶段性分解,进行现实的抽象、建模和设计规划,并实施实现,最终以一个完整的应用来系统呈现。

# 习 题

**操作题**

用 Word 撰写《图书管理系统项目总结报告》，报告提纲如下：

一、需求分析

描述图书管理系统功能需求说明。

二、数据库设计

1. 图书管理系统概念模型设计（即 E-R 图）。
2. 图书管理系统逻辑模型设计（数据库中读者表、图书表和借还书表的表结构设计）。
3. 从关系数据库范式理论角度，说明图书管理系统需设计三个表，而不是一个大表的原因。

三、系统功能设计

1. 描述"图书管理系统"功能设计思路。
2. 绘制"图书管理系统"的系统功能图。

四、具体实施

1. 读者表、图书表和借还书表，表结构设计和表记录维护，分别使用了 Access 什么功能？
2. 图书管理系统中，哪些功能用到了关系运算的选择、投影、连接？请举例说明。
3. 利用 Access，如何在图书管理系统中实现"读者"实体的完整性？
4. 利用 Access，如何在图书管理系统中实现读者表和借还书表之间的参照完整性约束？
5. 图书管理系统总共设计了几个窗体界面？这些窗体在你的"主界面"中分为哪几类？窗体的数据源分别是什么？请绘制表格描述窗体类别（按照系统"主界面"的分类）、窗体名称、窗体数据源。
6. 系统最后集成发布做了哪些准备工作？

五、对图书管理系统的特色功能进行说明。

六、从关系数据结构、关系运算、关系完整性来阐述自己对关系数据库系统的理解。

七、简短概括数据源、查询、窗体的关系。

八、通过对数据库查询统计地学习和实践，谈谈数据库三级模式结构和数据库表以及查询的关系。

九、根据自己的理解，总结关系数据库中的表和 Word、Excel 中表格的本质区别。

十、总结

1. 在源数据表设计和数据统计时，从这门课程得到了哪些启发？哪些理论和工具会支持到你？
2. 经历了"图书管理系统"设计开发和实施之后的个人体会。

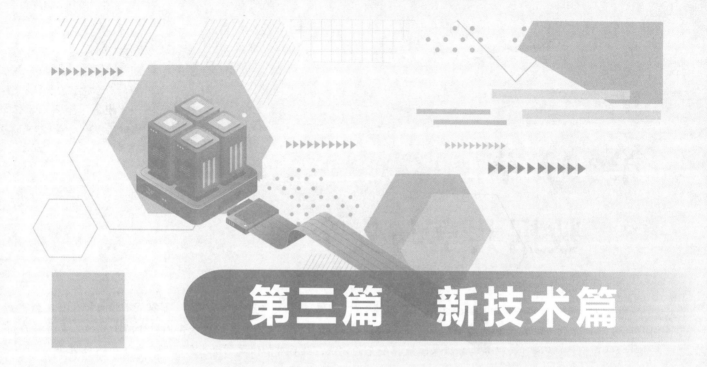

# 第三篇 新技术篇

加快构建以数据为关键要素的数字经济，对构建新发展格局、推动高质量发展具有重要意义。因此，数据安全保障能力正成为国家发展数字经济、维护数据安全的主要能力，数据安全有序是数字经济健康发展的基础，数据安全已经成为国家安全的重要组成部分，是国家数字治理的重要议题。

新技术篇主要涵盖数据共享与安全和 Python 数据分析应用两方面内容，第 11 章的主要内容是数据交换共享、数据安全和数据分类分级展开。数据共享可以避免重复数据收集和处理，从而节省时间和人力成本，减少数据的冗余和浪费。通过学习了解数据安全防护体系、管理体系和技术体系的数据安全方面的体系架构，建立数据安全意识。学习数据分类分级的机制和法律依据，建立数据保护的意识以及掌握个人数据保护的方法。第 12 章基于 Python 在数据分析领域具有广泛的应用，选取两个主要应用场景介绍如何利用 Python 丰富的库和工具完成数据爬虫采集、清洗预处理、数据分析和可视化呈现。

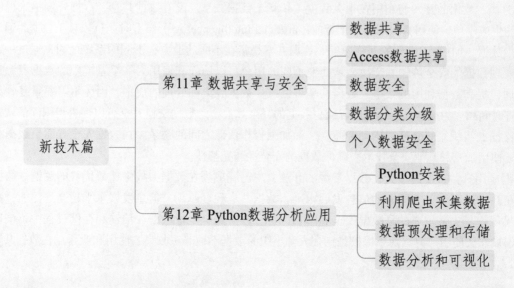

# 第 11 章
# 数据共享与安全

数据交换共享可以降低数据收集和处理的成本,因为不需要重复收集和处理数据,可以节省时间和人力成本,同时也可以减少数据的冗余和浪费。本章重点介绍了 Access 数据库数据共享的方法,同时介绍了数据共享面临的数据安全问题,以及通过数据分类分级保障数据安全的方法,最后对如何做到个人数据安全做了举例说明。

## 本章知识要点

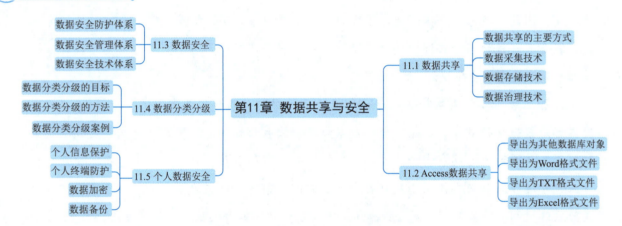

## 11.1 数 据 共 享

大数据时代,数据的开发与利用在很大程度上依赖于数据共享。没有数据共享,数据开发很难得以应用。例如,人工智能生成领域,使用算法训练人工智能(artificial intelligence, AI)模型时严重依赖于数据,通过数据共享可以快速收集数据,加快 AI 模型的训练速度。数据共享是指在不同的地方、不同的系统之间,通过一定的协议和技术手段,实现数据的安全传输和交换,从而使不同的用户可以访问和使用另一个系统中的数据资源,实现数据的共享和互通,提高数据利用的效率。数据共享可以减少数据收集和处理的成本,因为不需要重复收集和处理数据,可以节省时间和人力成本,同时也可以减少数据的冗余和浪费。数据交换共享可以促进组织间的沟通和合作,因为可以在不同的组织之间分享数据和经验,从而加强合作伙伴之间的联系。在数据安全方面,数据在传输和交换过程中需要使用加密和其他安全技术来确保数据的安全性和完整性。

在大数据应用日益重要的今天,数据资源的开放共享已经成为在数据大战中保持优势的关键。数据共享的程度同时反映了一个地区、一个国家的信息发展水平,数据共享程度越高,信息发展水平越高。然而,数据共享也面临着一些挑战,其中最重要的是数据安全和隐私保护。数据安全是指数据在传输和存储过程中不被破坏、不被盗窃,以及不被非法使用。数据隐私保护是指个人和组织的数据不被非法收集、使用和泄露。在数据共享过程中,如何平衡数据共享和数据安全、隐私保护，是大数据时代面临的一个重大挑战。

另外，数据共享还面临着标准化和统一规划的问题。由于不同的组织或系统使用的数据格式和接口可能不同，数据共享需要制定一些标准化的规范和协议，以便不同的系统之间可以互相操作和交换数据。但是，标准化和统一规划也可能导致数据的重复收集和处理，增加数据的成本和复杂性。

此外，数据共享还需要解决数据治理和数据共享机制的问题。数据治理是指对数据的收集、存储、使用和维护进行规范和控制的过程。数据共享需要建立一套有效的数据治理机制，以保证数据的质量和可靠性，同时也可以使数据的使用更加灵活和高效。数据共享机制是指数据共享的流程和规则，包括数据共享的决策机制、数据共享的管理机制和数据共享的评估机制等。

最后，数据共享还需要解决政策法规和隐私保护法律的问题。由于数据共享涉及公民、企业的隐私数据，因此需要建立一个良性发展的数据共享生态系统，同时也需要加强隐私保护法律的建设，以保护个人和组织的隐私权益。

### 11.1.1 数据共享的主要方式

数据共享的主要方式包括以下六种：

① 电子或数字文件传输：数据可以通过电子或数字文件传输进行交换，通过文件传输协议在两个系统之间传输文件（数据）。各信息系统需要考虑使用不同文件传输协议带来的安全风险，文件传输协议包括 FTPS（file transfer protocol secure）、HTTPS（hypertext transfer protocol secure）和 SCP（secure copy protocol）。

② 便携式存储设备：在某些情况下，可能需要使用便携式存储设备交换数据，例如可移动硬盘、闪存盘等通用串行总线（universal serial bus, USB）进行数据传输。信息系统需要考虑被传输数据的影响级别以及数据将要传输到的系统的影响级别，以确定所交换的数据是否采取了足够的措施。

③ 电子邮件：通过电子邮件以附件的形式共享数据，需要考虑电子邮件基础设施的影响级别和已经实施的安全控制，以确定是否实施了足够的控制措施来保护正在交换的数据。例如中等影响级别的电子邮件基础设施不足以保护高影响级别的数据。

④ 文件共享服务：该服务通常是基于网络的。用户可以通过互联网或局域网连接到文件共享服务器，然后在服务器上创建一个账户，并将需要共享的文件或目录上传到服务器上。其他用户可以通过连接到服务器来访问这些文件或目录，就像访问本地计算机上的文件一样。文件共享服务有许多好处，例如可以方便地将文件或目录共享给其他用户，从而方便文件传输和共享；可以方便地进行文件管理和搜索；可以节省用户的计算机资源，因为用户不需要再为了存储和管理文件而占用大量的硬盘空间。

⑤ 云计算：提供了一种基于互联网的计算方式，使用户可以通过互联网使用各种计算机资源，包括数据存储。云计算还提供了数据共享和协作的能力，使用户可以在云端共享数据，并通过互联网实现协作。

⑥ 数据库：数据库共享数据是一种常见的数据共享方式，它可以通过连接同一个数据库服务器的同一张表进行数据交换。当系统 A 请求系统 B 处理数据的时候，系统 A 插入一条数据，系统 B 查询 A 插入的数据进行处理。相比文件传输的方式来说，使用的是同一个数据库，交互更加简单。由于数据库提供丰富的数据操作方式，比如更新、回滚等，交互方式比较灵活，而且通过数据库的事务机制，可以做成可靠性的数据交换。然而，数据库共享数据也存在一些缺点，例如当连接 B 的系统越来越多时，由于数据库的连接池是有限的，导致每个系统分配到的连接不会很多，当系统越来越多的时候，可能导致无可用的数据库连接。因此，在选择数据共享方式时，需要根据具体情况进行权衡和选择。

以上的数据共享方式，适合单一的数据共享需求，没有完整的数据共享体系。如果面临多平台、多业务的数据共享需求时，比较难以实现。数据中台是一种企业级的数据共享和运营体系，它通过数据采集、数据处理、数据服务等功能，将数据整合到一个统一的平台上，并为企业提供数据共享、数据服务和数据运营的支持。

数据中台可以通过 ETL（extract-transform-load）、数据仓库、数据挖掘等技术，将来自各个业务系统的数据整合到一起，并经过清洗、转换和整合后，将数据存储到数据仓库中。数据中台实现了统一的数据交换标准、规范的数据格式、统一的数据治理和数据共享机制，从而实现信息系统之间高效率、高质量的数据共享，进行数据共享、分析和挖掘，更好地支持业务决策。数据中台已经在众多企业中得到了应用，例如阿里巴巴的数据中台是其大数据战略的核心，通过数据中台，阿里巴巴成功地实现了数据的统一管理、共享和运营，从而支持了其业务决策和业务创新。

### 11.1.2 数据采集技术

数据采集技术是指从各个数据源获取数据,并将其整理成统一的数据格式,以便后续的数据处理和分析。数据采集技术是数据科学和数据分析的重要前提,是实现数据化和信息化的基础。数据采集技术可以分为基于网络的数据采集、基于数据库的数据采集、基于 API(application programming interface)的数据采集等。

#### 1. 基于网络的数据采集

一般指通过网络爬虫,从网页、文档、图片等数据源中获取数据,主要包括以下技术:

① 网络爬虫:一种自动化程序,可以通过指定的 URL(uniform resource locator)开始爬取网页内容。网络爬虫可以爬取整个网页内容,也可以根据需求爬取特定内容。

② 网页解析器:是一种程序,可以将 HTML(hyper text markup language)代码转换成可读性更高的格式,并提取所需的数据。

③ 正则表达式:是一种模式匹配工具,可以用来匹配字符串中的特定模式,从而提取所需的数据。

④ API 接口:是一种程序接口,可以提供外部程序访问内部数据的能力。通过 API 接口,可以获取到内部数据的 JSON 或 XML 格式,用于数据采集和分析。

基于网络的数据采集技术通常使用 Python 或 Java 等编程语言实现,也有一些专业的数据采集工具可供使用。常见的工具包括 Octoparse、WebHarvy、Scrapy 等。

#### 2. 基于数据库的数据采集

基于数据库的数据采集是指通过连接数据库,使用查询语言或数据导入导出工具从数据库中获取数据的过程。在数据中台中,通常通过 ETL 工具统一实现这一过程,ETL 是指从不同的数据源中提取数据,经过转换和处理后,加载到目标数据源中的过程。ETL 是数据集成和数据处理的重要手段,通常用于数据仓库、数据湖等大型数据系统中。ETL 的过程包括三个主要步骤:

① Extract:从不同的数据源中提取数据,并将其转换为统一格式和标准。

② Transform:对提取的数据进行转换和处理,包括数据清洗、数据转换、数据计算等。

③ Load:将处理后的数据加载到目标数据源中,包括数据库、数据仓库、数据湖等。

ETL 的工具和技术包括数据抽取工具、数据转换工具、数据加载工具、数据治理工具等。常见的 ETL 工具包括 Apache Kafka、Apache Flume、Apache Sqoop 等。

#### 3. 基于 API 的数据采集

基于 API 的数据采集技术是指通过调用目标网站或应用程序提供的 API 接口来获取数据。API 是一种程序接口,可以提供外部程序访问内部数据的能力。通过 API,可以获取到内部数据的 JSON、XML 等格式,用于数据采集和分析。

基于 API 的数据采集技术包括以下步骤:

① 确定目标网站或应用程序提供的 API 接口。

② 使用编程语言调用 API 接口,获取数据。

③ 处理返回的数据,包括解析、清洗、转换等。

④ 将处理后的数据存储到本地数据库或文件中等目标数据源中。

基于 API 的数据采集技术通常使用编程语言实现,如 Python、Java、C# 等。常见的 API 接口包括 REST API 和 SOAP API 等。

### 11.1.3 数据存储技术

数据存储技术是指将数据存储在计算机或其他存储设备中的技术。以下是一些常见的数据存储技术:

① 硬盘存储:硬盘是一种常见的存储设备,它将数据存储在磁性材料上,可以通过读写头读取和写入数据。硬盘存储具有较高的存储容量和较快的读写速度。

② 光盘存储:光盘是一种光学存储设备,可以将数据存储在透明塑料盘上,通过激光读取和写入数据。光盘存储具有较高存储容量和较长时间寿命。

③ 磁带存储：磁带是一种磁性存储设备，可以将数据存储在磁带上，通过磁头读取和写入数据。磁带存储具有较大的存储容量和较快的传输速度。

④ 闪存存储：闪存是一种固态存储设备，可以将数据存储在闪存芯片上，具有轻便、耐震、抗干扰等优点。闪存存储具有较高的读写速度和较长时间寿命。

⑤ 网络存储：是指将数据存储在网络上的存储设备上，可以通过网络访问和共享数据。网络存储具有较高的可扩展性和可靠性。

基于硬盘的数据存储是一种常见的存储方式，硬盘容量大、速度快、价格低，但是也有易损坏、寿命有限的缺点，对于对数据安全性和可靠性要求较高的场景，如大型企业、金融机构等，需要结合 RAID（redundant array of independent disks）使用。RAID 是一种磁盘存储技术，通过将多个硬盘组合在一起，提供更好的数据存储性能和数据保护。

RAID 可以将数据分布在多个硬盘上，从而提高数据读取和写入的速度。同时，RAID 还可以提供数据备份和恢复功能，当一个硬盘失效时，可以自动切换到备份硬盘上，保证数据不会丢失。RAID 可以分为不同级别，每个级别有不同的数据保护能力和性能。常见的 RAID 级别包括 RAID 0、RAID 1、RAID 5、RAID 10 等。例如，在 RAID 5 中，数据会被分布在多个硬盘上，如果有一个硬盘失效，可以通过其他硬盘恢复数据，而不至于导致数据丢失。同时，RAID 5 还可以提供更快的数据读取和写入速度。

## 11.1.4 数据治理技术

数据治理旨在确保数据的可靠性、完整性、可用性和安全性，确保数据的质量和规范性，以便更好地支持业务决策和运营。数据治理技术包括数据清洗、数据标准化、数据挖掘、数据可视化等。

### 1. 数据清洗

数据清洗是指用于去除数据中的重复、缺失、异常和错误数据等提高数据的质量的一系列技术。

① 重复数据删除：去除数据中的重复数据，只保留一份。

② 缺失数据填充：对数据中的缺失值进行填充，可以使用平均值、中位数、众数等统计方法进行填充。

③ 异常数据删除：去除数据中的异常数据，包括远离均值、异常值、奇异值等。

④ 错误数据纠正：对数据中的错误进行纠正，可以通过手动纠正或使用算法进行纠正。

### 2. 数据标准化

数据标准化是指将数据转换为有统一标准的形式，以便更好地进行比较和分析。数据标准化可以将不同特征的数据进行缩放和归一化，消除数据之间的量纲和取值范围的影响，使数据更具可比性。以下是一些常见的数据标准化方法。

① 最小 - 最大标准化：将数据缩放到一个指定的范围内，通常是 [0,1] 或 [-1,1]，通过将原始数据减去最小值，再除以最大值与最小值的差值来实现。

② Z-score 标准化：将数据转换为标准正态分布形式，通过将原始数据减去平均值，再除以标准差来实现。

③ 小数定标标准化：将数据的小数位数确定，并通过移动小数点来缩放数据，使数据具有相同的小数位数。

除了上述方法，还有基于百分位数、对数、自然对数等方法。不同的方法适用于不同的数据类型和数据分析任务。数据标准化可以消除数据之间的量纲和取值范围的影响，使数据更具可比性，提高数据分析和建模的准确性和可靠性。

### 3. 数据挖掘

数据挖掘（data mining）是指从大量、不完全、有噪声、模糊、随机的数据中提取隐含的、人们事先不知道的、但又是潜在有用的信息和知识的过程。数据挖掘可以帮助企业或机构从海量数据中提取有用的信息和知识，为决策提供支持，提高效率和准确性。

数据挖掘涉及多个领域，包括数据库技术、统计学、机器学习、可视化技术等。数据挖掘的主要任务包括：

① 关联规则挖掘：挖掘数据之间的关联规则，发现数据之间的相互关系。

② 聚类分析：将数据集中的样本按照某些特征进行分类，发现数据集的分布模式。

③ 分类：根据已知的数据集构建分类模型，对新的数据进行预测和分类。

④ 预测：根据已有的数据序列预测未来的数据。
⑤ 时间序列分析：分析时间序列数据的变化趋势、周期性、季节性等，预测未来趋势。
⑥ 异常检测：检测数据中的异常值，发现异常数据模式。
⑦ 文本挖掘：从文本数据中提取有用的信息和知识，包括文本分类、文本聚类、关键词提取等。

数据挖掘的应用非常广泛，包括金融、零售、医疗、电信、能源等领域。数据挖掘可以帮助企业或机构发现市场趋势、识别欺诈行为、优化业务流程、提高生产效率等。

### 4. 数据可视化

数据可视化是指将数据以图表、图形等方式呈现，以便更好地理解和应用数据。数据可视化可以将数据转化为视觉形式，使人们更容易理解数据的含义和关系，发现数据中的规律和趋势。以下是一些常见的数据可视化技术。

① 图表：包括柱状图、折线图、饼图、散点图等。
② 图形：包括饼图、条形图、雷达图、热力图等。
③ 数据可视化库：如 JavaScript 库、Python 库等，可帮助开发人员快速创建数据可视化。
④ 可视化工具：如 Tableau、Excel、Power BI 等，可帮助用户快速制作各种图表和图形。

## 11.2 Access 数据共享

Access 数据库提供了多种数据共享的方式，既支持通过文件进行数据共享，又支持通过数据库直接进行共享，下面对 Access 常用的数据共享方式进行介绍。

### 11.2.1 导出为其他数据库对象

Access 数据库除了能够将数据导出到同为 Access 的数据库外，还支持通过 ODBC 导出到支持 ODBC 的数据库，例如 SQL Server、MySQL 等。MySQL 是一个开源的关系型数据库管理系统（RDBMS），由瑞典 MySQL AB 公司开发。MySQL 通过使用 SQL 语言来管理和查询数据库中的数据，提供了高度可靠性、稳定性和性能的解决方案。MYSQL 是客户端/服务器系统，包括服务器软件和该软件所支持的相应的客户端应用程序。MySQL 服务器支持多种操作系统，包括 Linux、UNIX、Windows 等。MySQL 作为免费软件，被广泛应用于 Web 应用程序开发、嵌入式系统、游戏开发以及日志分析等领域。

本书以将 Access 数据库导出到 MySQL 为例，介绍如何将数据表导出为其他数据库对象。MySQL 数据库支持多种不通的操作系统，本书以在 Windows 10 操作系统下的安装为例进行介绍。通过 MySQL 官网下载数据库安装包，选择社区版即可，选择 Windows 版本，如图 11-1 所示。

选择下载 Windows 版本，进入下载页面后，即可下载最新版本的 MySQL 数据库，亦可选择其他版本进行下载，具体如图 11-2 所示。

图 11-1　MySQL 数据库下载清单页面

图 11-2　MySQL 数据库下载页面

数据库安装包下载完成后，安装流程稍微复杂，可以通过搜索引擎检索安装步骤，按说明安装即可，本书不再赘述。需要注意的是保存好数据库 root 用户的密码。安装完成后，在 MySQL 中创建数据库 book。安装完成 MySQL 数据库后，需要安装 ODBC 驱动，同样通过 MySQL 官网下载安装包，安装的驱动版本需要和数据库的版本一致，并且软件的位数也要相同，比如均为 64 位软件或均为 32 软件，如图 11-3 所示。

MySQL 数据库 ODBC 驱动安装包下载完成后，按提示顺序安装即可。安装完成后，需要将 MySQL 数据库 ODBC 驱动配置到 Windows 系统的 ODBC 数据源中。在 Windows "开始" 菜单搜索中输入 ODBC，在弹出的搜索结果中找到配置数据源的应用，根据安装的 ODBC 驱动版本，选择合适的配置应用，这里选择 "ODBC 数据源（32 位）"，如图 11-4 所示。配置数据源的操作流程如下：

① 打开 "ODBC 数据源（32 位）"，在弹出的 "ODBC 数据源管理程序（32 位）" 窗口中，选择 "用户 DSN" 选项卡，单击 "添加" 按钮，弹出 "创建新数据源" 窗口，在 "创建新数据源" 窗口中的数据源驱动程序列表中，选择 "MySQL ODBC 8.0 Unicode Driver" 选项，如图 11-5 所示。单击 "完成" 按钮，弹出 "MySQL Connector/ODBC Data Source Configuration" 窗口。

图 11-3　MySQL 数据库 ODBC 驱动下载页面

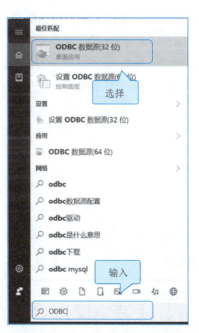

图 11-4　查找 Windows 系统的 ODBC 数据源配置应用

② 在 "MySQL Connector/ODBC Data Source Configuration" 窗口中，在数据源名称文本框为数据源命名，数据源描述文本框增加描述信息，数据库 IP 文本框输入本机 IP 地址 "127.0.0.1"，数据库端口输入框输入本机安装 MySQL 时设置的端口，默认为 "3306"，在 User 和 Password 文本框中输入 MySQL 数据库的用户名和密码，单击 Test 按钮用于测试是否能联通 MySQL 数据库，在数据库下拉框选择需要连接的数据库，单击 "OK" 按钮，无误后单击 "确定" 按钮即可，如图 11-6 所示。

配置好 MySQL ODBC 数据源后，即可将 Access 数据库中表对象的数据同步至 MySQL 数据库，以导出表对象 "借还书" 为例进行说明，具体操作如下：

① 打开 "图书管理系统" 数据库，在 "导航窗口" 中选中 "借还书" 表对象，单击 "外部数据" 选项卡，在 "导出" 组单击 "其他" 按钮，在弹出的菜单中选择 "ODBC 数据库" 选项，如图 11-7 所示，弹出 "导出" 窗口。

② 在 "导出" 窗口填写导出到 ODBC 数据库的表名，默认名称和选中的表对象一致，即 "借还书"，单击 "确定" 按钮。

③ 在弹出的 "选择数据源" 对话框中选择 "机器数据源"，选择 "MySQL8.0" 选项，单击 "确定" 按钮，如图 11-8 所示，其中 "Mysql8.0" 为创建的 ODBC 数据源。

# 256 数据管理及数据库技术应用

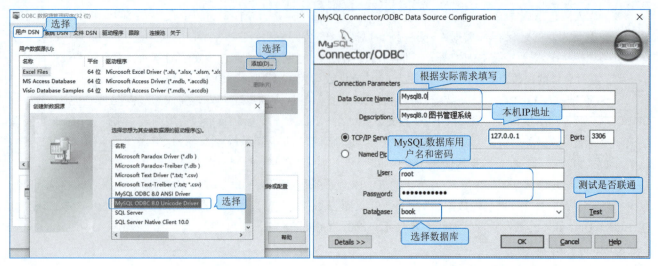

图 11-5 创建新数据源　　　　　　　　图 11-6 配置新数据源

图 11-7 导出"借还书"表对象到 ODBC 数据库　　　　图 11-8 选择数据源

④ 关闭导出成功的对话框，可在 MySQL 数据库中查看到的导出成功的数据，如图 11-9 所示。

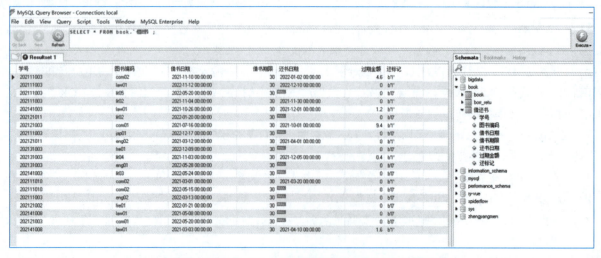

图 11-9 MySQL 中 book 数据库的"借还书"表对象数据

## 11.2.2 导出为 Word 格式文件

　　Access 数据库支持将表对象导出为 Word 格式，将数据以表格的形式导出到 Word 文件中，以导出"reader"

表为例，具体操作步骤如下：

① 打开"图书管理系统"数据库，在"导航窗口"中选中"读者"表对象，单击"外部数据"选项卡，在"导出"组单击"其他"按钮，选择"Word"选项，如图 11-10 所示，弹出"导出 – RTF 文件"窗口。

② 在"导出 – RTF 文件"窗口中，选择导出文件保存位置，单击"确定"按钮，如图 11-11 所示。

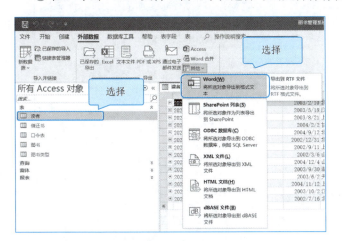

图 11-10　导出 Word 格式数据

图 11-11　导出文件选项

③ 关闭导出成功的对话框，在保存的文件位置可以查看导出的数据，如图 11-12 所示。

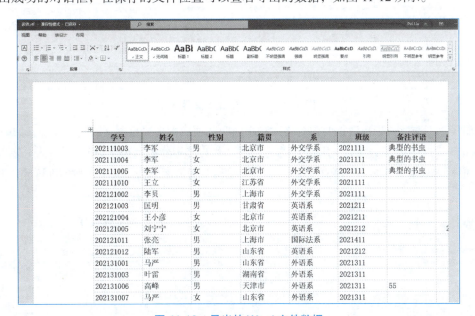

图 11-12　导出的 Word 文件数据

## 11.2.3　导出为 TXT 格式文件

Access 数据库支持将表对象导出为文本文件格式，将数据以文本的形式导出到 TXT 文件中，以导出"读者"表为例，具体操作步骤如下：

① 打开"图书管理系统"数据库，在"导航窗格"中选中"读者"表对象，单击"外部数据"选项卡，在"导出"组中单击"文本文件"按钮，如图 11-13 所示，弹出"导出 – 文本文件"窗口。

② 在"导出 – 文本文件"窗口中，选择导出文件保存位置，选择"导出数据时包含格式和布局"选项，单击"确定"按钮，如图 11-14 所示，弹出"编码方式"窗口。

③ 在"编码方式"窗口中选择"Windows（默认）"编码方式，单击"确定"按钮即可。导出完成后，关闭弹出的导出成功对话框，在保存的文件位置可以查看导出的数据，如图 11-15 所示。

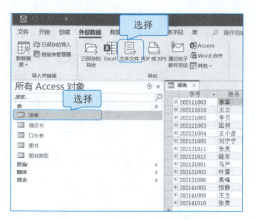

图 11-13　导出文本文件格式数据

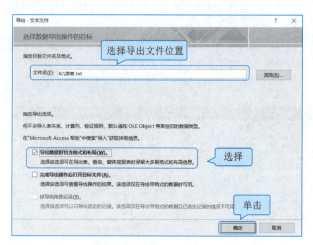

图 11-14　导出文件选项

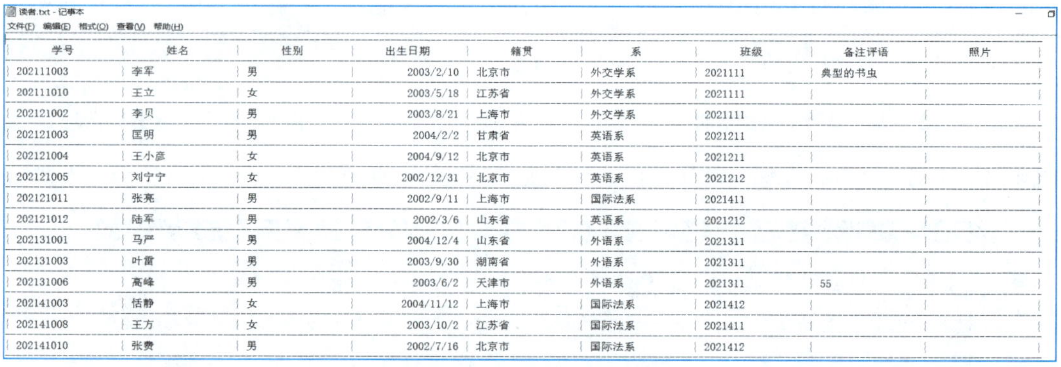

图 11-15　导出的文本文件数据

④ 如果在步骤②不选择"导出数据时包含格式和布局"选项，则需要自定义数据分隔符，如图 11-16 所示。

⑤ 如果在步骤④选中"带分隔符 - 用逗号或制表符之类的符号分割每个字段"，则进入分隔符配置页面，如图 11-17 所示，根据需求配置完成后，单击"下一步"按钮，在新页面单击"完成"按钮即可完成数据导出。

图 11-16　文本数据分割配置

图 11-17　配置文本分隔符

⑥ 如果在步骤④选中"固定宽度 - 字段之间使用空格使所有字段在列内对齐"，则进入文本间距配置页面，如图 11-18 所示，可以拖动箭头调整字段间距，单击"下一步"按钮，在新页面单击"完成"按钮即可完成数据导出。

图 11-18 配置文本间空格数量

## 11.2.4 导出为 Excel 格式文件

Access 数据库支持将表对象导出为 Excel 格式，将数据以表格的形式导出到 Excel 文件中，以导出"reader"表为例，具体操作步骤如下：

① 打开"图书管理系统"数据库，在"导航窗口"中选中"读者"表对象，单击"外部数据"选项卡，在"导出"组单击"Excel"按钮，如图 11-19 所示。弹出"导出 – Excel 电子表格"窗口。

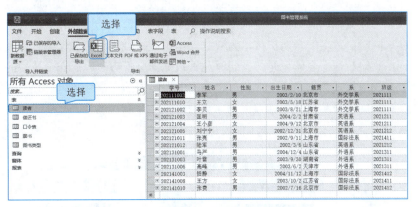

图 11-19 导出 Excel 格式数据

② 在"导出 - Excel 电子表格"窗口中，选择导出文件保存位置，设置"文件格式"选项为"Excel Workbook（*.xlsx）"，选中"导出数据时包含格式和布局"选项，单击"确定"按钮，如图 11-20 所示。

③ 关闭导出成功的对话框，在保存的文件位置可以查看导出的数据，如图 11-21 所示。

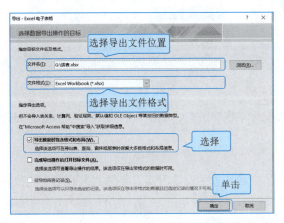

图 11-20 导出 Excel 配置

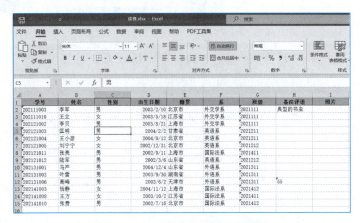

图 11-21 导出的 Excel 文件数据

## 11.3 数据安全

数据安全是指通过采取必要措施，确保数据处于有效保护和合法利用的状态，以及具备保障持续安全状态的能力。数据安全是一个综合概念，它不仅仅局限于数据本身的安全，而是综合了数据从采集到存储、使用、加工、传输、提供、公开等生命周期每个环节的安全。为了保护数据安全，需要采取一系列的技术和管理措施，包括数据加密、访问控制、身份认证、安全审计等。数据安全的重要性不断提高，因为数据是企业和个人的重要资产，数据的丢失或泄露可能导致严重的损失。2021年6月10日，中华人民共和国全国人民代表大会常务委员会通过了《中华人民共和国数据安全法》，该法旨在加强数据安全管理，保护个人信息权益，维护国家安全和社会公共利益，促进数据跨境安全、自由流动。

数据安全具有机密性、完整性、可用性、可靠性和不可否认性的特点。机密性是指个人或团体的信息不为其他不应获得者获得；完整性是指信息在传输、存储和使用过程中保持不被篡改、不被删除、不被泄露的特性；可用性是指信息必须能够被授权的个人或实体访问和使用的特性；可靠性是指信息必须能够在不受干扰、错误和误差的情况下正常运行的特性；不可否认性是指信息的所有者必须对信息的来源和内容负责，以便在出现问题时能够进行追溯和纠正。此外，数据的真实性、可核查性、不可篡改性和可靠性也是数据安全的重要特点。

### 11.3.1 数据安全防护体系

数据安全防护体系在数据处理和存储过程中采取一系列安全措施和规范，以保护数据免受未经授权的访问、使用、披露和破坏。依据GB/T 22239—2019《信息安全技术 网络安全等级保护基本要求》，数据安全防护体系应依据国家法律、行业标准及部门的规章制度，由数据安全管理和数据安全防护技术组成。数据安全管理和数据安全防护技术是相辅相成、相互支撑的。数据安全管理为数据安全技术提供了指导和规范，使其能够更有效地保护数据的安全性和保密性。同时，数据安全防护技术为数据安全管理提供了支持和保障，使其能够更有效地防止数据泄露、损坏或丢失。在建立数据安全体系时，应同时注重数据安全管理和数据安全技术的发展和实施。只有将两者结合起来，才能更有效地保护数据的安全性和保密性，确保数据的完整性和可靠性。数据安全防护体系应涵盖数据生命周期中各个环节的安全控制，包括数据的采集、传输、存储、加工、交换和销毁。参考《数据安全治理实践指南（1.0）》，数据安全防护体系总体框架如图11-22所示。

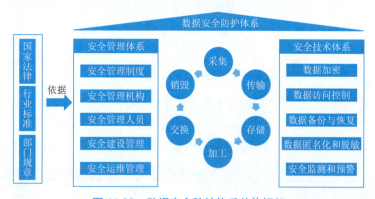

图11-22 数据安全防护体系总体框架

### 11.3.2 数据安全管理体系

数据安全管理体系的建设，应依据国家法律、行业标准、部门规章制度进行，主要包含安全管理制度、安全管理机构、安全管理人员、安全建设管理、安全运维管理五部分。

1. 安全管理制度

在制定和实施数据安全制度时，应综合考虑业务需求、安全风险和技术手段等因素，确保数据的安全性和保密性。常见数据安全制度如下：

① 数据分类管理制度：根据数据的重要性和敏感程度，对数据进行分类和标记，对不同类型的数据采取不同的保护措施。

② 数据存储管理制度：规定数据的存储方式和位置，确保数据不会因为硬件故障、意外断电等因素而丢失。
③ 数据备份和恢复制度：规定数据的备份和恢复流程，确保数据不会因为意外或人为因素而丢失或损坏。
④ 数据加密制度：规定数据的加密方式和加密算法，确保数据在传输和存储过程中不会被窃取或窃听。
⑤ 数据访问控制制度：规定数据的访问权限，只有经过授权的人员才能访问敏感数据。
⑥ 数据安全审计制度：规定数据安全审计的流程和要求，对数据安全控制的有效性进行评估和监督。
⑦ 数据安全事件响应制度：规定数据安全事件的响应流程和处理措施，及时处理和记录安全事件。
⑧ 数据安全培训制度：规定数据活动的组织、个人的主体责任，如必须遵守法律法规，尊重社会公德和伦理；应当按照规定建立健全全流程数据安全管理制度；应当加强数据安全风险监测、定期开展风险评估，及时处置数据安全事件等，确保为数据安全"无死角"。

2. 安全管理机构

数据安全管理机构是负责制定和执行数据安全管理制度、保障数据安全的组织机构。不同规模和行业的企业可能会设立不同的数据安全管理机构，数据安全管理机构的职责如下：

① 制定并执行数据安全管理制度和操作规程，明确网络安全负责人，确定网络安全负责人依法采取记录并留存用户注册信息和上网日志信息的技术措施。
② 对所有员工进行数据安全培训，加强员工对数据安全的重视，以及提高员工的数据安全技能和操作水平。
③ 监测和防范网络攻击和数据泄露等安全事件，及时响应和处置安全事件，防止安全事件扩大和影响范围扩大。
④ 对数据安全控制的有效性进行评估和监督，及时发现和纠正数据安全漏洞和隐患，保障数据安全。
⑤ 配合国家有关部门进行数据安全监管和检查，提供必要的支持和协助，确保企业的数据安全符合国家法律法规的要求。

3. 安全管理人员

数据安全管理人员是负责数据安全保障工作的具体执行和监督的人员，需要具备一定的数据安全知识和技能，并且需要具备良好的组织和管理能力，能够有效地协调和管理各个部门的数据安全工作。同时，还需要具备高度的责任心和敏锐的洞察力，能够及时发现和解决数据安全问题，具体的职责包括但不限于以下内容：

① 监督数据安全政策的制定和执行，确保数据安全管理的有效性和合规性。
② 制定和执行数据安全培训计划，提高员工的数据安全意识和技能。
③ 监测和防范数据安全事件，及时响应和处置安全事件，防止事件扩大和影响范围扩大。
④ 定期对数据安全控制的有效性进行评估和监督，发现和纠正数据安全漏洞和隐患。
⑤ 配合国家有关部门进行数据安全监管和检查，提供必要的支持和协助。
⑥ 管理数据安全控制机制的运行和维护，确保数据安全的持续性和稳定性。

4. 安全建设管理

数据安全建设管理是指基于数据安全合规要求、用户的业务发展需要和风险承受能力等多重因素，以"数据安全管理和技术能力"为依托，实现业务与安全融合发展的安全建设机制。它涵盖了组织体系、执行体系及运维体系等多方面，确保数据资产可视、数据威胁可管、数据风险可控、数据血缘可溯。具体来说，数据安全建设管理包括以下几个方面：

① 安全组织架构：设计健全的组织架构是数据安全建设管理工作的基础，包括部门职责与人员角色确定及动态协同机制。
② 安全管理人员：数据安全管理人员是负责数据安全保障工作的具体执行和监督的人员，他们的职责包括监督数据安全政策的制定和执行，制定和执行数据安全培训计划，监测和防范数据安全事件，定期对数据安全控制的有效性进行评估和监督，管理数据安全控制机制的运行和维护等。
③ 安全技术体系：通过建立安全技术体系，实现各阶段进行快速响应，包括发现、运维、防护等。

5. 安全运维管理

数据安全运维管理是确保数据在运维过程中保持安全性和保密性的重要措施，这些措施可以帮助企业确保数据在运维过程中的安全性和保密性，减少数据安全事故的发生。同时，需要定期对数据安全运维管理进行评估和改进，以适应不断变化的业务和安全需求。以下是一些常见的数据安全运维管理措施：

① 数据加密：对敏感数据进行加密，只有授权的用户才能访问和解密数据。
② 数据备份和恢复：定期备份数据，并制定恢复策略，以防止数据丢失或损坏。
③ 安全审计：定期对数据安全进行审计，以发现潜在的安全问题并及时采取措施。
④ 安全漏洞管理：及时发现和处理安全漏洞，避免未经授权的访问和数据泄露。
⑤ 反病毒和反恶意软件：安装反病毒和反恶意软件，以防止病毒和恶意软件对数据进行破坏和窃取。
⑥ 访问控制：实施严格的访问控制策略，只有授权的用户才能访问数据。
⑦ 数据备份和恢复：制定详细的数据备份和恢复策略，以确保数据不会因为硬件故障、意外断电等因素而丢失或损坏。
⑧ 安全意识和培训：对员工进行数据安全意识和技能培训，提高他们对最新安全威胁的认知和应对能力。

### 11.3.3 数据安全技术体系

数据安全技术是数据安全管理体系的支持和保障，是确保数据安全性和保密性的重要支撑。数据安全不仅仅局限于数据本身，而应扩展到信息系统的各安全领域。只有实现多层面、全方位的纵深防御，才能最终保障数据的安全。本书仅对数据安全方面相关的重要技术体系做介绍，主要包括加密技术、访问控制、备份和恢复、数据匿名化和数据脱敏、安全监测和预警五部分。

#### 1. 加密技术

数据加密是指对数据进行加密保护，使得未经授权的用户无法直接访问数据，同时保证数据的完整性和机密性。数据加密技术广泛应用于金融、政府、军事等敏感领域，以保护数据的安全性和机密性。数据加密技术包括数据加密、数据解密、数字签名、签名识别以及数字证明等多个方面。

数据加密的模型组成包括明文、密文和加密算法，其中密文是经过加密算法处理后的数据。数据加密的过程包括密钥的生成、加密、解密和签名等步骤。密钥是加密和解密算法中的关键参数，应该妥善保管。数据加密技术的优点包括加密速度快、密钥管理安全等，但也存在密钥泄露的风险。

数据加密技术在数据安全防护中起着至关重要的作用。它可以保护数据不被非法获取和利用，同时也可以防止数据在传输、存储和处理过程中被篡改和泄露。数据加密技术是保护数据安全的重要手段之一，需要根据具体情况选择适合的加密算法和密钥管理方式，以达到数据安全防护的目的。

数据加密可分为对称加密和非对称加密两大类。对称加密是指使用同一把密钥加密和解密数据的加密方式，因为加密和解密使用的都是同一把密钥，所以加密和解密速度较快，但密钥的传输存在一定的安全风险。常见的对称加密算法有 DES、3DES、AES 等。非对称加密是指使用一对密钥（公钥和私钥）进行加密和解密的加密方式，加密时使用公钥进行加密，解密时使用私钥进行解密。非对称加密算法的密钥分发相对安全，但加密和解密速度较慢。常见的非对称加密算法有 RSA、DSA 等。

在实际应用中，对称加密和非对称加密常常相结合使用，以充分发挥它们各自的优势。例如，使用非对称加密算法加密对称加密算法的密钥，然后使用对称加密算法加密数据，这样既保证了密钥传输的安全性，又提高了加密和解密的速度。此外，还有哈希加密、数字签名等其他形式的加密方式。总之，保护数据的安全离不开各种加密技术的应用。

数据加密在数据安全中的应用包括数据传输加密和数据存储加密，数据传输加密主要保护在存储和传输过程中的数据安全。它通过加密算法、密钥管理和其他相关技术，确保在传输过程中数据不会被非法获取或篡改。HTTPS 是一种常见的数据传输加密技术，广泛应用于银行、电子商务、网上购物等。HTTPS 是基于 SSL/TLS 协议的传输层安全协议，可以将通信内容进行加密，可以保护用户的敏感信息不被窃取或篡改，确保数据传输的安全性和可靠性。

HTTPS 是在 HTTP 协议的基础上增加了一些安全特性，如加密和身份验证等。它使用 SSL/TLS 协议对通信内容进行加密，并使用数字证书来验证通信双方的合法性。在 HTTPS 中，数字证书是一个非常重要的组成部分。数字证书是由权威机构（CA）颁发的一个电子文档，其中包含了证书持有人的公钥和其他相关信息，以及 CA 的数字签名。在通信过程中，客户端会向服务器发送一个 SSL/TLS 握手请求，其中包含了客户端的数字证书。服务器收到请求后，会验证数字证书的合法性，并生成一个对称密钥，用于后续的数据加密和解密。一旦握手成功，客户端和服务器就可以使用对称密钥对数据进行加密和解密，确保数据传输的安全性和完整性。

数据存储加密技术旨在防止在存储环节上的数据失密。它通过加密算法、附加密码、加密模块等方法实现。数据存储加密技术分为密文存储和存取控制两种。密文存储通过加密算法、附加密码、加密模块等方法实现，使得即使数据被窃取，也需要一定的时间和计算能力才能解密。存取控制则对用户资格、权限加以审查和限制，防止非法用户存取数据或合法用户越权存取数据。

### 2. 访问控制

访问控制是指对系统中的资源进行访问和控制的权限管理机制。访问控制可以分为两类：权限控制和基本访问控制。

① 权限控制是指对系统中的资源进行访问和控制的权限管理机制，它可以根据用户、用户组、角色、部门等不同的权限对资源进行访问和操作的限制。常见的权限控制方式有用户名/密码、IP地址、身份验证码、机器码等。

② 基本访问控制是指对系统中的资源进行访问和控制的基本权限管理机制，它只能对资源的基本操作进行限制，如读取、写入、执行等。常见的基本访问控制方式有基于角色的访问控制和基于属性的访问控制。访问控制可以保证系统中的资源只能被授权的用户访问，防止未经授权的用户对资源进行非法访问或操作，从而保护系统的安全性和稳定性。

访问控制策略是指管理访问控制的规则和算法，可以分为以下几类：

① 基于角色的访问控制：将访问许可权分配给一定的角色，用户通过饰演不同的角色获得角色所拥有的访问许可权。用户与客体无直接联系，他只有通过角色才享有该角色所对应的权限，从而访问相应的客体。

② 基于任务的访问控制：对象的访问权限控制并不是静止不变的，而是随着执行任务的上下文环境发生变化。

③ 基于对象的访问控制：将访问控制列表与受控对象或受控对象的属性相关联，并将访问控制选项设计成为用户、组或角色及其对应权限的集合。

④ 基于时间的访问控制：随着时间的变化，访问控制策略也会发生变化。

⑤ 基于身份验证的访问控制：用户需要进行身份验证才能访问系统资源。

⑥ 基于属性的访问控制：根据对象的属性来限制访问权限。

⑦ 基于行为的访问控制：通过对用户的行为进行分析，来限制用户对系统资源的访问。

访问控制通常涉及三个主要方面：用户身份认证、策略制定和数据授权。用户身份认证是确认用户身份的过程，这可以通过用户名和密码、生物识别技术或其他身份验证方法来完成。策略制定则是定义和设置访问数据的规则，例如基于用户的角色或权限来限制其访问特定数据。数据授权则是将数据资源分配给经过身份验证的用户，并确保用户只能访问他们被授权访问的数据。访问控制技术可以应用于各种场景，例如企业数据管理、网络安全和云服务等。例如，在企业管理中，访问控制可以用于限制员工对敏感数据的访问，如财务信息、客户数据等。在网络安全方面，访问控制可以用于防止恶意软件或黑客入侵系统。在云服务中，访问控制可以用于管理云存储中的数据，确保只有授权用户能够访问和修改数据。

当前由于业务系统众多，为方便用户便捷地登录不同的业务系统，在用户身份认证方面，实现了统一身份认证。统一身份认证是一种集中身份验证的方法，它确保用户在多个系统、应用和网络环境中使用统一的身份进行认证。通过统一身份认证，用户只需要进行一次身份验证，就可以获得访问其他相关系统的权限。这种方法提高了安全性，降低了密码管理和身份冒用的风险。

### 3. 备份和恢复

（1）备份

数据备份是指将计算机系统中的数据集合从应用主机的硬盘或阵列复制到其他的存储介质的过程，以便在发生数据丢失或系统故障时能够快速恢复数据。数据备份是容灾的基础，是保证数据安全性和稳定性的重要手段之一。

传统的数据备份主要是采用内置或外置的磁带机进行冷备份，但是这种方式只能防止操作失误等人为故障，而且其恢复时间也很长。随着技术的不断发展、数据的海量增加，不少的企业开始采用网络备份。网络备份一般通过专业的数据存储管理软件结合相应的硬件和存储设备来实现。

数据备份可以分为本地备份和远程备份。本地备份是指将数据集合复制到本地存储设备中，而远程备份是指将数据集合复制到远程存储设备中。本地备份通常使用备份软件进行操作，而远程备份则需要使用专业的备份软件或者网络备份服务。数据备份是容灾的第一步,也是至关重要的一步,只有备份了数据才能进行恢复。因此,在数据备份和恢复过程中,需要注意数据的备份策略、备份设备的选择、数据的恢复和删除等方面。

常用的备份策略如下:

① 完全备份:对数据进行完整的备份,包括所有的数据文件和日志文件等。这种备份方式可以保证数据的完整性和可恢复性,但是操作比较复杂,需要花费较长的时间和资源。

② 增量备份:只备份那些在上次完全备份或增量备份后被修改过的文件,备份数据量小,需要的时间短,但是恢复的时候需要依赖之前的备份记录,出问题的风险较大。

③ 差异备份:备份那些自从上次完全备份之后被修改过的文件,因此从差异备份中恢复数据的时间较短,只需要两份数据,即最后一次完全备份和最后一次差异备份。差异备份可以快速恢复数据,但是每次备份需要的时间较长。

④ 自动备份:利用设备或软件自动进行备份,可以根据设定的备份策略进行备份,也可以备份到云存储服务中。自动备份可以节省备份时间和人力成本,但是需要设备或软件具有较高的可靠性和稳定性。

⑤ 云备份:将数据备份到云存储服务中,可以随时随地进行备份,并且可以备份到多个存储设备中,提高了数据备份的效率。但是云备份需要有稳定的云存储服务和较高的带宽和存储空间。

不同的备份策略有不同的优缺点,需要根据实际情况选择合适的备份策略,并且需要进行备份测试和验证,以确保备份的可靠性和有效性。

(2)恢复

RPO(recovery point objective)和RTO(recovery time objective)是数据中心灾难恢复方面的重要参考指标。现在的数据中心对业务的连续性有苛刻要求,但是故障不可避免,一旦发生了故障就需要启动备份机制,确保业务的连续性,所以现在数据中心都有较为完善的容灾机制,RPO和RTO可以很好地反映出数据中心容灾性能如何。

① RPO:恢复点目标,主要指的是业务系统所能容忍的数据丢失量。换句话说,RPO是指从系统和应用数据而言,要实现能够恢复至可以支持各部门业务运作,系统及生产数据应恢复到怎样的更新程度。也就是指能把数据恢复到过去的那一个时间点,指的是最多可能丢失的数据的时长。

② RTO:恢复时间目标,主要指的是所能容忍的业务停止服务的最长时间,也就是从灾难发生到业务系统恢复服务功能所需要的最短时间周期。换句话说,RTO是指灾难发生后,从IT系统当机导致业务停顿之时开始,到IT系统恢复至可以支持各部门运作、恢复运营之时,此两点之间的时间段称为RTO;也就是指在出现问题后"什么时候"可以恢复数据。

两个指标都是用来衡量数据中心在面对故障和灾难时的表现,但是相对来说,RTO更加注重系统的恢复能力,而RPO更加注重系统的耐受能力。

当前可以使用数据备份一体机较为方便、可靠和高效地对进行数据进行备份和恢复,备份一体机是一种集软件和硬件于一体的解决方案,旨在为用户提供数据备份和恢复的功能。它结合了备份软件和备份服务器,能够实现自动化备份和恢复数据的功能。备份一体机不仅提供了备份功能,还提供了其他扩展功能,例如复制、快照、CDP等,以满足用户不断增长的数据管理需求。此外,备份一体机还提供了易于使用的界面和工具,使得用户可以更方便地管理和监控备份过程。备份一体机有多种应用场景,例如在金融、医疗、教育、政府等领域中用于保护关键业务数据和电子病历等重要信息。此外,备份一体机还可以用于保护企业的虚拟服务器和存储系统。

4. 数据匿名化和数据脱敏

(1)数据匿名化

数据匿名化是指将原始数据转换为一种新的格式,使其不再可识别或追踪特定个体或实体。这通常涉及到删除个人身份信息、删除敏感信息或将其替换为随机值等操作。数据匿名化可以帮助保护个人信息的隐私,但同时也会影响数据的完整性和可用性。

数据匿名化通常是通过消除或加密将个人与存储数据联系起来的标识符来实现的。数据匿名化可以应用于各种领域,如金融、政府、企业等,以保护个人信息的隐私。

数据匿名化的实现方式有多种,其中一些常见的方法包括:

① 数据去标识化:将数据中的个人身份信息、敏感信息或其他类型的敏感数据替换为随机值,使得这些数据

不再与个人身份信息或敏感信息相关联。

② 数据假名化：将数据转换为一种新的格式，使得数据中的个人身份信息、敏感信息或其他类型的敏感数据不再与个人身份信息或敏感信息相关联，但是数据的内容和含义仍然可以被理解和使用。

③ 数据匿名化：将原始数据转换为一种新的格式，使得数据中的个人身份信息、敏感信息或其他类型的敏感数据不再与个人身份信息或敏感信息相关联，同时保留原始数据中的其他信息和含义。

需要注意的是，数据匿名化并不是绝对的，有些国家和组织可能会对数据进行标识化处理，以便更好地管理和分析数据。因此，数据匿名化和数据脱敏是两个不同的概念，它们的目的和应用场景也有所不同。

（2）数据脱敏

数据脱敏是指对某些敏感信息通过脱敏规则进行数据的变形，实现敏感隐私数据的可靠保护。在涉及客户安全数据或者一些商业性敏感数据的情况下，在不违反系统规则条件下，对真实数据进行改造并提供测试使用，如身份证号、手机号、卡号、客户号等个人信息都需要进行数据脱敏。数据脱敏是数据安全防护的重要技术手段，在现代社会的信息安全防控体系中扮演着重要的角色。具体来说，数据脱敏是指：对某些敏感信息通过脱敏规则进行数据的变形，实现敏感隐私数据的可靠保护。

数据脱敏的方法主要包括无效化、随机化、数据替换、对称加密、平均值、偏移和取整等。

① 无效化是指通过对字段数据值进行截断、加密、隐藏等方式让敏感数据脱敏，使其不再具有利用价值。一般采用特殊字符（*）代替真值，这种隐藏敏感数据的方法简单，但缺点是用户无法得知原数据的格式，如果想要获取完整信息，要让用户授权查询。

② 随机化是指通过随机值替换、字母变为随机字母、数字变为随机数字、文字变为随机文字等方式来改变敏感数据。这种方案的优点在于可以在一定程度上保留原有数据的格式，往往这种方法用户不易察觉。

③ 数据替换是指用一个设定的虚拟值替换真值。比如将手机号统一设置成"13651300000"。

④ 对称加密是一种特殊的可逆脱敏方法，通过加密密钥和算法对敏感数据进行加密，密文格式与原始数据在逻辑规则上一致，通过密钥解密可以恢复原始数据。

⑤ 平均值方案经常用在统计场景，针对数值型数据，我们先计算它们的均值，然后使脱敏后的值在均值附近随机分布，从而保持数据的总和不变。

⑥ 偏移和取整是通过随机移位改变数字数据，偏移取整在保持了数据的安全性的同时保证了范围的大致真实性，比之前几种方案更接近真实数据。在大数据分析场景中意义比较大。比如日期字段"create_time"中"2020-12-08 15:12:25"变为"2018-01-02 15:00:00"。

数据匿名化和数据脱敏是数据治理中两个重要的技术手段，可以和数据治理结合应用，通过对敏感信息的处理和转换，降低数据的敏感度和减少个人隐私风险，从而提高数据的安全性和可用性。

### 5. 安全监测和预警

安全监测和预警是数据安全的预防措施，可以及时发现和处理网络安全事件，防止安全事件扩大化。网络安全监测和预警是指对网络系统中的安全状况进行实时监测和分析，及时发现和报告安全事件，并采取相应的措施进行防范和应对。网络安全监测和预警是保障网络安全、数据安全的重要手段，可以帮助管理人员及时发现和处理网络安全问题，防止安全事件的扩散和升级，保护网络系统的安全和稳定。

网络安全监测和预警的等级分为四级，由高到低依次用红色、橙色、黄色和蓝色表示，分别对应发生或可能发生特别重大、重大、较大和一般网络安全事件。预警监测包括各单位按照"谁主管谁负责、谁运行谁负责"的要求，组织对本单位建设运行的网络和信息系统开展网络安全监测工作。重点行业主管或监管部门组织指导做好本行业网络安全监测工作。各省（区、市）网信部门结合本地区实际，统筹组织开展对本地区网络和信息系统的安全监测工作。各省（区、市）、各部门将重要监测信息报应急办，应急办组织开展跨省（区、市）、跨部门的网络安全信息共享。

预警研判和发布是指各省（区、市）、各部门组织对监测信息进行研判，认为需要立即采取防范措施的，应当及时通知有关部门和单位，对可能发生重大及以上网络安全事件的信息及时向应急办报告。各省（区、市）、各部门可根据监测研判情况，发布本地区、本行业的橙色及以下预警。预警的发布应当及时、准确、全面，以便有关部门和单位及时采取相应的措施，防范网络安全事件的发生。

数据安全监测和预警的实现，需要借助一整套的网络安全设备。在具体实现中需要结合数据安全保障的整体架构，综合运用多种设备和方案，形成完整的数据安全保障体系。下面列举了一些常见的网络安全设备。

① 网络监控设备：例如入侵检测系统（intrusion detection systems/ intrusion-prevention system, IDS/IPS）、安全事件信息管理（security information and event management, SIEM）系统、终端安全管理（endpoint security management, ESM）系统等。这些设备可以监控网络流量和网络行为，发现并响应网络攻击和异常行为。

② 系统监控设备：例如系统安全审计平台、主机入侵检测系统（host-based intrusion detection system，HIDS）、防病毒系统等。这些设备可以监控操作系统的安全性和稳定性，发现并响应系统攻击和漏洞利用。

③ 数据库监控设备：例如数据库安全审计系统、数据库防火墙等。这些设备可以监控数据库的安全性和访问行为，发现并响应数据库攻击和数据泄露。

④ 应用监控设备：例如应用安全扫描器、Web 应用防火墙（web application firewall, WAF）等。这些设备可以监控应用程序的安全性和漏洞，发现并响应应用攻击和漏洞利用。

⑤ 数据泄露监测设备：例如数据泄露防护（data leakage prevention, DLP）系统、数据泄露监测平台等。这些设备可以监测敏感数据的泄露和滥用，发现并响应数据泄露事件。

⑥ 安全预警设备：例如安全事件预警平台、安全威胁情报系统等。这些设备可以基于收集的安全信息和分析结果，向用户发出安全预警和通知，提醒用户及时采取应对措施。

另外，在网络安全监测和预警中，用户也应该采取相应的措施，加强网络安全管理和防范：合理设置路由器、防火墙以及与网络安全相关的软硬件；校园网络的 IP 地址分配、子网规划等由网络管理员集中管理；用户要切实做好防病毒措施，在每台计算机上安装防病毒软件，及时向网络管理员报告陌生、可疑邮件和计算机非正常运行等情况；学校网络管理员负责全校网络及信息的安全工作，建立网络事故报告并定期汇报，及时解决突发事件和问题；在校园网上不允许进行任何干扰网络用户、破坏网络服务和破坏网络设备的活动，包括不允许在网络上发布不真实的信息、散布计算机病毒、使用网络进入未经授权使用的计算机和非法访问网络资源。

## 11.4 数据分类分级

《中华人民共和国数据安全法》第二十一条明确规定："国家建立数据分类分级保护制度，根据数据在经济社会发展中的重要程度，以及一旦遭到篡改、破坏、泄露或者非法获取、非法利用，对国家安全、公共利益或者个人、组织合法权益造成的危害程度，对数据实行分类分级保护。"《中华人民共和国个人信息保护法》第五十一条明确规定对个人信息实行分类管理。同时也颁布了一些指导文件，例如《网络安全标准实践指南——网络数据分类分级指引》，给出了网络数据分类分级的原则、框架和方法，用于指导数据处理者开展数据分类分级工作。

### 11.4.1 数据分类分级的目标

数据分类分级的目标是识别数据资产中的个人隐私、商业机密、关键信息、基础设施信息等敏感信息及文件，并对敏感信息实施保护与控制，以符合法律法规要求，并在保证数据安全的基础上促进数据开放共享。数据分类是数据资产管理的第一步，不论是对数据资产进行编目、标准化，还是数据的确权、管理，亦或是提供数据资产服务，有效的数据分类都是首要任务。数据分类更多是从业务角度或数据管理的角度出发，如行业维度、业务领域维度、数据来源维度、共享维度、数据开放维度等，根据这些维度，将具有相同属性或特征的数据按照一定的原则和方法进行归类。

数据分级的目标是根据数据的敏感程度和数据遭到篡改、破坏、泄露或非法利用后对受害者的影响程度，对数据实施不同的保护措施，以保护数据安全。不同级别的数据应采取不同的保护措施，例如高级别的数据可能需要更严格的安全控制措施（如加密、访问控制和多层次的安全监测等）。

### 11.4.2 数据分类分级的方法

数据分类分级的方法主要参考《网络安全标准实践指南——网络数据分类分级指引》。

1. 数据分类的方法

数据分类应优先遵循国家、行业的数据分类要求。如果所在行业没有行业数据分类规则,也可从组织经营维度进行数据分类。具体方法如下:

①识别是否存在法律法规或主管监管部门有专门管理要求的数据类别,并对识别的数据类别进行区分标识,包括但不限于:从公共个人维度识别是否存在个人信息、从公共管理维度识别是否存在公共数据、从信息传播维度识别是否存在公共传播信息。

② 从行业领域维度确定待分类数据的数据处理活动涉及的行业领域,如果该行业领域存在行业主管部门认可或达成行业共识的行业数据分类规则,应按照行业数据分类规则对数据进行分类,否则可从组织经营维度结合自身数据管理和使用需要对数据进行分类,组织经营维度分类的参考示例见表11-1。

表11-1 组织经营维度分类的参考示例

| 数据类别 | 类别定义 | 示例 |
| --- | --- | --- |
| 用户数据 | 组织在开展业务服务过程中从个人用户或组织用户收集的数据,以及在业务服务过程中产生的归属于用户的数据 | 如个人用户信息(即个人信息)、组织用户信息(如组织基本信息、组织账号信息、组织信用信息等) |
| 业务数据 | 组织在业务生产过程中收集和产生的非用户类数据 | 参考业务所属的行业数据分类分级,结合自身业务特点进行细分,如产品数据、合同协议等 |
| 经营管理数据 | 组织在机构经营管理过程中收集和产生的数据 | 如经营战略、财务数据、并购及融资信息等 |
| 系统运行和安全数据 | 网络和信息系统运维及网络安全数据 | 如网络和信息系统的配置数据、网络安全监测数据、备份数据、日志数据、安全漏洞信息等 |

③ 如果数据处理涉及多个行业领域,建议分别按照各行业的,数据分类规则对数据类别进行标识。

2. 数据分级的方法

数据分级主要从数据安全保护的角度,考虑影响对象、影响程度两个要素进行分级,具体如下:

① 影响对象:是指数据一旦遭到篡改、破坏、泄露或者非法获取、非法利用后受到危害影响的对象,包括国家安全、公共利益、个人合法权益、组织合法权益四个对象。

② 影响程度:是指数据一旦遭到篡改、破坏、泄露或者非法获取、非法利用后,所造成的危害影响大小。危害程度从低到高可分为轻微危害、一般危害、严重危害。

数据从低到高分一般数据、重要数据、核心数据三个级别。各级别与影响对象、影响程度的对应关系见表11-2。

表11-2 数据安全基本分级规则表

| 基本级别 | 影响对象 | | | |
| --- | --- | --- | --- | --- |
| | 国家安全 | 公共利益 | 个人合法权益 | 组织合法权益 |
| 核心数据 | 一般危害、严重危害 | 严重危害 | — | — |
| 重要数据 | 轻微危害 | 一般危害、轻微危害 | — | — |
| 一般数据 | 无危害 | 无危害 | 无危害、轻微危害、一般危害、严重危害 | 无危害、轻微危害、一般危害、严重危害 |

按照数据一旦遭到篡改、破坏、泄露或者非法获取、非法利用,对个人、组织合法权益造成的危害程度将一般数据从低到高分为1级、2级、3级、4级共四个级别,具体分级规则见表11-3。

个人信息定级可优先判定是否属于敏感个人信息。如果属于敏感个人信息,则定为一般数据4级。如果属于一般个人信息,则按照一般数据分级规则,分析影响程度确定属于哪个级别。

表11-3 一般数据分级规则表

| 安全级别 | 影响对象 | |
| --- | --- | --- |
| | 个人合法权益 | 组织合法权益 |
| 4级数据 | 严重危害 | 严重危害 |
| 3级数据 | 一般危害 | 一般危害 |
| 2级数据 | 轻微危害 | 轻微危害 |
| 1级数据 | 无危害 | 无危害 |

### 11.4.3 数据分类分级案例

结合数据分类的方法,基于某高校部分信息化数据,从组织经营维度结,按照上述数据分类分级方法进行案例分析。首先对数据进行分类,高校属于教育部主管,教育部与数据分类分级相关的政策文件共两个。

① 2021年4月下发的《教育部等七部门关于加强教育系统数据安全工作的通知》，通知中规定教育行政部门和学校制定本单位数据管理办法，规范数据分类分级，明确数据安全防护措施。

② 2022年9月下发的《教育系统核心数据和重要数据识别认定工作指南（试行）的通知》，通知中为教育系统落实核心数据和重要数据安全保护要求、推进数据分类分级工作提供指导。

依据高校自身的数据情况，依据数据分类方法对识别的数据类别进行区分标识，例如个人信息、公共传播信息、教学管理、学生管理、学科科研、经济活动、公共服务等类别，具体示例见表11-4。

表11-4 某高校数据分类示例

| 数据类别 | 二级类别 | 示例说明 | 涉及部门 |
| --- | --- | --- | --- |
| 个人信息 | 师生基本资料 | 自然人基本情况信息，如个人姓名、生日、年龄、性别、民族、国籍、籍贯、婚姻状况、家庭关系、住址、个人电话号码、电子邮件地址、兴趣爱好等 | 人事处、学生处、研究院 |
| 个人信息 | 特定身份信息 | 身份证、护照、驾驶证、工作证、出入证、社保卡、居住证、港澳台通行证等 | 人事处、学生处、研究院 |
| 公共传播信息 | 学校概况 | 学校简介、学校章程、学校历史 | 校长办公室、党委办公室 |
| 公共传播信息 | 机构设置信息 | 组织机构、院系信息 | 校长办公室、党委办公室 |
| 教学管理 | 课程管理 | 课程信息、排课信息、选课信息 | 教务处、研究生院 |
| 教学管理 | 成绩管理 | 成绩信息、重修信息 | 教务处、研究生院 |
| 学生管理 | 学生奖惩管理 | 获奖信息、处罚信息 | 学生处、研究生院 |
| 学生管理 | 毕业管理 | 就业信息、创新创业信息 | 学生处、研究生院 |
| 科研管理 | 科研项目管理 | 项目信息、项目参与人信息、项目成果信息 | 科研处 |
| 科研管理 | 科研经费管理 | 经费信息、经费报销信息 | 科研处 |
| 经济活动 | 财务管理 | 经费信息、合同信息 | 财务处 |
| 经济活动 | 固定资产管理 | 固定资产信息、固定资产入库信息、固定资产报废信息 | 后勤处 |
| 公共服务 | 网络服务 | 网络设备信息、入网账号信息 | 信息处 |
| 公共服务 | 图书馆 | 图书信息、图书借阅信息 | 图书馆 |

结合数据分级的方法，可以判断出高校的数据均属于一般数据级别，依据数据遭到篡改、破坏、泄露或者非法获取、非法利用的危害程度，对表11-4中分类的数据进行定级，结果见表11-5。

表11-5 某高校数据分级分类案例表

| 数据类别 | 二级类别 | 分级 | 数据类别 | 二级类别 | 分级 |
| --- | --- | --- | --- | --- | --- |
| 个人信息 | 师生基本资料 | 一般数据（2级） | 学生管理 | 毕业管理 | 一般数据（2级） |
| 个人信息 | 特定身份信息 | 一般数据（4级） | 科研管理 | 科研项目管理 | 一般数据（3级） |
| 公共数据 | 学校概况 | 一般数据（1级） | 科研管理 | 科研经费管理 | 一般数据（3级） |
| 公共数据 | 机构设置信息 | 一般数据（1级） | 经济活动 | 财务管理 | 一般数据（3级） |
| 教学管理 | 课程管理 | 一般数据（2级） | 经济活动 | 固定资产管理 | 一般数据（3级） |
| 教学管理 | 成绩管理 | 一般数据（3级） | 公共服务 | 网络服务 | 一般数据（3级） |
| 学生管理 | 学生奖惩管理 | 一般数据（3级） | 公共服务 | 图书馆 | 一般数据（2级） |

## 11.5 个人数据安全

《中华人民共和国数据安全法》和《中华人民共和国个人信息保护法》的出台，为个人信息的保护提供了更加全面和详细的法律支持，对于保护个人隐私和信息权益、维护社会公共利益、促进信息技术和数字经济的发展具有重要意义。但对于个人来说，在生活中同样要加强对个人数据的保护，具体可以从个人信息保护、个人终端防护、数据加密、数据备份四个方面入手。

### 11.5.1 个人信息保护

个人信息是以电子或者其他方式记录的与已识别或者可识别的自然人有关的各种信息，包括自然人的姓名、出生日期、身份证件号码、生物识别信息、住址、电话号码、电子邮箱、健康信息、行踪信息等。而生物识别、特定身份、医疗健康、金融账户、行踪轨迹等信息，以及不满十四周岁未成年人的个人信息属于个人敏感信息，一旦泄露或者非法使用，容易导致自然人的人格尊严受到侵害或者人身、财产安全受到危害。那么，如何做到个人信息保护呢？以下是一些重要的建议。

### 1. 保护个人账户安全

保护个人账户是保护个人信息的重要步骤。密码是保护个人信息的第一道防线，使用强密码可以防止密码猜测和暴力破解。强密码应包含大写字母、小写字母、数字和特殊字符，并且长度至少为八个字符。密码长度越长，包含的字符种类越多，密码就越难以被破解。尽量避免使用个人信息（如生日、名字等）作为密码，避免使用容易猜测的密码，另外，密码不能包含用户名。为了让密码足够复杂，同时便于记忆，可以通过以下方法：

① 使用短语或者喜欢的诗词。选择一个喜欢的诗词，并取其中一部分字母作为密码，并在中间穿插一些特殊字符，这种方法能够创建出既好记忆又复杂的密码。例如：选择"飞流直下三千尺"，示例密码为"Feiliuzhixia@3000chi"。

② 对于能开启双重验证的账户，应开启账户的双重验证，特别是在使用新设备或未知网络时，使用双重验证可以提供额外的安全层，防止未经授权的访问。定期更新密码，并确保不同网站的密码不相同。

### 2. 谨慎分享个人信息

在社交媒体上，人们常常会无意识地公开过多的个人信息，包括出生日期、家乡等，这些都可能被恶意利用来进行身份盗窃或其他犯罪活动。在分享个人信息时，应尽量减少公开敏感信息的数量，并确保设置适当的隐私设置，限制信息查看权限。

### 3. 注意公共 Wi-Fi

公共 Wi-Fi 虽然方便，但不安全。在公共 Wi-Fi 上进行任何个人信息交流或在线交易都可能被他人窃取。因此，尽量避免在公共 Wi-Fi 上进行银行交易、登录敏感账户等行为。

### 4. 阅读隐私政策

在购物、注册网站、下载应用程序之前，应该认真阅读隐私政策。了解公司将如何收集、使用和分享个人信息，以及他们是否符合 GDPR 或其他数据保护法规。如果政策中存在不合理或不清楚的地方，应谨慎提供个人信息。

### 5. 使用安全连接

在使用互联网进行在线交易或登录敏感账户（如银行账户、医疗记录等）时，应使用安全连接（HTTPS）。这可以确保数据在传输过程中的安全性，防止中间人攻击。

### 6. 警惕不明链接、附件、二维码

不要随意点击不明来源的链接、不打开未知附件、不扫描来历不明的二维码。这些可能包含恶意代码，会对个人计算机和信息安全造成威胁。特别是在网络钓鱼攻击中，欺诈者会发送伪装成合法机构或个人的邮件，诱骗用户输入敏感信息。要警惕类似的网络诈骗行为，保持警觉和谨慎。

保护个人信息需要用户时刻保持警惕，并采取积极的措施来确保个人信息安全。通过以上建议，可以在数字时代更好地保护自己的个人信息，避免潜在的安全威胁。

## 11.5.2 个人终端防护

个人终端设备，如手机、计算机等，往往会存储大量的个人信息，如照片、文档、邮件、社交媒体账号密码等。这些信息如果被不当泄露或被恶意使用，可能会对个人隐私和财产安全造成严重威胁。因此，个人终端防护的意义在于保护个人信息安全，避免信息泄露、被恶意利用或造成其他损失。个人终端防护的方法如下：

### 1. 设置密码

为个人终端设备设置密码，并定期更换密码，建议使用强密码，以降低设备被攻击和破解的风险。

### 2. 安装杀毒软件

杀毒软件可有效预防恶意软件、病毒等的入侵和破坏。以计算机为例，杀毒软件可通过实时监控和扫描功能，例如对新下载的文件、插入的 U 盘等进行自动扫描，及时发现并清除恶意软件，防止计算机受到攻击和感染病毒，保护计算机系统的稳定和安全。下面以在 Windows 10 下安装火绒杀毒软件为例说明如何安装杀毒软件并启用防护。

① 访问火绒访问官网，选择"个人产品"，在页面中单击"个人免费下载"按钮即可下载安装包，如图 11-23 所示。

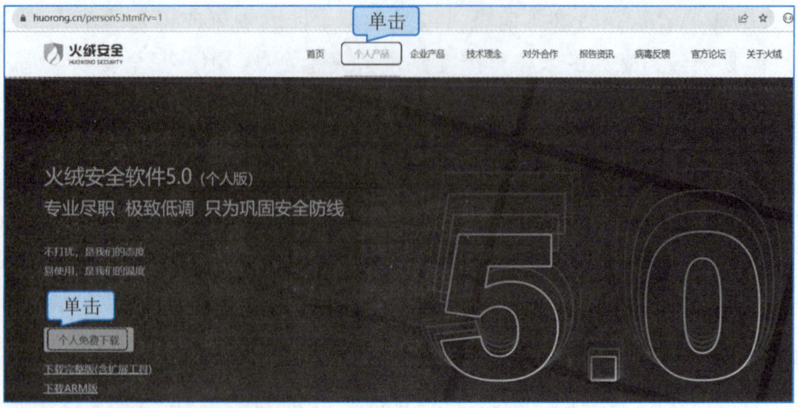

图 11-23　火绒杀毒软件下载页面

② 双击安装包即可进行安装，安装完成后火绒杀毒软件自动运行，单击"防护中心"，可以看到开启的病毒防护功能，如图 11-24 所示。

图 11-24　火绒杀毒软件病毒防护功能

3. 更新软件

及时更新个人终端设备上的软件，包括操作系统、浏览器、应用程序等，以获取最新的安全补丁和功能更新，提高设备的安全性和稳定性。

4. 谨慎下载

不要随意下载未知来源的软件和应用，特别是不要从非官方渠道下载和安装应用程序，以避免安装恶意软件或受病毒感染的程序。

### 11.5.3　数据加密

加密技术同样有助于个人的数据安全防护，对于个人来说，可以将个人隐私数据、工作中的敏感数据等需要重点防护的数据进行加密处理，从而保护个人的数据安全。不同的加密需求，可以采用不同的方式。

1. Office 办公文件加密

对于单个的 Office 办公文件，例如 Word、Excel、PPT 等，可以使用 Office 自带的加密功能实现单文件的加密，以 Word 为例，具体操作步骤为：打开 Word 文件，选择"文件"选项卡，选择"信息"选项卡，单击"保护文档"下拉框，选中"用密码进行加密"选项。在弹出的"加密文档"对话框中输入密码，单击"确认"按钮，再次输入密码，单击"确认"按钮，即可实现 Word 文件的加密，如图 11-25 所示。

图 11-25　Word 文件加密界面

### 2. 多文件加密

当需要对多个文件或多个文件夹进行加密时，可以通过压缩软件中加密压缩来实现。以 Windows 10 操作系统下的 360 压缩软件为例，具体操作步骤为：选中需要加密的文件或文件夹，右击，在弹出快捷菜单中选择"添加到压缩文件"选项，在弹出的压缩窗口中单击"添加密码"按钮，在"输入密码"文本框中输入密码，在"再次输入密码以确认"文本框中输入密码，单击"确认"按钮，如图 11-26 所示。单击"立即压缩"按钮，即可生成一个被加密了的压缩包。

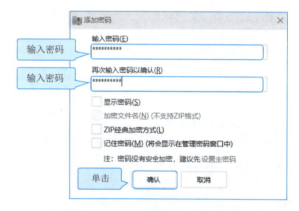

图 11-26　360 压缩添加密码界面

### 3. 磁盘加密

Office 软件和压缩软件的加密功能，通常适用于小部分文件的加密，并且无法做到自动对某一磁盘下的文件实时进行自动加密，为了满足这一需求，需要使用专业的加密软件。VeraCrypt 是一款免费开源跨平台的实时磁盘文件加密工具。下面以 Windows 10 操作系统下使用 VeraCrypt 软件为例，介绍如何进行磁盘加密，操作步骤如下：

① 访问 VeraCrypt 访问官网，选择"Downloads"，在页面中单击"VeraCrypt Setup 1.25.9.exe"按钮即可下载安装包，如图 11-27 所示。

② 双击 VeraCrypt 安装包，按照安装向导完成安装，重启计算机，打开 VeraCrypt，如图 11-28 所示。

③ 单击"创建加密卷"按钮，弹出"VeraCrypt 加密卷创建向导"窗口，选择"加密非系统分区/设备"选项，单击"下一步"按钮进入"加密卷列下"页面，选择"标准 VeraCrypt 加密卷"选项，单击"下一步"按钮，进入"加密卷位置"页面，单击"选择设备"按钮，弹出"选择一个分区或设备"对话框，在该对话框中选择要加密的磁盘分区，单击"确定"按钮，单击"下一步"按钮，进入"加密卷创建模式"页面，单击"创建加密卷并格式化"按钮，单击"下一步"按钮，进入"加密选项"页面，选择"加密算法"和"哈希算法"，例如选择 AES 算法和 SHA-512 算法，单击"下一步"按钮进入"加密卷大小"页面，默认即可，单击"下一步"按钮，进入"加密卷密码"页面。

④ 在"加密卷密码"页面中设置磁盘加密密码并二次输入确认后，单击"下一步"按钮，进入"大文件"页面，选中"是"按钮，单击"下一步"按钮，进入"加密卷格式化"页面，文件系统选择"NTFS"，随机移动鼠标，增加加密随机性，单击"格式化"按钮，开始创建文件容器，等待格式化完成，单击"确定"按钮，完成加密磁盘创建。

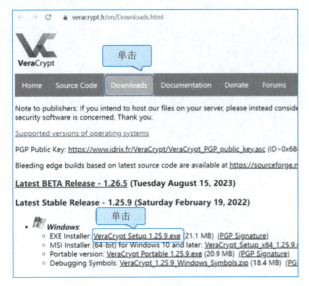

图 11-27　VeraCrypt 下载界面　　　　　图 11-28　VeraCrypt 主界面

⑤ 在 VeraCrypt 主界面单击"选择设备"按钮，选择已加密的磁盘分区，单击"加载"按钮，在密码输入文本框中输入密码，单击"确定"按钮即可完成加密磁盘加载。完成加载的加密磁盘可像正常磁盘一样使用，在该磁盘中存放的文件会自动加密，从该磁盘复制到其他磁盘的文件会自动解密，在卸载加密磁盘后该磁盘不可访问。

### 11.5.4　数据备份

数据备份是保护个人信息的重要措施之一，可以避免数据丢失或受到损坏。数据备份一般需要借助第三方软件来实现。下面以 Windows 10 操作系统为例，给出一些备份个人数据的建议。

#### 1. 备份到其他文件夹

为了实现本机、局域网共享文件夹，或是远程 FTP / SFTP 服务器之间的文件同步，可以通过 Disksync、FreeFileSync 等文件同步软件来实现。FreeFileSync 可以先帮用户分析比较文件夹之间的差异，然后根据用户的要求实现单向传输、双向同步、镜像，或者自动备份 / 增量备份。可以每次手动启动进行同步，也可以设置排程让它每隔一段时间自动同步。以 FreeFileSync 为例介绍如何进行文件夹备份，具体操作步骤如下：

① 访问 FreeFileSync 访问官网，在首页中单击"Download"按钮，在页面下方选择"FreeFileSync 13.0 Windows"按钮即可下载安装包。

② 双击 FreeFileSync 安装包，按照安装向导完成安装，在桌面上生成两个快捷方式，分别是 FreeFileSync 和 RealTimeSync。

③ 打开 FreeFileSync，设置同步的源文件夹和目的文件夹，选择"文件"选项卡，单击"另存为批处理作业"按钮，单击"另存为"按钮选择配置文件的存储位置，单击"保存"按钮，如图 11-29 所示。

图 11-29　FreeFileSync 同步文件夹配置界面

④ 打开 RealTimeSync，选择"文件"选项卡，单击"打开"按钮，选择步骤③保存的配置文件，单击"开始"按钮，即可实现源文件夹和目的文件夹之间的文件自动同步。

#### 2. 备份到云端

如果有多台设备需要备份数据，可以选择备份数据到云端，例如可以备份到百度网盘、阿里云盘等。这样可以实现多设备之间的同步和共享，同时由于异地备份，也增强了数据的安全性。以百度网盘为例，介绍如何备份

数据到云端,具体操作步骤如下:

① 打开百度网盘,单击左侧"同步"按钮,打开"网盘同步空间"对话框。

② 在"网盘同步空间"对话框中,单击"本地同步文件夹"按钮,具体如图 11-30 所示。选择需要备份的文件夹,单击"开始使用"按钮,即可实现自动同步。

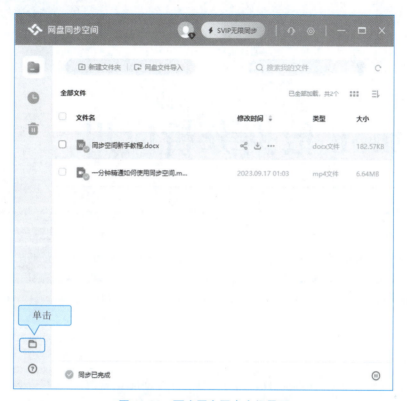

图 11-30  百度网盘同步空间界面

## 小　　结

本章介绍了数据交换共享与数据安全的内容,详细说明了数据共享相关的技术以及 Access 数据库进行数据共享的方式,并对数据共享中面临的安全问题进行了简要说明,详细说明了数据安全的防护体系。对数据分类分级保护制度进行了全面介绍,提供了相应的应用案例。最后对个人如何做到数据安全,从理论和实践两个层面进行了说明。本章完成后,读者应熟悉数据共享的相关技术、数据安全保护的相关技术、数据分类分级制度的实施流程以及落实个人数据安全的方式方法。

## 习　　题

**简答题**

1. 请简述为什么需要数据共享。
2. 请简述数据共享主要用到哪些技术。
3. 将"图书管理系统"的"读者"表导出到 MySQL 数据库。
4. 将"图书管理系统"的"图书"导出到 Excel 文件。
5. 从 Excel 文件导入图书表数据至"图书管理系统"。
6. 请简述什么是数据安全。
7. 请简述数据分级分类的目标。
8. 请简述个人如何做到数据安全。

# 第 12 章 Python 数据分析应用

Python 在数据分析领域有广泛的应用。它提供了各种强大的库和工具，可以帮助用户进行数据清洗、预处理、可视化、探索和分析、自然语言处理以及大数据分析等任务。

Python 中的 Pandas 和 NumPy 库提供了丰富的数据处理函数和数据结构，可以帮助用户对数据进行清洗、缺失值处理、异常值检测等操作。这些库提供了高效的数据处理功能，使得数据清洗和预处理变得更加简单和高效。

Python 中的 Matplotlib、Seaborn 和 Plotly 等库提供了丰富的数据可视化工具和函数，可用于创建各种类型的图表和图形。这些库提供了丰富的图表类型和配置选项，使得数据可视化更加灵活和美观。

另外，Python 中的 Pandas 和 NumPy 库还提供了丰富的数据分析函数和方法，可用于更好地完成统计分析、描述性分析和聚类分析等任务。

Python 在数据分析领域具有广泛的应用，无论是数据清洗、预处理、可视化、探索和分析、自然语言处理还是大数据分析，Python 都提供了丰富的库和工具，可以满足不同规模和复杂度的数据分析需求。

## 本章知识要点

## 12.1 Python 安装

Python 安装是指将 Python 解释器和相关库文件安装到计算机上的过程，以便用户能够在命令行或集成开发环境中运行 Python 程序。Python 安装过程中通常包括下载安装程序、运行安装程序、选择安装路径和配置环境变量等步骤。

### 12.1.1 安装 Python 程序开发相关软件

#### 1. 安装 Python

Python 支持跨平台安装，无论是 Windows、Linux 还是 Mac OS，均可以安装 Python。我们可以在 Python 的官方网站上下载适合操作系统的 Python 安装程序，当前选取的版本为 3.11.4，下载界面如图 12-1 所示。

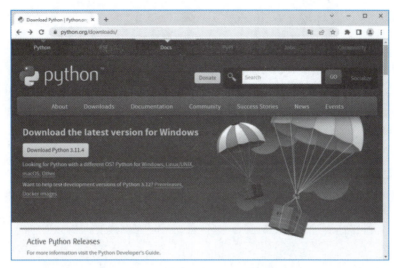

图 12-1　Python 安装包下载界面

下载完成后，双击下载的 Python 安装程序文件（python-3.11.4-amd64.exe），进入 Python 安装界面。在图 12-2 所示的界面中勾选"Add Python.exe to PATH"复选框，该选项会自动将 Python 添加至计算机的环境变量中，即可以在计算机的任何位置运行 Python 程序。然后选择"Install Now"进行默认安装。安装过程如图 12-3 所示。

图 12-2　Python 安装界面

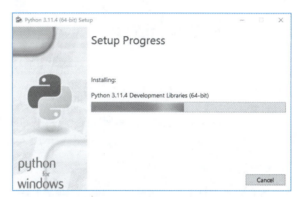

图 12-3　Python 安装过程

等待安装程序完成 Python 的安装，安装成功界面如图 12-4 所示，单击"Close"按钮关闭安装程序。

### 2. 运行 Python

Python 安装完成后，可以通过命令提示符来验证安装结果，操作步骤为：在 Windows"运行"对话框（按【Win+R】组合键）中输入"cmd"命令，按【Enter】键，打开命令行界面，输入"python"命令，按【Enter】键。

如果成功进入 Python 解释器环境如图 12-5 所示，则安装成功，在该页面下输入"exit()"或按【Ctrl+Z】组合键后按【Enter】键，退出 Python 解释器环境。

图 12-4　安装成功界面

图 12-5　Python 安装结果

## 12.1.2 安装第三方集成开发环境 PyCharm

第三方集成开发环境通常有更高的灵活性和可扩展性，可以满足开发者个性化的需求，能够更便捷快速地编写 Python 程序。一些常见的第三方集成开发环境包括 PyCharm、Visual Studio Code、Spyder、Sublime Text 等。

对于初学者来说，PyCharm 的安装和使用相对简单。PyCharm 是一款由 JetBrains 开发的 Python 集成开发环境，提供了丰富的功能和工具，包括代码自动补全、代码导航、代码重构、调试功能、版本控制集成、测试工具支持和插件系统。它可以帮助开发者更高效地编写、调试和测试 Python 代码。

### 1. PyCharm 的下载

访问 PyCharm 官网，如图 12-6 所示。单击页面中的"下载"按钮，跳转到下载页面。

PyCharm 包含付费专业版（Professional）和免费社区版（Community），如图 12-7 和图 12-8 所示。相对于社区版，专业版额外包含项目模板、远程开发和数据库支持等功能。对于初学者而言，社区版已完全能满足使用需求，因此下载社区版即可。

图 12-6　PyCharm 官网

图 12-7　PyCharm 付费专业版

### 2. 安装 PyCharm

操作步骤如下：

① 双击安装文件 pycharm-community-2023.1.4.exe，弹出图 12-9 所示界面，单击"Next"按钮开始安装。

② 在图 12-10 所示的界面中可以设置软件安装位置，单击"Next"按钮。

图 12-8　PyCharm 免费社区版

图 12-9　开始安装界面

③ 在图 12-11 所示的界面中，设置创建桌面快捷方式，单击"Next"按钮。

④ 显示选择"开始"菜单文件夹界面，该界面不用设置，采用默认设置即可，如图 12-12 所示。单击"Install"按钮，等待程序完成安装。

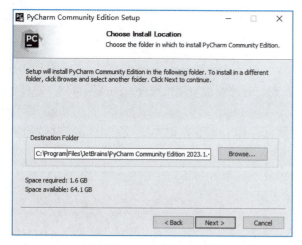

图 12-10　设置安装路径

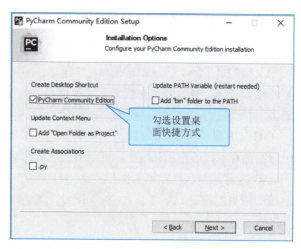

图 12-11　配置界面

⑤ 安装完成，如图 12-13 所示。

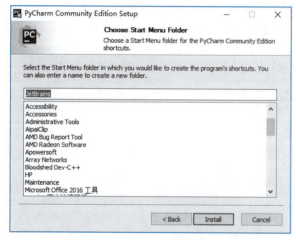

图 12-12　选择开始菜单文件夹

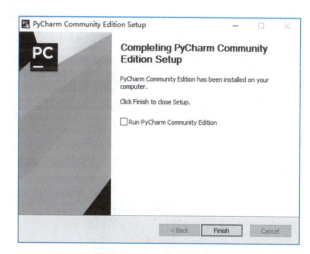

图 12-13　安装完成界面

## 12.2　利用爬虫采集数据

随着互联网的快速发展，数据已经成为了一种非常重要的资源。大量的数据被存储在互联网上，包括文本、图片、音频、视频等各种形式。这些数据非常有价值，可以用于各种领域的研究和应用。然而，手动从互联网上获取这些数据是非常困难和耗时的，因此需要一种自动化的方式来获取这些数据。爬虫技术就是一种非常有效的方式，可以自动化地从互联网上获取数据，为人们提供更加便捷、高效的信息服务。

爬虫技术是指通过程序自动访问互联网上的网页，获取网页中的数据，并将数据存储到本地或者其他地方的一种技术方式。爬虫技术可以应用于各种领域，例如搜索引擎、数据挖掘、信息聚合、舆情监测等。爬虫技术的基本原理是模拟浏览器的行为，通过 HTTP 协议向服务器发送请求，获取服务器返回的响应数据。爬虫程序需要先确定要爬取的网站和页面，然后通过解析 HTML 文档提取出需要的数据。

爬虫技术的实现可以使用各种编程语言和框架，例如 Python、Scrapy、BeautifulSoup 等。Python 是一种流行的编程语言，具有简单易学、代码简洁、丰富的第三方库等优点，因此被广泛应用于爬虫技术的。Scrapy 是一个 Python 的爬虫框架，可以帮助开发者快速构建高效、可扩展的爬虫程序。BeautifulSoup 是一个 Python 的 HTML 解析库，可以帮助开发者快速解析 HTML 文档，提取出需要的数据。

爬虫技术是一种非常有用的技术，可以帮助人们高效地从互联网上获取有价值的信息。随着互联网的不断发展，爬虫技术也将不断进化和发展，为人们提供更加便捷、高效的信息服务。

## 12.2.1 Python 与爬虫

### 1. 了解网页结构

网页结构是指网页的基本布局和元素组成，通常由 HTML、CSS 和 JavaScript 三个部分组成。它们共同构成了网页的基本布局、样式和交互效果。了解网页结构可以帮助我们更好地理解和优化网页，提高网页的用户体验和性能。

① HTML 结构：HTML 是网页的基本结构语言，用于描述网页的内容和结构。HTML 文档由一系列标签组成，每个标签都有不同的作用和属性，可以用来定义文本、图片、链接、表格、表单等元素。

② CSS 样式：CSS 是网页的样式表语言，用于描述网页的外观和布局。CSS 可以控制网页的颜色、字体、大小、间距、背景等样式设置，从而实现网页的美化和排版。

③ JavaScript 脚本：JavaScript 是网页的脚本语言，用于实现网页的交互和动态效果。JavaScript 可以控制网页的事件、响应、动画等行为，从而增强网页的用户体验和功能。

通过浏览器打开"当当"网站，右击，在弹出的快捷菜单中选中"检查"选项，如图 12-14 所示，即可查看网页结构，如图 12-15 所示。图中左侧为 HTML 文件，<script></script> 标签中的内容为 JavaScript 代码，右侧为 CSS 样式。在快捷菜单中选中"查看网页源代码"选项，即可查看该网页源代码，如图 12-16 所示。

图 12-14　快捷菜单

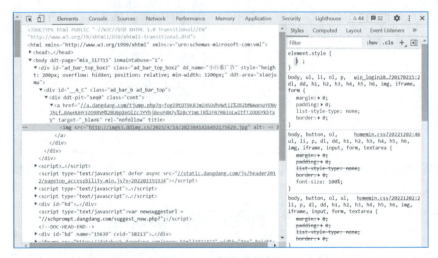

图 12-15　查看网页结构

图 12-16　查看网页源代码

HTTP（hypertext transfer protocol）是一种用于传输超文本的协议，它是 Web 应用程序的基础。HTTP 操作过程通常包括以下步骤：

① 建立 TCP 连接：HTTP 是基于 TCP 协议的，因此在进行 HTTP 通信之前，需要先建立 TCP 连接。客户端通过向服务器发送 SYN 报文请求连接，服务器回复 ACK 报文确认连接，完成三次握手。

② 发送 HTTP 请求：建立 TCP 连接后，客户端向服务器发送 HTTP 请求。HTTP 请求通常包括请求方法、请求 URL、请求头部和请求体等信息。常见的请求方法有 GET、POST、PUT、DELETE 等。

③ 服务器响应：服务器接收到 HTTP 请求后，会根据请求的内容进行处理，并返回 HTTP 响应。HTTP 响应通常包括响应状态码、响应头部和响应体等信息。常见的响应状态码有 200、404、500 等。

④ 接收 HTTP 响应：客户端接收到服务器返回的 HTTP 响应后，会根据响应的内容进行处理。如果响应状态码为 200，则表示请求成功，客户端可以根据响应体中的内容进行下一步操作。

⑤ 关闭 TCP 连接：HTTP 通信完成后，客户端和服务器会关闭 TCP 连接。客户端发送 FIN 报文请求关闭连接，服务器回复 ACK 报文确认关闭，完成四次握手。

以上是 HTTP 操作过程的基本流程，其中还涉及 HTTP 缓存、Cookie、HTTPS 等相关内容。了解 HTTP 操作过程可以帮助我们更好地理解 Web 应用程序的工作原理。

### 2. 爬虫基本原理

爬虫是一种自动化程序，通过模拟浏览器的行为，从互联网上获取信息。其基本原理如图 12-17 所示。

图 12-17 爬虫基本原理

① 发送请求：爬虫程序首先会向目标网站发送请求，请求网站的某个页面或接口。

② 获取页面内容：目标网站接收到请求后，会返回相应的页面内容。爬虫程序会将返回的页面内容保存下来，以便后续处理。

③ 解析页面内容：爬虫程序会对页面内容进行解析，提取出需要的信息。通常使用正则表达式、XPath、CSS 选择器等方式进行解析。

④ 存储数据：爬虫程序会将提取出的信息存储到本地文件或数据库中，以便后续使用。

需要注意的是，爬虫程序需要遵守网站的爬虫规则，不得对网站造成过大的负担或侵犯网站的利益。同时，爬虫程序也需要遵守相关法律法规，不得进行非法活动。

### 3. urllib 模块

urllib 是 Python 内置的 HTTP 请求库，包含了多个模块，常用的有：

① urllib.request：用于发送 HTTP 请求和获取 HTTP 响应，包括打开 URL、读取 URL 内容、设置请求头、发送 POST 请求等功能。

② urllib.parse：用于 URL 解析和构建，包括将 URL 拆分成各个组成部分、将各个组成部分组合成完整的 URL 等功能。

③ urllib.error：用于处理 HTTP 请求和响应的错误，包括 HTTPError、URLError 等异常类。

④ urllib.robotparser：用于解析 robots.txt 文件，判断是否允许爬虫访问某个 URL。

使用 urllib 发送 HTTP 请求的基本流程如下：

① 构建请求对象：使用 urllib.request.Request() 函数构建请求对象，可以设置请求头、请求方法、请求体等参数。

② 发送请求：使用 urllib.request.urlopen() 函数发送请求，返回响应对象。

③ 处理响应：响应对象包含了 HTTP 响应的各种信息，可以通过调用响应对象的方法获取响应内容、响应头等信息。

④ 关闭响应：使用响应对象的 close() 方法关闭响应，释放资源。

**例 12-1** 使用 urllib 发送 GET 请求并获取京东网站（https://www.jd.com/）内容。代码如下：

```
import urllib.request
```

```
url = 'https://www.jd.com/'
req = urllib.request.Request(url)
response = urllib.request.urlopen(req)
html = response.read().decode('utf-8')
print(html)
```

其中，urllib.request.urlopen() 函数可以接收一个字符串类型的 URL 参数，也可以接收一个请求对象参数。在发送 POST 请求时，需要在请求对象中设置请求方法为 POST，并设置请求体参数。

获取结果如图 12-18 所示。

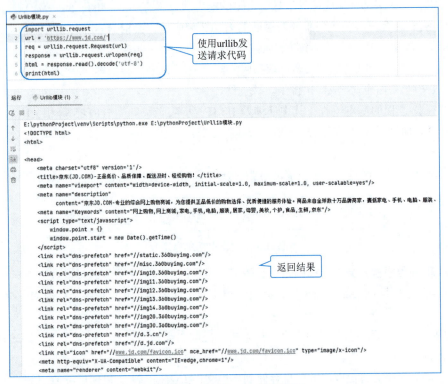

图 12-18　通过 urllib 访问网页

### 4. requests 库

requests 是 Python 第三方库，用于发送 HTTP 请求和处理 HTTP 响应。相比于 Python 内置的 urllib 库，Requests 更加简洁易用，提供了更多的功能和便捷的 API。使用 requests 发送 HTTP 请求的基本流程如下：

① 构建请求：使用 "requests" 库的函数来构造请求，可以指定请求方法（如 GET、POST 等）、目标 URL、请求头（headers）、请求参数（params）、请求体（data/json/files）等。

② 发送请求：使用 HTTP 方法对应的函数（如 "requests.get" "requests.post" 等）发送请求，并将返回的响应对象保存在变量中。

③ 处理响应：响应对象包含了 HTTP 响应的各种信息，可以通过调用响应对象的方法获取响应内容、响应头等信息。

④ 关闭会话：使用会话对象的 close() 方法关闭会话，释放资源。

**例 12-2**　使用 requests 发送 GET 请求并获取京东网站（https://www.jd.com/）内容。代码如下：

```
import requests
url = 'http://www.jd.com'
req = requests.get(url)
html = req.text
print(html)
```

其中，requests.get() 函数可以接收一个字符串类型的 URL 参数，也可以接收一个请求对象参数。在发送 POST 请求时，需要在请求对象中设置请求方法为 POST，并设置请求体参数。

获取结果如图 12-19 所示。

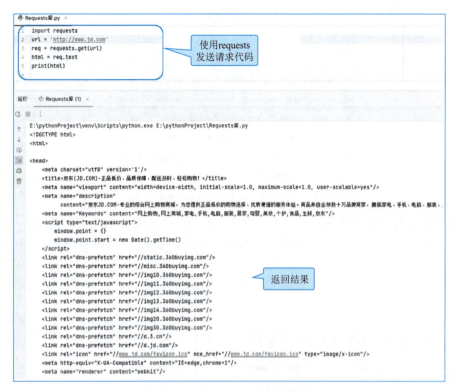

图 12-19　通过 requests 访问网页

### 12.2.2　获取天气信息

历史天气数据分析可以帮助我们了解过去的气候模式和趋势，从而预测未来的气候变化。通过分析这些数据可以识别出持续的气候模式，例如长期干旱或频繁的暴雨，以及其对人类和环境的影响。这些分析结果可以为政府、决策者和公众提供重要的参考信息，以制定应对气候变化的政策和措施。本节通过爬虫获取北京 2011 年至 2023 年的历史天气信息。

#### 1. 选择信息爬取的网页

由于要获取的是历史天气信息，我们选择了"天气后报网"作为目标网站。首先登录天气后报网站 http://www.tianqihoubao.com，如图 12-20 所示。

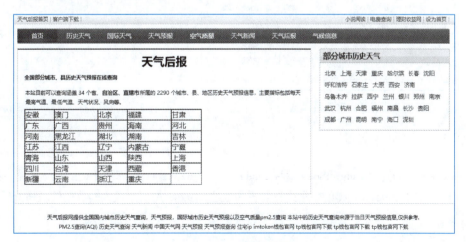

图 12-20　天气后报网

然后定位到需要爬取的数据所在的网页 http://www.tianqihoubao.com/lishi/beijing/month/202207.html，如图 12-21 所示。

### 2. 获取相关信息所在的 URL

通过观察，不同年份月份天气信息所在的 URL 见表 12-1。

表 12-1　不同年份月份天气信息所在 URL

| 年 份 月 份 | URL |
| --- | --- |
| 2022 年 1 月 | http://www.tianqihoubao.com/lishi/beijing/month/202201.html |
| 2022 年 2 月 | http://www.tianqihoubao.com/lishi/beijing/month/202202.html |
| 2022 年 3 月 | http://www.tianqihoubao.com/lishi/beijing/month/202203.html |
| 2022 年 4 月 | http://www.tianqihoubao.com/lishi/beijing/month/202204.html |
| 2022 年 5 月 | http://www.tianqihoubao.com/lishi/beijing/month/202205.html |
| 2022 年 6 月 | http://www.tianqihoubao.com/lishi/beijing/month/202206.html |
| 2022 年 7 月 | http://www.tianqihoubao.com/lishi/beijing/month/202207.html |

通过对不同月份对应的 URL 进行观察，我们可以发现不同月份对应 URL 中前半部分是一样的，都是 http://www.tianqihoubao.com/lishi/beijing/month，我们只需要将 URL 最后一部分修改成对应的年份和月份即可。

### 3. 爬取数据

为了获取北京历年天气情况，我们需要从不同的 URL 中获取相关月份的天气信息。获取数据的流程图如图 12-22 所示。

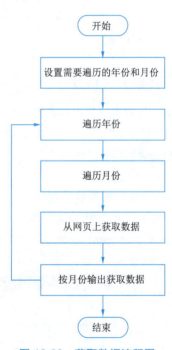

图 12-21　北京 2022 年 7 月天气　　　　图 12-22　获取数据流程图

详细步骤如下：

（1）导入库

首先，需要导入 requests 库、BeautifulSoup 库和 pandas 库。其中，requests 库用于访问目标网站，获取网页数据，BeautifulSoup 库用于对通过 requests 获得的数据进行解析和处理，pandas 是一个强大的数据处理和分析库。代码如下：

```
import requests
from bs4 import BeautifulSoup
import pandas as pd
```

（2）发送 HTTP 请求获取页面内容

我们使用 requests.get() 函数发送 GET 请求，并模拟浏览器的请求头信息。代码如下：

```
url=' http://www.tianqihoubao.com/lishi/beijing/month/201101.html '
headers = {
        'User-Agent': 'Mozilla/5.0 (Windows NT 10.0;Win64;x64) AppleWebKit/537.36 (KHTML, like Gecko) Chrome/87.0.4280.67 Safari/537.36 Edg/87.0.664.47',
        'Accept': 'text/html;q=0.9,*/*;q=0.8',
        'Accept-Charset': 'ISO-8859-1,utf-8;q=0.7,*;q=0.3',
        'Accept-Encoding': 'gzip',
        'Connection': 'close'
        }
# 请求获取网页内容
req = requests.get(url,headers=headers)
```

（3）解析 HTML 内容

创建一个 BeautifulSoup 对象，并制定解析器和要解析的内容，其中"req.text"为获取的网页内容。代码如下：

```
soup=BeautifulSoup(req.text,"lxml")
```

（4）定位和提取信息

根据 HTML 结构和标签的特点，使用 BeautifulSoup 提供的选择器方法定位天气信息的 HTML 元素。通过观察可以发现，天气信息都包含在 <table> 标签中，可以使用 find_all 方法定位所有的天气信息。代码如下：

```
tables = soup.find_all('table')
```

read_html 函数是 pandas 库中的一个函数，用于从一个 HTML 页面中读取表格数据，并返回一个包含这些表格数据的 DataFrame 对象。我们可以通过该函数快速获取表格中的数据。

```
data=pd.read_html(str(tables),encoding='utf-8')[0]
```

用 Python 编写的完整代码如下：

```
import requests
from bs4 import BeautifulSoup
import pandas as pd
import time
def Get_data(url):
    headers = {
        'User-Agent': 'Mozilla/5.0 (Windows NT 10.0;Win64;x64) AppleWebKit/537.36 (KHTML, like Gecko) Chrome/87.0.4280.67 Safari/537.36 Edg/87.0.664.47',
        'Accept': 'text/html;q=0.9,*/*;q=0.8',
        'Accept-Charset': 'ISO-8859-1,utf-8;q=0.7,*;q=0.3',
        'Accept-Encoding': 'gzip',
        'Connection': 'close'
        }
    req = requests.get(url,headers=headers)              # 请求获取网页内容
    soup=BeautifulSoup(req.text,"lxml")                  # 格式化网页
    tables = soup.find_all('table')                      # 使用 soup 对象查找获取所需内容
    data=pd.read_html(str(tables),encoding='utf-8')[0]   # 提取需要的数据
    return data
if __name__ == '__main__':
    datas=[]
    for year in range(2011, 2024):
        for month in range(1,13):
            if month<10:
                month1="0"+str(month)
            else:
                month1 = month
            create_url = 'http://www.tianqihoubao.com/lishi/beijing/month/{}.html'.format(str(year)+str(month1))
            print('正在打开网页： ',create_url)
            data = Get_data(create_url)                  # 获取数据
```

```
            print(data)                            # 输出获取结果数据
            datas.append(data)
            time.sleep(5)                          # 设置间隔时间
    datalist = pd.concat(datas,axis=0)  # 将多个 DataFrame 对象沿着行方向进行连接
    print(datalist)                                # 输出获取结果数据
```

代码执行获取内容如图 12-23 所示。

### 12.2.3 获取电影信息

本节中我们通过爬虫获取电影排行榜中的电影信息。

#### 1. 选择信息爬取的网页

打开豆瓣，查看电影排行榜。首先我们登录网站 https://movie.douban.com/top250，如图 12-24 所示。

图 12-23　北京历年部分天气信息　　　　　　图 12-24　豆瓣电影排行榜

首页显示的是排行榜电影清单，我们需要单击超链接跳转到该电影的详细页面获取信息。因此，我们需要从电影排行榜清单中获取每一部电影的 URL，然后再跳转到每一部电影的详细介绍页面，从而获取相应的信息。其中详细介绍页面如图 12-25 示。

#### 2. 获取相关信息所在的 URL

通过观察，电影排行榜首页仅显示 25 条记录，查看其他记录需要通过翻页来实现。通过切换页面，我们可以发现不同页面对应的 URL 见表 12-2。

表 12-2　不同页面对应的 URL

| 页　　面 | URL |
| --- | --- |
| 第 1 页 | https://movie.douban.com/top250?start=0&filter= |
| 第 2 页 | https://movie.douban.com/top250?start=25&filter= |
| 第 3 页 | https://movie.douban.com/top250?start=50&filter= |
| 第 4 页 | https://movie.douban.com/top250?start=75&filter= |
| 第 5 页 | https://movie.douban.com/top250?start=100&filter= |
| 第 6 页 | https://movie.douban.com/top250?start=125&filter= |
| 第 7 页 | https://movie.douban.com/top250?start=150&filter= |
| 第 8 页 | https://movie.douban.com/top250?start=175&filter= |
| 第 9 页 | https://movie.douban.com/top250?start=200&filter= |
| 第 10 页 | https://movie.douban.com/top250?start=225&filter= |

通过对不同页面对应的 URL 进行观察，可以发现不同页面对应 URL 中只有参数 start 的参数值是不一样的，其余部分是完全一致的。因此，只需要修改参数 start 值就可以获取排行榜中所有电影清单记录。并且，由于每一页只显示 25 条记录，因此下一页的参数 start 的参数值只需要在前一页 start 参数值的基础上加 25 即可，即明确显示的记录从那一条开始。

### 3. 爬取数据

获取电影详情信息的流程图如图 12-26 示。

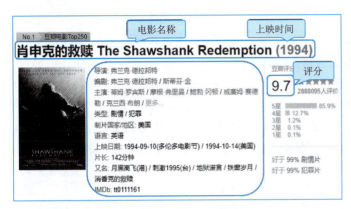

图 12-25　电影详情页

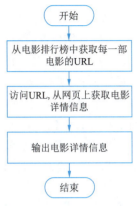

图 12-26　获取数据流程图

详细步骤如下：

（1）获取排行榜中每部电影的 URL

① 导入库。需要导入 requests 库、BeautifulSoup 库和 random 库。其中，requests 库用于访问目标网站，获取网页数据，BeautifulSoup 库用于对通过 requests 获得的数据进行解析和处理，random 库用于生成随机数。代码如下：

```
import requests
from bs4 import BeautifulSoup
import random
```

② 发送 HTTP 请求获取页面内容。我们使用 requests.get() 函数发送 GET 请求，并模拟浏览器的请求头信息，同时设置多个请求头信息，通过 random.choice() 函数随机选择一个请求头信息，以减少被网站识别为爬虫的风险。代码如下：

```
url='https://movie.douban.com/top250'
my_headers = [
    'Mozilla/5.0 (Windows NT 5.2) AppleWebKit/534.30 (KHTML, like Gecko) Chrome/12.0.742.122 Safari/534.30',
    'Mozilla/5.0 (Windows NT 5.1; rv:5.0) Gecko/20100101 Firefox/5.0',
    'Mozilla/4.0 (compatible; MSIE 8.0; Windows NT 5.2; Trident/4.0; .NET CLR 1.1.4322; .NET CLR 2.0.50727; .NET4.0E; .NET CLR 3.0.4506.2152; .NET CLR 3.5.30729; .NET4.0C)',
    'Opera/9.80 (Windows NT 5.1; U; zh-cn) Presto/2.9.168 Version/11.50',
    'Mozilla/5.0 (Windows; U; Windows NT 5.1; zh-CN) AppleWebKit/533.21.1 (KHTML, like Gecko) Version/5.0.5 Safari/533.21.1',
    'Mozilla/4.0 (compatible; MSIE 8.0; Windows NT 5.1; Trident/4.0; .NET CLR 2.0.50727; .NET CLR 3.0.04506.648; .NET CLR 3.5.21022; .NET4.0E; .NET CLR 3.0.4506.2152; .NET CLR 3.5.30729; .NET4.0C)']
header = {"User-Agent": random.choice(my_headers)}
response = requests.get(url, headers=header)
```

③ 解析 HTML 内容。创建一个 BeautifulSoup 对象，并制定解析器和要解析的内容。代码如下：

```
soup = BeautifulSoup(response.text, 'html.parser')
```

④ 定位和提取信息。根据 HTML 结构和标签的特点，使用 BeautifulSoup 提供的选择器方法定位电影信息的 HTML 元素。电影排行榜中每个电影都包含在一个 class 为"item"的 div 标签中，可以使用 find_all 方法定位所有的电影项。代码如下：

```
movie_list = soup.find_all("div", class_="item")
```

遍历电影项列表，逐个提取每部电影的 URL。在页面 HTML 中，每部电影的 URL 是在 <a> 标签的 href 属性中，可以通过如下方法获取：

```
urls=[]
for movie in movie_list:
    url=movie.a['href']
    urls.append(url)
```

（2）获取每部电影详情信息

获取每部电影详情信息的操作步骤与上面的内容基本一致，下面主要讲解电影的各项信息的定位和提取，比如电影名称、上映年份、片长、评分、制片国家/地区以及语言等信息。

进入电影详情页，通过对页面 HTML 观察可以发现，电影名称位于 property 属性值为"v:itemreviewed"的 <span> 标签中，上映年份位于 class 属性值为"year"的 <span> 标签中，片长位于 property 属性值为"v:runtime"的 <span> 标签中，评分位于 property 属性值为"v: average"的 <span> 标签中，可以使用 find 方法和 CSS 选择器来定位到相应的信息。但导演、演员以及电影类型等信息分别包含多条记录，因此需要使用 find_all 方法获取所有记录，并需要再将其组合。代码如下：

```
movie = {}
# 获取电影名称
movie['Name'] = soup.find('span', property="v:itemreviewed").text
# 获取电影上映年份
movie['Year'] = soup.find('span', class_='year').text
# 获取电影评分
movie['Rate'] = soup.find('strong', property="v:average").text
# 获取电影片长
movie['Runtime'] = soup.find('span', property="v:runtime").text
info=soup.find('div', id='info').text.strip().split('\n')
# 获取制片国家/地区和语言
for i in info:
    if i[0:8]==" 制片国家/地区 :":
        movie['regions'] = i[8:].strip()
    if i[0:3]==' 语言 :':
        movie['Language'] = i[3:].strip()
# 获取导演
movie['Directors'] = ''
directors = soup.find_all('a', rel="v:directedBy")
for director in directors:
    movie['Directors'] += director.text
    movie['Directors'] += ' '
# 获取演员
movie['Stars'] = ''
stars = soup.find_all('a', rel="v:starring")
for index,star in enumerate(stars):
    movie['Stars'] += star.text
    movie['Stars'] += ' '
    if index>1:
        break
# 获取电影类型
movie['Category'] = ''
categorys = soup.find_all('span', property="v:genre")
for category in categorys:
    movie['Category'] += category.text
    movie['Category'] += ' '
```

获取电影排行榜完整代码如下：

```
import time
import requests
```

```python
from bs4 import BeautifulSoup
import random
def sendHTTP(url):
    my_headers = [
        'Mozilla/5.0 (Windows NT 5.2) AppleWebKit/534.30 (KHTML, like Gecko) Chrome/12.0.742.122 Safari/534.30',
        'Mozilla/5.0 (Windows NT 5.1; rv:5.0) Gecko/20100101 Firefox/5.0',
        'Mozilla/4.0 (compatible; MSIE 8.0; Windows NT 5.2; Trident/4.0; .NET CLR 1.1.4322; .NET CLR 2.0.50727; .NET4.0E; .NET CLR 3.0.4506.2152; .NET CLR 3.5.30729; .NET4.0C)',
        'Opera/9.80 (Windows NT 5.1; U; zh-cn) Presto/2.9.168 Version/11.50',
        'Mozilla/5.0 (Windows; U; Windows NT 5.1; zh-CN) AppleWebKit/533.21.1 (KHTML, like Gecko) Version/5.0.5 Safari/533.21.1',
        'Mozilla/4.0 (compatible; MSIE 8.0; Windows NT 5.1; Trident/4.0; .NET CLR 2.0.50727; .NET CLR 3.0.04506.648; .NET CLR 3.5.21022; .NET4.0E; .NET CLR 3.0.4506.2152; .NET CLR 3.5.30729; .NET4.0C)']
    header = {"User-Agent": random.choice(my_headers)}
    response = requests.get(url, headers=header)
    return response
def scrape_movie_url(url):
    soup = BeautifulSoup(sendHTTP(url).text, "html.parser")
    movie_list = soup.find_all("div", class_="item")
    urls=[]
    for movie in movie_list:
        url=movie.a['href']
        urls.append(url)
    return urls
def get_movieInfo(url):
    soup = BeautifulSoup(sendHTTP(url).text, 'html.parser')
    movie = {}
    # 获取电影名称
    movie['Name'] = soup.find('span', property="v:itemreviewed").text
    # 获取电影上映年份
    movie['Year'] = soup.find('span', class_='year').text
    # 获取电影评分
    movie['Rate'] = soup.find('strong', property="v:average").text
    # 获取电影片长
    movie['Runtime'] = soup.find('span', property="v:runtime").text
    info=soup.find('div', id='info').text.strip().split('\n')
    # 获取制片国家/地区和语言
    for i in info:
        if i[0:8] == "制片国家/地区:":
            movie['regions'] = i[8:].strip()
        if i[0:3] == '语言:':
            movie['Language'] = i[3:].strip()
    # 获取导演
    movie['Directors'] = ''
    directors = soup.find_all('a', rel="v:directedBy")
    for director in directors:
        movie['Directors'] += director.text
        movie['Directors'] += ' '
    # 获取演员
    movie['Stars'] = ''
    stars = soup.find_all('a', rel="v:starring")
    for index, star in enumerate(stars):
        movie['Stars'] += star.text
        movie['Stars'] += ' '
        if index > 1:
            break
    # 获取电影类型
    movie['Category'] = ''
    categorys = soup.find_all('span', property="v:genre")
```

```
            for category in categorys:
                movie['Category'] += category.text
                movie['Category'] += '  '
            return movie
    def get_urls():
        base_url = "https://movie.douban.com/top250"
        urls = []
        for page in range(0, 250, 25):
            page_url = f"{base_url}?start={page}"
            urls += scrape_movie_url(page_url)
        return urls
    if __name__ == '__main__':
        urls = get_urls()
        movies = []
        for url in urls:
            movie = get_movieInfo(url)
            print(movie)
            movies.append(movie)
            time.sleep(2)
        print(movies)
```

代码执行获取内容如图 12-27 所示。

```
{'Name': '肖申克的救赎 The Shawshank Redemption', 'Year': '(1994)', 'Rate': '9.7', 'Runtime': '142分钟', 'regions': '美国', 'Language': '英语',
{'Name': '霸王别姬', 'Year': '(1993)', 'Rate': '9.6', 'Runtime': '171分钟', 'regions': '中国 ', 'Language': '汉语普通话', 'Directors
{'Name': '阿甘正传 Forrest Gump', 'Year': '(1994)', 'Rate': '9.5', 'Runtime': '142分钟', 'regions': '美国', 'Language': '英语', 'Directors': '
{'Name': '泰坦尼克号 Titanic', 'Year': '(1997)', 'Rate': '9.5', 'Runtime': '194分钟', 'regions': '美国 / 墨西哥', 'Language': '英语 / 意大利语 /
{'Name': '这个杀手不太冷 Léon', 'Year': '(1994)', 'Rate': '9.4', 'Runtime': '110分钟(剧场版)', 'regions': '法国 / 美国', 'Language': '英语 / 意大利
{'Name': '千与千寻 千と千尋の神隠し', 'Year': '(2001)', 'Rate': '9.4', 'Runtime': '125分钟', 'regions': 'tp://toho.co.jp/sentochihiro/index2.htm
{'Name': '美丽人生 La vita è bella', 'Year': '(1997)', 'Rate': '9.6', 'Runtime': '116分钟(国际版)', 'regions': '意大利', 'Language': '意大利语 /
{'Name': "辛德勒的名单 Schindler's List", 'Year': '(1993)', 'Rate': '9.6', 'Runtime': '195分钟', 'regions': '美国', 'Language': '英语 / 希伯来语
{'Name': '星际穿越 Interstellar', 'Year': '(2014)', 'Rate': '9.4', 'Runtime': '169分钟', 'regions': '美国 / 英国 / 加拿大', 'Language': '英语',
{'Name': '盗梦空间 Inception', 'Year': '(2010)', 'Rate': '9.4', 'Runtime': '148分钟', 'regions': '美国 / 英国', 'Language': '英语 / 日语 / 法语',
{'Name': '楚门的世界 The Truman Show', 'Year': '(1998)', 'Rate': '9.4', 'Runtime': '103分钟', 'regions': '美国', 'Language': '英语', 'Directors
{'Name': "忠犬八公的故事 Hachi: A Dog's Tale", 'Year': '(2009)', 'Rate': '9.4', 'Runtime': '93分钟', 'regions': '美国 / 英国', 'Language': '英语
{'Name': "海上钢琴师 La leggenda del pianista sull'oceano", 'Year': '(1998)', 'Rate': '9.3', 'Runtime': '165分钟', 'regions': '意大利', 'Langua
{'Name': '三傻大闹宝莱坞 3 Idiots', 'Year': '(2009)', 'Rate': '9.2', 'Runtime': '171分钟(印度)', 'regions': '印度', 'Language': '印地语 / 乌尔都语
{'Name': '放牛班的春天 Les choristes', 'Year': '(2004)', 'Rate': '9.3', 'Runtime': '97分钟', 'regions': '法国 / 瑞士 / 德国', 'Language': '法语',
{'Name': '机器人总动员 WALL·E', 'Year': '(2008)', 'Rate': '9.3', 'Runtime': '98分钟', 'regions': 'w.pixar.com/feature-films/walle', 'Language'
{'Name': '无间道 無間道', 'Year': '(2002)', 'Rate': '9.3', 'Runtime': '101分钟', 'regions': '中国', 'Language': '粤语', 'Directors': '刘伟强
```

图 12-27 部分电影信息

# 12.3 数据预处理和存储

数据预处理是数据分析的重要步骤之一，它涉及对原始数据进行清洗、转换和整理的过程。数据预处理的目的是提高数据质量，减少噪声和不一致性，以便后续的数据分析和建模。

数据存储是将处理后的数据保存到文件或数据库中，以便后续使用。常见的数据存储方式包括文本文件（如 CSV、JSON、XML）、Excel 文件、数据库（如 MySQL、PostgreSQL）和云存储服务（如 Amazon S3、Google Cloud Storage）等。

数据预处理和存储是数据分析的重要环节，能够帮助提高数据质量、准确性和可用性，为后续的数据分析和建模提供可靠的基础。

## 12.3.1 天气数据预处理与存储

### 1. 导入库

需要导入 pandas 库。pandas 是一个强大的数据处理和分析库，它提供了丰富的数据结构和功能，使得数据的处理和分析变得简单高效。pandas 的核心数据结构是 Series 和 DataFrame。Series 是一维的带标签的数组，类似于一维数组或列。而 DataFram 是二维的表格型数据结构，类似于二维数组或关系型数据库中的表。代码如下：

```
import pandas as pd
```

## 2. 数据观察和分析

获取数据后，需要对数据进行观察和分析，找出数据中的问题和异常，为后续的预处理做好准备。表 12-3 所示数据为获取的部分数据，通过观察，我们可以发现数据中存在的问题见表 12-4。

表 12-3 部分天气信息

|    | 0 | 1 | 2 | 3 |
|----|---|---|---|---|
| 0  | 日期 | 天气状况 | 最低气温 / 最高气温 | 风力风向（夜间 / 白天） |
| 1  | 2011 年 01 月 01 日 | 晴 / 晴 | -9 ℃ / 0 ℃ | 无持续风向 ≤ 3 级 / 无持续风向 ≤ 3 级 |
| 2  | 2011 年 01 月 02 日 | 多云 / 阴 | -7 ℃ / -2 ℃ | 无持续风向 ≤ 3 级 / 无持续风向 ≤ 3 级 |
| 3  | 2011 年 01 月 03 日 | 晴 / 晴 | -8 ℃ / 1 ℃ | 北风 3~4 级 / 无持续风向 ≤ 3 级 |
| 4  | 2011 年 01 月 04 日 | 晴 / 晴 | -11 ℃ / -1 ℃ | 无持续风向 ≤ 3 级 / 无持续风向 ≤ 3 级 |
| 5  | 2011 年 01 月 05 日 | 晴 / 晴 | -8 ℃ / -1 ℃ | 北风 4~5 级 / 北风 3~4 级 |
| 6  | 2011 年 01 月 06 日 | 晴 / 晴 | -10 ℃ / 0 ℃ | 无持续风向 ≤ 3 级 / 无持续风向 ≤ 3 级 |
| 7  | 2011 年 01 月 07 日 | 晴 / 多云 | -7 ℃ / 1 ℃ | 无持续风向 ≤ 3 级 / 无持续风向 ≤ 3 级 |
| 8  | 2011 年 01 月 08 日 | 多云 / 晴 | -8 ℃ / 1 ℃ | 北风 4~5 级 / 北风 4~5 级 |
| 9  | 2011 年 01 月 09 日 | 晴 / 晴 | -10 ℃ / -1 ℃ | 北风 3~4 级 / 无持续风向 ≤ 3 级 |
| 10 | 2011 年 01 月 10 日 | 晴 / 多云 | -7 ℃ / -1 ℃ | 无持续风向 ≤ 3 级 / 北风 3~4 级 |
| 11 | 2011 年 01 月 11 日 | 晴 / 晴 | -11 ℃ / -1 ℃ | 北风 3~4 级 / 无持续风向 ≤ 3 级 |

表 12-4 数据中存在的问题及示例

| 问 题 | 示 例 |
|---|---|
| 数据中包含大量空格 | "晴 / 晴"，"-9 ℃ / 0 ℃" |
| 数据类型错误 | "-9 ℃"，"0 ℃" |
| 字段中包含组合信息 | "无持续风向 ≤ 3 级" |

除了以上问题外，在处理数据时，我们同时应对重复值、缺失值和异常值等问题进行检查和处理。

## 3. 数据处理

### （1）清除重复值

重复值是指数据集中有完全相同的一行或多行，这些数据可能是误操作或数据收集不当导致的。可以使用 Pandas 库中的 drop_duplicates 函数轻松清除重复值。代码如下：

```
data = data.drop_duplicates()
```

### （2）处理缺失值

缺失值是指数据中某些行或列中缺少具体数值的情况，这是常见的数据采集或处理过程中出现的问题。缺失值的处理方法通常有以下几种：

① 删除缺失值所在的行或列：这种方法在缺失值较少时适用，但会导致数据集变小，可能会影响后续的数据分析结果。

② 填补缺失值：可以使用平均值、众数、中位数等方法来填充缺失值。Pandas 库提供了 fillna 函数，可以方便地进行缺失值填补操作。

可以通过 isnull 函数查看数据中各字段的缺失情况，代码如下：

```
data.isnull().sum()
```

### （3）处理异常值

异常值是指数据中明显偏离正常取值范围的数值，可能是数据采集或处理过程中出现的问题。异常值处理通常有以下几种方法：

① 删除异常值所在的行或列。这种方法在异常值较少时适用，但会导致数据集变小。

② 使用合适的方法替换异常值。可以使用中位数、均值或截尾等方法来替换异常值。

### （4）处理空格

观察数据，我们会发现数据中包含大量空格，为了保证数据的准确性以及便于后续数据分析、数据挖掘等操作，需要对空格进行处理。Pandas 库提供了 strip 函数，可以方便地去除数据两侧的空格。代码如下：

```
data = data.applymap(lambda x:x.strip())
```

（5）字段处理

由于爬取的原始数据中某些字段会包含组合信息，比如获取的天气信息中"天气状况"字段中包含"白天天气"和"夜间天气"两个信息；"风力风向（夜间/白天）"字段中包含四个信息，分别是"夜间风力"、"夜间风向"、"白天风力"和"白天风向"；"最低气温/最高气温"字段包含"最低温度"和"最高温度"两个信息。因此，为了便于后续的数据分析，我们需要对字段进行处理。

通过观察可以发现，组合信息中都是通过符号"/"或者" "（空格）进行分割的，可以通过 split 函数对组合信息进行拆分。代码如下：

```
# 拆分字段"最低气温/最高气温"
df = data["最低气温/最高气温"].str.split('/', expand=True)
data['最高温度'] = df[1]
data['最低温度'] = df[0]
# 拆分字段"天气状况"
df=data["天气状况"].str.split('/', expand=True)
data['夜间天气'] =df[0]
data['白天天气'] =df[1]
# 拆分字段"风力风向（夜间/白天）"
df = data["风力风向（夜间/白天）"].str.split('/', expand=True)
data['夜间风力风向'] = df[0]
data['白天风力风向'] = df[1]
df=data["夜间风力风向"].str.split(' ', expand=True)
data["夜间风向"]=df[0]
data["夜间风力"]=df[1]
df=data["白天风力风向"].str.split(' ', expand=True)
data["白天风向"]=df[0]
data["白天风力"]=df[1]
```

（6）数据类型转换

数据类型转换是指将一个数据类型转换为另一个数据类型的过程。从文件中或者从网页上获取的数据往往会存在数据类型错误的问题，比如"日期"字段、"最低温度"和"最高温度"字段当前都为字符串类型。为了便于后续的数据处理以及数据分析，需要将"日期"字段转换为日期/时间类型，将"最低温度"和"最高温度"字段转换为数值类型。代码如下：

```
# 转换"日期"字段数据类型
data['日期'] = data['日期'].apply(lambda x: x.replace('年', '-').replace('月', '-').replace('日', ''))
# 转换"最低温度"和"最高温度"字段数据类型
data['最低温度'] = data['最低温度'].apply(lambda x: float(x[:-1]))
data['最高温度'] = data['最高温度'].apply(lambda x: float(x[:-1]))
```

4. 数据存储

数据存储方式包括关系型数据库、文件系统、分布式存储系统等。持久性存储适用于需要长期保存数据、大量数据或者需要进行数据分析和处理的场景。在实际应用中，常常采用多种数据存储方式来满足不同的需求。例如，可以将数据存储在关系型数据库中进行持久化存储，同时使用缓存来提高数据的访问速度。此外，还可以使用文件、日志、消息队列等方式进行数据的备份、传输和处理。

（1）将数据存储在 Access 数据库中

Access 支持通过 ODBC（open database connectivity）的方式链接其他数据库，也支持其他程序通过 ODBC 的方式链接 Access 数据库。Python 中的第三方模块 pyodbc 支持 Python 通过 ODBC 的方式访问所有支持 ODBC 的数据库，所以可以通过 pyodbc 模块链接并操作 Access 数据库。

通过 pyodbc 创建的 ODBC 连接会返回一个 Connection 对象，用于管理这个 ODBC 连接，可以通过 Connection

对象获取一个数据库游标对象Cursor，Cursor对象通常用于管理数据库操作。通过pyodbc库连接Access数据的整体流程为如图12-28所示。

Python创建Access数据库连接并查询图书表中数据的代码如下：

```python
# 导入pyodbc模块
import pyodbc
# Access数据库文件路径
accdbfile = r"L:\教材\图书管理系统.accdb"
# 连接数据库,connect()函数创建并返回一个Connection对象
conn = pyodbc.connect(r'DRIVER={Microsoft Access Driver (*.mdb, *.accdb)};DBQ='+ accdbfile +';Uid=;Pwd=;')
# 使用该连接创建（并返回）一个游标对象
cursor = conn.cursor()
# 使用cursor执行SQL语句
cursor.execute("SELECT * FROM 图书 ")
# 获取SQL语句执行的结果，并放到list中
result = cursor.fetchall()   # result为list类型
# 遍历list对象，输出查询的记录
for item in result:
    print(item)              # item为pyodbc.Row类型
cursor.close()               # 关闭cursor对象
conn.close()                 # 关闭connection对象
```

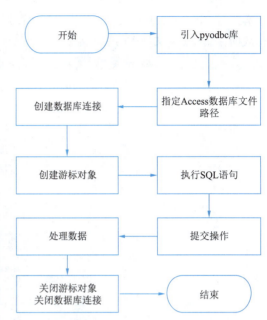

图12-28　pyodbc库连接Access数据库整体流程图

通过编写新增SQL语句，进行数据新增。在图书表中新增数据，增加图书编号为"COM99"的数据，示例如下：

```python
# 使用cursor执行SQL语句
cursor.execute("""INSERT INTO 图书 (图书编号，图书名称，作者，出版社，出版日期，价格，馆藏数，新书否)
                  values (?, ?,?, ?, ?,?, ?, ?)""", 'COM99', 'Python程序设计','张三','中国铁道出版社有限公司','2023/6/8',49.9,20,True)
# 提交操作
conn.commit()
```

通过上面的讲解，我们应该对Python操作Access数据库有了基本的了解，接下来将处理后的天气信息写入到数据库中。首先需要参照表12-5天气信息表结构在Access数据库中创建"天气信息"表。

创建完成"天气信息"表后，就可以把处理后的数据写入到数据库中，代码如下：

```python
# 遍历数据集的每一行，datalist为处理后的数据集
for index ,row in datalist.iterrows():
    # 执行SQL语句
    cursor.execute("""INSERT INTO 天气信息 (日期，最低温度，最高温度，夜间风力，夜间风向，白天风力，白天风向，夜间天气，白天天气）
                      values (?, ?,?, ?, ?,?, ?, ?,?)""", row['日期'], row['最低温度'],row['最高温度'],row['夜间风力'],row['夜间风向'],row['白天风力'],row['白天风向'],row['夜间天气'],row['白天天气'])
    # 提交操作
conn.commit()
```

其中，"datalist"为处理后的数据集，"for index ,row in datalist.iterrows():"为遍历数据集中的每一行。写入完成后，可以打开数据库中的"天气信息"表，查看结果，如图12-29所示。

（2）将数据存储在csv文件中

将数据存储在csv文件中的操作较为简单，可以通过to_csv函数来实现。to_csv是Pandas库中的函数，用于将DataFrame保存为csv文件。它的使用方法如下：

表12-5　天气信息表结构

| 字段名称 | 字段类型 | 字段宽度 | 索引类型 |
| --- | --- | --- | --- |
| 日期 | 日期/时间 |  | 主键（无重复索引） |
| 最低温度 | 数字 | 整型 |  |
| 最高温度 | 数字 | 整型 |  |
| 夜间风力 | 短文本 | 5 |  |
| 夜间风向 | 短文本 | 5 |  |
| 白天风力 | 短文本 | 5 |  |
| 白天风向 | 短文本 | 5 |  |
| 夜间天气 | 短文本 | 5 |  |
| 白天天气 | 短文本 | 5 |  |

```
dataframe.to_csv('file_path.csv', index=False, encoding='gbk')
```

其中，“dataframe”为数据集，对应到我们处理后的数据集“datalist”，“file_path.csv”是保存 csv 文件的路径和文件名，“index=False”表示不将索引列保存到 csv 文件中，“encoding=' gbk'”表示指定编码格式为“gbk”。因此，将数据存储在 csv 文件中的代码为：

```
datalist.to_csv('天气信息.csv', index=False, encoding='gbk')
```

执行完成后，我们可以打开数据库中的“天气信息”表，查看结果，如图 12-30 所示。

天气信息

| 日期 | 最低温度 | 最高温度 | 夜间风力 | 夜间风向 | 白天风力 | 白天风向 | 夜间天气 | 白天天气 |
|---|---|---|---|---|---|---|---|---|
| 2011/1/1 | -9 | 0 | ≤3级 | 无持续风向 | ≤3级 | 无持续风向 | 晴 | 晴 |
| 2011/1/2 | -7 | -2 | ≤3级 | 无持续风向 | ≤3级 | 无持续风向 | 多云 | 阴 |
| 2011/1/3 | -8 | 1 | 3-4级 | 北风 | ≤3级 | 无持续风向 | 晴 | 晴 |
| 2011/1/4 | -11 | -1 | ≤3级 | 无持续风向 | ≤3级 | 无持续风向 | 晴 | 晴 |
| 2011/1/5 | -8 | -1 | 4-5级 | 北风 | 3-4级 | 北风 | 晴 | 晴 |
| 2011/1/6 | -10 | 0 | ≤3级 | 无持续风向 | ≤3级 | 无持续风向 | 晴 | 晴 |
| 2011/1/7 | -7 | 1 | ≤3级 | 无持续风向 | ≤3级 | 无持续风向 | 晴 | 多云 |
| 2011/1/8 | -8 | 1 | 4-5级 | 北风 | 4-5级 | 北风 | 多云 | 晴 |
| 2011/1/9 | -10 | -1 | 3-4级 | 北风 | ≤3级 | 无持续风向 | 晴 | 晴 |
| 2011/1/10 | -7 | -1 | ≤3级 | 无持续风向 | 3-4级 | 北风 | 晴 | 多云 |
| 2011/1/11 | -11 | -1 | 3-4级 | 北风 | ≤3级 | 无持续风向 | 晴 | 晴 |
| 2011/1/12 | -8 | 0 | ≤3级 | 无持续风向 | ≤3级 | 无持续风向 | 多云 | 多云 |
| 2011/1/13 | -7 | 1 | ≤3级 | 无持续风向 | ≤3级 | 无持续风向 | 晴 | 晴 |
| 2011/1/14 | -10 | -1 | 4-5级 | 北风 | 3-4级 | 北风 | 晴 | 晴 |
| 2011/1/15 | -4 | 3 | ≤3级 | 无持续风向 | ≤3级 | 无持续风向 | 晴 | 阴 |
| 2011/1/16 | -9 | -1 | ≤3级 | 无持续风向 | ≤3级 | 无持续风向 | 晴 | 晴 |
| 2011/1/17 | -9 | -1 | 3-4级 | 北风 | ≤3级 | 无持续风向 | 晴 | 晴 |
| 2011/1/18 | -10 | -1 | ≤3级 | 无持续风向 | ≤3级 | 无持续风向 | 晴 | 晴 |
| 2011/1/19 | -9 | 0 | ≤3级 | 无持续风向 | ≤3级 | 无持续风向 | 晴 | 晴 |
| 2011/1/20 | -7 | 0 | ≤3级 | 无持续风向 | ≤3级 | 无持续风向 | 晴 | 多云 |
| 2011/1/21 | -7 | 1 | ≤3级 | 无持续风向 | ≤3级 | 无持续风向 | 晴 | 多云 |
| 2011/1/22 | -9 | 0 | ≤3级 | 无持续风向 | 3-4级 | 北风 | 多云 | 多云 |
| 2011/1/23 | -10 | -1 | 3-4级 | 北风 | ≤3级 | 无持续风向 | 晴 | 晴 |
| 2011/1/24 | -9 | 0 | ≤3级 | 无持续风向 | ≤3级 | 无持续风向 | 晴 | 多云 |
| 2011/1/25 | -10 | 0 | ≤3级 | 无持续风向 | ≤3级 | 无持续风向 | 晴 | 晴 |
| 2011/1/26 | -8 | 0 | ≤3级 | 无持续风向 | ≤3级 | 无持续风向 | 晴 | 多云 |
| 2011/1/27 | -7 | 2 | ≤3级 | 无持续风向 | ≤3级 | 无持续风向 | 晴 | 晴 |
| 2011/1/28 | -7 | 4 | ≤3级 | 无持续风向 | ≤3级 | 无持续风向 | 晴 | 晴 |

图 12-29 “天气信息”表中部分信息

| | A | B | C | D | E | F | G | H | I |
|---|---|---|---|---|---|---|---|---|---|
| 1 | 日期 | 最低温度 | 最高温度 | 夜间风力 | 夜间风向 | 白天风力 | 白天风向 | 夜间天气 | 白天天气 |
| 2 | 2011/1/1 | -9 | 0 | ≤3级 | 无持续风 | ≤3级 | 无持续风 | 晴 | 晴 |
| 3 | 2011/1/2 | -7 | -2 | ≤3级 | 无持续风 | ≤3级 | 无持续风 | 多云 | 阴 |
| 4 | 2011/1/3 | -8 | 1 | 3-4级 | 北风 | ≤3级 | 无持续风 | 晴 | 晴 |
| 5 | 2011/1/4 | -11 | -1 | ≤3级 | 无持续风 | ≤3级 | 无持续风 | 晴 | 晴 |
| 6 | 2011/1/5 | -8 | -1 | 4-5级 | 北风 | 3-4级 | 北风 | 晴 | 晴 |
| 7 | 2011/1/6 | -10 | 0 | ≤3级 | 无持续风 | ≤3级 | 无持续风 | 晴 | 晴 |
| 8 | 2011/1/7 | -7 | 1 | ≤3级 | 无持续风 | ≤3级 | 无持续风 | 晴 | 多云 |
| 9 | 2011/1/8 | -8 | 1 | 4-5级 | 北风 | 4-5级 | 北风 | 多云 | 晴 |
| 10 | 2011/1/9 | -10 | -1 | 3-4级 | 北风 | ≤3级 | 无持续风 | 晴 | 晴 |
| 11 | 2011/1/10 | -7 | -1 | ≤3级 | 无持续风 | 3-4级 | 北风 | 晴 | 多云 |
| 12 | 2011/1/11 | -11 | -1 | 3-4级 | 北风 | ≤3级 | 无持续风 | 晴 | 晴 |
| 13 | 2011/1/12 | -8 | 0 | ≤3级 | 无持续风 | ≤3级 | 无持续风 | 多云 | 多云 |
| 14 | 2011/1/13 | -7 | 1 | ≤3级 | 无持续风 | ≤3级 | 无持续风 | 晴 | 晴 |
| 15 | 2011/1/14 | -10 | -1 | 4-5级 | 北风 | 3-4级 | 北风 | 晴 | 晴 |
| 16 | 2011/1/15 | -4 | 3 | ≤3级 | 无持续风 | ≤3级 | 无持续风 | 晴 | 阴 |
| 17 | 2011/1/16 | -9 | -1 | ≤3级 | 无持续风 | ≤3级 | 无持续风 | 晴 | 晴 |
| 18 | 2011/1/17 | -9 | -1 | 3-4级 | 北风 | ≤3级 | 无持续风 | 晴 | 晴 |
| 19 | 2011/1/18 | -10 | -1 | ≤3级 | 无持续风 | ≤3级 | 无持续风 | 晴 | 晴 |
| 20 | 2011/1/19 | -9 | 0 | ≤3级 | 无持续风 | ≤3级 | 无持续风 | 晴 | 晴 |
| 21 | 2011/1/20 | -7 | 0 | ≤3级 | 无持续风 | ≤3级 | 无持续风 | 晴 | 多云 |
| 22 | 2011/1/21 | -7 | 1 | ≤3级 | 无持续风 | ≤3级 | 无持续风 | 晴 | 多云 |
| 23 | 2011/1/22 | -9 | 0 | ≤3级 | 无持续风 | 3-4级 | 北风 | 多云 | 多云 |
| 24 | 2011/1/23 | -10 | -1 | 3-4级 | 北风 | ≤3级 | 无持续风 | 晴 | 晴 |
| 25 | 2011/1/24 | -9 | 0 | ≤3级 | 无持续风 | ≤3级 | 无持续风 | 晴 | 多云 |
| 26 | 2011/1/25 | -10 | 0 | ≤3级 | 无持续风 | ≤3级 | 无持续风 | 晴 | 晴 |
| 27 | 2011/1/26 | -8 | 0 | ≤3级 | 无持续风 | ≤3级 | 无持续风 | 晴 | 多云 |
| 28 | 2011/1/27 | -7 | 2 | ≤3级 | 无持续风 | ≤3级 | 无持续风 | 晴 | 晴 |
| 29 | 2011/1/28 | -7 | 4 | ≤3级 | 无持续风 | ≤3级 | 无持续风 | 晴 | 晴 |

图 12-30 “天气信息”文件中部分信息

## 12.3.2 电影数据预处理与存储

本节仍使用 pandas 完成电影数据处理。上一节中已经对数据处理过程做了详细的描述，在本节中的数据处理方法基本相同。

### 1. 数据观察和分析

图 12-31 所示数据为获取的单条电影数据，通过观察，我们可以发现数据中存在的问题见表 12-6。

```
{'Name': '泰坦尼克号 Titanic',
'Year': '(1997)',
'Rate': '9.5',
'Runtime': '194 分钟',
'regions': '美国 / 墨西哥',
'Language': '英语 / 意大利语 / 德语 / 俄语',
'Directors': '詹姆斯·卡梅隆  ',
'Stars': '莱昂纳多·迪卡普里奥  凯特·温丝莱特  比利·赞恩  ',
'Category': '剧情  爱情  灾难  '}
```

图 12-31 单条电影信息

表 12-6 数据中存在的问题及示例

| 问　题 | 示　例 |
|---|---|
| 数据中包含特殊符号 | “美国 / 墨西哥” |
| 数据类型错误 | “(1997)”，“194 分钟” |

同样的，除了以上问题外，在处理数据时，我们同时应对重复值、缺失值和异常值等问题进行检查和处理。

### 2. 数据处理

清除重复值、处理缺失值、处理异常值和处理空格的方法与上一节基本相同，在这里不再赘述。

#### （1）处理特殊符号

通过观察，我们会发现数据中“regions”（制片国家 / 地区）字段和“Language”（语言）字段包含大量特殊符号“/”，用来区分多个国家或多种语言。可以通过 Pandas 中的 replace 函数进行替换处理，将特殊符号“/”替换为空格。代码如下：

```
data['regions'] = data['regions'].apply(lambda x: x.replace(' / ', ' '))
data['Language'] = data['Language'].apply(lambda x: x.replace(' / ', ' '))
```

### （2）数据类型转换

我们会发现从网页上获取的数据基本上都是字符串类型的，但字符串类型的数据不利于后续的运算、统计和分析。因此，需要将其转换成正确的数据类型。比如，在电影排行榜数据中，需要将电影上映年份和电影片长信息转换为数值类型。代码如下：

```
data['Year']=data['Year'].apply(lambda x: x.replace('(', '').replace(')', ''))
data["Runtime"] = data["Runtime"].str.split('分钟', expand=True)[0]
```

## 3. 数据存储

### （1）将数据存储在 Access 数据库中

和天气信息存储在 Access 数据库中一样，我们需要参照表 12-7 所示在 Access 数据库中创建“电影信息”表。

表 12-7　电影信息表结构

| 字段名称 | 字段类型 | 字段宽度 | 索引类型 | 字段名称 | 字段类型 | 字段宽度 | 索引类型 |
|---|---|---|---|---|---|---|---|
| 电影名称 | 短文本 | 30 | | 语言 | 短文本 | 20 | |
| 上映年份 | 数字 | 整型 | | 导演 | 短文本 | 15 | |
| 评分 | 数字 | 单精度型 | | 主演 | 短文本 | 50 | |
| 片长 | 数字 | 整型 | | 类型 | 短文本 | 15 | |
| 制片国家 / 地区 | 短文本 | 30 | | | | | |

创建完成“电影信息”表后，就可以把处理后的数据写入到数据库中，代码如下：

```
#遍历数据集的每一行，datalist 为处理后的数据集
for index ,row in datalist.iterrows():
    cursor.execute("""
            insert into 电影信息(电影名称,上映年份,评分,片长,制片国家,语言,导演,主演,
类型)
            values (?, ?,?, ?, ?,?, ?, ?,?)
            """, row['Name'], row['Year'],row['Rate'],row['Runtime'],row['regions'],
row['Language'],row['Directors'],row['Stars'],row['Category'])
    conn.commit()              #提交操作
```

其中，“datalist”为处理后的数据集，“for index ,row in datalist.iterrows():”为遍历数据集中的每一行。写入完成后，我们可以打开数据库中的“电影信息”表，查看结果，如图 12-32 所示。

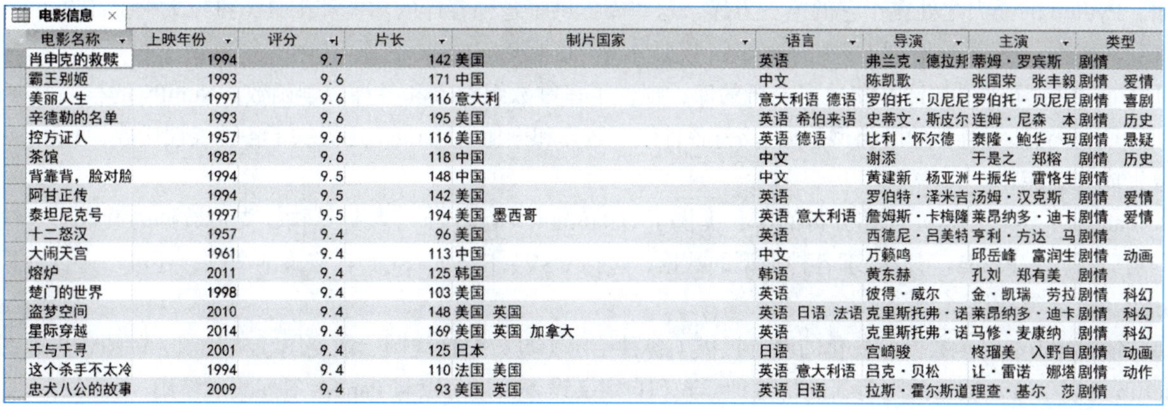

电影信息

| 电影名称 | 上映年份 | 评分 | 片长 | 制片国家 | 语言 | 导演 | 主演 | 类型 |
|---|---|---|---|---|---|---|---|---|
| 肖申克的救赎 | 1994 | 9.7 | 142 | 美国 | 英语 | 弗兰克·德拉邦 | 蒂姆·罗宾斯 | 剧情 |
| 霸王别姬 | 1993 | 9.6 | 171 | 中国 | 中文 | 陈凯歌 | 张国荣　张丰毅 | 剧情　爱情 |
| 美丽人生 | 1997 | 9.6 | 116 | 意大利 | 意大利语　德语 | 罗伯托·贝尼尼 | 罗伯托·贝尼尼 | 剧情　喜剧 |
| 辛德勒的名单 | 1993 | 9.6 | 195 | 美国 | 英语　希伯来语 | 史蒂文·斯皮尔 | 连姆·尼森　本 | 剧情　历史 |
| 控方证人 | 1957 | 9.6 | 116 | 美国 | 英语　德语 | 比利·怀尔德 | 泰隆·鲍华　玛 | 剧情　悬疑 |
| 茶馆 | 1982 | 9.6 | 118 | 中国 | 中文 | 谢添 | 于是之　郑榕 | 剧情　历史 |
| 背靠背，脸对脸 | 1994 | 9.5 | 148 | 中国 | 中文 | 黄建新　杨亚洲 | 牛振华　雷恪生 | 剧情 |
| 阿甘正传 | 1994 | 9.5 | 142 | 美国 | 英语 | 罗伯特·泽米吉 | 汤姆·汉克斯 | 剧情　爱情 |
| 泰坦尼克号 | 1997 | 9.5 | 194 | 美国　墨西哥 | 英语　意大利语 | 詹姆斯·卡梅隆 | 莱昂纳多·迪卡 | 剧情　爱情 |
| 十二怒汉 | 1957 | 9.4 | 96 | 美国 | 英语 | 西德尼·吕美特 | 亨利·方达　马 | 剧情 |
| 大闹天宫 | 1961 | 9.4 | 113 | 中国 | 中文 | 万籁鸣 | 邱岳峰　富润生 | 剧情　动画 |
| 熔炉 | 2011 | 9.4 | 125 | 韩国 | 韩语 | 黄东赫 | 孔刘　郑有美 | 剧情 |
| 楚门的世界 | 1998 | 9.4 | 103 | 美国 | 英语 | 彼得·威尔 | 金·凯瑞　劳拉 | 剧情　科幻 |
| 盗梦空间 | 2010 | 9.4 | 148 | 美国　英国 | 英语　日语　法语 | 克里斯托弗·诺 | 莱昂纳多·迪卡 | 剧情　科幻 |
| 星际穿越 | 2014 | 9.4 | 169 | 美国　英国　加拿大 | 英语 | 克里斯托弗·诺 | 马修·麦康纳 | 剧情　科幻 |
| 千与千寻 | 2001 | 9.4 | 125 | 日本 | 日语 | 宫崎骏 | 柊瑠美　入野自 | 剧情　动画 |
| 这个杀手不太冷 | 1994 | 9.4 | 110 | 法国　美国 | 英语　意大利语 | 吕克·贝松 | 让·雷诺　娜塔 | 剧情　动作 |
| 忠犬八公的故事 | 2009 | 9.4 | 93 | 美国　英国 | 英语　日语 | 拉斯·霍尔斯道 | 理查·基尔　莎 | 剧情 |

图 12-32　“电影信息”表中部分信息

### （2）将数据存储在 csv 文件中

将数据存储在 csv 文件中的代码如下：

```
datalist.to_csv('电影信息.csv', index=False, encoding=('gbk'))
```

执行完成后，可以打开数据库中的“电影信息”表，查看结果，如图 12-33 所示。

| | A | B | C | D | E | F | G | H | I |
|---|---|---|---|---|---|---|---|---|---|
| 1 | Name | Year | Rate | Runtime | regions | Language | Directors | Stars | Category |
| 2 | 肖申克的救赎 | 1994 | 9.7 | 142 | 美国 | 英语 | 弗兰克·德 | 蒂姆·罗宾 | 剧情 犯罪 |
| 3 | 霸王别姬 | 1993 | 9.6 | 171 | 中国 | 中文 | 陈凯歌 | 张国荣 张 | 剧情 爱情 |
| 4 | 阿甘正传 | 1994 | 9.5 | 142 | 美国 | 英语 | 罗伯特·泽 | 汤姆·汉克 | 剧情 爱情 |
| 5 | 泰坦尼克号 | 1997 | 9.5 | 194 | 美国 墨西 | 英语 意大利 | 詹姆斯·卡 | 莱昂纳多· | 剧情 爱情 |
| 6 | 这个杀手不太冷 | 1994 | 9.4 | 110 | 法国 美国 | 英语 意大利 | 吕克·贝松 | 让·雷诺 娜 | 剧情 动作 |
| 7 | 千与千寻 | 2001 | 9.4 | 125 | 日本 | 日语 | 宫崎骏 | 柊瑠美 入 | 剧情 动画 |
| 8 | 美丽人生 | 1997 | 9.6 | 116 | 意大利 | 意大利语 德 | 罗伯托·贝 | 罗伯托·贝 | 剧情 喜剧 |
| 9 | 辛德勒的名单 | 1993 | 9.6 | 195 | 美国 | 英语 希伯来 | 史蒂文·斯 | 连姆·尼森 | 剧情 历史 |
| 10 | 星际穿越 | 2014 | 9.4 | 169 | 美国 英国 | 英语 | 克里斯托 | 马修·麦康 | 剧情 科幻 |
| 11 | 盗梦空间 | 2010 | 9.4 | 148 | 美国 英国 | 英语 日语 | 克里斯托 | 莱昂纳多· | 剧情 科幻 |
| 12 | 楚门的世界 | 1998 | 9.4 | 103 | 美国 | 英语 | 彼得·威尔 | 金·凯瑞 劳 | 剧情 科幻 |
| 13 | 忠犬八公的故事 | 2009 | 9.4 | 93 | 美国 英国 | 英语 日语 | 拉斯·霍尔 | 理查·基尔 | 剧情 |
| 14 | 海上钢琴师 | 1998 | 9.3 | 165 | 意大利 | 英语 法语 | 朱塞佩·托 | 蒂姆·罗斯 | 剧情 音乐 |
| 15 | 三傻大闹宝莱坞 | 2009 | 9.2 | 171 | 印度 | 印地语 乌尔 | 拉吉库马 | 阿米尔·汗 | 剧情 喜剧 |
| 16 | 放牛班的春天 | 2004 | 9.3 | 97 | 法国 瑞士 | 法语 | 克里斯托 | 让-巴蒂斯 | 剧情 音乐 |
| 17 | 机器人总动员 | 2008 | 9.3 | 98 | 美国 | 英语 | 安德鲁·斯 | 本·贝尔特 | 科幻 动画 |
| 18 | 无间道 | 2002 | 9.3 | 101 | 中国 | 中文 | 刘伟强 麦 | 刘德华 梁 | 剧情 惊悚 |
| 19 | 疯狂动物城 | 2016 | 9.2 | 109 | 美国 | 英语 挪威语 | 拜伦·霍华 | 金妮弗·古 | 喜剧 动画 |
| 20 | 控方证人 | 1957 | 9.6 | 116 | 美国 | 英语 德语 | 比利·怀尔 | 泰隆·鲍华 | 剧情 悬疑 |
| 21 | 大话西游之大圣 | 1995 | 9.2 | 95 | 中国 | 中文 | 刘镇伟 | 周星驰 吴 | 喜剧 爱情 |

图 12-33 “电影信息”文件中部分信息

# 12.4 数据分析和可视化

数据分析是指通过对数据进行收集、清洗、处理和解释来识别模式、关联和趋势的过程。它可以帮助我们理解数据背后的故事，发现隐藏的信息和见解，并支持决策和推断。数据分析可以通过统计分析、机器学习算法和数据挖掘技术来实现。

数据可视化则是将数据以图表、图形和其他可视化形式呈现出来，以便更直观地理解和传达数据。它可以帮助我们发现数据之间的关系、变化趋势和异常情况，以及向其他人有效地传达数据分析的结果。数据可视化可以使用各种图表、地图、仪表盘和动态图等形式来展示数据。

数据分析和可视化通常是一体的，数据分析提供了洞察力和结论，而可视化则是将这些分析结果以更直观的方式呈现出来，使人们更好地理解和利用数据。数据分析和可视化在各个领域都有广泛的应用，包括商业、金融、医疗、科学研究等。

## 12.4.1 Python 数据分析与可视化库

Python 是一种高级编程语言，它有着简单易学、可读性强、可扩展性好等优点，因此在各个领域都有着广泛的应用。Python 的强大之处在于它的第三方库，这些库提供了各种各样的功能和工具，可以大大提高 Python 的开发效率和功能性。下面介绍一些常用的 Python 数据分析与可视化库。

① NumPy：用于科学计算和数据分析的库，提供了多维数组对象和各种数学函数。NumPy 的核心是 ndarray 对象，它可以存储任意维度的同类型数据，支持各种数学运算和操作。NumPy 还提供了各种线性代数、傅里叶变换、随机数生成等功能。

② Pandas：用于数据处理和分析的库，提供了 DataFrame 和 Series 等数据结构，支持数据的读取、清洗、转换和分析等操作。Pandas 可以处理各种类型的数据，包括 CSV、Excel、SQL 等格式的数据，还可以进行数据的合并、分组、聚合等操作。

③ Matplotlib：用于数据可视化的库，提供了各种绘图工具，包括线图、散点图、柱状图、饼图、热力图等。Matplotlib 可以生成高质量的图表，支持各种样式和自定义设置，还可以与 Pandas 等库集成使用。

④ Scikit-learn：用于机器学习的库，提供了各种机器学习算法和工具，包括分类、回归、聚类、降维等。Scikit-learn 可以处理各种类型的数据，包括数值型、文本型、图像型等数据，还可以进行数据的预处理、特征提取、模型训练等操作。

⑤ TensorFlow：用于深度学习的库，提供了各种深度学习算法和工具，包括神经网络、卷积神经网络、循环神经网络等。TensorFlow 可以处理各种类型的数据，包括数值型、文本型、图像型等数据，还可以进行数据的预处理、特征提取、模型训练等操作。

以上是一些常用的 Python 第三方库，它们都有着广泛的应用场景和丰富的功能，可以大大提高 Python 的开发效率和功能性。除此之外，还有很多其他的 Python 第三方库，如网络编程库、图像处理库、自然语言处理库等，可以根据具体需求选择使用。

## 12.4.2 天气信息可视化分析

通过爬虫采集了北京 2011—2023 年每日的天气信息，并对获取的数据进行了清洗和处理，最后将其保存到 Access 数据库以及 CSV 文件中。下面通过读取 CSV 文件中的数据，完成数据的分析以及数据可视化展示。

### 1. 年度高温低温天数可视化分析

年度高温、低温天数统计可以展示不同年份的高温和低温天数的变化趋势，分析其差异和原因。折线图适用于展示数据的连续变化趋势，因此用折线图展示年度高温低温天数的变化趋势。详细步骤如下：

（1）导入库

通过 Pandas 库完成数据的处理和分析，通过 Matplotlib 库完成数据的可视化。代码如下：

```python
import pandas as pd
import matplotlib.pyplot as plt
```

（2）读取数据

通过 Pandas 库中的 read_csv 函数读取"天气信息"文件中的数据。代码如下：

```python
datalist=pd.read_csv('天气信息.csv',encoding='gbk')
```

（3）按年度统计高温低温天数

通过 Pandas 库中的 groupby 函数实现数据按年度分组，通过 agg 函数完成各年度数据的统计，并通过 concat 函数将各年度高温、低温两组统计数据组合成一个新的数据集。定义最高温度超过 30 ℃为高温天气，最高温度低于 10 ℃为低温天气，代码如下：

```python
datalist['年'] = datalist['日期'].apply(lambda x:x[:4])
#年度高温、低温天数
LowT=datalist[datalist['最高温度']<10].groupby(['年'])['最高温度'].agg([('年低温天数','count')])
HighT=datalist[datalist['最高温度']>30].groupby(['年'])['最高温度'].agg([('年高温天数','count')])
data_YearCount=pd.concat([LowT,HighT],axis=1,sort=False)
```

（4）生成折线图

通过 plt.plot() 方法绘制折线图，代码如下：

```python
plt.plot(data_YearCount.index,data_YearCount['年低温天数'],label='年低温天数')
plt.plot(data_YearCount.index,data_YearCount['年高温天数'],label='年高温天数',linestyle='dotted')
#显示图表中数值
for year,num in zip (data_YearCount.index,data_YearCount['年低温天数']):
    plt.text(year,num+1,num,ha='center',va='bottom')
for year,num in zip(data_YearCount.index,data_YearCount['年高温天数']):
    plt.text(year,num+1,num,ha='center',va='bottom')
plt.legend()                                            #生成图例
plt.xlabel('年份')                                       #显示横坐标
plt.ylabel('天数')                                       #显示纵坐标
plt.title('年度高温低温天数可视化分析')                    #显示标题
plt.rcParams['font.sans-serif'] = ['SimHei']             #用来正常显示中文标签（中文乱码问题）
plt.rcParams['axes.unicode_minus']=False                 #解决负号不显示问题
plt.show()
```

运行效果如图 12-34 所示。

### 2. 月平均温度可视化分析

月平均温度可视化分析可以更直观地了解北京月平均温度的变化趋势。同样的，我们用折线图展示月平均温度的变化趋势。详细步骤如下：

（1）导入库

通过 Pandas 库完成数据的处理和分析，通过 Matplotlib 库完成数据的可视化。代码如下：

```
import pandas as pd
import matplotlib.pyplot as plt
```

（2）读取数据

通过 Pandas 库中的 read_csv 函数读取"天气信息"文件中的数据。代码如下：

```
datalist=pd.read_csv('天气信息.csv',encoding='gbk')
```

（3）计算月平均最高、最低温度

通过 Pandas 库中的 groupby 函数实现数据按月分组，通过 agg 函数完成月平均温度的计算，通过 concat 函数将月平均最高、最低温度两组统计数据组合成一个新的数据集，并通过 round 函数设置数据集中的数据保留 1 位小数。代码如下：

```
# 月平均最高温度，月平均最低温度
datalist['月'] = datalist['日期'].apply(lambda x: int(x[5:7].replace('/','')))
HighT=datalist.groupby(['月'],as_index=False)['最高温度'].agg([('月平均最高温度','mean')])
LowT=datalist.groupby(['月'],as_index=False)['最低温度'].agg([('月平均最低温度','mean')])
data_MonthCount=pd.concat([LowT,HighT],axis=1,sort=False)
data_MonthCount=data_MonthCount.round(1)
```

（4）生成折线图

通过 plt.plot() 方法绘制折线图，代码如下：

```
plt.plot(data_MonthCount.index+1,data_MonthCount['月平均最高温度'],label='月平均最高温度')
plt.plot(data_MonthCount.index+1,data_MonthCount['月平均最低温度'],label='月平均最低温度',linestyle='dotted')
# 显示图表中数值
for month,num in zip(data_MonthCount.index,data_MonthCount['月平均最高温度']):
    plt.text(month+1,num+1,num,ha='center',va='bottom')
for month,num in zip(data_MonthCount.index, data_MonthCount['月平均最低温度']):
    plt.text(month+1, num + 1, num, ha='center', va='bottom')
plt.legend()                                    # 生成图例
plt.xlabel('月份')                              # 显示横坐标
plt.ylabel('温度')                              # 显示纵坐标
plt.title('月平均温度可视化分析')                # 显示标题
plt.rcParams['font.sans-serif'] = ['SimHei']    # 用来正常显示中文标签（中文乱码问题）
plt.rcParams['axes.unicode_minus']=False        # 解决负号不显示问题
plt.show()
```

运行效果如图 12-35 所示。

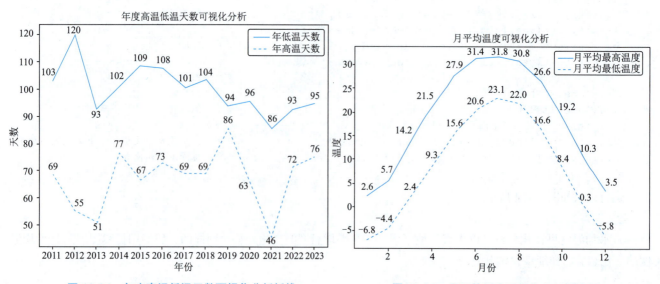

图 12-34　年度高温低温天数可视化分析折线

图 12-35　月平均温度可视化分析折线图

## 3. 白天天气分布可视化分析

对于白天天气分布的可视化分析，可以使用柱状图或饼图来展示不同天气类型的分布情况。饼图比较适合展示不同天气类型的分布比例；柱状图更适合展示不同天气类型的出现次数。这里，通过柱状图展示北京 2011 年至 2023 年不同天气出现的天数。详细步骤如下：

### （1）导入库

通过 Pandas 库完成数据的处理和分析，通过 Matplotlib 库完成数据的可视化。代码如下：

```
import pandas as pd
import matplotlib.pyplot as plt
```

### （2）读取数据

通过 Pandas 库中的 read_csv 函数读取"天气信息"文件中的数据。代码如下：

```
datalist=pd.read_csv('天气信息.csv',encoding='gbk')
```

### （3）计算不同天气出现天数

通过 Pandas 库中的 groupby 函数实现数据按不同天气分组，通过 agg 函数完成不同天气出现天数的统计，并通过 sort_values 函数将数据按"出现天数"字段降序排序。代码如下：

```
# 不同天气出现天数
data_Bttq = datalist.groupby('白天天气')['白天天气'].agg([('天数','count')])
data_Bttq=data_Bttq[data_Bttq['天数']>5].sort_values(["天数"] , ascending=False)
```

### （4）生成柱状图

通过 plt.bar () 方法绘制柱状图，代码如下：

```
plt.bar(data_Bttq.index,data_Bttq['天数'])
# 显示图表中数值
for weather,num in zip(data_Bttq.index, data_Bttq['天数']):
    plt.text(weather, num + 1, num, ha='center', va='bottom')
plt.xticks(data_Bttq.index,data_Bttq.index,rotation=30)
plt.ylabel('天数')                                   # 显示纵坐标
plt.xlabel('白天天气')                                # 显示横坐标
plt.title('白天天气分布')                              # 显示标题
plt.rcParams['font.sans-serif']=['SimHei']           # 用来正常显示中文标签（中文乱码问题）
plt.rcParams['axes.unicode_minus']=False             # 解决负号不显示问题
plt.show()
```

运行效果如图 12-36 所示。

## 4. 白天风向分布可视化分析

可以使用饼图展示不同风向的分布比例，能够更直观地了解白天风向分布的情况。详细步骤如下：

### （1）导入库

通过 Pandas 库完成数据的处理和分析，通过 Matplotlib 库完成数据的可视化。代码如下：

```
import pandas as pd
import matplotlib.pyplot as plt
```

### （2）读取数据

通过 Pandas 库中的 read_csv 函数读取"天气信息"文件中的数据。代码如下：

```
datalist=pd.read_csv('天气信息.csv',encoding='gbk')
```

### （3）计算不同风向天数

通过 Pandas 库中的 groupby 函数实现数据按不同风向分组，通过 agg 函数完成不同风向出现天数的统计。代码如下：

```
# 不同风向出现天数
data_Btfx = datalist.groupby('白天风向')['白天风向'].agg([('天数','count')])
```

（4）生成折饼图

我们通过 plt.pie() 方法绘制饼图，代码如下：

```
plt.pie(data_Btfx['天数'],labels=data_Btfx.index,autopct='%1.1f%%')
plt.title('白天风向分布可视化分析')
plt.rcParams['font.sans-serif']=['SimHei']  #用来正常显示中文标签（中文乱码问题）
plt.show()
```

运行效果如图 12-37 所示。

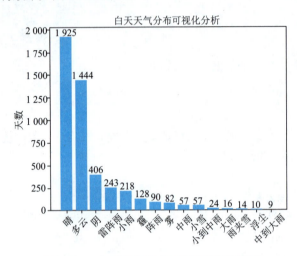

图 12-36　白天天气分布可视化分析柱状图

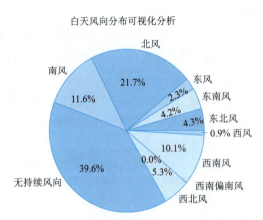

图 12-37　白天风向分布可视化分析饼图

### 12.4.3　电影信息可视化分析

通过爬虫采集了电影信息，并对获取的数据进行了清洗和处理，最后将其保存到 Access 数据库以及 csv 文件中。下面通过读取 csv 文件中的数据，完成数据的分析以及数据可视化展示。

1. 制片国家/地区分布可视化分析

制片国家/地区分布可视化分析可以通过可视化的方式展示不同国家或地区制作的电影数量，从而了解电影制片的地理分布情况。

（1）导入库

通过 Pandas 库完成数据的处理和分析，通过 Matplotlib 库完成数据的可视化。代码如下：

```
import pandas as pd
import matplotlib.pyplot as plt
```

（2）读取数据

通过 Pandas 库中的 read_csv 函数读取"电影信息"文件中的数据。代码如下：

```
datalist=pd.read_csv('电影信息.csv',encoding='gbk')
```

（3）统计不同制片国家/地区电影数量

电影信息处理后，每部电影如果存在多个制片国家或地区，是通过空格来区分的，可以通过 Pandas 库中的 split 函数来对其进行拆分。并通过 pd.value_counts 函数对制片国家或地区出现的次数进行统计。最后通过 sort_values 函数对数据集按制片国家或地区出现次数降序排序。代码如下：

```
# 电影制片国家/地区分布
# 通过空格进行拆分
data_regions=datalist['regions'].str.split(' ',expand=True)
data_regions.colums = ['zero','one','two','three','four','five']
# 统计不同国家/地区出现次数
data_regions=data_regions.apply(pd.value_counts).fillna(0).astype(int)
data_regions['数量']=data_regions.apply(lambda x:x.sum(),axis=1)
```

```
#按出现次数降序排序
data_regions=data_regions.sort_values('数量',ascending=False)
data_regions=data_regions.head(10).sort_values('数量',ascending=True)
```

(4)生成水平条形图

通过 plt.bar() 方法绘制水平条形图，并设置参数 orientation 为 "horizontal"，代码如下：

```
plt.bar(x=0,height=0.8,width=data_regions['数量'],bottom=data_regions.index,
orientation="horizontal")
#显示图表中数值
for num,regions in zip(data_regions['数量'],data_regions.index):
    plt.text(num + 3,regions , num, ha='center', va='center')
plt.yticks(data_regions.index,data_regions.index,rotation=30)
plt.title('制片国家/地区分布可视化分析')           #显示标题
plt.rcParams['font.sans-serif']=['SimHei']          #用来正常显示中文标签（中文乱码问题）
plt.rcParams['axes.unicode_minus']=False            #解决负号不显示问题
plt.show()
```

运行效果如图 12-38 所示。

2. 电影评分分布可视化分析

电影评分分布可视化分析是通过将电影的评分数据以可视化的方式呈现出来，以便更直观地了解电影评分的分布情况。

（1）导入库

通过 Pandas 库完成数据的处理和分析，通过 Matplotlib 库完成数据的可视化。代码如下：

```
import pandas as pd
import matplotlib.pyplot as plt
```

（2）读取数据

通过 Pandas 库中的 read_csv 函数读取"电影信息"文件中的数据。代码如下：

```
datalist=pd.read_csv('电影信息.csv',encoding='gbk')
```

（3）统计不同评分电影数量

通过 Pandas 库中的 groupby 函数实现数据按不同评分分组，通过 agg 函数完成不同评分影片数量的统计，代码如下：

```
#电影评分分布
data_Rate=datalist.groupby(['Rate'],as_index=False)['Rate'].agg([("数量","count")]).
sort_values('Rate')
```

（4）生成柱状体

通过 plt.bar() 方法绘制柱状图，代码如下：

```
plt.bar(data_Rate['Rate'].astype(str),data_Rate['数量'])
#显示图表中数值
for Rate,num in zip(data_Rate['Rate'].astype(str),data_Rate['数量']):
    plt.text(Rate ,num, num, ha='center', va='bottom')
plt.ylabel('数量')                                  #显示纵坐标
plt.xlabel('电影评分')                              #显示横坐标
plt.title('电影评分分布可视化分析')                  #显示标题
plt.rcParams['font.sans-serif']=['SimHei']          #用来正常显示中文标签（中文乱码问题）
plt.rcParams['axes.unicode_minus']=False            #解决负号不显示问题
plt.show()
```

运行效果如图 12-39 所示。

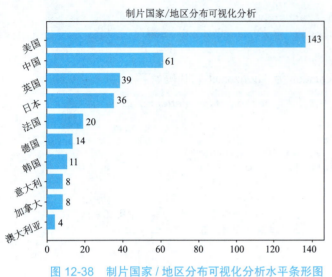
图 12-38　制片国家／地区分布可视化分析水平条形图

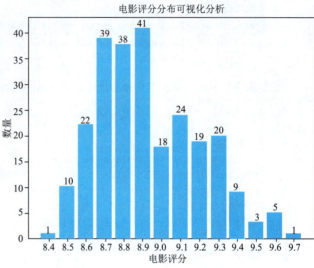
图 12-39　电影评分分布可视化分析柱状图

### 3. 电影语言分布可视化分析

电影语言分布可视化分析可以通过图表的方式展示不同语言的电影数量，从而了解电影制片语言的分布情况。

（1）导入库

在这一部分，使用 Python 中的词云库（WordCloud）生成词云图，用于电影语言分布可视化分析。因此，除了使用 Pandas 库和 Matplotlib 库之外，我们需要引入 collections 模块和 WordCloud 库。collections 是 Python 的一个内置模块，提供了一些有用的容器数据类型，用于处理和操作集合、列表、字典等数据结构。其中，collections.Counter 用于计数可迭代对象中元素的出现次数。WordCloud 用于显示出现频率较高的电影语言，代码如下：

```
import pandas as pd
import matplotlib.pyplot as plt
from wordcloud import WordCloud
import collections
```

（2）读取数据

通过 Pandas 库中的 read_csv 函数读取"电影信息"文件中的数据。代码如下：

```
datalist=pd.read_csv('电影信息.csv',encoding='gbk')
```

（3）统计电影语言

同样的，若一部电影有多种语言，是通过空格进行分割的。因此，在统计电影语言时，需要将其通过 split 函数进行拆分。然后通过 collections.Counter 对每一种语言进行统计。代码如下：

```
# 电影语言分析
type_list=[]
for lan in datalist['Language']:
    lans=lan.split(' ')
    for i in lans:
        type_list.append(i)
type_count=collections.Counter(type_list)
```

（4）绘制词云图

通过 WordCloud 库绘制词云图，代码如下：

```
# 绘制词云图
my_wordcloud = WordCloud(
    max_words=100,                # 设置最大显示的词数
    font_path='simhei.ttf',       # 设置字体格式
    max_font_size=66,             # 设置字体最大值
    background_color='white',     # 设置背景色
```

```
        random_state=30,                    # 设置随机生成状态，即多少种配色方案
        min_font_size=12,                   # 设置字体最小值
).generate_from_frequencies(type_count)
# 显示生成的词云图片
plt.imshow(my_wordcloud, interpolation='bilinear')
plt.axis('off')
plt.title(' 电影语言分布可视化分析 ')
plt.show()
```

运行效果如图 12-40 所示。

### 4. 片长与评分关联度可视化分析

要进行片长与评分的关联度可视化分析，可以使用散点图或热力图等图表类型，这里我们选用散点图来进行展示。通过图表可视化分析，可以更直观地了解片长与评分之间的关联度。

（1）导入库

我们通过 Pandas 库完成数据的处理和分析，通过 Matplotlib 库完成数据的可视化。代码如下：

```
import pandas as pd
import matplotlib.pyplot as plt
```

（2）读取数据

我们通过 Pandas 库中的 read_csv 函数读取"电影信息"文件中的数据。代码如下：

```
datalist=pd.read_csv(' 电影信息 .csv',encoding='gbk')
```

（3）生成散点图

我们通过 plt. scatter () 方法绘制散点图，代码如下：

```
# 片长与评分关联度分析
plt.xlabel(' 片长 ')                                    # 显示横坐标
plt.ylabel(' 评分 ')                                    # 显示纵坐标
plt.title(' 片长与评分关联度可视化分析 ')                 # 显示标题
plt.rcParams['font.sans-serif'] = ['SimHei']          # 用来正常显示中文标签（中文乱码问题）
plt.rcParams['axes.unicode_minus']=False              # 解决负号不显示问题
plt.scatter(datalist['Runtime'], datalist['Rate'])
plt.show()
```

运行效果如图 12-41 所示。

图 12-40　电影语言分布可视化分析词云图

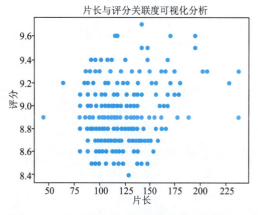

图 12-41　片长与评分关联度可视化分析散点图

## 小　　结

Python 在数据分析应用领域具有强大的功能和广泛的应用场景。通过掌握 Python 和相关库的使用技巧，我们可以更加高效地进行数据采集、处理、可视化和分析工作，为业务决策提供有力支持。本章主要内容如下：

（1）介绍 Python 程序开发相关软件及第三方集成开发环境 PyCharm 的安装和部署。

（2）讲解爬虫原理及 Python 爬虫程序，并通过爬虫程序采集天气信息和电影信息数据。

（3）讲解数据预处理和存储，并通过天气数据和电影数据预处理与存储两个实例对数据预处理和存储过程进行详细解析。

（4）讲解数据分析和可视化，介绍 Python 数据分析与可视化库，并通过天气信息和电影信息可视化分析两个实例对数据分析和可视化过程进行详细解析。

# 习　题

一、简答题

1. 网页结构包含哪几个部分？
2. 简述 HTTP 传输协议操作过程。
3. 简述爬虫工作原理。
4. 对爬虫获取的数据进行预处理主要应关注哪些方面？
5. 常见的数据存储方式有哪些？
6. 使用 Matplotlib 绘制折线图、条形图、饼图、散点图使用的函数分别是什么？
7. 图形修饰中设置标题、图例、坐标轴标签需使用哪些参数？

二、操作题

以书中天气信息、电影信息分析处理过程为例，完成当当网图书信息（图书畅销榜）的获取、预处理、存储、数据分析和可视化过程。